建筑施工技术

主　编：肖玉锋

参　编：邓　海　毛新林　冯　波
　　　　刘　义　杨　杰　李志刚
　　　　孙　丹　马立棉　杨晓方
　　　　边卫龙

U0339113

金盾出版社

内容简介

本书依据建筑工程施工最新技术标准、规范、规程编写。内容涉及工程的主要技术项目,包括土方、地基与基础、砌筑、钢筋混凝土、结构安装、建筑防水、装饰装修等施工技术。

本书内容浅显易懂,实用性强,适合建筑工人自学,也可作为建筑类培训机构的学习教材。

图书在版编目(CIP)数据

建筑施工技术/肖玉锋主编. —北京:金盾出版社,2016.8(2018.5重印)
ISBN 978-7-5186-0852-2

Ⅰ.①建… Ⅱ.①肖… Ⅲ.①建筑工程—工程施工 Ⅳ.①TU74

中国版本图书馆 CIP 数据核字(2016)第 066321 号

金盾出版社出版、总发行
北京市太平路 5 号(地铁万寿路站往南)
邮政编码:100036 电话:68214039 83219215
传真:68276683 网址:www.jdcbs.cn
封面印刷:双峰印刷装订有限公司
正文印刷:双峰印刷装订有限公司
装订:双峰印刷装订有限公司
各地新华书店经销
开本:787×1092 1/16 印张:23.5 字数:568 千字
2018 年 5 月第 1 版第 2 次印刷
印数:3 001~6 000 册 定价:78.00 元
(凡购买金盾出版社的图书,如有缺页、
倒页、脱页者,本社发行部负责调换)

前　言

建筑业是国民经济的支柱产业。随着我国经济持续快速地发展,建筑业在国民经济中的地位和作用更加突出。

如今,建筑业已走向国际化,无论材料、技术、工具、规范,甚至合同的签订均要跟上时代的潮流。与时俱进,毋庸置疑,从事建筑领域的技术人员不得不进行学习和充电,才能胜任不断变化的技术工作。

同样,事实也证明,谁掌握了先进的科学技术并拥有大量技术娴熟、手艺高超的技能人才,谁就能在激烈的市场竞争中立于不败之地。可惜的是,技能人才已成为制约我国快速发展的瓶颈,高级蓝领出现了断层。据统计,我国技能工人中高级工只占35％,与发达国家相比相差甚远。且随着绿色环保意识的大力推行,绿色建筑施工也被提上日程,这就要求在项目建设的每一个环节有素质更高更精准的技术人才来完成。

近几年来,建筑施工队伍急剧扩大,而企业所用的工人大部分都是从劳动公司招聘的农村进城务工人员,这些人基本上只有初、高中文化,对于很多的建筑基础知识都不了解,而且职业技术培训的滞后,一线工人的素质不能完全适应建筑施工生产的要求。这些客观存在的状况已成为建筑产品质量不高、施工事故时有发生的主要原因,如不改善此状况,必将影响到建筑业的长远发展。

鉴于此,为了提高工程建设施工人员的技术水准,提高建筑工程质量,我们特意进行深入调研,专访施工现场技术专家,总结一线技术人员的宝贵经验,并结合当下最新规范和标准,以市场为导向,精心组织编写本书,以方便初入建筑施工行业和不太熟练的技术工人很快很好地掌握建筑施工技能,从而为当前建设事业做出贡献。

本着优化整体结构、竞选核心内容、体现时代特征的原则,本书内容力求反映建筑业技术和发展水平,注重科学性,实用性,人为性,符合相应工种职业技能标准和职业技能鉴定规范的要求,符合现行规范、标准、新工艺和新技术的推广要求,是施工技术人员钻研业务、提高技能等级的好帮手。本书主要特色如下:

(1)依据建筑工程最新标准、规范、规程。例如《混凝土配合比设计规程》(JGJ 55—2011)、《混凝土结构设计规范》(GB 50010—2012)、《扣件式钢管脚手架安全技术规范》(JGJ 130—2011)、《钢筋焊接及验收规程》(JGJ 18—2012)等。

(2)体例新颖、活泼,架构合理。

(3)通俗易懂,图文并茂。

本书在编写过程中得到了徐树峰、刘彦林、张素景、孙兴雷、张计锋、秦付良、刘义、梁大伟、王俊遐、白建方、李红芳、郭晓平、曾彦、李朝红、王欣龙、郭爱云等人的帮助和支持,同时,参考了众多专业人士的技术文献资料,在此一并表示感谢。由于时间仓促,书中不妥之处还请读者批评指正,我们将不胜感激!

作　者

目　录

第一章　施　工　准　备

第一节　施工准备简介

一、施工准备工作的重要性

基本建设是人们创造物质财富的重要途径,是我国国民经济的主要支柱之一。基本建设工程项目总的程序是按照计划、设计和施工3个阶段进行。施工阶段又分为施工准备、土建施工、设备安装、交工验收阶段。

由此可见,施工准备工作的基本任务是为拟建工程的施工建立必要的技术和物质条件,统筹安排施工力量和施工现场。施工准备工作也是施工企业搞好目标管理,推行技术经济承包的重要依据。同时施工准备工作还是土建施工和设备安装顺利进行的根本保证。因此认真地做好施工准备工作,对于发挥企业优势、合理供应资源、加快施工速度、提高工程质量、降低工程成本、增加企业经济效益、赢得企业社会信誉、实现企业管理现代化等具有重要的意义。

实践证明,凡是重视施工准备工作,积极为拟建工程创造一切施工条件,其工程的施工就会顺利地进行;凡是不重视施工准备工作,就会给工程的施工带来麻烦和损失,其后果不堪设想。

二、施工准备工作的分类

1. 按工程项目施工准备工作的范围不同分类

按工程项目施工准备工作的范围不同,一般可分为全场性施工准备,单位工程施工条件准备和分部(项)工程作业条件准备等3种。

(1)全场性施工准备

它是以一个建筑工地为对象而进行的各项施工准备。其特点是它的施工准备工作的目的、内容都是为全场性施工服务的,它不仅要为全场性的施工活动创造有利条件,而且要兼顾单位工程施工条件的准备。

(2)单位工程施工准备

它是以一个建筑物或构筑物为对象而进行的施工准备工作。其特点是它的准备工作的目的、内容都是为单位工程施工服务的,它不仅为该单位工程在开工前做好一切准备,而且要为分部分项工程做好施工准备工作。

(3)分部分项工程作业的准备

它是以一个分部分项工程或冬雨季施工为对象而进行的作业准备。

2. 按拟建工程所处的施工阶段的不同分类

按拟建工程所处的施工阶段不同,一般可分为开工前的施工准备和各施工阶段前的施工准备等2种。

(1)开工前的施工准备

它是在拟建工程正式开工之前所进行的一切施工准备工作。其目的是为拟建工程正式开工创造必要的施工条件。它既可能是全场性的施工准备，又可能是单位工程施工准备。

(2)各施工阶段前的施工准备

它是在拟建工程开工之后，每个施工阶段正式开工之前所进行的一切施工准备工作。其目的是为施工阶段正式开工创造必要的施工条件。如混合结构的民用住宅的施工，一般可分为地下工程、主体工程、装饰工程和屋面工程等施工阶段，每个施工阶段的施工内容不同，所需要的技术条件、物资条件、组织要求和现场布置等方面也不同，因此在每个施工阶段开工之前，都必须做好相应的施工准备工作。

综上所述，不仅在拟建工程开工之前要做好施工准备工作，而且随着工程施工的进展，在各施工阶段开工之前也要做好施工准备工作。施工准备工作既要有阶段性，又要有连贯性，因此施工准备工作必须有计划、有步骤、分期和分阶段地进行，要贯穿拟建工程整个生产过程的始终。

三、施工准备工作的内容

工程项目施工准备工作按其性质及内容通常包括技术准备、物资准备、劳动组织准备、施工现场准备和施工场外准备等。

1. 技术准备

技术准备是施工准备的核心。由于任何技术的差错或隐患都可能引起人身安全和质量事故，造成生命、财产和经济的巨大损失。因此必须认真地做好技术准备工作。具体有如下内容。

(1)熟悉、审查施工图纸和有关的设计资料

1)熟悉、审查施工图纸的依据。

①建设单位和设计单位提供的初步设计或扩大初步设计(技术设计)、施工图设计、建筑总平面、土方竖向设计和城市规划等资料文件。

②调查、搜集的原始资料。

③设计、施工验收规范和有关技术规定。

2)熟悉、审查设计图纸的目的。

①为了能够按照设计图纸的要求顺利地进行施工，生产出符合设计要求的最终建筑产品(建筑物或构筑物)。

②为了能够在拟建工程开工之前，便从事建筑施工技术和经营管理的工程技术人员充分地了解和掌握设计图纸的设计意图、结构与构造特点和技术要求。

③通过审查发现设计图纸中存在的问题和错误，使其改正在施工开始之前，为拟建工程的施工提供一份准确、齐全的设计图纸。

3)熟悉、审查设计图纸的内容。

①审查拟建工程的地点、建筑总平面图同国家、城市或地区规划是否一致及建筑物或构筑物的设计功能和使用要求是否符合卫生、防火及美化城市方面的要求。

②审查设计图纸是否完整、齐全及设计图纸和资料是否符合国家有关工程建设的设计、施工方面的方针和政策。

③审查设计图纸与说明书在内容上是否一致，及设计图纸与其各组成部分之间有无矛

盾和错误。

④审查建筑总平面图与其他结构图在几何尺寸、坐标、标高、说明等方面是否一致,技术要求是否正确。

⑤审查工业项目的生产工艺流程和技术要求,掌握配套投产的先后次序和相互关系及设备安装图纸与其相配合的土建施工图纸在坐标、标高上是否一致,掌握土建施工质量是否满足设备安装的要求。

⑥审查地基处理与基础设计同拟建工程地点的工程水文、地质等条件是否一致及建筑物或构筑物与地下建筑物或构筑物、管线之间的关系。

⑦明确拟建工程的结构形式和特点,复核主要承重结构的强度、刚度和稳定性是否满足要求,审查设计图纸中的工程复杂、施工难度大和技术要求高的分部分项工程或新结构、新材料、新工艺,检查现有施工技术水平和管理水平能否满足工期和质量要求并采取可行的技术措施加以保证。

⑧明确建设期限、分期分批投产或交付使用的顺序和时间及工程所用的主要材料、设备的数量、规格、来源和供货日期;明确建设、设计和施工等单位之间的协作、配合关系及建设单位可以提供的施工条件。

4)熟悉、审查设计图纸的程序。熟悉、审查设计图纸的程序通常分为自审阶段、会审阶段和现场签证等3个阶段。

①设计图纸的自审阶段。施工单位收到拟建工程的设计图纸和有关技术文件后。应尽快地组织有关的工程技术人员熟悉和自审图纸,写出自审图纸的记录。自审图纸的记录应包括对设计图纸的疑问和对设计图纸的有关建议。

②设计图纸的会审阶段。一般由建设单位主持,由设计单位和施工单位参加,三方进行设计图纸的会审。图纸会审时,首先由设计单位的工程主设计人向与会者说明拟建工程的设计依据、意图和功能要求,并对特殊结构、新材料、新工艺和新技术提出设计要求;然后施工单位根据自审记录以及对设计意图的了解,提出对设计图纸的疑问和建议;最后在统一认识的基础上,对所探讨的问题逐一地做好记录,形成"图纸会审纪要",由建设单位正式行文,参加单位共同会签、盖章,作为与设计文件同时使用的技术文件和指导施工的依据,以及建设单位与施工单位进行工程结算的依据。

③设计图纸的现场签证阶段。在拟建工程施工的过程中,如果发现施工的条件与设计图纸的条件不符或者发现图纸中仍然有错误或者因为材料的规格、质量不能满足设计要求或者因为施工单位提出了合理化建议,需要对设计图纸进行及时修订时,应遵循技术核定和设计变更的签证制度,进行图纸的施工现场签证。如果设计变更的内容对拟建工程的规模、投资影响较大时,要报请项目的原批准单位批准。在施工现场的图纸修改、技术核定和设计变更资料,都要有正式的文字记录,归入拟建工程施工档案,作为指导施工、竣工验收和工程结算的依据。

(2)原始资料的调查分析

为了做好施工准备工作,除了要掌握有关拟建工程的书面资料外,还应该进行拟建工程的实地勘测和调查,获得有关数据的第一手资料,这对于拟定一个先进合理、切合实际的施工组织设计是非常必要的,因此应该做好以下几个方面的调查分析。

1)自然条件的调查分析。建设地区自然条件的调查分析的主要内容有地区水准点和绝对标高等情况；地质构造、土的性质和类别、地基土的承载力、地震级别和裂度等情况河流流量和水质、最高洪水和枯水期的水位等情况；地下水位的高低变化情况，含水层的厚度、流向、流量和水质等情况；气温、雨、雪、风和雷电等情况；土的冻结深度和冬、雨季的期限等情况。

2）技术经济条件的调查分析。建设地区技术经济条件的调查分析的主要内容有：地方建筑施工企业的状况及施工现场的动迁状况；当地可利用的地方材料状况及国拨材料供应状况；地方能源和交通运输状况；地方劳动力和技术水平状况；当地生活供应、教育和医疗卫生状况；当地消防、治安状况和参加施工单位的力量状况。

（3）编制施工图预算和施工预算

1）编制施工图预算。施工图预算是技术准备工作的主要组成部分之一，一般用作投标预算。它是按照施工图确定的工程量、施工组织设计所拟定的施工方法、建筑工程预算定额及其取费标准，由施工单位编制的确定建筑安装工程造价的经济文件，是施工企业签订工程承包合同、工程结算、建设银行拨付工程价款、进行成本核算、加强经营管理等方面工作的重要依据。

2）编制施工预算。施工预算是根据施工图预算、施工图纸、施工组织设计或施工方案、施工定额等文件进行编制的，它直接受施工图预算的控制。它是施工企业内部控制各项成本支出、考核用工、"两算"对比、签发施工任务单、限额领料、基层进行经济核算的依据。

（4）编制施工组织设计

施工组织设计是施工准备工作的重要组成部分，也是指导施工现场全部生产活动的技术经济文件。建筑施工生产活动的全过程是非常复杂的物质财富再创造的过程，为了正确处理人与物、主体与辅助、工艺与设备、专业与协作、供应与消耗、生产与储存、使用与维修以及它们在空间布设、时间排列之间的关系，必须根据拟建工程的规模、结构特点和建设单位的要求，在原始资料调查分析的基础上，编制出一份能切实指导该工程全部施工活动的科学方案（施工组织设计）。

2. 物资准备

材料、构（配）件、制品、机具和设备是保证施工顺利进行的物质基础，这些物资的准备工作必须在工程开工之前完成。根据各种物资的需要量计划，分别落实货源，安排运输和储备，使其满足连续施工的要求。

（1）物资准备工作的内容

物资准备工作主要包括：建筑材料的准备；构（配）件和制品的加工准备；建筑安装机具的准备和生产工艺设备的准备。

1）建筑材料的准备。建筑材料的准备主要是根据施工预算进行分析，按照施工进度计划要求，按材料名称、规格、使用时矿材料储备定额和消耗定额进行汇总，编制出材料需要量计划，为组织备料、确定仓库、场地堆放所需的面积和组织运输等提供依据。

2）构（配）件、制品的加工准备。根据施工预算提供的构（配）件、制品的名称、规格、质量和消耗量，确定加工方案和供应渠道以及进场后的储存地点和方式，编制出其需要量计划，为组织运输、确定堆场面积等提供依据。

3）建筑安装机具的准备。根据采用的施工方案，安排施工进度，确定施工机械的类型、数量和进场时施工机具的供应办法和进场后的存放地点和方式，编制建筑安装机具的需要量计划，为组织运输，确定堆场面积等提供依据。

4)生产工艺设备的准备。按照拟建工程生产工艺流程及工艺设备的布置图提出工艺设备的名称、型号、生产能力和需要量,确定分期分批进场时间和保管方式,编制工艺设备需要量计划,为组织运输,确定堆场面积提供依据。

(2)物资准备工作的程序

物资准备工作的程序是搞好物资准备的重要手段。通常按如下程序进行。

1)根据施工预算、分部(项)工程施工方法和施工进度的安排,拟定国拨材料、统配材料、地方材料、构(配)件及制品、施工机具和工艺设备等物资的需要量计划。

2)根据各种物资需要量计划,组织货源,确定加工、供应地点和供应方式,签订物资供应合同。

3)根据各种物资的需要量计划和合同,拟运输计划和运输方案。

4)按照施工总平面图的要求,组织物资按计划时间进场,在指定地点,按规定方式进行储存或堆放。

3. 劳动组织准备

劳动组织准备的范围既有整个建筑施工企业的劳动组织准备,又有大型综合的拟建建设项目的劳动组织准备,也有小型简单的拟建单位工程的劳动组织准备。这里仅以一个拟建工程项目为例,说明其劳动组织准备工作的内容如下。

(1)建立拟建工程项目的领导机构

施工组织机构的建立应遵循以下原则:根据拟建工程项目的规模、结构特点和复杂程度,确定拟建工程项目施工的领导机构人选和名额;坚持合理分工与密切协作相结合;把有施工经验、有创新精神、有工作效率的人选入领导机构;认真执行因事设职、因职选人的原则。

(2)建立精干的施工队组

施工队组的建立要认真考虑专业、工种的合理配合,技工、普工的比例要满足合理的劳动组织,要符合流水施工组织方式的要求,确定建立施工队组是专业施工队组,或是混合施工队组,要坚持合理、精干的原则;同时制订出该工程的劳动力需要量计划。

(3)集结施工力量、组织劳动力进场

工地的领导机构确定之后,按照开工日期和劳动力需要量计划,组织劳动力进场。同时要进行安全、防火和文明施工等方面的教育,并安排好职工的生活。

(4)向施工队组、工人进行施工组织设计、计划和技术交底

1)施工组织设计、计划和技术交底的目的是把拟建工程的设计内容、施工计划和施工技术等要求,详尽地向施工队组和工人讲解交待。这是落实计划和技术责任制的好办法。

2)施工组织设计、计划和技术交底的时间在单位工程或分部分项工程开工前及时进行,以保证工程严格地按照设计图纸、施工组织设计、安全操作规程和施工验收规范等要求进行施工。

3)施工组织设计、计划和技术交底的内容有工程的施工进度计划、月(旬)作业计划;施工组织设计,尤其是施工工艺;质量标准、安全技术措施、降低成本措施和施工验收规范的要求;新结构、新材料、新技术和新工艺的实施方案和保证措施;图纸会审中所确定的有关部位的设计变更和技术核定等事项。交底工作应该按照管理系统逐级进行,由上而下直到工人队组。交底的方式有书面形式、口头形式和现场示范形式等。

4)队组、工人接受施工组织设计、计划和技术交底后,要组织其成员进行认真分析研究,弄清关键部位、质量标准、安全措施和操作要领。必要时应该进行示范,并明确任务及做好分工协作,同时建立健全岗位责任制和保证措施。

（5）建立健全各项管理制度

工地的各项管理制度是否建立、健全,直接影响其各项施工活动的顺利进行。有章不循其后果是严重的,而无章可循更是危险的。为此必须建立、健全工地的各项管理制度。通常内容如下:工程质量检查与验收制度;工程技术档案管理制度;建筑材料（构件、配件、制品）的检查验收制度;技术责任制度;施工图纸学习与会审制度;技术交底制度;职工考勤、考核制度;工地及班组经济核算制度;材料出入库制度;安全操作制度;机具使用保养制度。

4. 施工现场准备

施工现场是施工的全体参加者为夺取优质、高速、低消耗的目标,而有节奏、均衡连续地进行战术决战的活动空间。施工现场的准备工作,主要是为了给拟建工程的施工创造有利的施工条件和物资保证。其具体内容如下:

（1）做好施工场地的控制网测量

按照设计单位提供的建筑总平面图及给定的永久性经纬坐标控制网和水准控制基桩,进行厂区施工测量,设置厂区的永久性经纬坐标桩,水准基桩和建立厂区工程测量控制网。

（2）搞好"三通一平"

"三通一平"是指路通、水通、电通和平整场地。

1)路通。施工现场的道路是组织物资运输的动脉。拟建工程开工前,必须按照施工总平面图的要求,修好施工现场的永久性道路（包括厂区铁路;厂区公路）以及必要的临时性道路,形成完整畅通的运输网络,为建筑材料进场、堆放创造有利条件。

2)水通。水是施工现场的生产和生活不可缺少的。拟建工程开工之前,必须按照施工总平面图的要求,接通施工用水和生活用水的管线,使其尽可能与永久性的给水系统结合起来,做好地面排水系统,为施工创造良好的环境。

3)电通。电是施工现场的主要动力来源。拟建工程开工前,要按照施工组织设计的要求,接通电力和电讯设施,做好其他能源（如蒸汽、压缩空气）的供应,确保施工现场动力设备和通信设备的正常运行。

4)平整场地。按照建筑施工总平面图的要求,首先拆除场地上妨碍施工的建筑物或构筑物,然后根据建筑总平面图规定的标高和土方竖向设计图纸,进行挖（填）土方的工程量计算,确定平整场地的施工方案,进行平整场地的工作。

（3）做好施工现场的补充勘探

对施工现场做补充勘探是为了进一步寻找枯井、防空洞、古墓、地下管道、暗沟和枯树根等隐蔽物,以便及时拟定处理隐蔽物的方案并实施。为基础工程施工创造有利条件。

（4）建造临时设施

按照施工总平面图的布置,建造临时设施,为正式开工准备好生产、办公、生活、居住和储存等临时用房。

（5）安装、调试施工机具

对固定的机具要进行就位、搭棚、接电源、保养和调试等工作。对所有施工机具都必须在开工之前进行检查和试运转。

（6）做好建筑构（配）件、制品和材料的储存和堆放

按照建筑材料、构（配）件和制品的需要量计划组织进场，根据施工总平面图规定的地点和指定的的方式进行储存和堆放。

（7）及时提供建筑材料的试验申请计划

按照建筑材料的需要量计划，及时提供建筑材料的试验申请计划。如钢材的机械性能和化学成分等试验；混凝土或砂浆的配合比和强度等试验。

（8）做好冬雨季施工安排

按照施工组织设计的要求，落实冬雨季施工的临时设施和技术措施。

（9）进行新技术项目的试制和试验

按照设计图纸和施工组织设计的要求，认真进行新技术项目的试制和试验。

（10）设置消防、保安设施

按照施工组织设计的要求，根据施工总平面图的布置，建立消防。保安等组织机构和有关的规章制度，布置安排好消防、保安等措施。

5. 施工的场外准备

施工准备除了施工现场内部的准备工作外，还有施工现场外部的准备工作。其具体内容如下：

（1）材料的加工和订货

建筑材料、构（配）件和建筑制品大部分均必须外购，工艺设备更是如此。这样如何与加工部、生产单位联系，签订供货合同，搞好及时供应，对于施工企业的正常生产是非常重要的；对于协作项目也是这样，除了要签订议定书之外，还必须做大量的有关方面的工作。

（2）做好分包工作和签订分包合同

由于施工单位本身的力量所限，有些专业工程的施工、安装和运输等均需要向外单位委托。根据工程量、完成日期。工程质量和工程造价等内容，与其他单位签订分包合同、保证按时实施。

（3）向上级提交开工申请报告

当材料的加工和订货及做好分包工作和签订分包合同等施工场外的准备工作后，应该及时地填写开工申请报告，并上报上级批准。

四、施工准备工作计划

为了落实各项施工准备工作，加强对其检查和监督，必须根据各项施工准备工作的内容、时间和人员，编制出施工准备工作计划。

总结：各项施工准备工作不是分离的、孤立的，而是互为补充，相互配合的。为了提高施工准备工作的质量、加快施工准备工作的速度，必须加强建设单位、设计单位和施工单位之间的协调工作，建立健全施工准备工作的责任制度和检查制度，使施工准备工作有领导、有组织、有计划和分期分批地进行，贯穿施工全过程的始终。

第二节　施工技术准备

一、场地勘察

1）场地勘察主要是了解建设地点的地形、地貌、地质、水文、气象以及市场状况和施工条

件,周围环境和障碍物情况等。一般可作为确定施工方法和技术措施的依据。

2)对于施工区域内的建筑物、构筑物、水井、树木、坟墓、沟渠、电杆、车道、土堆、青苗等地面物,均可用目测的方法进行,并详细记录下来;对于场区内的地下埋设物,如地下沟道、人防工程、地下水管、电缆等,可向当地村镇有关部门调查了解,以便于拟定障碍物的拆除方案以及土方施工和地基处理方法。

3)关于地方资源条件的调查内容见表1-1;对于地方建筑材料及构件生产企业的调查内容见表1-2;当地自然条件调查见表1-3;水电调查的内容和目的见表1-4;建设地区交通调查的内容和目的见表1-5;社会劳动力和生活设施调查见表1-6。

表 1-1　地方资源条件调查表

序号	材料名称	产地	储藏量	质量	开采量	出厂价	开发费	运距	单位运价	备注
1										
⋮										
⋮										

表 1-2　地方建筑材料及构件生产企业调查表

序号	企业名称	产品名称	单位	规格	质量	生产能力	生产方式	出厂价格	运距	运输方式	单位运价	备注
1	⋮											
⋮	⋮											
⋮	⋮											

表 1-3　建筑场址自然条件调查表

项目	调查内容	调查目的
气温	1. 年平均、最高、最低温度,最冷、最热月份的逐日平均温度 2. 冬、夏季室外计算温度 3. ≤−3℃、0℃、5℃的天数、起止时间	1. 确定防暑降温的措施 2. 确定冬季施工措施 3. 估计混凝土、砂浆强度
雨(雪)	1. 雨季起止时间 2. 月平均降雨(雪)量、最大降雨(雪)量、一昼夜最大雨(雪)量 3. 全年雷暴日数	1. 确定雨期施工措施 2. 确定工地排水、防洪方案 3. 确定工地防雷设施
风	1. 主导风向及频率(风玫瑰图) 2. ≥8级风的全年天数、时间	1. 确定临时设施的布置方案 2. 确定高空作业及吊装的技术安全措施
地形	1. 区域地形图:1/10000～1/25000 2. 工程位置地形图:1/1000～1/2000 3. 该地区城市规划图 4. 经纬坐标桩、水准基桩位置	1. 选择施工用地 2. 布置施工总平面图 3. 场地平整及土方量计算 4. 了解障碍物及其数量

续表 1-3

项目	调查内容	调查目的
地质	1. 钻孔布置图 2. 地质剖面图：土层类别、厚度 3. 物理力学指标；天然含水量、孔隙比、塑性指数、渗透系数、压缩试验及地基土强度 4. 地层的稳定性：断层滑块、流沙 5. 最大冻结深度 6. 地基土破坏情况，钻井、古墓、防空洞及地下构筑物	1. 土方施工方法的选择 2. 地基土的处理方法 3. 基础施工方法 4. 复核地基基础设计 5. 拟定障碍物拆除方案
地震	地震等级	确定对基础的影响、注意事项
地下水	1. 最高、最低水位及时间 2. 水的流速、流向、流量 3. 水质分析，水的化学成分 4. 抽水试验	1. 基础施工方案选择 2. 降低地下水的方法 3. 拟定防止侵蚀性介质的措施
地面水	1. 临近江河湖泊距工地的距离 2. 洪水、平水、枯水期的水位、流量及航道深度 3. 水质分析 4. 最大最小冻结深度及结冻时间	1. 确定临时给水方案 2. 确定施工运输方式 3. 确定水工工程施工方案 4. 确定工地防洪方案

表 1-4　水、电、蒸汽等条件调查表

序号	项目	调查内容	调查目的
1	供排水	1. 工地用水与当地现有水源连接的可能性、可供水量、接管地点、管径、材料、埋深、水压、水质及水费；至工地距离，沿途地形、地物状况 2. 自选临时江河水源的水质、水量、取水方式、至工地距离，沿途地形、地物状况，自选临时水井的位置、深度、管径、出水量和水质 3. 利用永久性排水设施的可能性，施工排水的去向、距离和坡度，有无洪水影响，防洪设施状况	1. 确定施工及生活供水方案 2. 确定工地排水方案和防洪设施 3. 拟定供排水设施的施工进度计划
2	供电与电信	1. 当地电源位置，引入的可能性，可供电的容量、电源、导线截面和电费，引入方向，接线地点及其至工地距离，沿途地形、地物的状况 2. 建设单位和施工单位自有的发、变电设备的型号、台数和容量 3. 利用邻近电信设施的可能性，电话、电局等至工地的距离，可能增设电信设备、线路的情况	1. 确定施工供电方案 2. 确定施工通信方案 3. 拟定供电、通信设施的施工进度计划
3	供气(汽)	1. 蒸汽来源，可供蒸汽量，接管地点，管径，埋深，至工地距离，沿途地形地物状况，蒸汽价格 2. 建设、施工单位自有锅炉的型号、台数和能力，所需燃料和水质标准 3. 当地或建设单位可能提供的压缩空气、氧气的能力，至工地距离	1. 确定施工及生活用气的方案 2. 确定压缩空气、氧气的供应计划

表 1-5　交通运输条件调查表

序号	项目	调查内容	调查目的
1	铁路	1. 邻近铁路专用线、车站至工地的距离及沿途运输条件 2. 站场卸货线长度，起重能力和储存能力 3. 装载单个货物的最大尺寸、重量的限制 4. 运费、装卸费和装卸力量	1. 选择施工运输方式 2. 拟定施工运输计划
2	公路	1. 主要材料产地至工地的公路等级，路面构造宽度及完好情况，允许最大载重量，途经桥涵等级和允许最大载重量 2. 当地专业运输机构及附近村镇能提供的装卸、运输能力，汽车、畜力、人力车的数量及运输效率，运费、装卸费 3. 当地有无汽车修配厂，修配能力和至工地距离	1. 选择施工运输方式 2. 拟定施工运输计划
3	航运	1. 货源、工地至邻近河流、码头渡口的距离，道路情况 2. 洪水、平水、枯水期时通航的最大船只及吨位，取得船只的可能性 3. 码头装卸能力，最大起重量，增设码头的可能性 4. 渡口渡船的能力，同时可载汽车、马车数，每日次数，能为施工提供的能力 5. 运费、渡口费、装卸费	1. 选择施工运输方式 2. 拟定施工运输计划

表 1-6　社会劳动力和生活设施调查表

序号	项目	调查内容	调查目的
1	社会劳动力	1. 少数民族地区的风俗习惯 2. 当地能提供的劳动力人数、技术水平和来源 3. 上述人员的生活安排	1. 拟定劳动力计划 2. 安排临时设施
2	房屋设施	1. 必须在工地居住的单身人数和户数 2. 能作为施工用的现有的房屋栋数，每栋面积，结构特征，总面积、位置，水、暖、电、卫设备状况 3. 上述建筑物的适宜用途，用作宿舍、食堂、办公室的可能性	1. 确定现有房屋为施工服务的可能性 2. 安排临时设施
3	周围环境	1. 主副食品供应，日用品供应，文化教育、消防治安等机构能为施工提供的支援能力 2. 邻近医疗单位至工地的距离，可能就医情况 3. 当地公共汽车、邮电服务情况 4. 周围是否存在有害气体，污染情况，有无地方病	安排职工生活基地，解除后顾之忧

二、收集资料

在编制施工组织设计时，除现场进行调查收集资料外，为弥补原始资料的不足，有时还可借助一些相关的参考资料来作为编制依据。这些参考资料可利用现有的施工定额、施工手册、施工组织设计实例或通过平时施工实践活动来获得。

以下一些资料可向当地县、镇气象部门调查。如收集不到有关的具体资料时，可参考表

1-7、表1-8和表1-9,作为确定冬、夏、雨季施工的依据。

表 1-7　各地区全年雨季参考资料

地区	雨季起止日期	月数
长沙、株洲、湘潭	2月1日～8月31日	7
南昌	2月1日～7月31日	6
汉口	4月1日～8月15日	4.5
上海、成都、昆明	5月1日～9月30日	5
重庆、宜宾	5月1日～10月31日	6
长春、哈尔滨、佳木斯、牡丹江、开远	6月1日～8月31日	3
大同、侯马	7月1日～7月31日	1
包头、新乡	8月1日～8月31日	1
沈阳、葫芦岛、北京、天津、大连	7月1日～8月31日	2
齐齐哈尔、富拉尔基、宝鸡、绵阳、德阳、温江、太原、西安、洛阳、郑州	7月1日～9月15日	2.5

表 1-8　全年有效作业日参考资料

地区	全年		季　度							
			I		II		III		IV	
	土建	安装	土建	安装	土建	安装	土建	安装	土建	安装
四川、云南、贵州	290	300	70	71	72	75	77	80	70	75
长江以南	280	300	65	—70	73	75	73	80	69	75
长江以北	275	280	52	60	77	72	79	80	67	68
青海、甘肃	260	260	44	40	76	78	78	80	62	62
长城以北		260	35	40	74	78	78	80	63	62
长春以北、新疆	240	260	29	40	80	78	77	80	54	62
东南沿海	275	280	65	60	71	72	71	80	68	68

表 1-9　全年冬季天数参考资料

分区	平均温度	冬季起止日期	天数
第一区	−1℃以内	12月1日～2月16日 12月28日～3月1日	74～80
第二区	−4℃以内	11月10日～2月18日 11月25日～3月21日	96～127
第三区	−7℃以内	11月1日～3月20日 11月10日～3月31日	131～151
第四区	−10℃以内	10月20日～3月25日 11月1日～4月5日	141～168
第五区	−14℃以内	10月15日～4月5日 4月15日	173～183

三、熟悉和审查施工图纸

熟悉和审查施工图纸是技术准备工作的重要内容,是组织施工的前提和基础,并为编制施工组织设计提供基本依据。这一工作通常分施工单位自审、图纸会审和签认现场洽商变更3个阶段进行,所形成的资料作为指导施工、竣工验收、绘制竣工图和竣工结算的依据。审查的重点如下。

1)施工图是否完整齐全,是否符合国家有关工程设计规范和工程施工规范的要求,是否符合城市总体规划的要求。

2)建筑图与结构图、给排水图、电气施工图、设备安装图等各专业施工图纸之间是否有矛盾。

3)施工图纸本身是否有矛盾和错误,图纸与设计说明书是否相一致。

4)基础设计与地基处理方案是否与建造地点的工程地质和水文资料相一致,建筑物与地下构筑物或地下管网之间是否有矛盾。

5)掌握拟建工程的建筑和结构形式及特点,复核主要承重结构或构件的强度、刚度和稳定性是否满足施工要求;对于施工难度大、技术要求高的分部分项工程,要在现有施工技术和管理水平的基础上制定详细的施工技术方案。

6)施工图对于建筑设备、专业施工及加工订货有何特殊要求。

7)熟悉工业项目的生产工艺流程和技术要求,审查设备安装图和与其相配套的土建图纸在坐标、标高等尺寸关系上是否一致,土建施工的质量标准如何满足设备安装的工艺和精度要求。

四、编制施工组织设计(施工方案)

对拟建工程项目进行统筹安排、全面部署,是编制施工预算的重要依据,是对建设单位的承诺和监理单位审查确认的重要技术文件,也是监理单位现场实行监理的依据之一。在施工方案中应详细编写安全管理措施,防止人身伤亡事件的发生。因为施工现场的情况变化多端,所以在施工过程中应不断地进行分析、调整和补充,确保工程项目的顺利实施。

施工预算是施工单位内部根据施工单位的实际管理水平、施工方法、施工定额编制的工、料、机械台班数量及取费标准的预算文件。依据预算文件编制作业计划,向施工班组分配施工任务和领料限额,此文件也是最终与建设单位对工程预算与施工预算进行分析比较的重要依据。

五、与设计单位取得联系

应与设计单位取得联系,密切配合,经常沟通。应了解设计意图,有问题多商讨,使设计适应建材市场的实际情况和发展水平。如在施工工艺和管理水平方面能否满足工期要求,选用的建筑材料、构配件、设备有无进货渠道,对地基的处理及基础设计方案是否与现场的水文地质情况相符,与原有地下构筑物、管网线路有无矛盾,深基础的防水措施是否可行,材料、机械设备是否具备,设计方案是否考虑了施工的实际情况,结构是否能保证塔式起重机的安全稳定性,能否正常运行等。

施工图的供给及供电、给水排水、供气及消防、电梯、空调能否满足分期分批交付使用的要求。对新材料、新工艺、新技术提前进行考查论证。

向设计单位介绍施工经验和习惯做法,以免出图以后因无法实施而出现大的设计变更。

在设计交底及图样会审的基础上,组织施工管理人员进行施工图样会审,使管理人员明了设计意图,掌握施工要点,如发现图样问题应及时提出,防止因返工重做造成人力、物力的损失浪费。通过自审了解设计要求的技术标准和图样中的细节;通过图样会审,消除土建、水暖、电气、照明及设备安装之间的矛盾,达到相互配合的目的。对在图样会审过程中发现的问题,及时与建设单位、设计单位、监理单位共同商讨,最后达成共识并办理设计变更或工程洽商,然后用鲜艳的笔标注在原图上,以免时间一长,误按原图施工。

第三节　施工物资准备

一、人力

1)规定项目管理人员分工、权利和义务,制订岗位职责及考核标准。

2)优化配置劳动力,按规定选定劳务队伍。

3)进行员工岗前培训,为员工办理工伤保险。

二、财务

1)选择好开户银行,备足施工准备所需资金。

2)联系工商,税务做好税费的调查。

3)搞好成本的预测。

三、材料、设备

建设项目所需的建筑材料、构配件、设备品种繁多且数量大、能否按照进度计划及时供应,对项目能否按质量目标、进度计划、投资目标等顺利达到预期目的起着至关重要的作用。

施工单位应将材料、构配件、设备的出厂合格证、检测报告、使用说明书等资料向监理工程师进行报验。重要材料,如钢筋、水泥、外加剂等要有质量保证书、生产许可证等证明资料,不合格的材料、构配件及设备不允许在工程上使用。

1)材料准备。根据施工进度计划和工料分析,编制工程所需计划,以此作为供料、备料和准备储备仓库的重要依据。根据物资需要量做好申报、订货、采购工作,组织材料进场,做好入库保管工作。

2)考察构配件,设备生产厂家,对其生产许可证、信誉程度、生产能力、人员素质、质量意识、设备情况、进行详细摸底后再订货。对订货的数量、质量要求、价款、交货日期、双方的权利和义务、违约责任等应在合同中加以明确。按照计划组织构配件、设备进场,按照施工平面图做好存放保管工作。

3)施工机械的准备。根据工程项目的实际情况确定施工机械的需用量。对机械性能的要求主要考虑能否满足施工工期的安排,编制施工机械的进场计划。对于大型施工机械(如塔式起重机、推土机、桩基设备等)的需用量和进场时间应与有关单位尽早联系,签订相关合同,并作好进场准备工作(如道路是否畅通,存放场地是否满足需要),以便大型机械设备顺利如期进场。

第四节　施工现场准备

施工现场的准备即后期施工准备,也就是通常所说的室外准备(外业)。通常包括以下内容。

一、拆除障碍物

这一工作通常由建设单位完成，但有时也委托施工单位完成。拆除时，一定要摸清情况，尤其是原有障碍物复杂、资料不全时，应采取相应的措施，防止发生事故。

架空电线、埋地电缆、自来水管、污水管、煤气管道等的拆除，都应与有关部门取得联系并办好手续后才可进行，一般最好由专业公司、单位来拆除。场内的树木需报请园林部门批准后方可砍伐。房屋只要在水源、电源、气源等截断后即可进行拆除。坚实、牢固的房屋等可采用定向爆破方法拆除，一般应经主管部门批准，由专业施工队进行。

二、建立测量控制网

这项工作是确定建筑物平面位置和高程的关键环节。施工前应按总平面图的要求，将规划确定的水准点和红线桩引至现场，做好固定和保护装置。并按一定的距离布点，组成测量控制网。高层及大型工程应该设置固定标准桩和水准点或建立标高控制网。通常此项工作由专业测量队完成，但施工单位还需根据施工的具体需要做一些加密网点等补充工作。

三、临时设施的搭设

现场所需临时设施，应报请规划、市政、消防、交通、环保等有关部门审查批准。根据施工组织设计的要求，除利用现场旧有建筑外，还应搭建一批临时建筑，如警卫室、工人休息室、宿舍、办公室、厨房、食堂、仓库、吸烟室、厕所等。但均应按批准的图纸搭建，不得乱搭乱建，并尽量利用永久建筑物，减少临时设施搭设量。而这些临时设施，应在正式工程施工前做好。

为了施工方便和行人的安全，应用围墙将施工用地围护起来。围墙的形式和材料应符合市容管理的有关规定和要求，并在主要出入口设置标牌，标明工地名称、施工单位、工地负责人等。

四、施工队伍的准备

基本施工队伍的确定，要根据现有的劳动组织情况及施工组织设计的劳动力需用量计划确定。建立与工程规模相应的组织机构。包括行政、技术、材料、计划等管理人员，并与建设单位密切联系，共同解决一些大的问题；基本施工人员的组织应根据工程的特点，选择恰当的劳动组织形式，处理好土建施工队伍与专业施工队伍的配备关系，在土建施工中一般以混合施工队形式较好，并注意技工与普工的比例关系。如需使用外包施工队时，必须按各企业的审批手续办。在使用外包队之前，要进行技术考核，对达不到技术标准的，质量没有保证的不得使用。若把外包施工队作为基本施工队伍时，必须经企业主管部门批准。

在施工前，企业还应做好职工的培训工作，进行劳动纪律和施工安全教育，不断提高其业务技术水平，使职工能遵守劳动时间、坚守工作岗位、遵守操作规程、保证工程质量、保证施工工期、保证安全生产、服从调动、爱护公物。

在施工现场范围内，修通道路，接通水源、电源，平整施工场地的工作称为"三通一平"。这项工作应根据施工组织设计的规划来进行。它分为全场性"三通一平"和单位工程"三通一平"。前者必须有计划、分阶段进行，后者必须在施工前完成。

1. 道路通

按施工组织设计的要求修筑好施工现场的临时运输道路。应尽可能利用原有道路或结合正式工程的永久性道路位置，修整路基和临时路面。现场道路应适当起拱（向道路两侧形成一定坡度），路边应做好排水沟，排水沟深度一般不小于 0.4m，底宽不小于 0.3m，现场道路的宽度,单行路为 4m,最窄不得小于 3.5m,双行路宽度为 7m,施工现场的道路最好形成循环道路。要保证做到现场道路通畅和防滑。

2. 电通

供电包括施工用电和生活用电两部分。这项工作应注意电源的获得和现场供电线路的布置。根据各种施工机械设备用电量及照明用电量,计算选择配电变压器,与供电部门联系,按施工组织设计的要求,架设好连接电力干线的工地内外临时供电线路及通信线路。尽可能做到使用方便,总的供电线路最短。还需考虑断电情况下自行发电的工作,以确保施工的顺利进行。

3. 水通(或叫管网通)

水通包括施工工地的临时施工用水、供热等管线的敷设,以及施工现场红线内的排水系统布置,并按平面图的要求安装好消火栓。其中上水管网的敷设应尽量采用正式工程的管网线路,以节省临时设施费用;施工现场的排水沟要依场地的地势,做出不少于 1.5‰ 的坡度。

高层建筑工地应设置高压泵,大型工程中应有高压泵房和蓄水池,不允许直接接自来水管。这项工作应与解决临时水、电源同时进行。

4. 平整场地

平整场地需先做"场平设计"。因为施工场地的自然地貌常常是起伏不平的,不能满足建设要求,如不先平整,施工机具、材料及预制构件等进场也是不方便的。

平整场地前应清除地上障碍物和地下埋设物。在平整时往往会碰到地上的、地下的障碍物,例如坟墓、旧建筑、高压线、地下管线等,应由建设单位与有关部门协调做出妥善处理。

全场性的平整场地,是按设计总平面图中确定的标高进行的,通过测量,计算挖土及填土数量,从而设计调配方案。尽量做到挖填平衡、就近调运,以节约费用。单位工程平整场地,是在全场性平地的基础上,按设计规定的计划标高,分期分批平整。

现在所讲的"三通一平"实际上已不再是狭义的概念,而是一个广义的概念。实际做的有"四通一平",即水通、电通、路通、通信通,场地平整。随着地域的不同和生活要求的不断提高,还有蒸汽、煤气等的畅通,使"三通一平"工作更完善。

第五节 施工现场临时设施的搭建及安装

一、现场临时设施简介

1. 大型临时设施

1)食堂、厨房、浴室、医务室、俱乐部、图书室、理发室、幼儿园以及施工现场临时生活及文化福利设施。

2)建设单位、监理单位、施工单位、设计单位及相关单位的临时办公室。

3)施工现场管理者及工人的宿舍。

4)工具、料具、成品、半成品和施工机械设备仓库。

5)场区内的铁路、塔式起重机轨道和路基的铺设及维修场所。

6)施工现场的预制构件厂房、混凝土搅拌站、钢筋加工厂、钢结构制作厂、木工工作房、现场标养室,变压器和锅炉等临时设施以及附属加工厂等临时设施。

2. 小型临时设施

1)淋灰池、蓄水池、场区人行道、休息室、吸烟室、自行车篷、工具库、厕所、工具室、小卖部、机房、茶炉房、储菜库、健身房等。

2)施工过程中的水电管线及设备,施工现场周围护用的铁丝网或彩板木板围栏等。

3. 临时房屋

(1)拟建一般要求

1)结合施工现场具体情况,统筹规划,合理布置。

布点要适应施工生产需要,方便职工工作生活。

不能占据正式工程位置,留出生产用地和交通道路。

尽量靠近已有交通线路或即将修建的正式或临时交通线路。

选址应注意防洪水、泥石流、滑坡等自然灾害,必要时应采取相应的安全防护措施。

2)认真执行国家严格控制非农业用地的政策,尽量少占或不占农田,充分利用山地、荒地、空地或劣地。

3)尽量利用施工现场或附近已有的建筑物。

4)必须搭设的临时建筑,应因地制宜,利用当地材料和旧料,尽量降低费用。

5)符合安全防火要求。

(2)临时房屋设施分类及参考指标

生产性临时设施是直接为生产服务的,如临时加工厂、现场作业棚、机修间等,参考指标见表 1-10、表 1-11、表 1-12。

表 1-10　临时加工厂所需面积参考指标

序号	加工厂名称	年产量		单位产量所需建筑面积	占地总面积(m²)	备 注
		单位	数量			
1	混凝土搅拌站	m³	3200	0.022(m²/m³)	按砂石堆场考虑	400L 搅拌机 2 台
		m³	4800	0.021(m²/m³)		400L 搅拌机 3 台
		m³	6400	0.020(m²/m³)		400L 搅拌机 4 台
2	临时性混凝土预制厂	m³	1000	0.25(m²/m³)	2000	生产屋面板和中小型梁柱板等,配有蒸养设施
		m³	2000	0.20(m²/m³)	3000	
		m³	3000	0.15(m²/m³)	4000	
		m³	5000	0.125(m²/m³)	小于 6000	
3	半永久性混凝土预制厂	m³	3000	0.6(m²/m³)	9000~12000	
		m³	5000	0.4(m²/m³)	12000~15000	
		m³	10000	0.3(m²/m³)	15000~20000	
4	木材加工厂	m³	15000	0.0244(m²/m³)	1800~3600	进行原木、方木加工
		m³	24000	0.0199(m²/m³)	2200~4800	
		m³	30000	0.0181(m²/m³)	3000~5500	
	综合木工加工厂	m³	200	0.30(m²/m³)	100	加工门窗、模板、地板、屋架等
		m³	500	0.25(m²/m³)	200	
		m³	1000	0.20(m²/m³)	300	
		m³	2000	0.15(m²/m³)	420	

续表 1-10

序号	加工厂名称	年产量		单位产量所需建筑面积	占地总面积（m²）	备　注
		单位	数量			
4	粗木加工厂	m³	5000	0.12(m²/m³)	1350	加工屋架、模板
		m³	10000	0.10(m²/m³)	2500	
		m³	15000	0.09(m²/m³)	3750	
		m³	20000	0.08(m²/m³)	4800	
	细木加工厂	万 m²	5	0.0140(m²/m²)	7000	加工门窗、地板
		万 m²	10	0.0114(m²/m²)	10000	
		万 m²	15	0.0106(m²/m²)	14300	
	钢筋加工厂	t	200	0.35(m²/t)	280～560	加工、成形、焊接
		t	500	0.25(m²/t)	380～750	
		t	1000	0.20(m²/t)	400～800	
		t	2000	0.15(m²/t)	450～900	
	现场钢筋调直或冷拉 拉直场 卷扬机棚 冷拉场 时效场	所需场地（长×宽） 70～80×3～4(m) 15～20(m²) 40～60×3～4(m) 30～40×6～8(m)				包括材料及成品堆放 3～5t 电动卷扬机 1 台 包括材料及成品堆放 包括材料及成品堆放
	钢筋对焊 对焊场地 对焊棚	所需场地（长×宽） 30～40×4～5(m) 15～24(m²)				包括材料及成品堆放 寒冷地区应适当增加
5	钢筋冷加工 冷拔、冷轧机 剪断机 弯曲机 φ12 以下 弯曲机 φ40 以下	所需场地（m²/台） 40～50 30～50 50～60 60～70				
6	金属结构加工（包括一般铁件）	所需场地（m²/t） 年产 500t 为 10 年产 1000t 为 8 年产 2000t 为 6 年产 3000t 为 5				按一批加工数量计算
7	石灰消化{储灰池 淋灰池 淋灰槽	5×3＝15(m²) 4×3＝12(m²) 3×2＝6(m²)				每 2 个储灰池配 1 套淋灰池和淋灰槽，每 600kg 石灰可消化 1m³ 石灰膏
8	沥青锅场地	20～24(m²)				台班产量 1～1.5t/台

表 1-11　现场作业棚所需面积参考指标

序号	名　称	单　位	面积(m²)	备注
1	木工作业棚	m²/人	2	
2	电锯房	m²	80	

续表 1-11

序号	名　称	单　位	面积(m²)	备注
	电锯房	m²	40	
3	钢筋作业棚	m²/2	3	
4	搅拌棚	m²/台	10～18	
5	卷扬机棚	m²/台	6～12	
6	烘炉房	m²	30～40	占地为建筑面积的2～3倍
7	焊工房	m²	20～40	86.3～91.4cm 圆锯 1 台
8	电工房	m²	15	小圆锯 1 台
9	白铁工房	m²	20	占地为建筑面积的3～4倍
10	油漆工房	m²	20	
11	机、钳工修理房	m²	20	
12	立式锅炉房	m²/台	5～10	
13	发电机房	m²/kW	0.2～0.3	
14	水泵房	m²/台	3～8	
15	空压机房(移动式)	m²/台	18～30	
	空压机房(固定式)	m²/台	9～15	

表 1-12　现场机运站、机修间、停放场所需面积参考指标

序号	施工机械名称	所需场地 (m²/台)	存放方式	检修间所需建筑面积	
				内　容	数量(m²)
	一、起重、土方机械类:				
1	塔式起重机	200～300	露天		
2	履带式起重机	100～125	露天	10～20 台设 1 个检修台位(每增加 20 台增设 1 个检修台位)	200 (增 150)
3	履带式正铲或反铲,拖式铲运机,轮胎式起重机	75～100	露天		
4	推土机,拖拉机,压路机	25～35	露天		
5	汽车式起重机	20～30	露天或室内		
	二、运输机械类:				
6	汽车(室内)	20～30	一般情况下室内不小于10%	每 20 台设 1 个检修台位(每增加 1 个检修台位)	170 (增 160)
	(室外)	40～60			
7	平板拖车	100～150			
	三、其他机械类:				
8	搅拌机,卷扬机 电焊机,电动机 水泵,空压机,油泵 少先吊等	4～6	一般情况下室内占30%,露天占70%	每 50 台设 1 个检修台位(每增加 1 个检修台位)	50 (增 50)

注:①露天或室内视气候条件而定,寒冷地区应适当增加室内存放。
　　②所需场地包括道路、通道和回转场地。

（3）物资储存临时设施

物资储存临时设施专为某一项在建工程服务，一方面要做到能保证施工的正常需要；另一方面又不宜储存过多，以免加大仓库面积，积压资金。其参考指标见表 1-13、表 1-14。

表 1-13　仓库面积计算所需数据参考指标

序号	材料名称	单位	储备天数 n	每平方米储存量 P	堆置高度 m	仓库类型
1	钢材	t	40～50	1.5	1.0	露天
	工槽钢	t	40～50	0.8～0.9	0.5	露天
	角钢	t	40～50	1.2～1.8	1.2	露天
	钢筋（直筋）	t	40～50	1.8～2.4	1.2	露天
	钢筋（盘筋）	t	40～50	0.8～1.2	1.0	棚或库约占 20%
	钢板	t	40～50	2.4～2.7	1.0	露天
	钢管 $\phi200mm$ 以上	t	40～50	0.5～0.6	1.2	露天
	钢管 $\phi200mm$ 以下	t	40～50	0.7～1.0	2.0	露天
	钢轨	t	20～30	2.3	1.0	露天
	铁皮	t	40～50	2.4	1.0	库或棚
2	生铁	t	40～50	5	1.4	露天
3	铸铁管	t	20～30	0.6～0.8	1.2	露天
4	暖气片	t	40～50	0.5	1.5	露天或棚
5	水暖零件	t	20～30	0.7	1.4	库或棚
6	五金	t	20～30	1.0	2.2	库
7	钢丝绳	t	40～50	0.7	1.0	库
8	电线电缆	t	40～50	0.3	2.0	库或棚
9	木材	m³	40～50	0.8	2.0	露天
	原木	m³	40～50	0.9	2.0	露天
	成材	m³	30～40	0.7	3.0	露天
	枕木	m³	20～30	1.0	2.0	露天
	灰板条	千根	20～30	5	3.0	棚
10	水泥	t	30～40	1.4	1.5	库
11	生石灰（块）	t	20～30	1～1.5	1.5	棚
	生石灰（袋装）	t	10～20	1～1.3	1.5	棚
	石膏	t	10～20	1.2～1.7	2.0	棚
12	砂、石子（人工堆置）	m³	10～30	1.2	1.5	露天
	砂、石子（机械堆置）	m³	10～30	2.4	3.0	露天
13	块石	m³	10～20	1.0	1.2	露天
14	红砖	千块	10～30	0.5	1.5	露天
15	耐火砖	t	20～30	2.5	1.8	棚
16	黏土瓦、水泥瓦	千块	10～30	0.25	1.5	露天

续表 1-13

序号	材料名称	单位	储备天数 n	每平方米储存量 P	堆置高度 m	仓库类型
17	石棉瓦	张	10～30	25	1.0	露天
18	水泥管、陶土管	t	20～30	0.5	1.5	露天
19	玻璃	箱	20～30	6～10	0.8	棚或库
20	卷材	卷	20～30	15～24	2.0	库
21	沥青	t	20～30	0.8	1.2	露天
22	液体燃料润滑油	t	20～30	0.3	0.9	库
23	电石	t	20～30	0.3	1.2	库
24	炸药	t	10～30	0.7	1.0	库
25	雷管	t	10～30	0.7	1.0	露天
26	煤	t	10～30	1.4	1.5	露天
27	炉渣	m³	10～30	1.2	1.5	露天
28	钢筋混凝土构件	m³				
	板	m³	3～7	0.14～0.24	2.0	露天
	梁、柱	m³	3～7	0.12～0.18	1.2	露天
29	钢筋骨架	t	3～7	0.12～0.18	—	露天
30	金属结构	t	3～7	0.16～0.24	—	露天
31	铁件	t	10～20	0.9～1.5	1.5	露天或棚
32	钢门窗	t	10～20	0.65	2	棚
33	木门窗	m²	3～7	30	2	棚
34	木屋架	m³	3～7	0.3	—	露天
35	模板	m³	3～7	0.7	—	露天
36	大型砌块	m³	3～7	0.9	1.5	露天
37	轻质混凝土制品	m³	3～7	1.1	2	露天
38	水、电及卫生设备	t	20～30	0.35	1	棚、库各占 1/4
39	工艺设备	t	30～40	0.6～0.8	—	露天占 1/2
40	各种劳保用品	件		250	2	库

表 1-14　按系数计算仓库面积参考资料

序号	名称	计算基数(m)	单位	系数 φ	备注
1	仓库(综合)	按年平均全员人数(工地)	m²/人	0.7～0.8	陕西省一局统计手册
2	水泥库	按当年水泥用量的 40%～50%	m²/t	0.7	黑龙江、安徽省用
3	其他仓库	按当年工作量	m²/万元	1～1.5	
4	五金杂品库	按年建安工作量计算时	m²/万元	0.1～0.2	原华东院施工组织设计手册
5	五金杂品库	按年平均在建建筑面积计算时	m²/百 m²	0.5～1	原华东院施工组织设计手册

续表 1-14

序号	名 称	计算基数(m)	单 位	系数 φ	备 注
	土建工具库	按高峰年(季)平均全员人数	m²/人	0.1~0.2	建研院、原一机部一院资料
6	水暖器材库	按年平均在建建筑面积	m²/百 m²	0.2~0.4	建研院、原一机部一院资料
7	电器器材库	按年平均在建建筑面积	m²/百 m²	0.3~0.5	建研院、原一机部一院资料
8	代工油漆危险品仓库	按年建安工作量	m²/万元	0.05~0.1	
9	三大工具堆场(脚手、跳板、模板)	按年平均在建建筑面积	m²/百 m²	1~2	
		按年建安工作量	m²/万元	0.3~0.5	

（4）行政生活服务人员用临时设施

行政生活福利临时设施是专为工作人员服务的。如办公室、宿舍、食堂、医务室、俱乐部等，其参考指标见表 1-15。

表 1-15 行政生活福利临时设施建筑面积参考指标

临时房屋名称	指标使用方法	参考指标(m²/人)	备注
一、办公室	按干部人数	3~4	
二、宿舍	按高峰年(季)平均职工人数(扣除不在工地住宿人数)	2.5~3.5	
单层通铺		2.5~3	
双层床		2.0~2.5	
单层床		3.5~4	
三、家属宿舍		16~25m²/户	1. 本表根据收集到的全国有代表性的企业、地区的资料综合
四、食堂	按高峰年平均职工人数	0.5~0.8	
五、食堂兼礼堂	按高峰年平均职工人数	0.6~0.9	2. 工区以上设置的会议室已包括在办公室指标内
六、其他合计	按高峰年平均职工人数	0.5~0.6	
医务室	按高峰年平均职工人数	0.05~0.07	3. 家属宿舍应以施工期长短和离基地情况而定,一般按高峰年职工平均人数的 10%~30% 考虑
浴室	按高峰年平均职工人数	0.07~0.1	
理发室	按高峰年平均职工人数	0.01~0.03	
浴室兼理发室	按高峰年平均职工人数	0.08~0.1	
俱乐部	按高峰年平均职工人数	0.1	4. 食堂包括厨房、库房,应考虑在工地就餐人数和几次进餐
小卖部	按高峰年平均职工人数	0.03	
招待所	按高峰年平均职工人数	0.06	
托儿所	按高峰年平均职工人数	0.03~0.06	
子弟小学	按高峰年平均职工人数	0.06~0.08	
其他公用	按高峰年平均职工人数	0.05~0.10	
七、现场小型设施			
开水房		10~40	
厕所	按高峰年平均职工人数	0.02~0.07	
工人休息室	按高峰年平均职工人数	0.15	

二、临时道路

临时道路的参考指标见表1-16～表1-19。

表1-16 简易公路技术要求表

指标名称	单位	技术标准
设计车速	km/h	≤20
路基宽度	m	双车道6～6.5;单车道4.4～5;困难地段3.5
路面宽度	m	双车道5～5.5;单车道3～3.5
平面曲线最小半径	m	平原、丘陵地区20;山区15;回头弯道12
最大纵坡	%	平原地区6;丘陵地区8;山区9
纵坡最短长度	m	平原地区100;山区50
桥面宽度	m	木桥4～4.5
桥涵载重等级		木桥涵7.8～10.4(汽—6～汽—8)

表1-17 各类车辆要求路面最小允许曲线半径

车辆类型	路面内侧最小曲线半径(m)			备注
	无拖车	有一辆拖车	有两辆拖车	
小客车、三轮汽车	6			
一般二轴载重汽车:单车道	9	12	15	
双车道	7			
三轴载重汽车、重型载重汽车、公共汽车	12	15	18	
超重型载重汽车	15	18	21	

表1-18 临时道路路面材料和厚度

路面种类	特点及其使用条件	路基土	路面厚度(cm)	材料配合比
级配砾石路面	雨天照常通车,可通行较多车辆,但材料级配要求严格	砂质土	10～15	体积比: 黏土:砂:石子=1:0.7:0.5 质量比: (1)面层:黏土13%～15%,砂石料85%～87% (2)底层:黏土10%,砂石混合料90%
		黏质土或黄土	14～18	
石路面	雨天照常通车,碎(砾)石本身含土较多,不加砂	砂质土	10～18	碎(砾)石大于65%,当地土壤含量不大于35%
		砂质土或黄土	15～20	
碎砖路面	可维持雨天通车,通行车辆较少	砂质土	13～15	垫层:砂或炉渣4～5cm 底层:7～10cm碎砖 面层:2～5cm碎砖
		黏质土或黄土	15～18	

续表 1-18

路面种类	特点及其使用条件	路基土	路面厚度(cm)	材料配合比
炉渣或矿渣路面	可维持雨天通车,通行车辆较少,附近有此项材料可以利用时	一般土	10~15	炉渣或矿渣75%,当地土25%
		较松软时	15~30	
砂土路面	雨天停车,通行车辆较少,附近不产石料而只有砂时	砂质土	15~20	粗砂50%,细砂、粉砂和黏质土50%
		黏质土	15~30	
风化石屑路面	雨天不通车,通行车辆较少,附近有石屑可以利用	一般土	10~15	石屑90%,黏土10%
石灰土路面	雨天停车,通行车辆少,附近产石灰时	一般土	10~13	石灰10%,当地土90%

表 1-19 路边排水沟最小尺寸

边沟形状	最小尺寸(m)		边坡坡度	使用范围
	深	底宽		
梯形	0.4	0.4	1:1~1:1.5	土质路基
三角形	0.3	—	1:2~1:3	岩石路基
方形	0.4	0.3	1:0	岩石路基

三、施工现场供水

1)施工现场每班最高用水量 q_1(L/s)按下式计算:

$$q_1 = K \sum (Q_1 N_1 K_2)/(8 \times 3600)$$

式中 K——未预计施工用水系数(1.05~1.15);

Q_1——每班计划完成的工程量;

N_1——施工用水定额(表1-20);

K_2——用水不均衡系数(表1-21)。

表 1-20 施工用水参考定额

序号	用水项目	单位	耗水量(L)	备注
1	浇筑混凝土全部用水	m³	1700~2400	
2	搅拌普通混凝土	m³	250	
3	搅拌轻质混凝土	m³	300~350	
4	搅拌泡沫混凝土	m³	300~400	
5	搅拌热混凝土	m³	300~350	
6	混凝土自然养护	m³	200~400	
7	混凝土蒸汽养护	m³	500~700	

续表 1-20

序号	用 水 项 目	单位	耗水量(L)	备 注
8	模板湿润	m³	10~15	
9	搅拌机清洗	台班	600	
10	人工冲洗石子	m³	1000	
11	机械冲洗石子	m³	600	
12	洗砂	m³	1000	
13	砌砖工程全部用水	m³	150~250	
14	砌石工程全部用水	m³	50~80	
15	抹灰工程全部用水	m³	30	
16	耐火砖砌体工程	m³	100~150	包括砂浆搅拌
17	浇砖	千块	200~250	
18	浇硅酸盐砌块	m³	300~350	
19	抹面	m²	4~6	不包括调制用水
20	楼地面抹砂浆	m²	190	
21	搅拌砂浆	m³	300	
22	石灰消化	t	3000	
23	上水管道工程	m	98	
24	下水管道工程	m	1130	
25	工业管道工程	m	35	

表 1-21 施工用水不均衡系数

K 号	用 水 对 象	系 数
K_2	现场施工用水	1.5
	附属生产企业用水	1.25
K_3	施工现场生活用水	1.3~1.5
K_4	生活区生活用水	2.00~2.50

2)施工机械用水量 q_2(L/s)按下式计算:

$$q_2 = K_1 \sum Q_2 N_2 K_5 / (8 \times 3600)$$

式中　K_1——未预计的施工用水系数(1.05~1.15);

　　　Q_2——同一种机械设备台数;

　　　N_2——施工机械台班用水定额;

　　　K_5——施工机械台班用水不均衡系数(表 1-22)。

表 1-22 施工机械台班用水不均衡系数

编号	用水名称	系数
K_5	动力设备	1.05~1.10
	施工机械、运输机械	2.00

3)施工现场生活用水量 q_3(L/s)按下式计算:

$$q_3 = p_1 N_2 K_3 / (t \times 8 \times 3600)$$

式中　p_1——施工现场高峰期昼夜人数；

　　　N_2——施工现场生活用水定额见表1-23；

　　　K_3——施工现场用水不均衡系数见表1-21；

　　　t——每天工作班数。

　　4) 生活区生活用水量 q_4 (L/s) 按下式计算：

$$q_4 = p_2 \cdot N_3 \cdot K_4 / 24 \times 3600$$

表1-23　施工现场生活用水量 (N_2、N_3) 参考定额

序	用水对象	单位	耗水量	备注
1	生活区全部生活用水	L/人·日	80～120	
2	盥洗、饮用用水	L/人·日	25～40	开水5L，冷热水20
3	食堂	L/人·次	10～15	
4	淋浴室	L/人·次	40～60	
5	淋浴室（带大池）	L/人·次	30～50	
6	洗衣房	L/kg 干衣	40～60	
7	理发室	L/人次	10～25	
8	学校	L/学生·日	10～30	
9	幼儿园、托儿所	L/儿童·日	75～100	
10	医院	L/病床·日	100～150	
11	施工现场生活用水	L/人·班	20～60	N_2

式中　p_2——生活区居住人数；

　　　N_3——生活区昼夜全部生活用水定额见表1-23；

　　　K_4——生活区用水不均衡系数见表1-21。

　　5) 消防用水量 q_5 (L/s) 参见表1-24。

表1-24　消防用水量

序号	用水名称	火灾同时发生次数	用水量(t)
1	居住区消防用水		
	5000人以内	1	10
	10000人以内	2	10～15
	25000人以内	2	15～20
2	施工现场消防用水		
	施工现场在25ha内	2	10～15
	每增加25ha		5

　　施工现场的消防用水必须具备充足的水源和足够的供水管道及供水管具，做到有备无患，防患于未然。发现起火应及时扑灭，将损失降低到最低限度。

　　为了保证水的供给，必须配备各种直径的给水管，施工常用管材见表1-25。

　　硬聚氯乙烯管、铝塑复合管、聚乙烯管、镀锌钢管的公称直径有15mm、20mm、25mm、

32mm、40mm、50mm、70mm、80mm、100mm 的管使用比较普遍,其优点是质量轻、便于安装、省工省料、操作方便。

表 1-25　施工常用管材

管　材	介质参数		使用范围
	最大工作压力(MPa)	温度(℃)不大于	
硬聚氯乙烯管 铝塑复合管	0.25~0.6	−15~60	给水
聚乙烯管	0.25~1.0	40~60	室内外给水
镀锌钢管	≤1	<100	室内外给水

直径超过 100mm 的铸铁管有 125mm、150mm、200mm、250mm、300mm 及其 300mm 以上的给水管道,具有口径大、输水量高、抗腐蚀性强、不易变形等优点;缺点是安装工序比较繁琐、不利于简便施工。为解决这一不利施工的矛盾,制造厂的技术人员对以捻口方式接口的水管进行了技术改进,通过使用薄壁、卡口连接和加长管体的长度等先进技术,取得了很好的效果。随着科学技术的不断发展,铸铁管材在工程建设方面的应用将更为广泛。

四、施工现场用电

施工现场用电包括施工机械设备用电和照明用电,根据设备的功率计算施工现场所需要的用电量,根据用电量采用相应的导线和变压器。

施工机械设备用电定额见表 1-26。

表 1-26　施工机械设备用电定额参考表

机械名称	型　号	功率(kW)	机械名称	型　号	功率(kW)
塔式起重机	红旗Ⅱ-16 型 (整体拖运)	19.5	塔式起重机	德国 PEINE 厂产 SK280-055307 314t·m	150
	QT40TQ2-6	48		德国 PEINE 厂产 SK560-05 675t·m	170
	TQ66/80	55.5			
	TQ90 自升式	58	混凝土搅拌楼(站)	HL80	41
	QJ100 自升式	63	混凝土输送泵	HB-15	32.2
	法国 POTAIN 厂产 H5-56B5P 225t·m	150	混凝土喷射机(回转式)	HPH6	7.5
			混凝土喷射机(罐式)	HPG4	3
	法国 POTAIN 厂产 H5-56B 235t·m	137	插入式振动器	ZX25	0.8
				ZX35	0.8
				ZX50	1.1
	法国 POTAIN 厂产 TOPKITF0/25 132t·m	160		ZX50C	1.1
				ZX70	1.5
	法国 B.P.R 厂产 GTA91-83 450t·m	160	平板式振动器	ZB5	0.5
				ZB11	1.1

续表 1-26

机械名称	型号	功率(kW)	机械名称	型号	功率(kW)
冲击式钻机	YKC-20C	20	钢筋切断机	QJ40	7
	YKC-22M	20		QJ40-1	5.5
	YKC-30M	40		QJ32-1	3
螺旋式钻扩孔机	BQZ-400	22	自落式混凝土搅拌机	JD150	5.5
螺旋钻孔机	ZKL400	40		JD200	7.5
	ZKL600	55		JD250	11
	ZKL800	90		JD350	15
振动打拔桩机	DZ45	45		JD500	18.5
	DZ45Y	45	卷扬机	JJK0.5	3
	DZ30Y	30		JJK-0.5B	2.8
	DZ55Y	55		JJK-1A	7
	DZ90A	90		JJK-5	40
	DZ90B	90		JJZ-1	7.5
附着式振动器	ZW4	0.8		JJ1K-1	7
	ZW5	1.1		JJ1K-3	28
	ZW7	1.5		JJ1K-5	40
	ZW10	1.1		JM-0.5	3
	ZW30-5	0.5		JJM-3	7.5
混凝土振动台	ZT-1×2	7.5		JJM-5	11
	ZT-1.5×6	30		JJM-10	22
	ZT-2.4×6.2	55	强制式混凝土搅拌机	JW250	11
真空吸水机	HZX-40	4		JW500	30
	HZX-60A	4	钢筋弯曲机	GW40	3
	改型泵Ⅰ号	5.5		WJ40	3
	改型泵Ⅱ号	5.5		GW32	2.2
预应力拉伸机油泵	ZB1/630	1.1	交流电焊机	BX3-120-1	9①
	ZB2×2/500	3		BX3-300-2	23.4①
	ZB4/49	3		BX3-500-2	38.6①
	ZB10/49	11		BX2-100-(BC-1000)	76①
振动夯土机	HZD250	4	直流电焊机	AX1-165(AB-165)	6
蛙式夯土机	HW-32	1.5		AX4-300-1(AG-300)	10
	HW-60	3		AX-320(AT-320)	14
钢筋调直切断机	GT4/14	4		AX5-500	26
	GT6/14	11		AX3-500(AG-500)	26
	GT6/8	5.5	纸筋麻刀搅拌机	ZMB-10	3
	GT3/9	7.5	灰浆泵	uB₃	4

续表 1-26

机械名称	型　号	功率(kW)	机械名称	型　号	功率(kW)
灰气联合泵	uBJ₂	2.2	载货电梯	JJ1	17.5
	uB76-1	5.5	建筑施工外用电梯	SC0100/100A	11
粉碎淋灰机	FL16	4	木工电刨	MIB₂-80/1	3
单盘水磨石机	SF-D	2.2	木工刨板机	MB1043	3
双盘水磨石机	SF-S	4	木工圆锯	MJ104	3
侧式水磨石机	CM2-1	1		MJ114	3
立面水磨石机	MQ-1	1.65		MJ106	5.5
墙围水磨石机	YM200-1	0.55	脚踏截锯机	MJ217	7
地面磨光机	DM-60	0.4	单面木工压刨机	MB103	3
套丝切管机	TQ-3	1		MB103A	4
电动液压弯管机	WYQ	1.1		MB106	7.5
电动弹涂机	DT120A	8		MB104A	4
液压升降机	YSF25-50	3	双面木工压刨机	MB106A	4
泥浆泵	红星 30	30	木工平刨床	MB503A	3
	红星 75	60	木工平刨床	MB504A	3
液压控制台	YKT-36	7.5	普通木工车床	MCD6168	3
自动控制、调平液压控制台	YZKT-56	11	单头直榫开榫机	MX2112	9.8
静电触探车	ZJYY-20A	10	灰浆搅拌机	uJ325	3
混凝土沥青地割机	BC-D1	5.5	灰浆搅拌机	uJ100	22
小型砌块成型机	GC-1	6.7	反循环钻孔机	BDM-1 型	22

注:①数值为各持续率时的其额定持续功率。

现场室内照明用电定额参考见表 1-27。

表 1-27　室内照明用电定额参考资料

序号	用电定额	容量(W/m²)	序号	用电定额	容量(W/m²)
1	混凝土及灰浆搅拌站	5	13	学校	6
2	钢筋室外加工	10	14	招待所	5
3	钢筋室内加工	8	15	医疗所	6
4	木材加工(锯木及细木制作)	5～7	16	托儿所	9
5	木材加工(模板)	8	17	食堂或俱乐部	5
6	混凝土预制构件厂	6	18	宿舍	3
7	机电修配及金属结构	12	19	理发室	10
8	空气压缩机及泵房	7	20	淋浴间及卫生间	3
9	卫生技术管道加工厂	8	21	办公楼、试验室	6
10	设备安装加工厂	8	22	棚库及仓库	2
11	变电所及发电站	10	23	锅炉房	3
12	机车或汽车停放库	5	24	其他文化福利	3

室外照明用电参考表 1-28。

表 1-28 室外照明用电参考表

序号	用电名称	容量	序号	用电名称	容量
1	安装及铆焊工程	2.0W/m²	6	行人及车辆主干道	2000W/km
2	卸车场	1.0W/m²	7	行人及车辆非主干道	1000W/km
3	设备堆放,砂石、钢筋、半成品堆放	0.8W/m²	8	打桩工程	0.6W/m²
			9	砖石工程	1.2W/m²
4	夜间运料(夜间不运料)	0.8 (0.5)W/m²	10	混凝土浇筑工程	1.0W/m²
			11	机械挖土工程	1.0W/m²
5	警卫照明	1000W/km	12	人工挖土工程	0.8W/m²

计算用电量时,可从以下各点考虑:

①在施工进度计划中施工高峰期同时用电机械设备最高数量。

②各种机械设备在施工过程中的使用情况。

③现场施工机械设备及照明灯具的数量。

总用电量可按下式进行计算:

$$p = (1.05 - 1.10)(K_1 \cdot \sum p_1/\cos\varphi + K_2 \sum p_2 + K_3 \sum p_3 + K_4 \sum p_4)$$

式中　p——供电设备总需用功率(kW);

　　p_1——电动机额定功率(kW);

　　p_2——电焊机额定功率(kW);

　　p_3——室内照明功率(kW);

$K_1 \sim K_4$——调整系数,见表 1-29;

　　p_4——室外照明功率(kW);

　　$\cos\varphi$——电动机的平均功率因数(在施工现场最高为 0.75～0.78,一般为 0.65～0.75)。

表 1-29 K_1、K_2、K_3、K_4 系数表

用电名称	数量(台)	系数	数值	备注
电动机	3～10	K_1	0.7	
	11～30		0.6	
	>30		0.5	如冬期施工混凝土需电热养护时,应将其用电量予以考虑,为使计算结果接近实际,在用电量计算公式中,各机械设备与照明用电应根据工作的不同性质分别进行计算
加工设备			0.5	
电焊机	3～10	K_2	0.6	
	>10		0.5	
室内照明		K_3	0.8	
室外照明		K_4	1.1	

白天施工且没有夜班时可不考虑灯光照明。

根据不同环境和敷设方式下导线和电缆型号,见表 1-30(室外)。

表 1-30　　不同环境和敷设方式的导线和电缆型号(室外)

环　境	线路敷设方式	常用导线和电缆型号
正常环境	绝缘线、裸线瓷珠明配线	BBLX、BLXF、BLV、BLX、LJ、LMY
	绝缘线穿管明敷	BBLX、BLXF、BLX、BLV
	电缆明敷或放置沟中	ZLL、ZLL₁₁、VLV、YJV、XLVZLQ
	绝缘线瓷珠、瓷夹或铝皮卡明配线	BBLX、BLXF、BLVV、BLX
潮湿、特别潮湿环境	电缆明敷	ZLL、VLV、YJV、XLV
	绝缘线穿塑料管钢管明敷和暗敷	BBLX、BLXF、BLV、BLX
	绝缘线瓷瓶明配线敷设高度>3.5m	BBLX、BLXF、BLV、BLX
多尘埃环境(不涉及火花和爆炸危险性尘埃)	电缆明敷设或放在沟中	ZLL₁、ZLL₁₁、VLV、XLX、ZLQ
	绝缘线穿钢管明敷或暗敷设	BBLX、BLV、BLXF、BLX
	绝缘线瓷珠、瓷瓶明配线	BBLK、BLXF、BLV、BLVV、BLX
有爆炸危险的环境	绝缘线穿钢管明或暗敷	BBX、BV、BX
	电缆明敷	ZL₁₂₀、ZQ₂₀、VV₂₀
有腐蚀性环境	塑料线瓷珠、瓷珠明敷	BLV、BLW
	绝缘线穿塑料管明敷或暗敷	BBLX、BLXF、BLV、BV、BLX
	电缆明敷设	VLV、YJV、ZLL₁₁、XLV
有火灾危险的环境	电缆明敷或放置在沟槽中	ZLL、ZLQ、VLV、XLV、XLHF
	绝缘线穿钢管明敷或暗敷	BBLX、BLV、BLX
	绝缘线瓷瓶明配线	BBLX、BLV、BLX

注:绝缘导线型号的表示:

L——表示铝线,没有 L 时表示铜线;

F——表示复合物;

V——第一个字母表示聚氯乙烯绝缘,第二个字母表示聚氯乙烯护套;

B——第一个字母表示布线,第二个字母表示玻璃丝编织,第三个字母表示扁形(即表示相互平行)。

根据导线敷设方式选择的室内导线、电缆型号表见表 1-31。

表 1-31　　敷设方式的导线、电缆型号表(室内)

线路	敷设方式	导线型号	额定电压(V)	导线名称	截面面积(mm²)	备注
500V以下交直流电线路	吊灯用软线	RVS	250	钢芯聚氯乙烯绝缘绞型软线	0.5	
		RFS		铜芯丁腈聚氯乙烯复合物绝缘软线		
	架空线路	LJ	—	裸体铝绞线	25	杆距≤40m 者,可用16mm²,但小区公路用线应不小于 25mm²
	架空进户线	BLXF	500	铝芯氯丁橡皮绝缘电线	10	距离不应超过 25m
	塑料线夹、瓷夹板	BLV	500	铝芯聚氯乙烯绝缘电线	2.5	导线颜色均为白色
	管内配线、瓷柱、瓶、木槽板	BLV	500	铝芯聚氯乙烯绝缘电线	2.5	设计图中对导线型号未注明特殊要求时,表中所列导线型号均可利用
		BBLX		铝芯玻璃丝编织橡胶线		
		BLXL		铝芯氯丁橡胶绝缘电线		

续表 1-31

线路	敷设方式	导线型号	额定电压 (V)	导线名称	截面面积 (mm²)	备注
500V 以下交直流电线路	电缆在室内明敷或在沟槽内架设	VLV XLV	500	铝芯聚氯乙烯绝缘,聚氯乙烯护套电力电缆 铝芯橡胶绝缘,聚氯乙烯护套电力电缆	4	敷设过程中,弯曲半径不应小于电缆外径的20倍
	电缆在室内明敷或在沟槽内架设	VLV₂ XLV	500	铝芯聚氯乙烯绝缘聚氯乙烯护套钢带铠甲电力电缆 铝芯橡胶绝缘,聚氯乙烯护套电力电缆	4	敷设时,弯曲半径不应小于电缆外直径的20倍
	电缆敷设在地下,或部分穿套保护管	VLV₂ VLX₂	500	铝芯聚氯乙烯绝缘聚氯乙烯护套钢带铠装电力电缆 铝芯聚氯乙烯绝缘、护套钢带铠装电力电缆	4	敷设时,弯曲半径不应小于电缆外直径的20倍

SL$_7$ 系列 6kV、10kV 级铝线低损耗电力变压器选择见表 1-32。

表 1-32 SL$_7$ 系列 6kV、10kV 级铝线低损耗电力变压器

型 号	额定容量 (kV·A)	额定电压(kV)		外形尺寸(mm)				轨距 (mm)
		高压	低压	器身	油	总重量	长×宽×高	
SL$_7$-30/10	30			185	87	317	1010×620×1165	400
SL$_7$-50/10	50			275	125	480	1110×685×1285	400
SL$_7$-63/10	63			300	135	525	1150×690×1305	550
SL$_7$-80/10	80			335	150	590	1200×785×1485	550
SL$_7$-100/10	100			390	170	685	1280×795×1530	550
SL$_7$125/10	125			420	205	790	1300×840×1540	550
SL$_7$-160/10	160			520	245	945	1340×860×1660	550
SL$_7$-200/10	200	6,6.3		595	270	1070	1380×870×4700	550
SL$_7$-250/10	250		0.4	690	305	1235	1420×880×1770	660
SL$_7$-315/10	315	10		830	360	1470	1470×900×1870	660
SL$_7$-400/10	400			985	450	1790	1530×1230×2000	660
SL$_7$-500/10	500			1140	490	2050	1610×1210×2040	660
SL$_7$-630/10	630			1580	713	2760	1670×1520×2300	820
SL$_7$-800/10	800			1830	815	3200	2005×1730×2640	820
SL$_7$-1000/10	1000			2250	1048	3980	2160×1610×2900	820
SL$_7$-1250/10	1250			2620	1147	4650	2180×1830×2945	1070
SL$_7$-1600/10	1600			3120	1332	5620	2235×2050×3150	820

注:本表为宁波变压器厂和福州变压器厂提供的生产产品数据。

裸导线截面与功率的关系见表 1-33。

表 1-33　裸体导线截面与功率的关系

功率(kW) / 截面面积(mm²)	电压(V) 220			380			6000			10000		
	铜	铝	钢	铜	铝	钢	铜	铝	钢	铜	铝	钢
4	7.7	—	—	23.0								
6	10.8	—	2.6	32.2	—	7.8						
10	14.6	—	3.2	43.8	—	9.6						
16	20.0	16.2	4.2	59.5	48.2	12.8						
25	27.7	20.8	4.9	82.5	62.0	14.7	1300	980	230			
35	33.9	26.2	11.8	101	78	35.4	1600	1230	560			
50	41.6	33.0	16.0	124	99	41.8	1960	1560	660	3270	2600	1100
60	48.6	—	—	147			2300	—		8820		
70	52.4	40.8	19.1	156	122	58.0	2480	1920	900	1120	3200	1500
95	64.0	50.0	21.8	190	150	66.3	3010	2350	1020	5050	3950	1720
120	74.5	58.0	27.1	222	173	82.5	3520	2720	1280	5850	4550	2130
150	83.0	87.5	—	260	203	—	4150	3200	—	6900	5330	—
185	98.5	77.0	—	296	230	—	4700	3640	—	7800	6050	—
240	120	—		364	—		5600			9300		

注:功率因数取 0.7,空气温度取 25℃,导线极限温度为 70℃。

绝缘导线截面与功率关系见表 1-34。

表 1-34　绝缘导线截面与功率关系

功率(kW) / 截面面积(mm²)	电压(V) 220		380		6000		10000	
	铜芯	铝芯	铜芯	铝芯	铜芯	铝芯	铜芯	铝芯
2.5	4.2	3.2	12.4	9.7	—	—	—	—
4	5.5	4.3	16.5	12.9	—	—	—	—
6	7.1	5.5	22.1	16.5	—	—	—	—
10	10.5	8.2	31.3	24.3	—	—	—	—
16	14.1	10.8	42.3	32.3	—	—	—	—
25	19.0	14.9	56.5	44.5	894	705	—	—
35	23.4	18.0	70.0	54.0	1110	850	—	—
50	29.6	22.8	88.5	68.0	1395	1080	2320	1790
70	37.4	28.8	111	86	1750	1360	2930	2730
95	45.0	34.8	134	104	2120	1640	2530	2730
120	52.5	41.0	157	122	2480	1925	4140	3210
150	60.5	47.0	180	140	2840	2210	4740	3680
185	69.5	54.0	207	162	3260	2543	5450	4250
240	82.0	64.0	244	192	3860	3020	6440	5050

注:功率因数取 0.7。

五、现场排水

1. 地面截水

1）贯彻先地下、后地上的原则，要根据工程情况，有条件的要结合正式工程预先做好正式下水道。在做基础的同时，根据自然排水的流向，配合将外线工程（包括雨水管线及水管线）做好。对湿陷性黄土和膨胀土地区，防水更为重要。

2）结合总平面图利用自然地形确定排水方向，找出坡度。并视施工现场大小设计与开挖临时纵横排水沟，排水沟应按规定放坡。

3）排水沟如不能通往泄水处时，可选择远离建筑物的地点挖集水池（或集水井），用水泵外抽，但对其他建筑物不得有影响。

4）布置的排水路线需横过马路时，应埋置横管，防止向路面上溢水。

5）现场邻近高地时，高地边沿应挖截水沟，防止雨水侵入现场。傍山的工地要结合正式防洪沟考虑防洪和排洪问题，拦截场外施工水流进入现场。同时还要在雨季前做好对危石的处理，防止滑坡或塌方。对现场排水应随时保证畅通，可设专人负责，定期疏通。

6）要防止地面水排入地下室、基础、地沟及室内，应在雨季前将其封死。

2. 排除坑内积水

基坑开挖时，地下水和地表水的渗入会造成积水，施工时遇雨天也会造成基坑积水。为防止水泡塌方，在挖方前应做好土方施工的排水方案，并准备相应的设备，以保证顺利开挖。浅基础或水量不大的基坑，一般在挖方时保持坑底有一定的排水坡度，并在低处挖沟引水，每 30～40m 设一个集水井于基坑范围之外。井底应低于集水沟 1m 左右或深于抽水泵进水阀的高度。井壁可用竹、木、砖等简易办法临时加固，如图 1-1

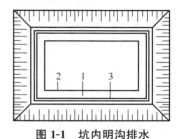

图 1-1 坑内明沟排水

1. 排水沟　2. 集水井　3. 基础外缘线

所示，并且利用水泵或人力将水抽出坑外。如为渗水性土的基坑，应将出水管适当引得远一些，以防抽出水再渗回坑内。在渗水性较强的土层中，抽水时可能使邻近基坑的水位相应降低，可利用这种条件，同时安排几个基坑一起施工。

随着基坑的挖深，排水沟和集水井也应逐级向下挖深，如图 1-2 所示，这就是分层开挖明沟排水。

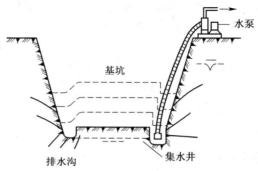

图 1-2 分层开挖明沟排水

排水沟与集水井应经常保持一定高差，一般集水井底比排水沟底要低 0.7～1.0m，排水沟底比挖土面低 0.5m 以上,沟底要有 2‰~5‰ 的纵坡。当基坑挖至设计标高后,井底应低于坑底 1~2m,并铺设 30cm 左右的碎石或粗砂滤水层,以防抽水时将土粒搅动带走。

　　排水明沟的截面积多采用梯表,在地形限制下和岩石地段可用矩形。梯形明沟常用边坡值见表 1-35。各种构造的明沟最大容许流速和粗糙系数见表 1-36。

表 1-35　梯形明沟边坡值

土的类别与铺砌情况	边坡值 $1:m$	土的类别与铺砌情况	边坡值 $1:m$
砂质黏土	$1:1.50$~$1:2.00$	风化岩土	$1:0.25$~$1:0.50$
黏土、亚黏土	$1:1.25$~$1:1.50$	岩石	$1:0.10$~$1:0.25$
砾石土、卵石土	$1:1.25$~$1:1.50$	砖石或混凝土铺砌	$1:0.50$~$1:1.00$
半岩性土	$1:0.50$~$1:1.00$		

表 1-36　明沟最大容许流速和粗糙系数

明沟构造	最大容许流速(m/s)	粗糙系数 n
细沙、中沙、轻亚黏土	0.5~0.6	0.030
粗沙、亚黏土、黏土	1.0~1.5	0.030
黏土(有草皮护面)	1.6	0.025
软质岩石(石灰岩、砂岩、页岩)	4.0	0.017
干砌毛(卵)石	2.0~3.0	0.020
浆砌毛(卵)石	3.0~4.0	0.017
混凝土、各种抹面	4.0	0.013
浆砌砖	4.0	0.015 (0.017)

　　注:①当水深 h 小于 0.4m 或大于 1m 时,表中流速应乘以下列系数:$h<0.4m$:0.85;$h≥1.0m$:1.25;$h≥2.0m$:1.40。

　　②最小容许流速不小于 0.4m/s。

　　③明沟通过坡度较大地段,其流速超过表中规定时,应在该地段设置跌水或消力槽。

　　④浆砌砖明沟采用次质砖时 $n=0.017$。

　　明沟排水法设备简单,排水方便,多用于水流量大但颗粒不被带走的粗粒土层,也可用于渗水量不大的黏性土,但不宜用于细砂土和粉砂土。

3. 明沟计算

　　在一般情况下,明沟的流量、流速可按以下公式计算:

$$Q=Av$$
$$v=C\sqrt{Ri}$$

式中　Q——明沟的流量(m^3/s);

　　　A——明沟水流有效面积(m^2);

　　　v——流速(m/s);

　　　C——流速系数,与粗糙系数、水力半径有关,由表 1-37 查得;

　　　R——水力半径,m,即明沟有效面积与明沟湿润边总长度之比值,常用明沟的 R 值,见表 1-38；

i——明沟纵坡度。

表 1-37　流速系数 C 值

R \ n	0.013	0.015	0.017	0.020	0.025	0.030
0.10	54.3	45.1	38.1	30.6	22.4	17.3
0.12	55.8	46.5	39.5	32.6	23.5	18.3
0.14	57.2	47.8	40.7	33.0	24.5	19.1
0.16	58.4	48.9	41.8	34.0	25.4	19.9
0.18	59.5	49.8	42.7	34.8	26.2	20.6
0.20	60.4	50.8	43.6	35.7	26.9	21.3
0.22	61.3	51.7	44.4	36.4	27.6	21.9
0.24	62.1	52.5	45.2	37.1	28.3	22.5
0.26	62.9	53.2	45.9	37.8	28.8	23.0
0.28	63.6	54.0	46.5	38.4	29.4	23.5
0.30	64.3	54.6	47.2	39.0	29.9	24.0
0.35	65.8	56.0	48.6	40.3	31.1	25.1
0.40	67.1	57.3	49.8	41.5	32.2	26.0
0.45	68.4	58.4	50.9	42.5	33.1	26.9
0.50	69.5	59.5	51.9	43.5	34.0	27.8
0.55	70.4	60.5	52.8	44.4	34.8	28.5
0.60	71.4	61.4	53.7	45.2	35.5	29.2
0.65	72.2	62.2	54.5	45.9	36.2	29.8
0.70	73.0	63.0	55.2	46.6	36.9	30.4

表 1-38　常用明沟的水力半径 R 值

水深 h(m)	$m=1$	$m=1.5$	$B=400$	$B=600$	水深 h(m)	$m=1$	$m=1.5$	$B=400$	$B=600$
0.3	0.17	0.17	0.12	0.15	1.0	0.43	0.47	0.17	0.23
0.4	0.21	0.22	0.13	0.17	1.1	0.45	0.52	0.17	0.24
0.5	0.24	0.26	0.14	0.19	1.2	0.51	0.56	0.17	0.24
0.6	0.29	0.30	0.15	0.20	1.3	0.54	0.60	0.17	0.24
0.7	0.32	0.35	0.16	0.21	1.4	0.58	0.64	0.18	0.25
0.8	0.36	0.39	0.16	0.22	1.5	0.62	0.68	0.18	0.25
0.9	0.40	0.43	0.16	0.23					

【示例】 已知梯形明沟底宽 $B=0.6\text{m}$，边坡值为 1：1.5，水深 $h=0.6\text{m}$，黏性土，$n=0.030$，纵坡度 $i=0.5\%$，试计算明沟的流速和流量。

解： 由题意知：水流有效面积 $A＝0.4×0.6＝0.24(m^2)$。查表 1-38 得 $R＝0.30$，查表 1-37 得 $C＝24.0$，则

流速　　　　$v＝24.0×\sqrt{0.30×0.005}＝0.93(m/s)(v＝C\sqrt{Ri})$

流量　　　　$Q＝0.36×0.93＝0.335m^3/s(Q＝AV)$

基坑抽水有两种办法：一种是涌水量较小的排水，可采用人力提水桶、手摇泵或水龙车等将水排出；另一种是涌水量较大或暴雨灌坑的排水，应采用动力水泵排出，一般有机动、电动、真空、虹吸泵等。选用水泵时，一般按水泵的排水量是基坑涌水量的 1.5～2 倍；当涌水量 $Q<20m^3/h$ 时，可用膜式泵或手摇水泵；当涌水量 $Q＝20～60m^3/h$ 时，可用膜式泵或离心式水泵；当涌水量 $Q>60m^3/h$ 时，采用离心式水泵。应参照水泵的技术性能及适用条件确定合理的排水方案。

4. 运输道路的维护

现场道路和排水应结合施工总平面图统一安排，争取先做正式道路，作为施工的运输干线。做正式道路有困难或不能修正式道路时，应做好临时道路，对于临时道路有如下要求。

1）不论做什么样的路面，路基起拱高度均应按设计规定，路基两旁要做排水沟，路旁要碾实，路基易受冲刷的部分可采取用石块堆置的办法加固，主要路面可铺焦渣、石灰渣、砾石等渗水防滑材料，保持道路畅通无阻。

2）砂性土壤区，渗水、排水能力强的土质，可不铺临时路面，而重型车辆通行地区可加做路面。

3）为了使干线上减少泥泞淤滑，凡黏土焦渣路或黏土碎石路与高级路面交接处可修 10～15m 长的一段碎石截泥道，将车辆轮胎上的泥土截在该段路上。

4）临时道路可向两侧起拱 5‰，道路两侧做好排水沟。

5）道路维护是一项经常而重要的工作，需指定专人负责，对不平路面或积水处，应抓紧晴天及时修好。

六、原材料、成品、半成品堆放

1）水泥。水泥应按不同品种、标号、出厂日期和厂家分别堆放。雨季更应遵守"先收先发，后收后发"的原则，避免久存的水泥受潮影响活性。

2）尽量堆放在正式房屋内，要做到绝对不使水泥因雨受潮。雨季前要检查库房，防止渗漏，四周排水沟提前做好；处于低洼地区的库房，要把垛台适当加高。散装水泥库也要保证不漏不灌。

3）露天堆垛要砌砖平台，高度不少于 50cm，四周设排水沟，垛底铺油毡，用苫布覆盖封好。

4）砂石、炉渣应尽量集中大堆堆置，并应堆置于地势较高地区，排水要有出路。

5）石灰应随到随淋，使用期长的淋灰池可搭雨棚。

6）砖要尽可能大堆码放，四周注意排水，堆高不超过 1.5m。

7）钢、木门窗，加工铁活和加气块等怕潮湿的材料可架高、苫盖或堆放室内。

8）构件及大模板的堆放场地要平整坚实，有排水措施，插放、靠放架要检查加固，必要时可打灰土砌地龙墙，要防止因下沉造成倒塌事故。

9）要适当储备苫布、塑料布、油毡等防雨材料，以及排水需用的水泵及有关器材。

七、雨期准备工作

1)施工进度安排上采取晴雨结合的办法。晴天多完成室外工程,雨季多安排室内项目施工,在保证主体工程施工的前提下,多为雨天创造工作空间。对于现场工棚、仓库、食堂、宿舍等大小型暂设工程应在雨季前整修完毕,要保证不塌、不漏和周围不积水。

2)做好物资的供应和储备工作,雨期前多储存一些必要的物质,以减少雨期运输量,节约施工费用。

3)雨期到来之前,宜完成基础工程,做好基础回填。如果必须在雨季施工基础、管沟,要严防土方坍塌事故,以免造成损失和伤亡。

4)雨期要加强检查现场各种电气设备的接零、接地保护措施是否牢靠,漏电保护装置是否灵敏,各种电线绝缘接头是否良好,有损坏的要及时调换。

5)各种露天使用的现场机电设备(配电盘、闸箱、电焊机、水泵等)都应有防雨措施。检查照明线有无混线、漏电,线杆有无埋设不牢、腐蚀等情况。电气设备应选择较高的干燥处布置。如有问题要及时处理,保证正常供电。雨天不宜露天焊接作业。

6)雨期到来之前,对脚手架、高车架的下脚埋深及塔基、地锚、缆风绳等应进行一次全面检查,每次大风雨后也要及时复查,检查中发现松动、腐蚀情况应及时做好处理。

7)采取有效技术措施,防止雨季施工的砂浆及混凝土增大含水量。

8)塔式起重机、高于15m的高车架或其他临时设施,施工中的高层建筑大模板等,应有避雷装置,并经常进行检查。

9)雨期施工要注意现场防滑及高处作业安全措施。例如马道必须钉好防滑条。

10)现场临时用水的储水构筑物、白灰池、防洪疏水沟等设施,应注意防止漏水,并应与建筑物保持一定的安全距离:一般地区应不小于12m;自重湿陷性黄土地区应不小于20m;搅拌站与建筑物的距离应不小于10m。现场临时排水的集水坑距建筑物四周的距离是:一般地区不小于15m;自重湿陷性黄土地区材料堆放应防止阻碍雨水排泄,需要浇水润湿和冲洗的建筑材料应堆放在距基坑边沿5m以外。

11)为确保工程质量,需采取相应措施,如防止砂浆、混凝土水分增加,钢筋生锈及粉刷面被冲刷,回填土泥泞等。因此,必须制定有效的技术组织措施。

12)加强气象预报工作,每日上班后、下班前,要及时掌握气象预报情况,便于采取措施,做好防风雨、防雷暴工作。

13)加强对职工的思想教育,保证雨期施工的顺利进行,防止各种意外事故的发生。

八、冬期施工准备

冬季是建筑施工质量和安全事故的多发性季节。特别是我国三北(东北、西北、华北)地区,每年都有较长的低温、负温天气见表1-39。较低的气温,对工程施工的质量、工期、安全和成本都有重要的影响。

冬季施工的特点主要表现在以下几点。

1)天寒地冻,土方施工困难,砂浆和混凝土也易受冻结冰。

2)采暖设备、锅炉、电器设备增加。

3)为防冻而设置的保温材料,如草席、棉垫、锯末、芦苇板、油毡、棉麻毡等易燃物等用量大量增加。

表 1-39　我国主要城市气象参数表

城市名称	海拔高度(m)	夏季气压(kPa)	温度(℃)				相对湿度(%)(月平均)		夏季平均风速(m/s)		冬季日平均温度≤+5℃期间		降水量(mm)			最大冻土深度(cm)
			月平均		极端				气象台测定数值	折成距地面2m处数值	平均温度(℃)	延续时间(d)	年总量	日最大量	时最大量	
			最冷	最热	最高	最低	最冷	最热								
齐齐哈尔	145.9	98.74	−19.3	22.6	39.9	−35.4	69	74	3.4	2.0	−10.0	178	433.2	77.3	31.9	225
哈尔滨	171.7	98.48	−19.7	22.5	35.4	−38.1	72	78	3.3	1.7	−9.6	176	526.6	94.9	59.1	197
牡丹江	241.4	97.84	−18.8	21.7	35.6	−38.0	69	78	2.0	1.2	−9.2	177	545.9	114.3	62.5	189
海拉尔	612.9	93.52	−27.1	19.7	36.4	−43.6	76	72	3.0	1.8	−16.8	208	323.0	49.4		220
长春	236.8	97.75	−16.9	22.7	36.4	−36.6	68	72	3.7	2.1	−9.8	175	571.6	126	>59.8	169
延吉	176.8	98.62	−14.4	21.4	36.4	−32.4	58	82	2.3	1.4	−8.4	179	525.9	105.3	>36.4	>197
沈阳	41.0	100.03	−12.7	24.5	35.7	−30.5	63	78	2.8	1.5	−6.1	151	675.2	118.9	42.6	139
大连	93.5	99.42	−5.4	24.2	34.4	−21.1	56	85	4.2	2.5	−1.7	128	671.1	149.4	67.8	98
呼和浩特	1063.0	88.92	−19.2	27.85	35.2	−31.2	52	64	1.3	0.7	−7.4	165	416.5	114.0	16.2	225
北京	52.3	100.13	−4.7	26.1	40.6	−27.4	41	77	1.9	1.1	−1.3	124	584.0	212.2	57.6	169
石家庄	81.8	99.54	−2.7	26.8	42.7	−19.8	48	75	1.3	0.7	−0.7	110	581.7	200.2	92.9	52
济南	51.6	99.83	−1.4	27.6	40.5	−16.7	49	51	2.5	1.4	−0.0	90	723.7	298.4	61.1	44
青岛	16.8	100.39	−2.7	25.6	36.9	−17.2	64	85	2.8	1.7	−0.5	111	835.8	234.1		42
太原	777.9	91.90	−6.5	23.4	38.4	−24.4	46	73	2.1	1.2	−3.3	135	494.5	183.5	32.9	74
哈密	737.9	92.07	−10.4	26.7	41.2	−26.1	57	37	2.1	1.2	−5.2	139	29.2	18.9	4.2	112
乌鲁木齐	653.5	93.47	−15.2	25.7	40.9	−32.0	78	38	3.4	2.1	−8.2	154	194.6	36.3	9.4	162
银川	1111.5	88.32	−9.1	23.3	35.0	−24.3	57	65	1.6	0.9	−4.5	141	205.2	64.2	18.2	100
敦煌	1138.7	87.94	−9.1	24.9	40.8	−24.6	50	43	2.0	1.2	−4.4	137	29.2	11.5		129
兰州	1517.2	84.28	−7.3	22.0	36.7	−21.7	55	62	1.1	0.6	−2.9	136	331.3	50.0	15.3	103
天水	1131.7	88.07	−3.0	22.5	37.2	−16.5	61	74	1.0	0.6	−0.2	120	580.1	88.1	40.2	41
拉萨	3658.0	65.22	−2.4	15.2	27.0	−16.5	28	68	1.6	1.0	0.0	146	463.3	41.6	21.6	26
西安	396.9	95.91	−0.8	26.8	41.7	−18.7	63	71	2.2	1.3	0.5	99	584.4	69.8	39.4	24
延安	957.6	90.00	−6.5	22.9	38.0	−21.7	51	74	1.7	1.0	−2.4	135	606.1	84.1	50.8	75
福州	84.0	99.67	10.3	28.8	39.0	−1.1	72	77	2.7	1.7		2	1280.8	159.6	56.4	
杭州	7.2	100.49	3.5	28.8	38.9	−9.6	76	81	1.6	0.9	3.2	55	1223.9	189.3	59.2	5
上海	4.5	100.54	3.1	28.1	38.2	−9.1	73	82	3.0	1.7	3.1	59	1039.3	204.4	71.2	8
南京	8.9	100.39	1.9	28.2	40.5	−13.0	71	81	2.3	1.4	2.2	71	1013.4	160.6	68.2	
赣州	123.8	99.10	8.0	29.7	39.3	−4.2	72	70	2.0	1.2		18	1395.3	200.8	44.8	
南昌	46.7	99.90	5.1	29.7	40.6	−7.6	72	76	2.5	1.5	3.8	38	1483.8	188.1	50.2	
景德镇	46.3	99.90	4.5	29.7	41.8	−10.9	75	80	1.8	1.1	4.0	46	1612.3	211.1	46.8	
汉口	23.3	100.18	2.9	28.8	38.7	−17.3	75	80	2.6	1.6	2.0 (武汉)	59 (武汉)	1203.1	261.7	98.6	
长沙	44.9	99.70	5.1	29.3	39.8	−9.5	77	75	2.5	1.2	2.6	38	1450.2	192.5	82.5	4
广州	6.3	100.49	13.1	28.3	37.6	0.1	68	84	1.9	1.2	—	0	1622.5	253.6	63.0	
南宁	72.2	99.61	12.9	28.4	39.0	−1.0	72	81	1.9	1.1	—	0	1306.8	127.5	87.2	
桂林	166.7	98.57	8.2	28.3	38.5	−4.5	68	79	1.6	1.0		15	1820.5	204.6	50.7	
贵阳	1071.2	88.78	5.0	23.9	35.4	−7.8	76	78	1.9	0.9	4.0	43	1128.3	113.5	63.2	
遵义	843.9	91.14	4.4	25.4	37.0	−6.5	81	78	0.9	0.6	3.7	48	1140.1	141.3	75.7	
重庆	260.6	97.35	7.6	28.6	40.4	−0.9	81	76	1.6	0.9	—	9	1098.9	109.3	33.6	
西昌	1590.7	83.37	9.1	22.8	35.9	−3.4	52	76	0.8	0.5		7	989.2	104.9	31.9	

4)气候干燥,各种材料的含水率低,极易引起火灾。

5)处于负温下的给水、排水管网和消防设施容易发生冻结和冻裂,不仅影响生产、生活,而且一旦发生火灾,不能及时扑救。

6)寒潮的到来,伴随有大风大雪,增加脚手架及各种设施的风荷、雪荷。

7)受冻路面、脚手架、马道、过桥表面光滑,工人操作,行动不便,特别是高空作业,容易发生事故。

8)冬季施工,由于工作人员衣着较多,手脚不灵便,潜藏着不安全因素。

第六节　绿色施工简介

一、绿色施工的含义

"绿色"一词强调的是对原生态的保护,是借用名词,其实质是为了实现人类生存环境的有效保护和促进经济社会可持续发展。对于工程施工行业而言,在施工过程中要注重保护生态环境,关注节约与充分利用资源,贯彻以人为本的理念,行业的发展才具有可持续性。绿色施工强调对资源的节约和对环境污染的控制,是根据我国可持续发展战略对工程施工提出的重大举措,具有战略意义。

住房和城乡建设部颁发的《绿色施工导则》认为,绿色施工是指"工程建设中,在保证质量、安全等基本要求的前提下,通过科学管理和技术进步,最大限度地节约资源与减少对环境负面影响的施工活动,实现四节一环保(节能、节地、节水、节材和环境保护)"。这是迄今为止,政府层面对绿色施工概念的最权威界定。

北京市建设委员会与北京市质量技术监督局统一发布的《绿色施工管理规程》DB11513—2008认为,绿色施工是"建设工程施工阶段严格按照建设工程规划、设计要求,通过建立管理体系和管理制度,采取有效的技术措施,全面贯彻落实国家关于资源节约和环境保护的政策,最大限度节约资源,减少能源消耗,降低施工活动对环境造成的不利影响,提高施工人员的职业健康安全水平,保护施工人员的安全与健康"。

《绿色奥运建筑评估体系》认为,绿色施工是"通过切实有效的管理制度和工作制度,最大限度地减少施工活动对环境的不利影响,减少资源与能源的消耗,实现可持续发展的施工技术"。

综上所述,绿色施工的本质含义包含如下方面。

1)绿色施工以可持续发展为指导思想。绿色施工正是在人类日益重视可持续发展的基础上提出的,无论节约资源还是保护环境都是以实现可持续发展为根本目的,因此绿色施工的根本指导思想就是可持续发展。

2)绿色施工的实现途径是绿色施工技术的应用和绿色施工管理的升华。绿色施工必须依托相应的技术和组织管理手段来实现。与传统施工技术相比,绿色施工技术有利于节约资源和环境保护的技术改进,是实现绿色施工的技术保障。而绿色施工的组织、策划、实施、评价及控制等管理活动,是绿色施工的管理保障。

3)绿色施工是追求尽可能减少资源消耗和保护环境的工程建设生产活动,这是绿色施工区别于传统施工的根本特征。绿色施工倡导施工活动以节约资源和保护环境为前提,要求施工活动有利于经济社会可持续发展,体现了绿色施工的本质特征与核心内容。

4)绿色施工强调的重点是使施工作业对现场周边环境的负面影响最小,污染物和废弃物排放(如扬尘、噪声等)最小,对有限资源的保护和利用最有效,它是实现工程施工行业升级和更新换代的更优方法与模式。

二、绿色施工与传统施工的相同点与不同点

1. 相同点

1)一是有相同的对象——工程项目,即无论哪种施工方式,都是为工程项目建设任务;二是配置相同的资源——人、设备、材料等。

2)相同的实现方法——工程管理与工程技术方法。

3)绿色施工的本质特征还是施工,因此必然带有传统施工的固有特点。

2. 不同点

(1)施工目标不同

1)不同的经济体制决定了工程施工不同的目标要求。如在计划经济时代,施工主要为了满足质量与安全的要求,尽可能保证工期,经济要求服从计划安排。改革开放后,市场经济体制逐步建立,工程施工由建筑产品生产转化为建筑商品生产。

2)施工企业开始追求经济利益最大化的目标,工程项目施工目标控制增加了工程成本控制的要求。因此,施工企业为了赢得市场竞争,必须要对工程质量、安全文明、工期等目标高度重视。为了在市场环境下求得发展,也必须在工程项目实施中实现尽可能多的盈利,这是在市场经济条件下施工企业必须面对的现实问题,相对计划经济体制工程施工增加了成本控制的目标。

3)绿色施工要求对工程项目施工以保护环境和国家资源为前提,最大限度实现资源节约,工程项目施工目标在保证安全文明、工程质量和施工工期以及成本受控的基础上,增加以资源环境保护为核心内容的绿色施工目标,这也是顺应了可持续发展的时代要求。

4)工程施工控制目标数量的增加,不仅增加了施工过程技术方法选择和管理的难度,也直接导致了施工成本的增加,造成了工程项目控制困难的加大。而且环境和资源保护方面的工作做得越多越好,可能成本增加越多,施工企业面临的亏损压力就会越大。

(2)"节约"程度不同

根据《绿色施工导则》的界定,绿色施工的落脚点在于实现"四节一环保",这种"节约"有着特别的含义,其与传统意义的"节约"的区别表现为:

1)出发点(动机)不同:绿色施工强调的是在环境保护前提下的节约资源,而不是单纯追求经济效益的最大化。

2)着眼点(角度)不同:绿色施工强调的是以"节能、节材、节水、节地"为目标的"四节",所侧重的是对资源的保护与高效利用,而不是从降低成本的角度出发。

3)落脚点(效果)不同:绿色施工往往会造成施工成本的增加,其落脚点是环境效益最大化,需要在施工过程中增加对国家稀缺资源保护的措施,需要投入一定的绿色施工措施费。

4)效益观不同:绿色施工虽然可能导致施工成本增大,但从长远来看,将使得国家或相关地区的整体效益增加,社会和环境效益改善。可见,绿色施工所强调的"四节"并非以施工企业的"经济效益最大化"为基础,而是强调在环境和资源保护前提下的"四节",是强调以可持续发展为目标的"四节"。

因此,符合绿色施工做法的"四节",对于项目成本控制而言,往往会造成施工成本的增

加。但是,这种企业效益的"小损失",换来的却是国家整体环境治理的"大收益"。

三、绿色施工与绿色建筑的关联与区别

1. 相同点

1)两者在基本目标上是一致的。两者都追求了"绿色",都致力于减少资源消耗和保护环境。

2)施工是建筑产品的生成阶段,属于建筑全生命周期中的一个重要环节,在施工阶段推进绿色施工必然有利于建筑全生命周期的绿色化。因此,绿色施工的深入推进,对于绿色建筑的生成具有积极促进作用。

2. 区别之处

1)时间跨度不同。绿色建筑涵盖建筑全生命周期,重点在运行阶段;而绿色施工主要针对建筑生成阶段。

2)二者的实现途径不同。绿色建筑的实现主要依靠绿色建筑设计和提高建筑运行维护的绿色化水平;而绿色施工主要针对施工过程,通过对施工过程的绿色施工策划,并加以严格实施实现。

3)二者的对象不同。绿色建筑强调的主要是对建筑产品的绿色要求,而绿色施工强调的是施工过程的绿色特征。

4)所有的建筑产品中,符合绿色建筑标准的产品可以称之为绿色建筑;所有的施工活动中,达到绿色施工评价标准的施工活动可以称为绿色施工。就特定的绿色建筑而言,其生成阶段不一定符合绿色施工标准;就特定的施工过程而言,绿色施工最终建造的产品也不一定达到绿色建筑的要求。因此这两者强调的对象有着本质的区别,绿色建筑主要针对建筑产品,绿色施工主要针对建筑生产过程,这是二者最本质的区别。

绿色建筑和绿色施工是绿色理念在建筑全生命周期内不同阶段的体现,但其根本目标是一致的,它们都把追求建筑全生命周期内最大限度实现环境友好作为最高追求。

四、绿色施工与绿色建造的关联

1. 关联

1)绿色建造的实现途径是施工图绿色设计、绿色施工技术进步和系统化的科学管理。绿色建造包括施工图绿色设计和绿色施工两个环节,施工图绿色设计是实现绿色建造的基础,科学管理和技术进步是实现绿色建造的重要保障。

2)绿色建造的实施主体是施工单位,并需由相关方共同推进。政府应是绿色建造的主导方,建设单位应是绿色建造的发起方,施工单位是绿色建造实施的责任主体。

绿色建造是在倡导"可持续发展""循环经济"和"低碳经济"等大背景下借鉴国外工程建设模式所引入的一种工程建设理念,要求所有建造参与者积极承担社会责任,在施工图设计和施工的过程中,综合考虑环境影响和资源利用效率,追求各项活动的资源投入减量化、资源利用高效化、废弃物排放最小化,最终达到"资源节约、环境友好、过程安全、品质保证"的建造目标。

2. 区别

绿色施工和绿色建造的最大区别在于绿色建造包括施工图设计阶段。绿色建造是在绿色施工的基础上,向前延伸至施工图设计的一种施工组织模式(图1-3),绿色建造包括施工图的绿色设计和工程项目的绿色施工两个阶段。

因此,倡导绿色建造绝不是施工图设计与施工两个过程的简单叠加,可以促使施工图设计与施工过程实现良好衔接,可使施工单位基于工程项目的角度进行系统策划,实现真正意义上的工程总承包,提升工程项目的绿色实施水平。

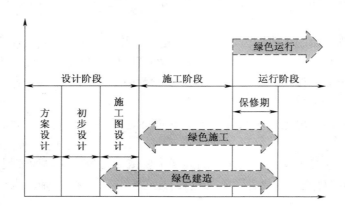

图 1-3　绿色建造与绿色施工的关系示意图

绿色建造与绿色施工的这种区别,将导致工程实施效果的较大不同。相比于绿色施工,绿色建造对绿色建筑的建成具有举足轻重的作用。绿色建造有利于施工单位站在项目总体的角度统筹资源,实现资源能源的高效利用。

绿色建造可以将施工图设计和施工过程进行有机结合,它能够促使施工单位立足于工程总体角度,从施工图设计、材料选择、楼宇设备选型、施工方法、工程造价等方面进行全面统筹,有利于工程项目综合效益的提高。同时,绿色建造要求施工单位通过科学管理和技术进步,制定资源节约措施,采用高效节能的机械设备和绿色性能好的建筑材料,改进施工工艺,最大限度地利用场地资源,增加对可再生能源的利用程度,加强建筑废弃物的回收利用,从而提高工程建造过程的资源利用效率,减少资源消耗,实现"四节一环保"。

绿色建造代表了未来中国建筑业生产模式的发展方向,也代表了绿色施工的演变方向。在现阶段推进绿色施工仍然具有积极的现实意义。

五、绿色施工与清洁生产的关系

1. 联系

就联系而言,清洁生产是绿色施工的理论基础之一,绿色施工将清洁生产的理论应用于施工过程。清洁生产倡导对产品、产品的生产过程及产品服务采取预防污染的措施以减少污染物的产生。绿色施工则将清洁生产的思想应用于工程施工领域,使施工过程达到"四节一环保"的要求,二者的本质追求基本相同。

2. 区别

(1)二者的范围不同

绿色施工仅针对建筑产品,而清洁生产则不仅局限于建筑产品,也包括其他产品的清洁生产。

(2)二者涉及的阶段也不同

清洁生产包含了产品生产全过程和全生命周期,不仅对生产过程、也对使用和服务过程强调减小环境影响；而绿色施工主要是针对建筑产品的施工和保修过程。再次，二者强调的重点也有所不同。清洁生产主要强调从源头减少污染物的产生和排放，侧重减小对人类健康和环境的影响，而绿色施工除了重视环境保护，也同样重视资源的保护及高效利用，二者的涵盖范围有较大区别。

六、绿色施工与节能降耗的关系

倡导"节能降耗"活动，是建筑业当前形势下顺应可持续发展的核心要求。节能降耗是绿色施工的核心内容，但绿色施工还包含节约水、土地、材料等资源和保护环境等其他重要内容。推进绿色施工可促进节能降耗进入良性循环，而节能降耗把绿色施工的能源节约与高效利用要求落到了实处。节能降耗是绿色施工的重要构成，支撑着绿色施工。

七、绿色施工与节约型工地的关系

绿色施工是以环境保护为前提的"节约"，其内涵相对宽泛。节约型工地活动的涵盖范围相对较小，其是以"节约"为核心主题的施工现场专项活动，重点突出了绿色施工中对"节约"的要求，是推进绿色施工的重要组成部分，对于促进施工过程最大限度地实现节水、节能、节地、节材的"大节约"具有重要意义。

八、绿色施工与文明施工的关系

文明施工更多强调文化和管理层面的要求，其要求主要体现为达到现场整洁舒畅的一种感观效果，一般通过管理手段实现。绿色施工是基于保护环境、节约资源、减少废弃物排放、改善作业条件等的一种更为深入的要求，需要从管理和技术两个方面双管齐下才能有效实现。可见，文明施工主要局限于施工活动的现场状态，特别注重对生产现场的整洁性、有序性的要求。而绿色施工则以资源节约和环境保护为目的，内涵更加丰富和深入。

九、绿色施工与可持续建造的关系

主要区别包括：

1）一是二者涉及的建设阶段不同。国外的可持续建造一般涵盖了施工图设计和工程施工两个阶段，而我国的绿色施工主要是针对施工阶段而言的。

2）二是二者面向不同的生命周期阶段。可持续建造力求实现的建筑全生命周期的资源高效利用和环境保护，既包括了建筑产品的物化阶段（包括原材料的获取、建筑材料的加工制造、建筑构件的生产和建筑物的施工等阶段），也包括了建筑运行阶段；而绿色施工主要面向施工阶段。

总体而言，可持续建造与绿色施工的指导思想和基本内涵是一致的，发展绿色施工，尽管外延不如可持续建造丰富，但符合当前阶段我国建设行业的体制特点，并具有更强的针对性。

十、绿色施工与低碳施工的关系

低碳施工是绿色施工的主要内容之一，绿色施工包含低碳施工。目前，我国的能源构成以化石能源为主，绿色施工中要求的能源节约实质上主要是化石能源的节约。化石能源使用量的降低和利用效率的提高也有助于碳排放量的减少，从而有利于环境保护。当然，绿色施工不仅仅要求降低化石能源的使用和提高利用效率以及减少碳排放量，还包括水资源节约与高效利用、材料资源节约与高效利用、土地资源节约与保护以及控制扬尘、噪声、光污染以及废物排放等，其内涵和外延比低碳施工要大得多。

十一、绿色施工的实质

从施工过程中物质与能量的输入输出分析入手,有助于直观把握施工过程影响环境的机理,进一步理解绿色施工的实质。

从图 1-4 可以看出,施工过程是由一系列工艺过程(如混凝土搅拌等)构成,工艺过程需要投入建筑材料、机械设备、能源和人力等宝贵资源,这些资源一部分转化为建筑产品,还有一部分转化为废弃物或污染物。一般情况下,对于一定的建筑产品,消耗的资源量是一定的,废弃物和污染物的产生量则与施工模式直接相关。施工水平产生的绿色程度越高,废弃物和污染物的排放量则越小,反之亦然。

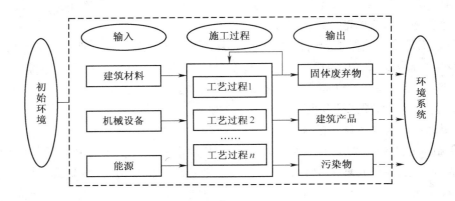

图 1-4　施工过程环境影响示意图

绿色施工的实质应重点把握以下几个方面:

(1)绿色施工应把保护和高效利用资源放在重要位置

施工过程是一个大量资源集中投入的过程。绿色施工要把节约资源放在重要位置,本着循环经济要求的"3R"原则(即减量化、再利用、再循环)来保护和高效利用资源。在施工过程中就地取材、精细施工,以尽可能减少资源投入,同时加强资源回收利用,减少废弃物排放。

(2)绿色施工应将保护环境和控制污染物排放作为前提条件

施工是一种对现场周围乃至更大范围的环境有着相当负面影响的生产活动。施工活动除了对大气和水体有一定的污染外,基坑施工对地下水影响较大,同时,还会产生大量的固体废弃物排放以及扬尘、噪声、强光等刺激感官的污染。因此,施工活动必须体现绿色特点,将保护环境和控制污染物排放作为前提条件。

(3)绿色施工必须坚持以人为本,注重减轻劳动强度及改善作业条件

施工行业应将以人为本作为基本理念,尊重和保护生命、保障人身健康,高度重视改善建筑工人劳动强度高、居住和作业条件较差、劳动时间偏长的状况。

根据《中国劳动统计年鉴 2011》的统计数据,2006~2010 年城镇就业人员调查周平均工作时间的全国平均水平为 45.8h/周,而建筑业为 49.6h/周,高于全国平均水平 8.3%;法定平均每周工作标准为 40h,建筑业超出法定标准 24%,如图 1-5 所示。基于以人为本的主导思想,着眼于建筑工人短缺的趋势,绿色施工必须将减轻劳动强度、改善作业条件放在重要位置。

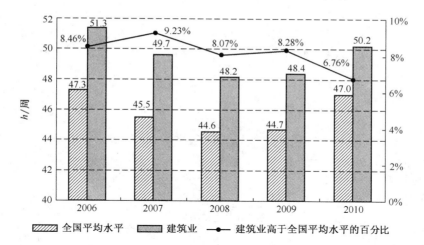

图 1-5　建筑业周平均工作时间

第二章 土 方 工 程

第一节 土的分类及主要性质

一、土的分类

土的分类见表 2-1。

表 2-1 土的分类表

土的分类	土的级别	土的名称	开挖方法及工具
一类土 (松软土)	I	略有黏性的砂土、粉土腐殖土及疏松的种植土,泥炭(淤泥)	用锹,少许用脚蹬用板锄挖掘
二类土 (普通土)	II	潮湿的黏性土和黄土,含有建筑材料碎屑,碎石卵石的堆积土和种植土	用锹、条锄挖掘,需用脚蹬,少许用镐
三类土 (坚土)	III	中等密实的黏性土或黄土,含有碎石、卵石或建筑材料碎屑的潮湿的黏性土或黄土	主要用镐、条锄,少许用锹
四类土 (砂砾坚土)	IV	坚硬密实的黏性土或黄土,含有碎石、砾石(体积在10%~30%,重量在25kg以下石块)的中等密实黏性土或黄土;硬化的重盐土;软泥灰岩	全部用镐、条锄挖掘,少许用撬棍挖掘
五类土 (软 石)	V~VI	硬的石炭纪黏土;胶结不紧的砾岩;软的、节理多的石灰岩及贝壳石灰岩;坚实的白垩;中等坚实的页岩、泥灰岩	用镐或撬棍、大锤挖掘,部分使用爆破方法
六类土 (次坚石)	VII~IX	坚硬的泥质页岩;坚实的泥灰岩;角砾状花岗岩;泥灰质石灰岩;黏土质砂岩;云母页岩及砂质页岩;风化的花岗岩、片麻岩及正长岩;滑石质的蛇纹岩;密实的石灰岩;硅质胶结的砾岩;砂岩;砂质石灰质页岩	用爆破方法开挖,部分用风镐
七类土 (坚 石)	X~XIII	白云岩;大理石;坚实的石灰岩、石灰质及石英质的砂岩;坚硬的砂质页岩;蛇纹岩;粗粒正长岩;有风化痕迹的安山岩及玄武岩;片麻岩、粗面岩;中粗花岗岩;坚实的片麻岩,粗面岩;辉绿岩;玢岩;中粗正长岩	用爆破方法开挖
八类土 (特坚石)	XIV~XVI	坚实的细粒花岗岩;花岗片麻岩;闪长岩;坚实的玢岩、角闪岩、辉长岩、石英岩;安山岩、玄武岩;最坚实的辉绿岩、石灰岩及闪长岩;橄榄石质玄武岩;特别坚实的辉长岩、石英岩及玢岩	用爆破方法开挖

二、土方施工特点

一切建筑物或构筑物的施工过程,首先是土(石)方工程的施工。它是建筑工程施工中的主要工程之一。土方工程包括各种土的挖掘、填筑、运输,以及排水、降水、土壁支撑等准备工作和辅助工作。在一般工业与民用建筑工程中,最常见的土方工程有:场地平整;基坑(槽)、地下室及管沟开挖与回填;地坪填土与碾压;路基、护坡填筑以及各种回填土等。

土方工程施工具有以下特点。

(1)施工条件复杂

土方施工大部为露天作业,有些土方工程又往往是在施工条件不完全具备的情况下施工,因而在工程施工中难以确定的因素较多,条件复杂。尤其要受到地区、气候、水文、地质、人文历史等条件的影响,给施工带来很大困难,有时甚至会影响到施工的正常进行。

(2)面广量大,劳动繁重

在建筑工程中,尤其是比较大型的建筑项目的场地平整,土方施工面积很大。其土方工程量可达几万甚至几十万,几百万立方米以上。劳动强度很高,工作繁重。

(3)施工费用低,但需投入的劳力和时间较多

对于因受条件制约,难以组织机械化施工的土方工程又常常会影响后续工程的施工。

三、土方施工设计的原则

由于土方工程量比较大,要尽可能采用机械化和半机械化施工,采用一些行之有效的新工艺、新工具,以代替或减轻繁重的体力劳动。要合理安排施工计划,拟定合理施工方案,充分作好准备,避开雨季施工,否则要作好防洪排水的准备,确保工程质量,取得较好的经济效果。

在施工前,一定要制定出以技术经济分析为依据的施工设计。土方的施工设计应做到以下几点。

1)要选择适宜的施工方案和效率高、费用低的施工机械。

2)要合理选用和组织施工机械,保证施工机械发挥最大的使用效益。

3)编制施工计划要充分注意季节性。土方施工应尽量避免在冬季和雨季施工。

4)在土方施工前要选择好运输道路,做好排水、降水、土壁支撑等一切准备和辅助工作。

5)要合理进行土方的调配,使总的土方量达到最少。

6)施工中一定要有确保安全施工的措施。

7)对施工中可能遇到的问题,如流沙、边坡稳定、古墓、枯井、古河道、人防设施等要进行技术分析,并提出解决措施。

第二节　土方工程量相关计算

一、边坡坡度计算

土方边坡用边坡坡度和边坡系数表示。

边坡坡度以土方挖土深度 h 与边坡底宽 b 之比表示(图 2-1)。即:

$$土方边坡坡度 = \frac{h}{b} = 1:m$$

边坡系数以土方边坡底宽 b 与挖土深度 h 之比表示,用 m 表示。即:

$$土方边坡系数 m = \frac{b}{h}$$

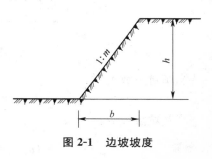

图 2-1　边坡坡度

土方边坡坡度与土方边坡系数互为倒数。

工程中常以 $1:m$ 表示放坡。

基槽土方量计算。基槽开挖时,两边留有一定的工作面,分放坡开挖和不放坡开挖两种情形,如图 2-2 所示。

当基槽不放坡时:

$$V = h \cdot (a + 2c) \cdot L$$

当基槽放坡时:

$$V = h \cdot (a + 2c + mh) \cdot L$$

式中　V——基槽土方量(m^3);

　　　　h——基槽开挖深度(m);

　　　　a——基础底宽(m);

　　　　c——工作面宽(m);

　　　　m——坡度系数;

　　　　L——基槽长度(外墙按中心线,内墙按净长线)(m)。

基槽沿长度方向断面变化较大,应分段计算,然后将各段土方量汇总即得总土方量,即:

$$V = V_1 + V_2 + V_3 + \cdots + V_n$$

式中　V_1、V_2、V_3、$\cdots$、V_n——基槽各段土方量(m^3)。

二、基坑土方量计算

基坑开挖时,四边留有一定的工作面,分放坡开挖和不放坡开挖两种情形,如图 2-3 所示。

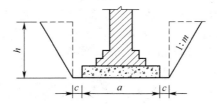

图 2-2　基槽土方量计算

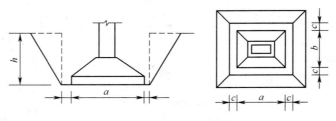

图 2-3　基坑土方量计算

当基坑不放坡时:

$$V = h \cdot (a + 2c) \cdot (b + 2c)$$

当基坑放坡时:

$$V = h \cdot (a + 2c + mh) \cdot (b + 2c + mh) + \frac{1}{3}m^2h^3$$

式中　V——基坑土方量（m^3）；

$\qquad h$——基坑开挖深度（m）；

$\qquad a$——基础底长（m）；

$\qquad b$——基础底宽（m）；

$\qquad c$——工作面宽（m）；

$\qquad m$——坡度系数。

三、场地平整土方工程量计算

1. 场地设计标高的确定

场地设计标高是进行场地平整和土方量计算的依据，合理地确定场地的设计标高，对于减少挖填方数量、节约土方运输费用、加快施工进度等都具有重要的经济意义。如图 2-4 所示，当场地设计标高为 H_0 时，挖填方基本平衡，可将土方移挖作填，就地处理；当设计标高为 H_1 时，填方大大超过挖方，则需要从场外大量取土回填；当设计标高为 H_2 时，挖方大大超过填方，则要向场外大量弃土。因此，在确定场地设计标高时，必须结合现场的具体条件，反复进行技术经济比较，选择一个最优方案。

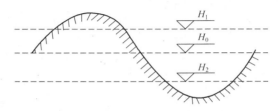

图 2-4　场地不同设计标高的比较

（1）确定场地设计标高时应考虑的因素

1）满足建筑规划和生产工艺及运输的要求。

2）尽量利用地形，减少挖填方数量。

3）场地内的挖、填土方量力求平衡，使土方运输费用最少。

4）有一定的排水坡度，满足排水要求。

5）考虑最高洪水位的影响。

特别是大型建设项目，设计标高由总图设计规定，在设计图纸上规定出建设项目各单体建筑、道路、广场等设计标高，施工单位按图施工。若设计文件没有规定时或设计单位要求建设单位先提供场区平整的标高时，则施工单位可根据挖填土方量平衡的原则自行设计。

（2）场地设计标高的步骤和方法

1）划分方格网。根据已有地形图（一般用 1/500 的地形图）划分成若干个方格网，尽量使方格网与测量的纵横坐标网相对应，方格的边长一般采用 10～40m。

2）计算或测量各方格角点的自然标高。

3）初步计算场地设计标高。初步计算场地设计标高是按照挖填平衡的原则，即场地内挖方总量等于填方总量。

如图 2-5 所示，将场地地形图划分为边长 $a=10\sim40m$ 的若干个方格。每个方格的角点标高，在地形平坦时，可根据地形图上相邻两条等高线的高程，用插入法求得；当地形起伏大（用插入法有较大误差）或无地形图时，则可在现场用木桩打好方格网，然后用测量的方法求得。

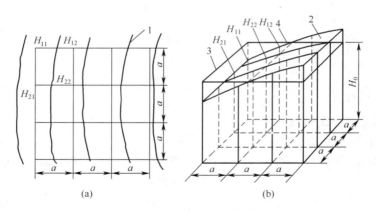

图 2-5　场地设计标高计算简图

(a)地形图上划分方格　(b)设计标高示意图

1. 等高线　2. 自然地面　3. 设计标高平面　4. 自然地面与设计标高平面的交线(零线)

按照挖填平衡原则,场地设计标高可按下式计算:

$$H_0 na^2 = \sum \left(a^2 \frac{H_{11} + H_{12} + H_{21} + H_{22}}{4} \right)$$

$$H_0 = \frac{\sum (H_{11} + H_{12} + H_{21} + H_{22})}{4n}$$

式中　N——方格数。

由图 2-5 可见,H_{11} 是一个方格的角点标高;H_{12}、H_{21} 是相邻两个方格公共角点标高;H_{22} 则是相邻的四个方格的公共角点标高。如果将所有方格的四个角点标高相加,则类似 H_{11} 这样的角点标高加 1 次,类似 H_{12} 的角点标高加两次,类似 H_{22} 的角点标高要加 4 次。因此,上式可改写为:

$$H_0 = \frac{\sum H_1 + 2\sum H_2 + 3\sum H_3 + 4\sum H_4}{4N}$$

式中　H_1——1 个方格独有的角点标高;

　　　H_2——2 个方格共有的角点标高;

　　　H_3——3 个方格共有的角点标高;

　　　H_4——4 个方格共有的角点标高。

4)场地设计标高的调整。按上述公式计算的设计标高 H_0 是一理论值,实际上还需考虑以下因素进行调整。

①由于土具有可松性,按 H_0 进行施工,填土将有剩余,必要时可相应地提设计标高。

②由于设计标高以上的填方工程用土量或设计标高以下的挖方工程挖土量的影响,使设计标高降低或提高。

③由于边坡挖填方量不等或经过经济比较后将部分挖方就近弃于场外、部分填方就近从场外取土而引起挖填土方量的变化,需相应地增减设计标高。

5)泄水坡度对角点设计标高的影响。按上述计算及调整后的场地设计标高进行场地平整时,则整个场地将处于同一水平面,但实际上由于排水的要求,场地表面均应有一定的泄水坡度。因此，应根据场地泄水坡度的要求（单向泄水或双向泄水），计算出场地内各方格角点实际施工时所采用的设计标高。

①单向泄水时，场地各点设计标高的求法。场地单向泄水时，以计算出的设计标高 H_0 作为场地中心线（与排水方向垂直的中心线）的标高（图 2-6），则场地内任意一点的设计标高为：

$$H_n = H_0 \pm li$$

式中　H_n——场地内任一点的设计标高；

　　　l——该点至场地中心线的距离；

　　　i——场地泄水坡度（不小于 2‰）。

例如图 2-6 中 H_{52} 点的设计标高。

②双向泄水时，场地各点设计标高的求法。场地双向泄水时，以计算出的设计标高 H_0 作为场地中心点的标高，如图 2-7 所示，则场地内任意一点的设计标高为：

$$H_n = H_0 \pm l_x i_x \pm l_y i_y$$

式中　H_n——场地内任一点的设计标高；

　　　l_x、l_y——该点至场地中心线 $x-x$、$y-y$ 的距离；

　　　i_x、i_y——$x-x$、$y-y$ 方向场地泄水坡度（不小于 2‰）。

又如图 2-7 中 H_{42} 点的设计标高为：

$$H_{42} = H_0 - 1.5 a i_x - 0.5 a i_y$$

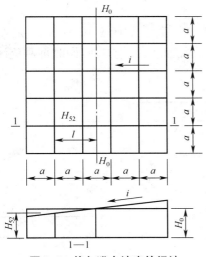

图 2-6　单向泄水坡度的场地

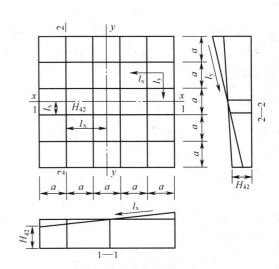

图 2-7　双向泄水坡度的场地

2. 场地土方量的计算

大面积场地平整的土方量通常采用方格网法计算。即根据方格网各方格角点的自然地面标高和实际采用的设计标高，算出相应的角点挖填高度（施工高度），然后计算每一方格的土方量，并算出场地边坡的土方量。

（1）计算各方格角点的施工高度

施工高度是设计地面标高与自然地面标高的差值，将各角点的施工高度填在方格网的右上角。设计标高和自然标高分别标注在方格网的左下角和右下角,方格网的左上角填的是角点编号,如图 2-8 所示。

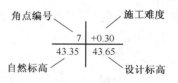

图 2-8 角点标注方式

各方格角点的施工高度按下式计算:

$$h_n = H_n - H$$

式中 h_n——角点施工高度,即各角点的挖填高度。"—"为挖,"+"为填;

    H_n——角点的设计标高(若无泄水坡度时,即为场地的设计标高);

    H——各角点的自然地面标高。

(2)计算零点位置

在一个方格网内同时有填方或挖方时,要先算出方格网边的零点位置。所谓"零点"是指方格网边线上不挖不填的点。把零点位置标注于方格网上,将各相邻边线上的零点连接起来,即为零线(图 2-9)。零线是挖方区和填方区的分界线,零线求出后,场地的挖方区和填方区也随之标出。一个场地内的零线不是唯一的,有可能是一条,也可能多条。当场地起伏较大时,零线可能出现多条。

零点的位置按下式计算:

$$x_1 = \frac{h_1}{h_1 + h_2} \cdot a ; x_2 = \frac{h_2}{h_1 + h_2} \cdot a$$

式中 x_1、x_2——角点至零点的距离(m);

    h_1、h_2——相邻两角点的施工高度(m),均用绝对值表示;

    a——方格网的边长(m)。

在实际工作中,为省略计算,常采用图解法直接求出零点,如图 2-10 所示,用尺在各角上标出相应比例,用尺相连,与方格相交点即为零点位置,此法比较方便,同时可避免计算或查表出错。

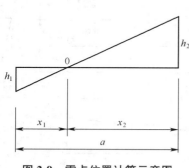

图 2-9 零点位置计算示意图

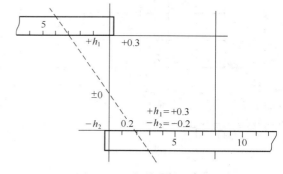

图 2-10 零点位置图解法

(3)计算方格土方工程量

按方格网底面积图形和表 2-2 所列公式,计算每个方格内的挖方或填方量。此表公式是按各计算图形底面积乘以平均施工高度而得出,即平均高度法。

(4)边坡土方量的计算

图 2-11 是一场地边坡的平面示意图,从图中可看出:边坡的土方量可以划分为两种近似几何形体计算,一种为三角棱锥体,另一种为三角棱柱体,其计算如下:

表 2-2　常用方格网点计算公式

项　目	图　式	计算公式
一点填方或挖方（三角形）		$V = \dfrac{1}{2}bc\dfrac{\sum h}{3} = \dfrac{bch_3}{6}$ 当 $b = c = a$ 时，$V = \dfrac{a^2 h_3}{6}$
二点填方或挖方（梯形）		$V_+ = \dfrac{b+c}{2}a\dfrac{\sum h}{4} = \dfrac{a}{8}(b+c)(h_1+h_2)$ $V_- = \dfrac{d+e}{2}a\dfrac{\sum h}{4} = \dfrac{a}{8}(d+c)(h_2+h_4)$
三点填方或挖方（五角形）		$V = \left(a^2 - \dfrac{bc}{2}\right)\dfrac{\sum h}{5}$ $= \left(a^2 - \dfrac{bc}{2}\right)\dfrac{h_1+h_2+h_3}{5}$
四点填方或挖方（正方形）		$V = \dfrac{a^2}{4}\sum h = \dfrac{a^2}{4}(h_1+h_2+h_3)$

注：①a——方格网的边长（m）；b、c——零点到一角的边长（m）；h_1、h_2、h_3、h_4——方格网四角点的施工高程（m），用绝对值代入；V——挖方或填方体积（m³）。

②本表公式是按各计算图形底面积乘以平均施工高程而得出的。

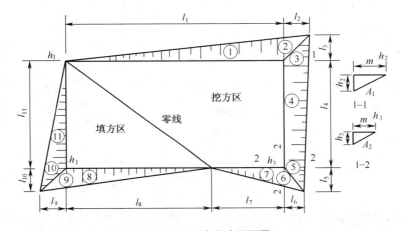

图 2-11　场地边坡平面图

1)三角棱锥体边坡体积。三角棱锥体边坡体积如图 2-11 中的①计算公式如下：

$$V_1 = \frac{1}{3} A_1 l_1$$

式中　l_1——边坡①的长度；

　　　　A_1——边坡①的端面积，即：

$$A_1 = \frac{h_2(mh_2)}{2} = \frac{mh_2^2}{2}$$

　　　　h_2——角点的挖土高度；

　　　　m——边坡的坡度系数。

2)三角棱柱体边坡体积。三角棱柱体边坡体积(图 2-11 中的④)计算公式如下：

$$V_4 = \frac{A_1 + A_2}{2} l_4$$

当两端横断面面积相差很大的情况下，则：

$$V_4 = \frac{l_4}{6}(A_1 + 4A_0 + A_2)$$

式中　　l_4——边坡④的长度；

A_1、A_2、A_0——边坡④两端及中部的横断面面积,算法同上(图 2-11 剖面是近似表示,实际上地表面不完全是水平的)。

(5)计算土方总量

将挖方区(或填方区)所有方格的土方量和边坡土方量汇总,即得场地平整挖(填)方的工程量。

第三节　边坡及支护

一、土方边坡

土方边坡坡度以其高度 H 与其宽度 B 之比表示。边坡可做成直线形、折线形或踏步形如图 2-12 所示。

土方边坡坡度 $= \dfrac{1}{H/B} = \dfrac{1}{m}$

式中　$m = H/B$,称为坡度系数。

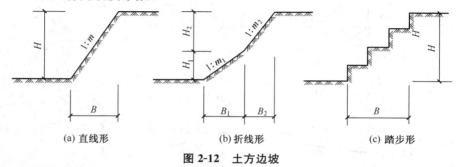

(a) 直线形　　　　　　　(b) 折线形　　　　　　　(c) 踏步形

图 2-12　土方边坡

土方边坡坡度的留设应考虑土质、开挖深度、开挖方法、施工工期、地下水水位、坡顶荷载及气候条件等因素。根据现行《土方和爆破工程施工及验收规范》规定：当地下水水位低于基底，在湿度正常的土层中开挖或管沟，如敞露时间不长，可挖成直壁不加支撑，但挖方深度不宜超过下述规定：

密实、中密的砂土和碎石类土（填充物为砂土）　　　　1.00m

硬塑、可塑的粉土及粉质黏土　　　　　　　　　　　　1.25m

硬塑、可塑的黏土和碎石类土（填充物为黏性土）　　　1.50m

坚硬的黏性土　　　　　　　　　　　　　　　　　　　2.00m

当土的湿度、土质及其他地质条件较好且地下水位低于基底时，深度超过上述规定但在5m以内不加支撑的基坑或管沟，其边坡的最大允许坡度不得超过表 2-3 的规定。

表 2-3　深度在 5m 的基坑（槽）、管沟边坡的最陡坡度（不加支撑）

土的类别	边坡坡度（高：宽）		
	坡顶无荷载	坡顶有静载	坡顶有动载
中密的砂土	1：1.00	1：1.25	1：1.50
中密的碎石类土（充填物为砂土）	1：0.75	1：1.00	1：1.25
硬塑的粉土	1：0.67	1：0.75	1：1.00
中密的碎石类土（充填物为黏性土）	1：0.50	1：0.67	1：0.75
硬塑的粉质黏土、黏土	1：0.33	1：0.50	1：0.67
老黄土	1：0.10	1：0.25	1：0.33
软土（经井点降水后）	1：1.00	—	—

注：①静载指堆土或材料等，动载指机械挖土或汽车运输作业等。静载或动载距挖方边缘的距离应保证边坡和直立壁的稳定，堆土或材料应距挖方边缘 0.8m 以外，高度不超过 1.5m。

②当有成熟施工经验时，可不受本表限制。

应对土方边坡作稳定分析，即在一定开挖深度及坡顶荷载下，选择合适的边坡坡度，使土体抗剪切破坏有足够的安全度，而且其变形不应超过某一容许值。

除应正确确定边坡，还要进行护坡，以防边坡发生滑动。土坡的滑动一般是指土方边坡在一定范围内整体地沿某一滑动面向下和向外移动而丧失其稳定性，如图 2-13 所示。边坡失稳往往是在外界不利因素影响下触发和加剧的。这些外界不利因素往往导致土体剪应力的增加或抗剪强度的降低。

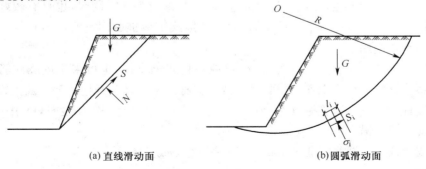

(a) 直线滑动面　　　　　　　　　　(b) 圆弧滑动面

图 2-13　土坡的滑动

土体的下滑在土体中产生剪应力,引起下滑力增加的因素主要有:坡顶上堆物、行车等荷载;雨水或地面水渗入土中使土的含水量提高而使土的自重增加;地下水的渗流产生一定的动水压力;土体竖向裂缝中的积水产生侧向静水压力等。引起土壤抗剪强度降低的因素主要是:气候的影响使土质松软;土体内含水量增加而产生润滑作用;饱和的细砂、粉砂受振动而液化等。

二、基坑(槽)支护

开挖基坑(槽)时,如地质条件及周围环境许可,采用放坡开挖是较经济的。但在建筑稠密地区施工,或有地下水渗入基坑(槽)时,往往不可能按要求的坡度放坡开挖,就需要进行基坑(槽)支护,以保证施工的顺利和安全,并减少对相邻建筑、管线等的不利影响。

基坑(槽)支护结构的主要作用是支撑土壁,此外,钢板桩、混凝土板桩及水泥土搅拌桩等围护结构还兼有不同程度的隔水作用。

基坑(槽)支护结构的形式有多种,根据受力状态可分为横撑式支撑、板桩式支护结构、重力式支护结构,其中,板桩式支护结构又分为悬臂式和支撑式。

1. 板桩支护结构

1)板桩支护结构由两大系统组成:挡墙系统和支撑(或拉锚)系统如图 2-14 所示。悬臂式板桩支护结构则不设支撑(或拉锚)。

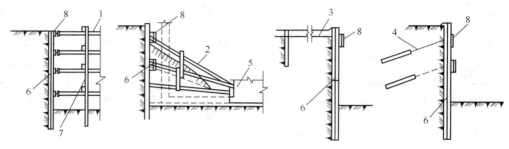

图 2-14　板桩结构

1. 钢支撑　2. 斜撑　3. 拉锚　4. 土锚杆　5. 先施工的基础　6. 板桩墙　7. 竖撑　8. 围檩

2)挡墙系统常用的材料有型钢、钢板桩、钢筋混凝土板桩、钢筋混凝土灌注桩、地下连续墙,少量采用木材。

3)钢板桩有平板形和波浪形(图 2-15)两种。钢板桩通过锁口互相连接,形成一道连续的挡墙。由于锁口的连接,使钢板桩之间连接牢固,形成整体。同时,也具有较好的隔水能力。钢板桩截面积小,易于打入,U 形、Z 形等波浪式钢板桩截面抗弯能力较好。施工完毕后还可拔出重复使用。

4)支撑系统一般采用大型钢管、H 型钢或格构式钢支撑,也可采用现浇钢筋混凝土支撑。拉锚系统材料一般用钢筋、钢索、型钢或土锚杆。根据基坑开挖的深度及挡墙系统的截面性能可设置一道或多道支撑(或拉锚)。基坑较浅,挡墙具有一定刚度时,可采用悬臂式挡墙而不设支撑或拉锚。

支撑或拉锚与挡墙系统通过围檩、压顶梁等连接成整体。

2. 横撑式支撑

开挖较窄的沟槽,多用横撑式土壁支撑。横撑式土壁支撑根据挡土板的不同,分为水平挡土板式如图 2-15a 和垂直挡土板式如图 2-15b 两类,前者挡土板的布置又分间断式和连续式两种。湿度小的黏性土挖土深度小于 3m 时,可用间断式水平挡土板支撑;对松散、湿度大的土壤可用连续式水平挡土板支撑,挖土深度可达 5m。对松散和湿度很高的土可用垂直挡土板式支撑,挖土深度不限。

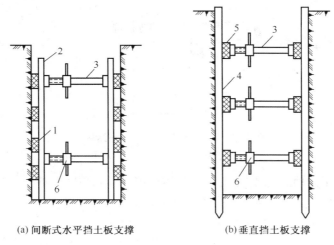

(a) 间断式水平挡土板支撑　　　　　　　(b) 垂直挡土板支撑

图 2-15　横撑式支撑

1. 水平挡土板　2. 立柱　3. 工具式横撑　4. 垂直挡土板　5. 横楞术　6. 调节螺栓

　　支撑所承受的荷载为土压力。土压力的分布不仅与土的性质、土坡高度有关,且与支撑的形式及变形亦有关。由于支撑多为随挖、随铺、随撑,支撑构件的刚度不同,撑紧的程度又难于一致,故作用在支撑上的土压力不能按库仑或朗肯土压力理论计算。实测资料表明,作用在木板支撑上的土压力的分布很复杂,也很不规则。实际使用上常按图 2-16 所示几种简化图形进行计算。

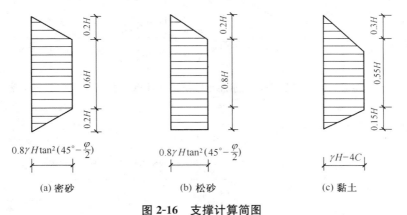

(a) 密砂　　　　　　　　(b) 松砂　　　　　　　　(c) 黏土

图 2-16　支撑计算简图

　　挡土板、立柱及横撑的强度、变形及稳定等可根据实际布置情况进行结构计算。

3. 重力式围护结构

　　水泥土围护结构其墙体通常布置成格栅式如图 2-17 所示,要求相邻桩搭接不小于 20cm,格栅的截面置换率(加固土面积与总面积之比)为 0.6～0.8。墙体宽度 B、插入深度 D 根据基坑开挖深度 h_0 估算,一般 $B=(0.6～0.8)h_0$,$D=(0.8～1.2)h_0$。

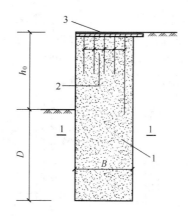

图 2-17　水泥土重力式围护结构
1. 水泥土搅拌桩　2. 插筋　3. 混凝土面层

水泥土重力式围护结构设计主要包括整体稳定、抗倾覆及抗滑移。
图 2-18 是水泥土重力式围护结构的计算图式。

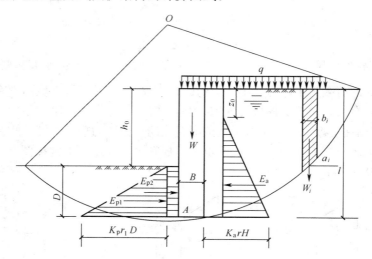

图 2-18　水泥土围护结构计算图式

整体稳定采用圆弧滑动法,按下式验算:

$$K_0 = \frac{\sum_{i=1}^{n} c_i l_i + \sum_{i=1}^{n} (q_i b_i + w_i)\cos\alpha_i \tan\varphi_i}{\sum_{i=1}^{n} (q_i b_i + w_i)\sin\alpha_i}$$

式中　l_i——第 i 条土条沿滑弧面的弧长,$l_i = b_i/\cos\alpha_i$(m);

　　　q_i——第 i 条土条地面荷载,kN/m;

　　　b_i——第 i 条土条宽度,m;

　　　w_i——第 i 条土条重量,kN;

　　　α_i——第 i 条土条滑弧中点的切线与水平线夹角(°);

c_i, φ_i——第 i 条土条,沿滑弧面处的土的内聚力(kPa)和摩擦角(°);

K_0——整体稳定安全系数,$K_0 \geqslant 1.1$。

最危险滑弧一般在墙底以下 0.5～1m 处,当墙底下土层很差时,应增大插入深度,直至 K_0 值增大为止。

抗倾覆安全度按下面公式验算,墙体绕前趾 A 的稳定力矩由被动土压力 E_{p1}、E_{p2} 及墙体自重产生,倾覆力矩由地面堆载 q、主动土压力 E_a 产生。

$$K_1 = \frac{E_{p1}\dfrac{D}{3} + E_{p2}\dfrac{D}{2} + W\dfrac{B}{2}}{(E_a - K_a qH)\dfrac{(H - z_0)}{3} + K_a q\dfrac{H^2}{2}}$$

式中　E_a——扫墙背土及地面堆载产生的墙背主动土压力(kN/m);

E_{p1}, E_{p2}——墙前被动土压力(kN/m);

q——地面堆载(kN/m²);

W——墙体自重(kN/m),$W = r_0 BH$;

r_0——水泥土重力密度(kN/m³);

K_1——抗倾覆安全系数,$K_1 \geqslant 1.3～1.5$。

其他符号意义如图 2-18 所示。

抗滑移安全度按下面公式验算:

$$K_2 = \frac{W\tan\varphi_0 + C_0 B + E_p}{E_a}$$

式中　φ_0, C_0——墙底处土层的抗剪强度指标[kPa,(°)];

E_p——被动土压力(kN/m),$E_p = E_{p1} + E_{p2}$;

K_2——墙底抗滑移安全系数,$K_2 \geqslant 1.2～1.3$。

其他符号意义同上。

设计时还应考虑抗渗、墙体结构强度及格栅形布置的格栅内"谷仓土"压力对围护结构的作用。

深层水泥土搅拌桩施工通常采用深层搅拌机。图 2-19a 是深层搅拌桩机的主机,它由双搅拌轴、中心输浆管及动力电机组成。在施工中将该主机悬挂于吊车或塔架上如图 2-19b,启动电机,使搅拌轴旋转,并带动搅拌叶旋转切削土体,同时在输浆管中喷出水泥浆,使水泥浆与土搅拌,形成具有一定强度的水泥土。通常掺入 12%(相当于土的重力密度)水泥的水泥土,其 28d 无侧限抗压强度可比原状土提高几十倍至几百倍。深层搅拌桩在施工中一般采用二次搅拌工艺,即预搅沉钻—喷浆提钻搅拌—复搅沉钻—复搅(喷浆)提钻。喷浆搅拌时提升速度不宜大于 0.5m/min。

围护墙体应确保整体性,施工中应采用连续搭接施工方法,严格控制桩位和桩身垂直度以确保足够的搭接长度。相邻桩施工间歇时间不宜大于 10h。此外喷浆速度应与提升速度相配合,确保水泥喷浆量在桩身范围内均匀分布。水泥土的水泥掺入量通常为 12%～15%(单位土体水泥掺入量:土的重力密度),水灰比 0.45～0.50,水泥土 28d 无侧限抗压强度 q_u 为 0.8～1.2MPa。

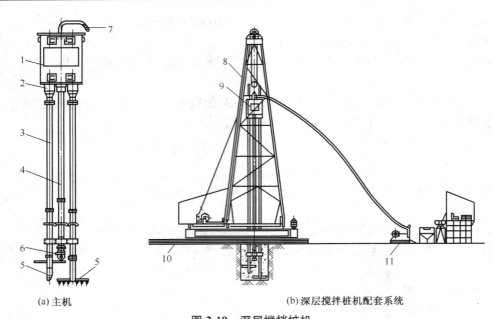

(a) 主机　　　　　　　　　　　　　(b) 深层搅拌桩机配套系统

图 2-19　深层搅拌桩机

1. 电动机　2. 减速器　3. 搅拌轴　4. 中心输浆管　5. 搅拌叶　6. 注浆球阀
7. 输浆口　8. 塔架　9. 主机　10. 行走轨道　11. 灰浆泵

第四节　土方机械化施工

一、土方施工机械的选择

土方机械化开挖应根据基础形式、工程规模、开挖深度、地质、地下水情况、土方量、运距、现场和机具设备条件、工期要求以及土方机械的特点等合理选择挖方机械,以充分发挥机械效率,节省机械费用,加速工程进度。

1. 土方机械

1) 地形起伏较大的丘陵地带,一般挖土高度在 3m 以上,运输距离超过 1km,工程量较大且又集中时,可采用下述 3 种方式进行挖土和运土。

2) 当地形起伏不大,坡度在 20°以内,挖填平整土方的面积较大,土的含水量适当,平均运距短(一般在 1km 以内)时,采用铲运机较为合适。如果土质坚硬或冬季冻土层厚度超过 100~150mm 时,必须由其他机械辅助翻松再铲运。当一般土的含水量大于 25% 或坚硬的黏土含水量超过 30% 时,铲运机要陷车,必须使水疏干后再施工。

3) 用推土机将土推入漏斗,并用自卸汽车在漏斗下承土并运走。这种方法适用于挖土层厚度在 5~6m 以上的地段。漏斗上口尺寸为 3m 左右,由宽 3.5m 的框架支承。其位置应选择在挖土段的较低处,并预先挖平。漏斗左右及后侧土壁应予支撑。

4) 用推土机预先把土推成一堆,用装载机把土装到汽车上运走,效率也很高。

5) 正铲挖土机配合自卸汽车进行施工,并在弃土区配备推土机平整土堆。选择铲斗容量时,应考虑到土质情况、工程量和工作面高度。当开挖普通土,集中工程量在 1.5m³ 万以下时,可采用 0.5m³ 的铲斗;当开挖集中工程量为 1.5 万~5 万 m³ 时,以选用 1.0m³ 的铲斗为宜,此时,普通土和硬土都能开挖。

2. 开挖基坑

1)如地下水位较高,又不采用降水措施,或土质松软,可能造成正铲挖土机和铲运机陷车时,则采用反铲,拉铲或抓铲挖土机配合自卸汽车较为合适,挖掘深度可参见有关机械的性能表。

2)深度在 2m 以内长度较大的线状基坑,宜由铲运机开挖;当基坑较大,工程量集中时,可选用正铲挖土机挖土。

3)土的含水量较小,可结合运距长短、挖掘深浅,分别采用推土机、铲运机或正铲挖土机配合自卸汽车进行施工。当基坑深度在 1~2m,基坑不太长时可采用推土机。

二、挖土机

1. 正铲挖土机

正铲挖土机挖掘能力大,生产率高,适用于开挖停机面以上的一~三类土,它与运土汽车配合能完成整个挖运任务。可用于开挖大型干燥基坑以及土丘等,如图 2-20 所示。

图 2-20　正铲挖土机

正铲挖土机装车轻便灵活,回转速度快,移位方便;能挖掘坚硬土层,易控制开挖尺寸,工作效率高。

2. 作业特点

1)开挖停机面以上土方。

2)工作面应在 1.5m 以上。

3)开挖高度超过挖土机挖掘高度时,可采取分层开挖。

4)装车外运。

3. 辅助机械

土方外运应配备自卸汽车,工作面应有推土机配合平土、集中土方进行联合作业。

4. 适用范围

1)开挖含水量不大于 27% 的一~四类土和经爆破后的岩石与冻土碎块。

2)大型场地整平土方。

3)工作面狭小且较深的大型管沟和基槽路堑。

4)独立基坑。

5)边坡开挖。

5. 开挖方式

正铲挖土机的挖土特点是"前进向上,强制切土"。根据开挖路线与运输汽车相对位置的不同,一般有以下两种。

（1）正向开挖,侧向卸土

正铲向前进方向挖土,汽车位于正铲的侧向装土如图 2-21 所示。本法铲臂卸土回转角度最小小于 90°,装车方便,循环时间短,生产效率高,用于开挖工作面较大,深度不大的边坡、基坑(槽)、沟渠和路堑等,为最常用的开挖方法。

（2）正向开挖,后方卸土

正铲向前进方向挖土,汽车停在正铲的后面如图 2-22 所示。本法开挖工作面较大,但铲臂卸土回转角度较大,约 180°,且汽车要侧向行车,增加工作循环时间,生产效率降低(回转角度 180°,效率约降低 23%;回转角度 130°,约降低 13%)。用于开挖工作面较小,且较深的基坑(槽)、管沟和路堑等。

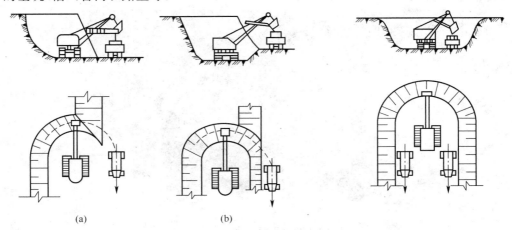

(a)	(b)	
图 2-21 正向开挖,侧向卸土		**图 2-22 正向开挖,后方卸土**

挖土机挖土装车时、回转角度对生产率的影响数值,参见表 2-4。

表 2-4 影响生产率参考表

土的类别	回转角度		
一～四	90°	130°	180°
	100%	87%	77%

6. 作业方法

（1）分层挖土法

分层挖土法将开挖面按机械的合理高度分为多层开挖如图 2-23a 所示;当开挖面高度不能成为一次挖掘深度的整数倍时,则可在挖方的边缘或中部先开挖一条浅槽作为第一次挖土运输的路线,如图 2-23b 所示,然后再逐次开挖直至基坑底部。用于开挖大型基坑或沟渠,工作面高度大于机械挖掘的合理高度时采用。

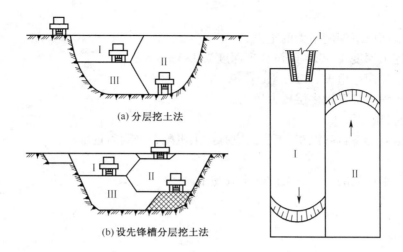

(a) 分层挖土法

(b) 设先锋槽分层挖土法

图 2-23　分层挖土法

1. 下坑通道　Ⅰ、Ⅱ、Ⅲ. 一、二、三层

（2）多层挖土法

多层挖土法将开挖面按机械的合理开挖高度,分为多层同时开挖,以加快开挖速度,土方可以分层运出,也可分层递送,至最上层(或下层)用汽车运出。但两台挖土机沿前进方向,上层应先开挖与下层保持 30～50m 距离。适于开挖高边坡或大型基坑。

（3）中心开挖法

正铲先在挖土区的中心开挖,当向前挖至回转角度超过 90°时,则转向两侧开挖,运土汽车按八字形停放装土,如图 2-24 所示。本法开挖移位方便,回转角度小,小于 90°,挖土区宽度宜在 40m 以上,以便于汽车靠近正铲装车。适用于开挖较宽的山坡地段或基坑、沟渠等。

（4）上下轮换开挖法

上下轮换开挖法先将土层上部 1m 以下土挖深 30～40cm,然后再挖土层上部 1m 厚的土,如此上下轮换开挖,如图 2-25 所示。本法挖土阻力小,易装满铲斗,卸土容易。适于土层较高,土质不太硬,铲斗挖掘距离很短时使用。

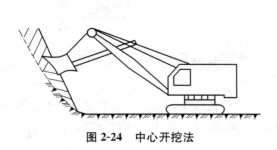

图 2-24　中心开挖法　　　　**图 2-25　上下轮换开挖法**

7. 反铲挖土机

（1）工作性能

反铲挖掘机操作灵活,挖土、卸土均在地面作业,不用开运输道。

（2）作业特点

1）开挖地面以下深度不大的土方。

2）最大挖土深度 4~6m，经济合理深度为 1.5~3m。

3）可装车和两边甩土、堆放。

4）较大较深基坑可用多层接力挖土。

（3）辅助机械

土方外运应配备自卸汽车，工作面应有推土机配合推到附近堆放。

（4）适用范围

1）开挖含水量大的一~三类的砂土或黏土。

2）管沟和基槽。

3）独立基坑。

4）边坡开挖。

（5）作业方法

反铲挖掘机的挖土特点是"后退向下，强制切土"。根据挖掘机的开挖路线与运输汽车的相对位置不同，一般有以下几种。

1）沟端开挖法。反铲停于沟端，后退挖土，同时往沟一侧弃土或装汽车运走，如图 2-26 所示。挖掘宽度可不受机械最大挖掘半径的限制，臂杆回转半径仅 45°~90°，同时可挖到最大深度。对较宽的基坑其最大一次挖掘宽度为反铲有效挖掘半径的两倍，但汽车需停在机身后面装土，生产效率降低。适于一次成沟后退挖土，挖出土方随即运走时采用，或就地取土填筑路基或修筑堤坝等。

2）沟侧开挖法。沟侧开挖法反铲停于沟侧沿沟边开挖，汽车停在机旁装土或往沟一侧卸土。本法铲臂回转角度小，能将土弃于距沟边较远的地方，但挖土宽度比挖掘半径小，边坡不好控制，同时机身靠沟边停放，稳定性较差。用于横挖土体和需将土方甩到离沟边较远的距离时使用。

3）多层接力开挖法。多层接力开挖法用两台或多台挖土机设在不同作业高度上同时挖土，边挖土，边将土传递到上层，由地表挖土机连挖土带装土如图 2-26 所示；上部可用大型反铲中、下层用大型或小型反铲，进行挖土和装土，均衡连续作业。一般两层挖土可挖深 10m，三层可挖深 15m 左右。本

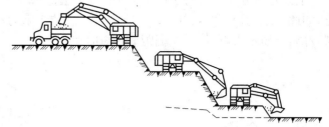

图 2-26　反铲多层接力开挖法

法开挖较深基坑，一次开挖到设计标高，一次完成，可避免汽车在坑下装运作业，提高生产效率，且不必设专用垫道。适于开挖土质较好，深 10m 以上的大型基坑、沟槽和渠道。

8. 抓铲挖土机

（1）工作性能

抓铲挖土机钢绳牵拉灵活性较差，工效不高，不能挖掘坚硬土；可以装在简易机械上工作，使用方便，如图 2-27 所示。

图 2-27　抓铲挖土机

（2）作业特点

1）开挖直井或沉井土方。

2）可装车或甩土。

3）排水不良也能开挖。

4）吊杆倾斜角度应在 45°以上,距边坡应不小于 2m。

（3）辅助机械

土方外运时,按运距配备自卸汽车。

（4）适用范围

1）土质比较松软,施工面较狭窄的深基坑、基槽。

2）水中挖取土,清理河床。

3）桥基、桩孔挖土。

4）装卸散装材料。

（5）作业方法

1）抓铲挖掘机的挖土特点是"直上直下,自重切土"。抓铲能抓在回转半径范围内开挖基坑上任何位置的土方,并可在任何高度上卸土(装车或弃土)。

2）对小型基坑,抓铲立于一侧抓土;对较宽的基坑,则在两侧或四侧抓土。抓铲应离基坑边一定距离,土方可直接装入自卸汽车运走,或堆弃在基坑旁或用推土机推到远处堆放。挖淤泥时,抓斗易被淤泥吸住,应避免用力过猛,以防翻车。抓铲施工,一般均需加配重。

9. 拉铲挖土机

（1）工作性能

拉铲挖土机可挖深坑,挖掘半径及卸载半径大,操纵灵活性较差。

（2）作业特点

1）开挖停机面以下土方。

2）可装车和甩土。

3）开挖截面误差较大。

4）可将土甩在基坑(槽)两边较远处堆放。

（3）辅助机械

土方外运需配备自卸汽车、推土机,创造施工条件。

（4）适用范围

1）挖掘一～三类土,开挖较深较大的基坑（槽）、管沟。

2）大量外借土方。

3）填筑路基、堤坝。

4）挖掘河床。

5）不排水挖取水中泥土。

10. 开挖方式

拉铲挖掘机的挖土特点是"后退向下,自重切土"。拉铲挖土时,吊杆倾斜角度应在45°以上,先挖两侧然后中间,分层进行,保持边坡整齐;距边坡的安全距离应不小于2m。开挖方式有以下2种。

（1）沟侧开挖法

拉铲停在沟侧沿沟横向开挖,沿沟边与沟平行移动,如沟槽较宽,可在沟槽的两侧开挖。本法开挖宽度和深度均较小,一次开挖宽度约等于挖土半径,且开挖边坡不易控制。适用于开挖土方就地堆放的基坑,基槽以及填筑路堤等工程。

（2）沟端开挖法

拉铲停在沟端,倒退着沿沟纵向开挖如图2-28所示。开挖宽度可以达到机械挖土半径的两倍,能两面出土,汽车停放在一侧或两侧,装车角度小,坡度较易控制,并能开挖较陡的坡。适于就地取土填筑路基及修筑堤坝。

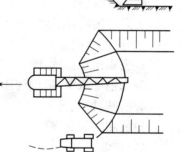

图2-28 拉铲沟端开挖法

11. 作业方法

（1）分段挖土法

机身沿AB线移动进行分段挖土。如沟底（或坑底）土质较硬,地下水位较低时,应使汽车停在沟下装土,铲斗装土后稍微提起即可装车,既能缩短铲斗起落时间,又能减小臂杆的回转角度。适于开挖宽度大的基坑、基槽、沟渠工程。

（2）分层挖土法

拉铲从左到右或从右到左顺序逐层挖土,直至全深,如图2-29所示。本法可以挖得平整,拉铲斗的时间可以缩短。当土装满铲斗后,可以从任何高度提起铲斗,运送土时的提升高度可减少到最低限度,但落斗时要注意将拉斗钢绳与落斗钢绳一起放松,使铲斗垂直下落。适用于开挖较深的基坑,特别是圆形或方形基坑。

（3）顺序挖土法

挖土时先挖两边,保持两边低、中间高的地形,然后顺序向中间挖土（图2-30）。本法挖土只两边遇到阻力,较省力,边坡可以挖很整齐,铲斗不会发生翻滚现象。适于开挖土质较硬的基坑。

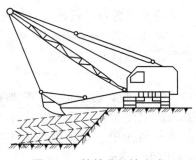

图 2-29 拉铲分层挖土法

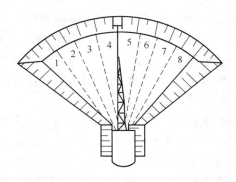

图 2-30 拉铲顺序挖土法

1、2、3……拉土顺序

三、推土机施工

推土机是土方工程施工的主要机械之一。推土机有用钢丝绳操纵和用油压操纵两种。图 2-31 所示是一推土机外形图,油压操纵推土板的推土机除了可以升调推土板外,还可调整推土板的角度,因此具有更大的灵活性。

图 2-31 推土机外形

1. 推土机特点

推土机操纵灵活,运转方便,所需工作面较小、行驶速度快、易于转移,能爬 30°左右的缓坡,因此应用较广。多用于场地清理和平整、开挖深度 1.5m 以内的基坑,填平沟坑,以及配合铲运机、挖土机工作等。此外,在推土机后面可安装松土装置,破、松硬土和冻土,也可拖挂羊足碾进行土方压料工作。推土机可以推挖一～三类土,运距在 100m 以内的平土或移挖作填,宜采用推土机,尤其是当运距在 30～60m 之间最有效,即效率最高。

2. 作业方法

推土机可以完成铲土、运土和卸土 3 个工作行程和空载回驶行程。铲土时应根据土质情况,尽量采用最大切土深度在最短距离(6～10m)内完成,以便缩短低速运行时间,然后直接推运到预定地点。回填土和填沟渠时,铲刀不得超出土坡边沿。上下坡坡度不得超过35°,横坡不得超过 10°。几台推土机同时作业,前后距离应大于 8m。

推土机的主要作业方法如下:

(1)并列推土法

平整较大面积场地时,可采用 2～3 台推土机并列作业(图 2-32),以减少土体漏失量,提高效率。铲刀相距 150～300mm,一般采用两机或三机并列推土,两机并列可增大推土量15%～30%,三机并列可增大推土量 30%～40%,但平均运距不宜超过 50～70m,也不宜小于 20m。适于大面积场地平整及运送土用。

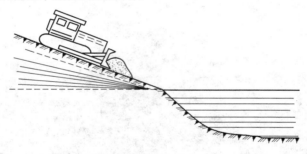

图 2-32　并列推土

(2)下坡推土法

在斜坡上,推土机顺下坡方向切土与堆运(图 2-33),借助于机械本身向下的重力作用切土,增大切土深度和运间,可提高生产率 30%～40%,但坡度不宜超过 15°,避免后退时爬坡困难。无自然坡度时,也可分段推土,形成下坡送土条件。下坡推土有时与其他推土法结合使用。适于半挖半填地区推土丘、回填沟、渠时使用。

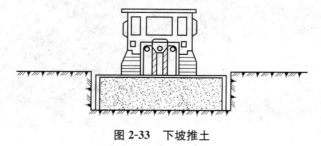

图 2-33　下坡推土

(3)槽形推土法

推土机重复多次在一条作业线上切土和推土,使地面逐渐形成一条浅槽(图 2-34),再反复在沟槽中进行推土,以减少土从铲刀两侧漏散,可增加 10%～30% 的推土量。槽的深度以 1m 左右为宜,槽与槽之间的土坑宽约 50cm。当推出多条槽后,再从后面将土埂推入槽内,然后运出。适用于推土层较厚,运距较远的情况。

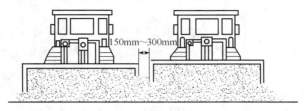

150mm～300mm

图 2-34 槽形推土

3. 推土机生产率计算

1)推土机小时生产率,按下式计算:

$$P_h = \frac{3600q}{T_v K_s} \quad (\text{m}^3/\text{h})$$

式中 T_v——从推土机将土送到填土到点的循环延续时间(s);

q——推土机每次的推土量(m³);

K_s——土的可松性系数。

2)推土机台班生产率 P_d,按下式计算:

$$P_d = 8Q_h K_B \quad (\text{m}^3/\text{台班})$$

式中 K_B——一般数值在 $0.72\sim0.75$ m³/台班之间。

四、铲运机

铲运机由牵引机械和土斗组成,按行走方式分拖式和自行式 2 种,其操纵机构分油压式和索式。拖式铲运机由拖拉机牵引;自行式铲运机的行驶和工作,都靠自身的动力设备,不需要其他机械的牵引和操纵。

1. 铲运机特点

铲运机的特点是能综合完成铲土、运土、平土或填土等全部土方施工工序,对行驶道路要求较低;操纵灵活、运转方便,生产率高,在土方工程中常应用于大面积场地平整,开挖大基坑、沟槽以及填筑路基、堤坝等工程。

2. 范围

适宜于铲运含水量不大于 27% 的松土和普通土,不适于在砾石层和冻土地带及沼泽区工作,当铲运三四类较坚硬的土时,宜用推土机助铲或用松土机配合将土翻松 $0.2\sim0.4$ m,以减少机械磨损,提高生产率。

3. 容量

在工业与民用建筑施工中,常用铲运机的斗容量为 $1.5\sim7$ m³。自行式铲运机的经济运距以 $800\sim1500$ m 为宜,拖式铲运机的运距以 600m 为宜,当运距为 $200\sim300$ m 时效率最高。在规划铲运机的开行路线时,应力求符合经济运距的要求。在选定铲运机斗容量之后,其生产率的高低主要取决于机械的开行路线和施工方法。

4. 开行路线

铲运机的基本作业是铲土、运土、卸土 3 个工作行程和 1 个空载回驶行程。在施工中,由于挖填区的分布情况不同,为了提高生产效率,应根据不同施工条件(工程大小、运距长短、土的性质和地形条件等),选择合理的开行路线和施工方法。

由于挖填区的分布不同,应根据具体情况选择开行路线,铲运机的开行路线种类如下。

(1)小环形开行路线

这是一种简单又常用的路线。从挖方到填方按环形路线回转(图 2-35),每次循环只完成 1 次铲土和卸土。作业时应常调换方向行驶,以避免机械行驶部分的单侧磨损。适用于长 100m 内填土高 1.5m 内的路堤、路堑及基坑开挖、场地平整等工程采用。

(2)大环行开行路线

从挖方到填方均按封闭的大环行路线回转,当挖土和填土交替,而刚好填土区在挖土区内两端时,则可采用大环形路线(图 2-36)。其优点是一个循环能完成多次铲土和卸土,减少铲运机的转弯次数,提高生产效率。本法也应常调换方向行驶,以避免机械行驶部分的单侧磨损。适于工作面很短(50~100m)和填方高(0.1~1.5m)的路堤、路堑、基坑以及场地平整等工程采用。

(3)"8"字形开行路线

"8"字形运行,一个循环完成 2 次挖土和卸土作业,如图 2-37 所示。装土和卸土沿直线开行时进行,转弯时刚好把土装完或倾卸完毕,但两条路线间的夹角 α 应小于 60°。本法可减少转弯次数和空车行驶距离,提高生产率,同时一个循环中 2 次转方向不同,可避免机械行驶部分单侧磨损。适于开挖管沟、沟边卸土或土坑较长(300~500m)的侧向取土、填筑路基以及场地平整等工程采用。

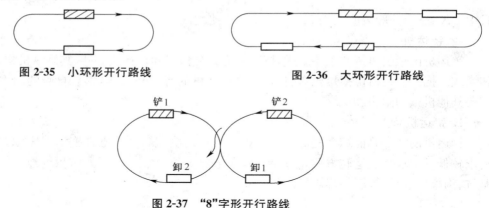

图 2-35　小环形开行路线　　　　　　图 2-36　大环形开行路线

图 2-37　"8"字形开行路线

(4)锯齿形开行路线

铲运机从挖土地段到卸土地段,以及从卸土地段到挖土地段都是顺转弯,铲土和卸土交替地进行,直到工作段的末端才转 180°弯,再按相反方向作锯齿形开行,如图 2-38 所示。本

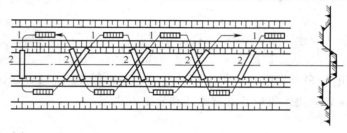

图 2-38　锯齿形开行路线

1. 铲土　2. 卸土

法调头转弯次数相对减少,同时运行方向经常改变,使机械磨损减轻。适于工作地段很长(500m 以上)的路堤、堤坝修筑时采用。

5. 作业方法

(1)助铲法

在地势平坦,土质较坚硬时,可使用自行铲运机,另配一台推土机在铲运机的后拖杆上进行顶推,协助铲土,如图 2-39 所示,可缩短每次铲土时间,装满铲斗,可提高生产率 30% 左右,推土机在助铲的空余时间,可作松土和零星的平整工作。助铲法取土场宽不宜小于20m,长度不宜小于 40m,采用 1 台推土机配合 3~4 台铲运机助铲时,铲运机的半周程距离不应小于 250m,几台铲运机要适当安排铲土次序和开行路线,互相交叉进行流水作业,以发挥推土机效率。适于地势平坦,土质坚硬,宽度大、长度长的大型场地平整工程采用。

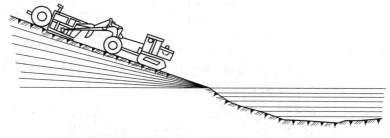

图 2-39　助铲法

(2)跨铲法

在较坚硬的地段挖土时,取留土埂间隔铲土,如图 2-40 所示。土埂两边沟槽深度以不大于 0.3m,宽度在 1.6m 以内为宜。本法铲土埂时增加了两个自由面,阻力减少,可缩短铲土时间和减少向外散土,比一般方法可提高效率。适用于较坚硬的土铲土回填或场地平整。

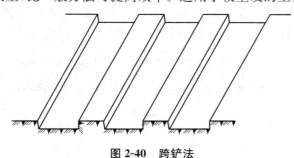

图 2-40　跨铲法

(3)交错铲土法

铲运机开始铲土的宽度取大一些,随着铲土阻力增加,适当减小铲土宽度,使铲运机能很快装满土,如图 2-41 所示。当铲第一排时,互相之间相隔铲斗一半宽度,铲第二排土则退离第一排挖土长度的一半位置,与第一排所挖各条交错开,再以下所挖各排均与第二排相同。适于一般比较坚硬的土的场地平整。

(4)下坡铲土法

铲运机利用地形顺地势(坡度一般 3°~9°)下坡铲土,如图 2-42 所示,借机械往向下运行重量产生的附加牵引力来增加切土深度和充盈数量,可增高生产率 25% 左右,最大坡度

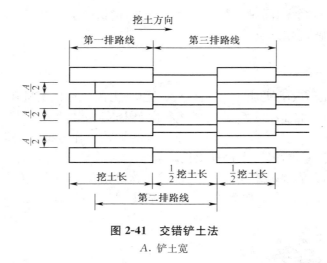

图 2-41　交错铲土法

A. 铲土宽

不应超过 20°左右,平坦地形可将取土地段的一端先铲低,保持一定坡度向后延伸,创造下坡铲土条件,保持铲满铲斗的工作距离为 15～20cm。在大坡度上应放低铲斗,低速前进。适于斜坡地形大面积场地平整或推土回填沟渠用。

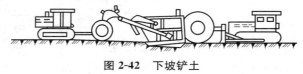

图 2-42　下坡铲土

（5）双联铲运法

铲运机运土时所需牵引力较小,当下坡铲土时,可将两个铲斗前后串在一起,形成一起一落依次铲土、装土（又称双联单铲）,如图 2-43 所示。当地面较平坦时,采取将两个铲斗串成同时起落,同时进行铲土,又同时起斗开行（称为双联双铲）,前者可提高工效 20%～30%;后者可提高工效的 60%。适于较松软的土,进行大面积场地平整及筑堤时采用。

图 2-43　双联铲运法

第五节　土方降水与排水

一、降水

1. 轻型井点降水

（1）方法简介

轻型井点降水法又分为单层井点降水法和多层井点降水法。

1)在基坑开挖深度较大、地下水位较高、土质较差的情况下,可考虑选用井点降水法进行施工。

2)根据开挖基坑的深度和水位高低情况,在水量不太大的地段可考虑用单排井点降水法,如图 2-44 所示。

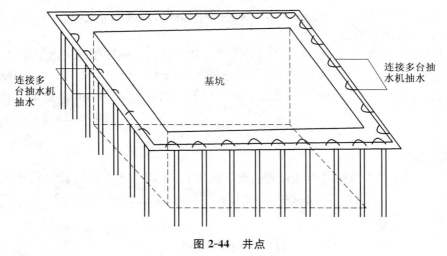

图 2-44　井点

周边全部设置铁管的方法为:以带尖头的铁管冲击土层,当超过设计底标高 1~2m 时,将冲击管拔出下入铁管;铁管下部有 1m 左右的花管,以利于水的渗入,铁管的上端以软管与主导管相连,主导管连接多台抽水机进行抽水以达降水目的。

经探测得知有大量的地下水和地表水涌入的地段,在土方开挖前,可采用同图 2-44 所示井点,以间距 0.8~1.6m 的距离在距基坑 1~1.5m 的周边安装井管,然后在开挖一段土方后,在第一阶台上冲孔,同样使管底高程超过基坑底 1m,接主导管进行排水。双层井点又称多层井点降水。各类井点的适用范围见表 2-5。

表 2-5　各类井点的适用范围

序号	井点类别	土层渗透系数(m/d)	降低水位深度(m)
1	单层轻型井点	0.1~50	3~6
2	多层轻型井点	0.1~50	6~12(由井点层数定)
3	喷射井点	0.1~2	8~20
4	管井井点	20~200	3~5
5	电渗井点	<0.1	根据所选井点定
6	深井井点	10~250	>15

双展井点具有机具简单、使用灵活、拆装方便、降水效果好、防止流砂现象发生、提高边坡稳定性、投入费用低等优点,需要铁管及真空泵和离心式水泵等设备。适用渗透系数为 0.1~0.5m/d 的土以及土层有大量的细砂土和粉砂土或采用明沟排水易引起流砂,塌方等情况使用。

3)轻型井点降水的井点平面布置应根据基坑平面形状与大小、地质和水文情况、工程性质、降水深度来确定。

4)当基坑(槽)宽度在 6m 以内且降水深度不超过 6m 时,可采纳单层井点降水法,布置在地下水上游一侧。

5)当基坑(槽)宽度大于6m或因土质不良、渗透系数较大时,宜采用双层(多层)井点降水法,布置在基坑槽的两侧。

6)当基坑的面积较大时,宜采用环形井点降水法。其挖土运输车辆出入道路可不封闭,间距可达4m,一般留在地下水下游方向。井点管距坑壁不应小于1.0~1.5m,若距离太近容易造成漏气,从而大大增加了井点数量。井点间距一般在0.8~1.6m。总集水管的标高应尽量接近地下水位线,并沿抽水水流方向有0.25%~0.5%的上仰坡度,与离心泵的轴心齐平布置。

(2)井点标高

轻型井点降水的井点标高指井点管的设置深度,应根据降水深度及储水层所在位置确定。井点管头上的滤水管必须埋设在含水层内,并且比基坑底深0.9~1.2m。井点管埋设深度亦可按下式计算:

$$H \geqslant H_1 + h + ji + l$$

式中　H——井点管埋设深度(m);

　　　H_1——井点管埋设面至基坑底面的距离(m);

　　　h——基坑最低点至降水曲线最高点(顶面)的距离(m),一般取0.5~1m,人工开挖取下限,机械开挖取上限;

　　　j——井点管中心至基坑中心的短边距离(m);

　　　i——降水曲线坡度,与土层渗透系数和地下水流量等因素有关,由扬水试验和工程实测确定。对环状或双排井点可取1/15~1/10,对单排线状井点可取1/5~1/4;

　　　l——滤管长度(m)。

井点管一般情况下不宜埋入渗透系数很小的土层,当基坑底面处于渗透系数小的土层时,水位可降至紧靠其上、渗透系数较大的一层底面。

(3)井点降水设备

滤管是井点设备的重要组成部分,其构造合理与否对降水效果影响很大。滤管与井点管直径相等,一般为38~50mm,长度在1~1.5m,可用钻在管上钻孔,孔径在13~19mm为宜,外包双层滤网,以防土粒随地下水被进入水泵。总管一般是直径为100~127mm的钢管。

(4)井点布置

根据基坑平面尺寸、地下水的流向、土质以及降水深度的要求来决定。降水深度不超过5m时,可用单排直线或环形布置,井点布置管与基坑壁相距1~1.5m,以防井点漏气;当深度超过5m时,应采用二级井点降水,如图2-45所示。

(5)轻型井点埋设

直接用高压水冲下沉或用冲水管冲孔或用钻钻孔;再将井管插入孔中,也可用套有套管的水冲或振动水冲法下沉。埋设井管的孔径约在300mm,井点管与孔壁之间的空隙以粗砂或碎石或卵石填充以便滤水,孔的顶部用黏土塞严,达到不漏气为止。

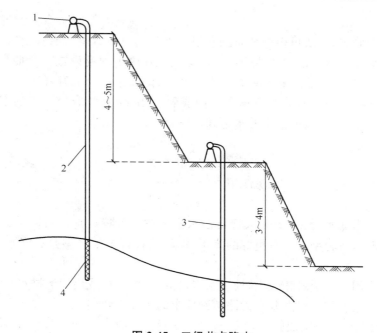

图 2-45　二级井点降水

1. 抽水水泵　2. 钢管　3. 二级井钢管　4. 滤管

（6）井点涌水量的计算

由于影响因素比较复杂，井点涌水量很难准确计算，所以多为近似值。以近似值计算井点管数和间距。

井点系统涌水量计算是以水井理论为依据的。水井根据其井底是否达到不透水层划分为完整井和非完整井，即达到不透水层时为完整井，达不到不透水层时为非完整井。又根据地下水有无压力分为承压井和无压井，即当井底布置在两层不透水层之间充满水的含水层中，这时地下水有一定的压力，称为承压井，而布置在无压力含水层内的井称为无压井。

各类井的涌水量计算方法各不相同，以无压完整井的理论较为完善。

对于无压完整井的井点系统，群井涌水量的计算公式为

$$Q = 1.366K \frac{(2H-S)S}{\lg R - \lg Rx_0}$$

式中　Q——井点系统总涌水量（m³/d）；

　　　K——土的渗透系数（m/d）；

　　　H——含水层厚度（m）；

　　　R——抽水影响半径（m）；

　　　S——水位降低值（m）；

　　　x_0——基坑设想半径（m），对于矩形基坑，其长度比不大于5时，可按以下公式计算：

$$x_0 = \sqrt{\frac{F}{\pi}}$$

　　　F——环形井点所包围的面积（m²）。

(7)渗透系数的确定

渗透系数的确定,一般可根据地质勘察报告提供的数值或参考有关公式进行计算。重大工程应做现场抽水试验以后才能确定。做法是先在施工现场设置一个抽水井,在距抽水井分别为 x_1 和 x_2 处设置一个或两个观测孔,抽水试验中水位的升降次数一般为 3 次(不少于 2 次),每次抽水形成稳定的降落漏斗曲线后,再继续抽水 6~8h,然后根据记录,绘制稳定后的 $Q-S$ 曲线,再根据抽出的水量和计算公式计算 K 值。

对于无压完整井:

$$K = 0.73Q(\lg x_2 - \lg x_1)/(y_2^2 - y_1^2)$$

式中　　y_1、y_2——第一个、第二个观察孔的水位(m)。

2. 管井井点

管井井点是由滤水管、密闭吸水管及抽水机组成。其特点是设备简单、排水量相对较大,降水深度较深,较轻型井具有更好的降水效果,可代替多组轻型井点降水的作用。水泵设在地面,便于维修。

这种方法适用于渗透系数较大,地下水丰富的土层、砂层或用明沟排水易造成土粒大量流失而引起边坡塌方和以轻型井点无法达到要求的情况下使用。但管井井点属于重力排水范畴,吸程高度受到一定限制,要求渗透系数较大,一般在 20~200m/d,降水深度仅为 3~5m。

3. 深水井点

深水井点是在深基坑的周围埋设深于基坑底的井管,通过放入井管内的潜水泵将地下水吸出,使地下水的水位低于坑底一定深度。

这种方法具有如下优点:

1)排水量大,降水深度大于 15m,不受吸程限制,排水效果好。

2)井距大,对平面布置的干扰小,可用于各种情况,也不受土层限制。

3)成孔可用人工或机械进行;井点制作、降水设备操作工艺、维修等都很简便,施工速度快。如果井管使用钢管或塑料管,使用完以后还可以拔出在其他工地重复使用,从而节约费用(80~120 元/m)。

适用于渗透系数较大(一般在 10~250m/d)的砂类土以及地下水丰富、降水深且面积较大,时间长的情况,对于有流砂和重复挖填土的地域,使用效果更佳。本法目前使用比较普遍,钻孔机具仅一个三角架、一台 12 马力(1 马力=0.667kW)柴油机、一台卷扬机、一根油丝绳便可施工。其使用的水泥管价格低廉,很有发展前景。

4. 喷射井点

喷射井点是在井点管内部装设特制的喷射器,用高压水泵或空气压缩机通过井点管中的内管向喷射器输入高压水或压缩空气(喷气井点)形成水气射流,将地下水井点外管与内管之间的孔隙水抽出排走。

这种方法设备简单,排水深度大,一般可达 8~20m,比多层轻型井点降水设备少,基坑土方开挖量少,施工费用低。适用于基坑较深、降水深度大于 6m、土的渗透系数为 3~50m/d 的砂土或渗透系数为 0.1~3m/d 的粉砂、淤泥质土、粉质黏土。

5. 降水与排水施工的质量检验标准

降水与排水施工的质量检验标准应符合表 2-6 的规定。

表 2-6 降水与排水施工质量检验标准

序	检查项目	允许值或允许偏差		检查方法
		单位	数值	
1	排水沟坡度	‰	1~2	目测:坑内不积水,沟内排水畅通
2	井管(点)垂直度	%	1	插管时目测
3	井管(点)间距(与设计相比)	mm	≤150	用钢尺量
4	井管(点)插入深度(与设计相比)	mm	≤200	水准仪
5	过滤砂砾料填灌(与计算值相比)	%	≤5	检查回填料用量
6	井点真空度:轻型井点 喷射井点	kPa kPa	>60 >93	真空度表 真空度表
7	电渗井点阴阳极距离:轻型井点 喷射井点	mm mm	80~100 120~150	用钢尺量 用钢尺量

二、基坑降水与排水

1. 暗沟排水法

在场地狭窄、地下水很丰富的情况下,设置明沟排水有一定的困难,可结合工程实际在基础底板四周设置暗沟,暗沟坡朝向集水井。在挖土时先挖排水沟,向集水井逐步加深,形成连通基坑内外的暗沟系统,以控制地下水位。达到基坑底板以后做成暗沟,使基础周围地下水流向排水管道或者挖成的集水井中,然后用水泵将水抽走。

本法适用于挖土较深且场地紧张、地下水较丰富的构筑物基坑排水。

2. 基坑明沟排水法

当基坑开挖遇到地下水或地表水时,可在基坑设置排水沟,其截面一般在 0.2m×0.5m 以上,沟底低于准备挖土表面 0.5m 以上,并朝向集水井做成一定坡度。每 30~40m 设集水井一个,直径不小于 0.8m,井底应低于排水沟 0.7~1m。随着土方开挖逐步加深,挖到设计标高时井底要低于坑底 1~2m。集水井应设木板框、铁笼、竹笼、混凝土滤水管等滤水设施,以防泥砂、杂物堵塞水泵影响排水。在井底铺碎石防止水泵抽入大量泥浆损坏水泵部件。

3. 混凝土强制堵水法

当基坑中有一定的地下水不断涌出时,可在基坑正中央挖一深 0.8m,直径 1m 的集水井(可根据基坑面积的大小而定),排水沟有一定的坡度,使水能全部流入坑中,然后在坑中直立一铁管,底部不与坑底泥土相接触,然后将水坑用卵石填满。铁管上口与水泵或压水机相连,开动水泵或压水机抽水,至卵石上面没有水时,可浇筑混凝土。在混凝土未达一定强度前水泵或压水机要一直抽水,在混凝土达到一定强度以后,迅速将铁管沿混凝土面用铁锯割断,用软木将铁管迅速塞紧,强行阻止地下水上溢,然后再在混凝土的表面做第二层混凝土,其效果很理想。其做法如图 2-46 所示。这种方法适用于规模小且用地紧张的工程。

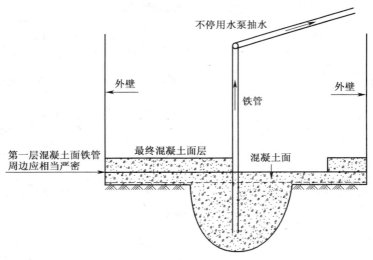

图 2-46　混凝土强制堵水法

第六节　土　方　开　挖

一、定位与放线

1. 定位

基坑的定位放线一般用控制桩或控制点法;基槽的定位放线多采用龙门板法。龙门板的设置,一般是在建筑物各角点、分隔墙轴线两端,距基槽开挖边线外 1.5～2.5m 处(根据槽深和土质而定)钉设龙门桩,要钉得竖直、牢固,桩的外侧面应与基槽平行。

然后根据现场内的水准点,用水准仪将室内地坪标高(±0.000)测设在每个龙门桩上,用红铅笔画出,根据此线把龙门板钉在龙门桩上,使龙门板顶面正好为±0.000。

地面高低变化较大,也可将龙门板顶面钉得比±0.000 高或低一个整数的高程。龙门板钉好后,在角桩上架设经纬仪将建筑物的轴线引测到龙门板上,进行细部测设,并钉中心钉(轴线钉)标志,以作为各施工阶段中控制轴线位置的依据。

对于一些外形或构造简单的建筑物,目前多不钉设龙门板,而是在各轴线的延长线上钉轴线控制桩(又称引桩或保险桩)。其作用及设立方法与龙门板基本相同。

2. 放线

放线就是根据定位控制桩或控制点、基础平面图和剖面图、底层平面图以及坡度系数和工作面等在实地用石灰撒出基坑(槽)上口的开挖边线。

房屋定位和标高引测后,根据基础的底面尺寸、埋置深度、土壤类别、地下水位的高低及季节性变化等不同情况,考虑施工需要,确定是否需要留工作面、放坡、增加降排水设施和设置支撑。

实际施工中,根据直立壁不加支撑、直立壁加支撑和留工作面以及放坡等各种情况确定出挖土边线尺寸,用经纬仪配合钢尺划出基础边线,即可进行放线工作。

放灰线时,用平尺板紧靠于线旁,用装有石灰粉末的长柄勺,沿平尺板撒灰,即为基础开挖边线。

二、开挖

1. 一般基坑开挖

开挖基坑(槽)按规定的尺寸合理确定开挖顺序和分层开挖深度,连续地进行施工,尽快地完成。

1)土方开挖施工要求标高、断面准确,土体应有足够的强度和稳定性,所以在开挖过程中应随时注意检查。

2)为防止边坡发生塌方或滑坡,根据土质情况及坑(槽)深度,一般距基坑上部边缘 2m 以内不得堆放土方和建筑材料或沿坑边移动运输工具和机械,在此距离外堆置高度不应超过 1.5m,否则,应验算边坡的稳定性。在坑边放置有动载的机械设备时,也应根据验算结果,离开坑边较远距离。挖出的土除预留一部分用作回填外,不得在场地内任意堆放,应把多余的土运到弃土地区,以免妨碍施工。

3)当开挖基坑(槽)的土体含水量大且不稳定或边坡较陡、基坑较深、地质条件不好时,应采取加固措施。挖土应自上而下水平分段分层进行,每 3m 左右修整一次边坡,到达设计标高后,再统一进行一次修坡清底,检查底宽和标高,要求坑底凹凸不超过 2.0cm。深基坑一般采用"分层开挖,先撑后挖"的开挖原则。

4)为了防止基底土(特别是软土)受到浸水或其他原因的扰动,基坑(槽)挖好后,应立即验槽做垫层,否则,应在基底标高以上预留 15～30cm 厚的土层,待下道工序开始时再行挖去。

5)采用机械挖土,为防止超挖,破坏地基土,应根据机械种类,在基底标高以上预留一层土进行人工清槽。使用铲运机、推土机时,预留土层厚度为 15～20cm,使用单斗挖土机时为 20～30cm。挖土不得挖至基坑(槽)的设计标高以下,如个别处超挖,应用挖出的土方填补,并夯实到要求的密实度。

6)如用原土填补不能达到要求的密实度时,可用碎石类土填补,并仔细夯实。重要部位如被超挖时,可用低强度等级的混凝土填补。

7)基坑开挖时,应对平面控制桩、水准点、基坑平面位置、水平标高、边坡坡度等经常进行检查。

2. 软土地区基坑开挖

1)施工前必须做好地面排水和降低地下水位工作,地下水位应降低至基坑底以下0.5～1.0m 后,方可开挖。降水工作应持续到回填完毕。

2)施工机械行驶道路应填筑适当厚度的碎石或砾石,必要时应铺设工具式路基箱(板)或梢排等。

3)在密集群桩上开挖基坑时,应在打桩完成后间隔一段时间,再对称挖土。在密集群桩附近开挖基坑(槽)时,应采取措施防止桩基位移。

4)挖出的土不得堆放在坡顶上或建(构)筑物附近。

5)相邻基坑(槽)开挖时,应遵循先深后浅或同时进行的施工顺序,并应及时做好基础。

3. 深基坑开挖

1)深基坑开挖过程中,随着土的挖除,下层土因逐渐卸载而有可能回弹,尤其在基坑挖至设计标高后,如搁置时间过久,回弹更为显著。如弹性隆起在基坑开挖和基础工程初期发展很快,它将加大建筑物的后期沉降。因此,对深基坑开挖后的土体回弹,应有适当的估计,如在勘察阶段,土样的压缩试验中应补充卸荷弹性试验等。还可以采取结构措施,在基底设置桩基等,或事先对结构下部土质进行深层地基加固。

2)施工中减少基坑弹性隆起的一个有效方法是把土体中有效应力的改变降低到最少。具体方法有加速建造主体结构,或逐步利用基础的重量来代替被挖去土体的重量。

三、检验与处理

1. 基本要求

1)基坑(槽)挖至基底设计标高并经清理后,施工单位必须会同勘察、设计单位、监理单位和业主共同进行验槽,合格后才能进行基础工程施工。

2)一般设计依据的地质勘查资料取自拟建建筑物地基的有限一些点,无法准确反映钻孔之间的土质变化情况,只有在土方开挖后才能确切地了解。

3)为了使建(构)筑物有一个比较均匀的下沉,即不允许建(构)筑物各部分间产生较大的不均匀沉降,必须对地基进行严格的检验。

4)核对地质资料,检查地基土与工程地质勘查报告、设计图纸要求是否相符,有无破坏原状土结构或发生较大的扰动现象。

5)如果实际土质与设计地基土不符或有局部特殊土质(如松软、太硬,有坑、沟、墓穴等)情况,则应由结构设计人提出地基处理方案,处理后经有关单位签署后归档。

6)验槽主要凭施工经验,以观察为主,而对于基底以下的土层不可见部位,要先辅以钎探、夯实配合共同完成。

2. 方法

(1)钎探

1)钎探是用锤将钢钎打入坑底以下的土层内一定深度,根据锤击次数和入土难易程度来判断土的软硬情况及有无墓穴、枯井、土洞、软弱下卧土层等。

2)钢钎的打入分人工和机械两种。

3)人工打钎时,钢钎用直径 22～25mm 的钢筋制成,钎尖呈 60°尖锥状,长 2.5～3.0m(入土部分长 1.5～2.1m),每隔 30cm 有一个刻度。打钎用的锤重 8～101b(11b＝0.4536kg),锤击时的自由下落高度为 50～70cm。用打钎机打钎时,其锤重约 10kg,锤的落距为 50cm。

4)先绘制基坑(槽)平面图,在图上根据要求确定钎探点的平面位置,并依次编号绘制成钎探点平面布置图。按钎探点平面布置图标定的钎探点顺序号进行钎探施工。

5)打钎时,同一工程应钎径一致、锤重一致、用力(落距)一致。每贯入 30cm(通常称为一步),记录 1 次锤击数,每打完 1 个孔,填入钎探记录表内。钎探点的记录编号应与注有轴线号的钎探点平面布置图相符。最后整理成钎探记录。

6)钎孔的间距、布置方式和钎探深度,应根据基坑(槽)的大小、形状、土质的复杂程度等确定,一般可参考表 2-7。

7)打钎完成后,要从上而下逐"步"分析钎探记录情况,再横向分析各钎孔相互之间的锤击次数,将锤击次数过多或过少的钎孔,在钎探点平面布置图上加以圈注,以备到现场重点检查。钎探后的孔要用砂灌实。

(2)观察验槽

1)检查基坑(槽)的位置、尺寸、标高和边坡等是否符合设计要求。

表 2-7　钎孔布置

槽宽(cm)	排列方式	图　　示	间距(m)	钎探深度(m)
<80	中心一排			1.2
80~200	两排错开		1.0~2.0，视地层复杂情况定	1.5
>200	梅花形			2.1
柱基	梅花形			≥1.5，并不浅于短边宽度

2)根据槽壁土层分布情况及走向,可初步判断全部基底是否已挖至设计所要求的土层,特别要注意观察土质是否与地质资料相符。

3)检查槽底是否已挖至老土层(地基持力层)上,是否需继续下挖或进行处理。

4)对整个槽底土进行全面观察:土的颜色是否均匀一致;土的坚硬程度是否均匀一致,有无局部过软或过硬异常情况。

5)土的含水量情况,有无过湿;在槽底行走或夯拍,有无震颤现象,有无空穴声音等。

6)验槽的重点应选择在柱基、墙角、承重墙下或其他受力较大的部位。如有异常部位,要会同设计等有关单位进行处理。

四、局部处理

验槽时发现的各种异常,在探明原因和范围后,由工程设计人员作出处理方案,由施工单位进行处理。地基局部处理的原则是使所有地基土的硬度一致,压缩性一致,避免使建筑物产生不均匀沉降。常见的处理方法可概括为"挖、填、换"3个字。

第七节　土方回填与压实

一、回填

1)土方回填前应清除基底的垃圾、树根等杂物,抽出坑穴积水、淤泥,验收基底标高。如在耕植土或松土上填方,应在基底压实后再进行。

2)填方土料应按设计要求选料。

3)填方施工过程中应检查排水措施、每层填筑厚度、填土含水率及压实程度。每层填筑厚度及每层压实遍数应根据土质、压实系数及所用机具进行确定。若没有检验、试验结果时,应符合表 2-8 的规定。

表 2-8　填土施工时的分层厚度及压实遍数

压实机具	分层厚度（mm）	每层压实遍数
平　碾	250～300	6～8
振动压实机	250～350	3～4
柴油打夯机	200～250	3～4
人工打夯	＜200	3～4

4）基坑（槽）回填应在两侧或四周相对同时进行。

5）填方施工结束后，应检查标高、边坡坡度、压实程度等。填土工程质量检验标准应符合表 2-9 的规定。

表 2-9　填土工程质量检验标准　　　　（mm）

项	序	检查项目	允许偏差或允许值					检查方法
			桩基基坑基槽	场地平整		管沟	地（路）面基础层	
				人工	机械			
主控项目	1	标高	−50	±30	±50	−50	−50	水准仪
	2	分层压实系数	设计要求					按规定方法
一般项目	1	回填土料	设计要求					取样检查或直观鉴别
	2	分层厚度及含水量	设计要求					水准仪及抽样检查
	3	表面平整度	20	20	30	20	20	用靠尺或水准仪

为了保证填土工程的质量，施工时必须根据填方的具体要求，合理地选择土料和施工方法。

二、基本要求

1）以砾石、卵石或块石作填料时，分层夯实时其最大厚度不宜大于 400mm；分层压实时，其最大粒径不宜大于 200mm。

2）级配良好的碎石类土、砂土（使用细砂、粉砂时应取得设计单位同意）和爆破后的石渣以及性能稳定的工业废料，可用作表层以下的填料。

3）淤泥和淤泥质土一般情况下不能作为填料使用，但在软土或沼泽地区，经过处理使含水量符合压实要求时，可在填方的次要部位使用。

4）含水量符合压实要求的黏性土，可用作各层填料。

5）碎块草皮和有机质含量大于 8％的土，仅用于无压实要求的填方。

6）含盐量符合《土方与爆破工程施工及验收规范》GB 50201 规定的盐渍土，一般可以使用，但在填方上部的建筑物应采取防盐、碱侵蚀的有效措施。填料中不准含有盐晶、盐粒或植物的根茎叶等腐殖质。

7）填方土料为黏性土时，填土前应检查其含水量，含水量高的黏土不宜作为回填土使用。淤泥、冻土、膨胀性土及有机物质含量大于 8％的土以及硫酸盐含量大于 5％的土不能作为回填土料使用。

8）填方基底的处理应符合设计要求。设计如无要求，应符合以下规定：

①基底的树墩及树主根应清除，坑穴应清除积水、淤泥和杂草、杂物，并按规定分层回填

夯实。

②建筑物及构筑物地面下的填方或填方厚度小于 0.5m 时,应清除基底的草皮和杂物。

③在土质较好的平坦地(地面坡度不陡于 1/10)填方时,可不清除基底的草皮,但应割除长高的长草。

④在稳定的山坡上填方,当山坡坡度为 1/10～1/5 时,应清除基底的草皮,坡度陡于1/5以上时,应将基底挖成阶梯形,阶宽不小于 1m。

⑤当填方基底为耕植土或松土时,应将基底碾压密实。

⑥在水田、沟渠或池塘上填方前,应根据现场具体情况采用排水疏干、挖除淤泥、抛填石块、砂砾、矿渣等方法处理后,再进行填土。

9)使用时间较长的临时性填方边坡坡度:当填方高度在 10m 以内,可采用 1:1.5;高度大于 10m 时,可做成折线形,上部采用 1:1.5,下部采用 1:1.75。

10)用碎石类土或爆破石渣来作填料时,其最大粒径不得超过每层铺填厚度的 2/3。铺填时,大块料不应集中,且不得填在分段接头处或填方与山坡连接处。

11)填方施工前,应根据工程特点、填料种类、设计压实系数、施工条件等合理安排压实机具并确定填料含水量的控制数据、铺土厚度和压实遍数。

12)填土施工应接近水平分层填土和夯实,在测定压实后土的干密度、检验其压实系数和压实范围均符合设计要求后,才能填筑上层土方。填土压实的质量要求和取样数量应符合规范的规定。

13)黏性土填料施工含水量的控制范围,应在填料的干密度—含水量关系曲线中,根据设计干密度来确定。如没有击实试验条件,设计压实系数为 0.9 时,施工含水量与最优含水量之差可控制在 −4%～2% 之间(使用振动碾时可控制在 −6%～2% 之间)。

14)填料为碎石类土(填充物为砂土)时,碾压前宜充分洒水湿透,以提高压实质量。填料为爆破石渣时,应通过碾压试验确定含水量的控制范围。

15)填方基土为杂填土时,应按设计要求加固地基,并应妥善处理基底下的软硬点、空洞、旧基、暗塘等。

16)分段填筑时,每层接缝处应做成斜坡形,碾压重叠宽度为 0.5～1m;上下层的接缝应错开,错开宽度不小于 1m。

17)填料为黏性土时,填土前应检验土的含水量,若偏高则应翻松晾晒或均匀掺入干土或白灰等吸水性填料;若偏低则应洒水湿润、增加压实遍数或使用大功率压实机械。

18)填方应按设计要求预留沉降量,如设计无要求时,可根据工程的性质、填方高度、填料种类、压实系数和地基情况等与建设单位共同商定(沉降量一般不超过填方高度的 3%)。

19)填方中采用两种不同的填料分层填筑时,上层应填筑透水性较小的填料,下层应填筑透水性较大的填料,填方基土表面应做成适当的排水坡度,边坡不得用透水性较小的填充料封闭。

20)在地形、工程地质复杂区域填方且对填土密实度要求较高时,应采取措施(如排水暗沟、护坡等),以防止填土流失、不均匀下沉和坍塌等现象的发生。

21)机械压实的要求。振动平碾适用于填料为爆破石渣、碎石类土、杂填土或轻亚黏土的大型填方。使用 8～15t 重的振动平碾压实爆破石渣或碎石类土时,铺土厚度每层一般为0.6～1.5m,应先静压、后碾压,碾压遍数应由现场试验确定,一般为 6～8 遍。

碾压机械压实土方时,应控制行驶速度,一般不应超过下列规定:

平碾　　　　　2km/h

羊足碾　　　　3km/h

振动碾　　　　2km/h

采用机械填方时,应保证边缘部位的压实质量。填土后,如设计不要求修整,宜在填方的边缘多填宽 0.5m;如设计要求边坡平整拍实,边缘可多填宽 0.2m 左右。

22)基土为软土的填方时,应根据设计要求来处理,在设计没有要求时应符合以下规定:

①大面积填土应在开挖基坑前完成,并尽量留有较长间歇时间。

②软土层厚度较小时,可采取换土或抛石挤淤的处理办法。

③软土层厚度较大时,可采用砂垫层、砂井、砂桩等方法进行加固,其施工要求应按国家标准《地基与基础工程施工及验收规范》的有关规定执行。

23)填方基土表层和填料为盐渍土时,应按以下规定进行施工:

①尽量在地下水位低的季节进行施工。

②当地下水位距填方基底较近且基土较松软时,应根据设计要求做好隔水层。

③在海滨地区,对含盐量较低的土料,宜使用轻、中型碾压机械;在干旱地区。对含盐量较高的土料,宜使用重型碾压机械施工。

④应清除填方地基含盐量超过设计允许值的地表土层或表层结壳及壳下的松散土层。

⑤在降水较多的地区,应根据设计要求做好填方的表层处理。

24)在沼泽地上填方时应按以下规定施工。

①施工前应了解沼泽类型、沉积层的厚度和稠度、泥炭的腐烂矿化程度等。

②填方沉入沼泽的深度、基土的处理方法和填料等应符合设计要求。

③填方的周围应开挖排水沟。

④沼泽地上的临时性填方(如临时道路等),可根据沼泽的性质与填方自重及上部荷载将填方设置在木(竹)排上或直接设置在沼泽地面上。

三、压实

1. 强夯夯实法

强夯是指用起重机械将大吨位的重锤(一般在 8～30t)借助三角架,龙门架提高到 6～30m 以后自然落下,从而对地基施加强大的冲击力,使土中产生冲击波加冲击应力,迫使土层孔隙压缩,土体局部发生液化,在夯击点周围产生裂隙,形成良好的排水通道,孔隙水和气体逸出,使土粒重新排列,经有效压实后达到固结,从而提高地基的承载力。这是降低压缩性的一种有效的地基加固方法,也是我国目前最为常见、最为经济的深层地基处理方法。

1)在填方施工过程中,土的含水量对土的压实质量具有很大的影响。只有当土含水量适当时,土颗粒之间的摩阻力才因水的润滑作用而减小,土方容易被压实。

2)使填土压实获得最大密实度时土的含水量称为土的最优含水量。

3)土的最优含水量用击实试验确定。实地检验的方法是用手紧握成团、松手可散为宜。

2. 重锤夯实法

重锤夯实是利用起重机械将夯锤提升到一定高度,然后自由下落,重复夯击基土表面,使地基表面形成一层比较密实的硬壳层,使地基得到加固。其施工简单,费用较低,但布点较密,夯击遍数多,施工工期长,夯击能量低,加固深度有限。

1)当土的含水量稍高时易夯成橡皮土,处理比较困难。适用于地下水位 0.8m 以上、较湿的黏性土、砂土、饱和度 $S_r \leqslant 60$ 的湿陷性黄土、杂填土以及分层填土地基的加固处理。

2)重锤表面夯实的加固深度一般为 1.2~2m。

3)湿陷性黄土地基经重锤表面夯实后透水性有明显降低,可消除湿陷性,使地基土密度加大,强度可提高 30% 左右。

4)杂填土地基则可通过夯实减少不均匀性,从而提高地基的承载力。

第八节　土方工程质量标准与安全技术

一、土方工程质量标准

1)柱基、基坑、基槽和管沟基底的土质,必须符合设计要求,并严禁扰动。

2)填方的基底处理,必须符合设计要求或施工规范规定。

3)填方柱基、坑基、基槽、管沟回填的土料必须符合设计要求和施工规范。

4)填土施工过程中应检查排水措施、每层填筑厚度、含水量控制和压实程度。

5)填方和柱基、基坑、基槽、管沟的回填等对有密实度要求的填方,在夯实或压实之后,必须按规定分层夯压密实。取样测定压实后土的干密度,90% 以上符合设计要求,其余 10% 的最低值与设计值的差不应大于 0.08g/cm³,且不应集中。

土的实际干密度可用环刀法(或灌砂法)测定,或用小轻便触探仪直接通过锤击数来检验干密度和密实度,符合设计要求后,才能填筑上层。其取样组数:柱基回填取样不少于柱基总数的 10%,且不少于 5 个;基槽、管沟回填每层按长度 20~50m 取样一组;基坑和室内填土每层按 100~500m² 取样一组;场地平整填土每层按 400~900m² 取样一组,取样部位应在每层压实后的下半部。用灌砂法取样应为每层压实后的全部深度。

6)土方工程外形尺寸的允许偏差和检验方法,应符合表 2-10 规定。

7)填方施工结束后,应检查标高、边坡坡度、压实程度等,检验标准应符合表 2-11 的规定。

表 2-10　土方开挖工程质量检验标准　　　　　　　　　　　　　　　　(mm)

项	序	项　目	允许偏差或允许值					检验方法
			柱基基坑基槽	挖方场地平整		管沟	地(路)面基层	
				人工	机械			
主控项目	1	标高	−50	±30	±50	−50	−50	水准仪
	2	长度、宽度(由设计中心线向两边量)	+200 −50	+300 −100	+500 −150	+100	—	经纬仪,用钢尺量
	3	边坡	设计要求					观察或用坡度尺检查
一般项目	1	表面平整度	20	20	50	20	20	用 2m 靠尺和楔形塞尺检查
	2	基底土性	设计要求					观察或土样分析

注:地(路)面基层的偏差只适用于直接在挖、填方上做地(路)面的基层。

表 2-11 填土工程质量检验标准 （mm）

项	序	检查项目	允许偏差或允许值					检查方法
			桩基基坑基槽	场地平整		管沟	地（路）面基础层	
				人工	机械			
主控项目	1	标高	−50	±30	±50	−50	−50	水准仪
	2	分层压实系数	设计要求					按规定方法
一般项目	1	回填土料	设计要求					取样检查或直观鉴别
	2	分层厚度及含水量	设计要求					水准仪及抽样检查
	3	表面平整度	20	20	30	20	20	用靠尺或水准仪

二、土方施工安全要点

1. 基坑开挖

1)基坑开挖时,两人操作间距应大于 3.0m,不得对头挖土;挖土面积较大时,每人工作面不应小于 6m²。挖土应由上而下,分层分段按顺序进行,严禁先挖坡脚或逆坡挖土,或采用底部掏空塌土方法挖土。

2)基坑开挖深度超过 1.5m 时,应根据土质和深度严格按要求放坡。不放坡开挖时,需根据水文、地质条件及基坑深度计算确定临时支护方案。

3)基坑开挖时,应随时注意土壁变动情况,如发现有边坡裂缝或部分坍塌现象,施工人员应立即撤离操作地点,并应及时分析原因,采取有效措施处理。如进行支撑或放坡,并注意支撑的稳固和土壁的变化。

4)基坑边缘堆土、堆料或沿挖方边缘移动运输工具和机械,一般应距基坑上部边缘不少于 2m,弃土堆置高度不应超过 1.5m,重物距边坡距离,汽车不小于 3m,起重机不小于 4m。

5)基坑开挖深度超过 2.0m 时,必须在坑顶边沿设两道护身栏杆,夜间加设红灯标志。

6)深基坑上下应先挖好阶梯或支撑靠梯,或开斜坡道,采取防滑措施,禁止踩踏支撑上下。基坑四周应设安全栏杆或悬挂危险标志。

7)深基坑开挖采用支护结构时,为保证操作安全,在施工中应加强观测,发现异常情况及时进行处理,雨后更应加强检查。

8)基坑挖土使用吊装设备吊土时,起吊后,坑内操作人员应立即离开吊点的垂直下方,坑内人员应戴安全帽。人工吊运土方时,应检查起吊工具、绳索是否牢靠。卸土堆应离开坑边至少 2m,以防造成坑壁塌方。

9)用手推车运土,应先平整好道路,并尽量采取单行道,以免碰撞。卸土回填,不得放手让车自动翻转;用翻斗车运土时,运输道路的坡度、转弯半径应符合有关安全规定,两车间距不得小于 10m,装土和卸土时,两车间距不得小于 1.0m。

10)已挖完或部分挖完的基坑,在雨后或冬季解冻前,应仔细观察边坡土质情况,如发现异常,应及时处理或排除险情后方可继续施工。

11)当基坑较深或晾槽时间很长时,为防止边坡失水疏松或地表水冲刷、浸润影响边坡稳定,应采用塑料薄膜或抹砂浆覆盖或挂铁丝网,抹砂浆或砌石、草袋(水泥编织袋)装土堆压等方法保护。

12)在雨期开挖基坑,应距坑边 1m 远处挖截水沟或筑挡水堤,防止雨水灌入基坑或冲刷边坡,造成边坡失稳塌方。当基坑底部位于地下水位以下时,基坑开挖应采取降低地下水位措施。雨期在深坑内操作应先检查土方边坡支护措施。

2. 机械挖土

1)大型土方工程施工前,应编制土方开挖方案、绘制土方开挖图,确定开挖方式、顺序、边坡坡度、土方运输方式与路线,弃土堆放地点以及安全技术措施等以保证挖掘、运输机械设备安全作业。

2)机械行驶道路应平整、坚实,必要时底部应铺设枕木、钢板或路基箱垫道,防止作业时道路下陷;在饱和软土地段开挖土方应先降低地下水位,防止设备下陷或基土产生侧移。

3)多台挖掘机在同一作业面的机间距应大于10m。多台挖掘机在不同台阶同时开挖,应验算边坡稳定,上下台阶挖掘机前后应相距30m以上,挖掘机离下部边坡应有一定的安全距离,以防造成翻车事故。

4)机械挖土应分层进行,合理放坡,防止塌方、溜坡等造成机械倾翻、掩埋等事故。

5)机械施工区域禁止无关人员进入场地内。土石方爆破时,人员及机械设备应撤离至安全地带。挖掘机、装载机卸土,应待整机停稳后进行,不得将铲斗从运输汽车驾驶室顶部越过;装土时任何人都不得停留在装土车上。

6)土方施工机械操作和汽车装土行驶要听从现场指挥,所有车辆必须严格按规定的开行路线行驶,防止撞车。

7)在有支撑的基坑中挖土时,必须防止碰坏支撑,在坑沟边使用机械挖土时,应计算支撑强度,危险地段应加强支撑。

8)铲运机的开行道路应平坦,其宽度应大于机身2m以上。在坡地行走,上下坡度不得超过25°,横坡不得超过6°。铲斗与机身不正时,不得铲土。多台机在一个作业区作业时,前后距离不得小于10m,左右距离不得小于2m。铲运机上下坡道时,应低速行驶,不得中途换挡,下坡时严禁脱挡滑行。禁止在斜坡上转弯、倒车或停车。

9)夜间作业,机上及工作地点必须有充足的照明设施,在危险地段应设置明显的警示标志和护栏。

10)遇七级以上大风、雷雨、大雾天时,各种挖掘机应停止作业,并将臂杆降至30°～45°。

11)冬季、雨期施工,运输机械和行驶道路应采取防滑措施,以保证行车安全。

3. 土方回填

1)基坑(槽)和管沟回填前,应检查坑(槽)壁有无塌方迹象,下坑(槽)操作人员要戴安全帽。

2)坑(槽)及室内回填,用车辆运土时,应对跳板、便桥进行检查,以保证交通道路畅通安全。车与车的前后距离不得小于5m。用手推车运土回填,不得放手让车自动翻转卸土。

3)基坑(槽)回填土时,支撑(护)的拆除,应按回填顺序,从下而上逐步拆除,不得全部拆除后再回填,以免使边坡失稳,更换支撑时必须先装新的,再拆除旧的。

4)基坑回填应分层进行,基础或管道、地沟回填应防止造成两侧压力不平衡,使基础或墙体位移或倾倒。

5)用推土机回填,铲刀不得超出坡沿,以防倾覆。陡坡地段推土需设专人指挥,严禁在陡坡上转弯。

6)压路机启动前应先检查油路和传动装置、制动器是否完好,非作业人员应远离作业区,先鸣号,后开行。两台以上压路机同时作业时,其间距应大于 3m,在坡道上禁止纵队行驶。在新填土上碾压,应从中间向两侧碾压,且应离开填土边缘 0.5m 以上,上下坡时禁止换挡和滑行。工作结束应将机械止动,压路机应停放在平坦稳固地方。

7)蛙式打夯机使用前应对各部件进行认真检查,电机及接线头应有良好绝缘。夯土时应由两人操作,1 人操纵机械,1 人拉持电缆,操作人员应穿绝缘胶鞋、戴绝缘手套。操作时,打夯机前进方向严禁站人,多台机同时作业,应相距 5m 以上。停用或停电时应切断电源。

8)在填土夯实过程中,要随时注意边坡土的变化,对坑(槽)沟壁有松土掉落或塌方的危险时,应采取适当的支护措施。

4. 强夯夯实法

强夯是指用起重机械将大吨位的重锤(一般在 8～30t)借助三角架,龙门架提高到 6～30m 以后自然落下,从而对地基施加强大的冲击力,使土中产生冲击波加冲击应力,迫使土层孔隙压缩,土体局部发生液化,在夯击点周围产生裂隙,形成良好的排水通道,孔隙水和气体逸出,使土粒重新排列,经有效压实后达到固结,从而提高地基的承载力。这是降低压缩性的一种有效的地基加固方法,也是我国目前最为常见、最为经济的深层地基处理方法。

在填方施工过程中,土的含水量对土的压实质量具有很大的影响。只有当土含水量适当时,土颗粒之间的摩阻力才因水的润滑作用而减小,土方容易被压实。使填土压实获得最大密实度时土的含水量称为土的最优含水量。土的最优含水量用击实试验确定。实地检验的方法是用手紧握成团、松手可散为宜。

第九节　土方冬、雨期施工

一、土方工程的雨期施工

施工要点:

1)挖槽应根据土的种类、性质、湿度和挖槽深度,严格按照安全操作规程进行放坡,在挖土过程中应加强对边坡的监护,发现异常马上处理,必要时应放缓边坡坡度,以保安全。

2)大型基坑及工期较长的地下工程,应先在基础边坡四周做好排水沟,以防雨水侵入。

3)雨期施工,土方开挖面积不宜太大,最好安排逐段、逐片开挖。排水设施应健全。

4)挖出的土方应远离边坡,减轻边坡承受荷载,减少边坡坍塌的概率。留作回填的土方应存放在距边坡 3m 以外不妨碍施工的地方,机械及运输车辆应在距槽边缘 5m 以外的部位行驶,手推车运输应距槽边缘 1m 以外,施工中还应根据现场实际情况适当调整。运输道路要畅通、防滑、无积水。

5)回填土时应先排除积水,然后回填夯实。在雨季进行灰土基础垫层施工时,应做到"四随"(随筛、随拌、随运、随打),如未经夯实便遭雨水侵蚀时,应挖出重做。在雨季施工过程中当日所配制的灰土填料应当日用完,槽内不准留有虚土,应尽快完成基础垫层。

二、冬季施工

施工要点:

1)新开工程凡冬季施工的可根据地下水位、地质情况,尽量采用预制混凝土桩或钻孔灌注支盘桩,且尽早落实施工条件,尽早与设计人员洽商以减少大量的土方开挖。

2)松碎冻土施工采用的机械或机具及其施工方法,应根据土质、冻结的程度、机械或机具的性能及施工条件来确定。当冻结厚度不大时,可采用铲运机、推土机或挖土机直接进行施工。当冻结厚度较大时,可使用松土机、破冻土犁、重锤冲击或爆破进行施工。

3)冬季施工期间尽量减少冻土开挖工程量,以减少人力物力的大量投入,如必须在冬季进行土方开挖,应预先采取防冻措施,在需要开挖的部位覆盖保温材料以加强保温或将表层翻松,也可以采用开冻机械施工或以白灰开冻后施工。

4)在开挖基坑及管沟时,必须防止基土遭受冻害。若在基坑(槽)及管沟开挖完成以后,距继续铺垫层或距基础施工之间存在间歇时间时,应在基底以上预留一定厚度的松土或采用覆盖保温材料以加强保温。

在冬季施工过程中,若可能引起附近建筑物、构筑物的地基或地下设施遭受冷冻破坏时,应预先做好防冻措施。

5)用融化冻土法施工应根据工程量的大小、冻结的程度和现场实际条件选用谷壳焖火烘烤法、蒸汽循环法或电热法等进行施工。

6)冬季回填土施工前,应清除冰雪或覆盖物;边坡表层 1m 内不得用冻土回填,填方的上层应用不冻土和透水好的土进行回填。

7)冬季施工回填土厚度应比常温施工减少 20%～25%,预留沉降量应比常温施工适当增加。用含有冻土块的土进行回填时,粒径的大小不应超过 150mm;铺填时冻块应均匀分布,分层压实。

8)冬季回填室内或其上有路面的管沟、基坑(槽)时不得用冻土块回填,回填时土不应受冻。

9)当气温在-5℃以下时,冬季回填土总厚度不宜超过 4.5m,低于-11℃时不宜超过 3.5m。

室外的回填土冻土块的含量不应超过总体积的 15%,冻土块的粒径不应超过 150mm,且冻块在其中应均匀分布。

10)冬季施工的基础应该及时回填,并用浮土覆盖表面以免遭冻害。用于室内回填的土应采取保温防冻措施,严禁在冻土层上做地面垫层,以防地面下沉和开裂。

为保障回填的密实度,规范规定:室外的基坑(槽)或者管沟的回填可以含有冻土块,但冻土块的体积不应超过填土总体积的 15%;管沟底与管顶之间 50cm 范围内不得用含冻块的土料回填。室内的基坑(槽)或管沟不能用含有冻块的土进行回填,以防开化以后出现塌陷。

11)灰土应尽量避开冬季施工,灰土不允许受冻,若必须在冬季打灰土时,要采用随打、随覆盖的方法进行施工。一般在气温低于-10℃时灰土不宜施工。

第三章　地基与基础

第一节　地基处理

地基处理的基本方法如下：

1)如按时间可分为临时处理和永久处理。

2)按处理深度可分为浅层处理和深层处理；按处理对象土层特性可分为砂性土处理和黏性土处理，饱和土处理和非饱和土处理。

3)按地基处理的作用机理来分类，可参考表 3-1。各种地基处理方法的主要适用范围和加固效果可参考表 3-2。

表 3-1　地基处理方法分类

分类	处理方法	原理及作用	适用范围
换土垫层法	机械碾压法 重锤夯实法 平板振动法	挖除浅层软弱土，分层碾压或夯实来压实土，按回填的材料可分为砂垫层、碎石垫层、灰土垫层、二灰垫层和素土垫层等。它可提高持力层的承载力，减少沉降量、消除或部分消除土的湿陷性和胀缩性、防止土的冻胀作用以及改善土的抗液化性	机械碾压法常适用于基坑面积宽大和开挖土方量较大的回填土方工程，一般适用于处理浅层软土地基、湿陷性黄土地基、膨胀土地基和季节性冻土地基 重锤夯实法一般适用于地下水位以上稍湿的黏性土、砂土、湿陷性黄土、杂填土以及分层填土地基 平板振动法适用于处理无黏性土或黏粒含量少和透水性好的杂填土地基
深层密实法	强夯法 挤密法 （砂桩挤密法） （振动水冲法） （灰土、二灰或土桩挤密法） （石灰桩挤密法） 粉体喷射搅拌法	强夯法系利用强大的夯击功，迫使深层土液化和动力固结而密实 挤密法系通过挤密或振动使深层土密实。并在振动密实过程中，回填砂、砾石、灰土、土或石灰等，形成砂桩、碎石桩、灰土桩、二灰桩、土桩或石灰桩，与桩间土一起组成复合地基，从而提高地基承载力、减少沉降量、消除或部分消除土的湿陷性，改善土的抗液化性 粉体喷射搅拌法是以生石灰或水泥等粉体材料，利用粉体喷射机械，以雾状喷入地基深部，由钻头叶片旋转，使粉体加固料与原位软土搅拌均匀，使软土硬结，可提高地基承载力、减少沉降量、加快沉降速率和增加边坡稳定性	强夯法一般适用于碎石土、砂土、杂填土及黏性土、湿陷性黄土及人工填土，对淤泥质土经试验证明施工有效时方可使用 砂桩挤密法和振动水冲法一般适用于杂填土和松散砂土，对软土地基经试验证明加固有效时方可使用 灰土、二灰或土桩挤密法一般适用手地下水位以上，深度为 5～10m 的湿陷性黄土和人工填土 粉体喷射搅拌法和石灰桩挤密法一般都适用于软土地基

续表 3-1

分类	处理方法	原理及作用	适用范围
排水固结法	堆载预压法 真空预压法 降水预压法 电渗排水法	通过布置垂直排水井,改善地基的排水条件,及采取加压、抽气、抽水和电渗等措施,以加速地基土的固结和强度增长,提高地基土的稳定性,并使沉降提前完成	适用于处理厚度较大的饱和软土和冲填土地基,但需要具有预压的荷载和时间等条件。对于厚的泥炭层则要慎重对待
加筋法	土工织物 加筋土 树根桩 碎石桩 (包括砂桩)	在软弱土层建造树根桩或碎石桩,或在人工填土的路堤或挡墙内铺设土工织物、网带、钢条、尼龙绳或玻璃纤维等作为拉筋,使这种人工复合的土体,可承受抗拉、抗压、抗剪和抗弯作用,借以提高地基承载力,增加地基稳定性和减少沉降 土工织物适用于砂土、黏性土和软土 加筋土适用于人工填土的路堤和挡墙结构 树根桩适用于各类土 碎石桩(包括砂桩)适用于黏性土,对于软土,经试验证明施工有效时方可采用	
化学加固法	灌浆法 混合搅拌法 (高压喷射浆法) (深层搅拌法)	通过注入水泥或化学浆液或将水泥等浆液进行喷射或机械拌和等措施,使土粒胶结,用以改善土的性质,提高地基承载力,增加稳定性,减少沉降,防止渗漏	适用于处理砂土、黏性土、湿陷性黄土及人工填土的地基。尤其适用于对已建成的由于地基问题而产生工程事故的托换技术
热学法	热加固法 冻结法	热加固法是通过渗入压缩的热空气和燃烧物,并依靠热传导,而将细颗粒土加热到适当温度,如温度在 100℃ 以上,则土的强度就会增加,压缩性随之降低冻结法是采用液体氮,或二氧化碳膨胀的方法或采用普通的机械制冷设备与一个封闭式液压系统相连接,而使冷却液在里面流动,从而使软而湿的土进行冻结,以提高土的强度和降低土的压缩性	热加固法适用于非饱和黏性土、粉土和湿陷性黄土 冻结法适用于各类土。对于临时性支承和地下水控制;特别在软土地质条件,开挖深度大于 $7\sim8m$,以及低于地下水位的情况下,是一种普遍而有用的施工措施

表 3-2　各种地基处理方法的主要适用范围和加固效果

按处理深浅分类	序号	处理方法	对各类软弱地基适用情况						加固效果				最大有效处理深度(m)
			淤泥质土	人工填土	黏性土		无黏性土	湿陷性黄土	降低压缩性	提高抗剪性	形成不透水性	改善动力特性	
					饱和	非饱和							
浅层加固	1	换土垫层法	0	0	0	0		0	0	0		0	3
	2	机械碾压法		0	0	0	0	0	0	0			3
	3	平板振动法				0	0		0	0			1.5
	4	重锤夯实法				0	0		0	0			1.5
	5	土工织物法			0				0	0			
深层加固	6	强夯法		0	慎重	0	0	0	0	0		0	30
	7	砂桩挤密法	慎重	0	0	0	0		0	0			20
	8	振动水冲法	慎重		0				0	0			30
	9	灰土(土、二灰)桩挤密法						0	0	0			20
	10	石灰桩挤密法	0		0				0	0			20
	11	粉体喷射搅拌法	0		0				0	0			
	12	砂井(袋装砂井、塑料板排水)堆载预压法	0						0	0			20
	13	真空预压法	0						0	0			20
	14	降水预压法							0	0			30
	15	电渗排水法	0		0				0	0			20
	16	水泥灌浆法					0		0	0	0	0	20
	17	硅化法							0				20
	18	电动硅化法	0		0				0	0	0		
	19	碱液灌浆法						0	0				
	20	高压喷射注浆法	0	0	0	0	0		0	0	0		40
	21	深层搅拌法	0		0				0	0			20
	22	热加固法						0	0	0			15
	23	冻结法						0	0	0	0		

　　地基处理属于隐蔽工程,必须严格施工质量检测,如实填写施工记录,认真做好分项、分部工程施工质量检验和质量等级评定工作,并经建设(监理)、质量监督、设计、施工单位的联合验收签证,才可进行后续工程的施工。

第二节　土 方 回 填

一、砂或垫石地基

　　即用夯实的砂或砂石垫层替换基础下部的软土,而起到提高基础下地基承载力、减少地基沉降、加速软土层的排水固结作用。

1. 材料要求

1）砂。使用颗粒级配良好、质地坚硬的中砂或粗砂,当用细砂、粉砂时,应掺加粒径20～50mm的卵石(或碎石),但要分布均匀,砂中不得含有杂草、树根等有机杂质,含泥量应小于5％,兼作排水垫层时,含泥量不得超过3％。

2）砂石。用自然级配的砂石(或卵石、碎石)混合物,粒级应在50mm以下,其含量应在50％以内,不得含有植物残体、垃圾等杂物,含泥量小于5％。

2. 构造要求

砂垫层和砂石垫层的厚度一般根据垫层底面处土的自重应力与附加应力之和不大于同一标高处软弱土层的容许承载力确定。垫层厚度一般不宜大于3m,也不宜小于0.5m。垫层宽度除要满足应力扩散的要求外,还要根据垫层侧面土的容许承载力来确定,以防止垫层向两边挤出。一般情况下,垫层的宽度应沿基础两边各放出200～300mm,如果侧面地基土的土质较差时,还要适当增加。

3. 施工要点

1）铺设前应先验槽,清除基底表面浮土,淤泥杂物,地基槽底如有孔洞、沟、井、墓穴应先填实,基底无积水。槽应有一定坡度,防止振捣时塌方。

2）砂石级配应根据设计要求或现场实验确定,拌和应均匀,然后再行铺夯填实。捣实方法,可选用振实或夯实等方法。

3）由于垫层标高不尽相同,施工时应分段施工,接头处应做成斜坡或阶梯搭接,并按先深后浅的顺序施工,搭接处,每层应错开0.5～1.0m,并注意充分捣实。

4）砂石地基应分层铺垫、分层夯实,每层铺设厚度、捣实方法可参照表3-3的规定选用。每铺好一层垫层,经干密度检验合格后方可进行上一层施工。

表 3-3 砂和砂石地基每层铺筑厚度及最佳含水量

捣实方法	每层铺筑厚度（mm）	施工时最佳含水量（％）	施工说明	备 注
平振法	200～250	15～20	用平板式振捣器反复振捣	不宜用于干细砂或含泥量较大的砂所铺筑的砂地基
插振法	振捣器插入深度	饱和	(1)用插入式振捣器 (2)插入点间距可根据机械振幅大小决定 (3)不应插至下卧黏性土层 (4)插入振捣完毕所留的孔洞应用砂填实	不宜用于干细砂或含泥量较大的砂所铺筑的砂地基
水撼法	250	饱和	(1)注水高度应超过每次铺筑面层 (2)用钢叉摇撼捣实插入点间距为100mm (3)钢叉分四齿,齿的间距80mm,长30mm,木柄长90mm,重量为4kg	在湿陷性黄土、膨胀土、细砂地基上不宜使用

续表 3-3

捣实方法	每层铺筑厚度 （mm）	施工时最佳含水量 （%）	施工说明	备 注
夯实法	150～200	8～12	（1）用木夯或机械夯 （2）木夯重 40kg 落距 400～500mm （3）一夯压半夯全面夯实	适用于砂石垫层
碾压法	250～350	8～12	6～12t 压路机反复碾压	适用于大面积施工的砂和砂石地基

5）当地下水位较高或在饱和软土地基上铺设砂和砂石时，应加强基坑内侧及外侧的排水工作，防止砂石垫层由于浸泡水过多，引起流失，保持基坑边坡稳定或采取降低地下水位措施，使地下水位降低到基坑低 500mm 以下。

6）当采用水撼法或插振法施工时，以振捣棒振幅半径的 1.75 倍为间距（一般为 400～500mm）插入振捣，依次振实，以不再冒气泡为准，直至完成；同时应采取措施做到有控制地注水和排水。垫层接头应重复振捣，插入式振动棒振完所留孔洞应用砂填实；在振动首层的垫层时，不得将振动棒插入原土层或基槽边部，以避免使泥土混入砂垫层而降低砂垫层的强度。

7）垫层铺设完毕，应立即进行下道工序的施工，严禁人员及车辆在砂石层面上行走，必要时应在垫层上铺板行走。

8）冬季施工时，应注意防止砂石内水分冻结，须采取相应的防冻措施。

4. 质量检查

（1）环刀取样法

在捣实后的砂垫层中用容积不小于 200cm³ 的环刀取样，测定其干土密度，以不小于该砂料在中密状态时的干土密度数值为合格。如中砂一般为 1.55～1.60g/cm³。若系砂石垫层，可在垫层中设置纯砂检查点，在同样的施工条件下取样检查。

（2）贯入测定法

检查时先将表面的砂刮去 30mm 左右，用直径为 20mm，长 1250mm 的平头钢筋举离砂层面 700mm 自由下落，或用水撼法使用的钢叉举离砂层面 500mm 自由下落。以上钢筋或钢叉的插入深度，可根据砂的控制干土密度预先进行小型试验确定。

提示：

1）砂、石含杂质太多，不能达到设计要求，配合比及搅拌不均匀。施工时应严格控制质量，配合比及充分拌匀。

2）分层厚度不能满足一般要求，分段施工搭接部分不严密，压实不紧。

3）施工时没有控制好加水量，夯击遍数（一般为 4 遍）及用环刀取样或贯入仪测得的压实系数 λ_c。

二、灰土地基

灰土地基就是用石灰与黏性土拌和均匀，分层夯实而形成垫层。其承载能力可达 300kPa，适用于一般黏性土地基加固，施工简单，费用较低。

1. 材料要求

1）土料。采用就地挖出的黏性土及塑性指数大于 4 的粉土，土内不得含有松软杂质或使用耕植土；土料须过筛，其颗粒不应大于 15mm。

2）石灰。应用Ⅲ级以上新鲜的块灰，含氧化钙、氧化镁愈高愈好，使用前 1～2d 消解并过筛，其颗粒不得大于 5mm，且不应夹有未熟化的生石灰块粒及其他杂质，也不得含有过多的水分。

2. 构造要求

灰土垫层厚度确定原则同砂垫层。垫层宽度一般为灰土顶面基础砌体宽度加 2.5 倍灰土厚度之和。

3. 施工要点

1）铺设前应先检查基槽，待合格后方可施工。

2）灰土的体积比配合应满足一般规定，一般说来，体积比为 3：7 或 2：8。

3）灰土施工时，应适当控制其含水量，以手握成团，两指轻捏能碎为宜，如土料水分过多或不足时，可以晾干或洒水润湿。灰土应拌和均匀，颜色一致，拌好应及时铺设夯实。铺土厚度按表 3-4 规定。厚度用样桩控制，每层灰土夯打遍数，应根据设计的干土质量密度在现场试验确定。

表 3-4　灰土最大虚铺厚度

序　号	夯实机具种类	质量(t)	虚铺厚度(mm)	备　注
1	小木夯	0.005～0.01	150～200	人力送夯，落距 400～500mm，一夯压半夯，夯实后约 80～100mm 厚
2	石夯、木夯	0.04～0.08	200～250	
3	轻型夯实机械	0.12～0.4	200～250	蛙式打夯机、柴油打夯机，压实后约 100～150mm 厚
4	压路机	6～10	200～300	双轮

4）在地下水位以下的基槽、基坑内施工时，应先采取排水措施，在无水情况下施工。应注意夯实后的灰土 3 天内不得受水浸泡。

5）灰土分段施工时，不得在墙角、柱墩及承重窗间墙下接缝，上下相邻两层灰土的接缝间距不得小于 500mm，接缝处的灰土应充分夯实。

6）灰土打完后，应及时进行基础施工，并随时准备回填土，否则，须做临时遮盖，防止日晒雨淋，如刚打完毕或还未打完夯实的灰土，突然受雨淋浸泡，则须将积水及松软土除去并补填夯实，稍微受到浸湿的灰土，可以在晾干后再补夯。

7）冬季施工时，应采取有效的防冻措施，不得采用含有冻土的土块作灰土地基的材料。

4. 质量检查

质量检查可用环刀取样测量土的干密度。质量标准可按压实系数 λ_c 鉴定，一般为 0.93～0.95g/cm³。也可按表 3-5 规定执行。

表 3-5　灰土质量标准

项　次	土料种类	灰土最小干密度(g/cm³)
1	粉土	1.55
2	粉质黏土	1.50
3	黏土	1.45

确定贯入度时，应先进行现场试验。

提示：

1)原材料杂质过多,配合比不符合要求及灰土搅拌不均匀。

2)垫层铺设厚度不能达到设计要求,分段施工时没有控制好上下两层的搭接长度,夯实的加水量,夯压遍数。

3)灰土地基的压实系数 λ_c 不能达到设计要求。

4)灰土地基宽度不足以承载上部荷载。

三、碎石和矿渣垫层

碎石或矿渣垫层是用碎石或矿渣分层铺设碾压或振捣密实而成。因碎石和矿渣有足够的强度,变形模量大,稳定性好,而且垫层本身还可以起排水层的作用,以加速下部软弱土层的固结,因而是目前国内常用的一种地基加固方法。

1. 材料要求

碎石要求质地坚硬,粒径为 5～40mm 的自然级配碎石,含泥量不得大于 5%。矿渣垫层当大面积铺填时,多采用高炉混合矿渣(即破碎后不经筛分的不分级矿渣),最大粒径不得超过 200mm;小面积铺填时,可用粒径为 20～60mm 的分级矿渣,其泥土及有机质含量不得超过 5%。

2. 施工要点

(1)基坑(槽)开挖后须先行验槽

1)在基坑(槽)底部及四周应设置一层 15～30mm 厚的砂垫层,以防止基坑(槽)表层软弱土与碎石或矿渣在压力作用下相互挤入引起沉陷。砂料应采用中、粗砂,含泥量不大于 5%。

2)然后再分层铺设碎石或矿渣垫层。当软弱土厚度不同时,垫层应做成阶梯形,如图 3-1 所示,但两垫层的高差不得大于 1m,同时阶梯须符合 $b>2h$ 的要求,砂垫层可用平板式振捣器振实。

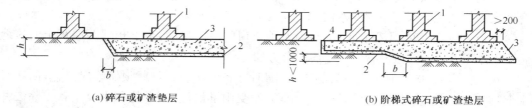

(a)碎石或矿渣垫层　　　　　(b)阶梯式碎石或矿渣垫层

图 3-1　碎石或矿渣垫层

1. 基础　2. 砂垫层　3. 碎石或矿渣垫层　4. 砂或混凝土挡墙

(2)碎石或矿渣垫层的压实方法可用碾压法或平振法

1)碾压法系采用重 80～120kN 压路机或用拖拉机牵引 50kN 重的平碾分层碾压,每层铺设厚度为 200～300mm,用人工或推土机推平后,往返碾压 4～6 遍,每次碾压均与前次碾压轮迹重叠半个轮宽,碾压时应适当洒水湿润以利密实。

2)平振法仅适用于小面积垫层的压实,系用功率大于 1.5kW,频率为 2000 次/min 以上的平板式振捣器往复振捣,每层铺设厚度为 200～250mm,振捣时间不少于 60s,振捣遍数由试验确定,一般振 3 或 4 遍,做到交叉、错开、重叠。

3)施工时按铺设面积大小,以总的振捣时间来控制碎石或矿渣分层振实的质量。

四、深层搅拌水泥土地基

深层搅拌法是使用水泥浆作为固化剂的水泥土搅拌法,简称湿法。适用于加固饱和软黏土地基,还可用于构建重力式支护结构。

1. 原理

深层搅拌法是利用水泥浆作为固化剂,通过特制的深层搅拌机械,在地基深处就地将软土和固化剂(浆液)强制搅拌,利用固化剂和软土之间所产生的一系列物理、化学反应,使软土硬结成具有整体性、水稳定性和一定强度的地基。

2. 施工工艺

深层搅拌法施工工艺流程如图 3-2 所示。包括定位、预搅下沉、制备水泥浆、喷浆搅拌提升、重复上下搅拌和清洗、移位等施工过程。

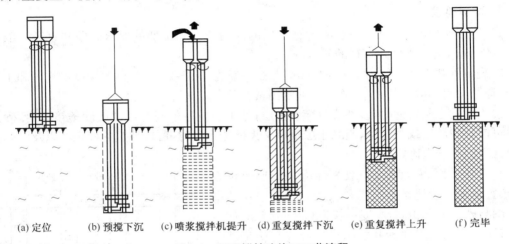

| (a) 定位 | (b) 预搅下沉 | (c) 喷浆搅拌机提升 | (d) 重复搅拌下沉 | (e) 重复搅拌上升 | (f) 完毕 |

图 3-2　深层搅拌法施工工艺流程

1)定位。起重机悬吊深层搅拌机对准指定桩位。

2)预搅下沉。待深层搅拌机的冷却水循环正常后,启动搅拌机电动机,放松起重机钢丝绳,使搅拌机沿导向架搅拌切土下沉,下沉速度可由电动机的电流监测表控制。如果下沉速度太慢,可从输浆系统补给清水以利钻进。

3)制备水泥浆。待深层搅拌机下沉到一定深度时,即开始按设计确定的配合比拌制水泥浆,在压浆前将水泥浆倒入集料斗中。

4)喷浆搅拌提升。深层搅拌机下沉到设计深度后,开启灰浆泵将水泥浆压入地基中,并且边喷浆、边旋转,同时严格按照设计确定的提升速度提升深层搅拌机。

5)重复上下搅拌。深层搅拌机提升至设计加固深度的顶面标高时,集料斗中的水泥浆应正好排空。为使软土和水泥浆搅拌均匀,可再次将搅拌机边旋转边沉入土中,至设计加固深度后再将搅拌机提升出地面。

6)清洗并移位。向集料斗中注入适量清水,开启灰浆泵,清洗全部管路中残存的水泥浆,直至基本干净。并将黏附在搅拌头的软土清洗干净。重复上述步骤,进行下一根桩的施工。

考虑到搅拌桩顶部与上部结构的基础或承台接触部分受力较大,因此通常还可对桩顶1.0~1.5m 范围内再增加一次输浆,以提高其强度。

五、预压地基

预压地基是对软土地基施加压力，使其排水固结来达到加固地基的目的。为加速软土的排水固结，通常可在软土地基内设置竖向排水体（即砂井），铺设水平排水垫层。预压适用于软土和冲填土地基的施工。其施工方法有加载预压、砂井加载预压及砂井真空降水预压等。其中砂井加载预压具有固结速度快、施工工艺简单、效果好等特点，使用最为广泛。

1. 材料要求

制作砂井的砂，宜用中、粗砂，含泥量不宜大于 3%。排水砂垫层的材料宜采用透水性好的砂料，其渗透系数一般不低于 10^{-2} mm/s，同时能起到一定的反滤作用，也可在砂垫层上铺设粒径为 5～20mm 的砾石作为反滤层。

2. 构造要求

1）砂井的直径和间距主要取决于黏土层的固结特性和工期的要求。砂井直径一般为 200～500mm，间距为砂井直径的 6～8 倍。

2）袋装砂井直径一般为 70～120mm，井距一般为 1.0～2.0m。砂井深度的选择和土层分布、地基中附加应力的大小、施工工期等因素有关。

3）当软黏土层较薄时，砂井应贯穿黏土层；黏土层较厚但间有砂层或砂透镜体时，砂井应尽可能打到砂层或透镜体；当黏土层很厚又无砂透水层时，可按地基的稳定性以及沉降所要求处理的深度来确定。

4）砂井平面布置形式一般为等边三角形或正方形，布置范围一般比基础范围稍大为好。砂垫层的平面范围与砂井范围相同，厚度一般为 0.3～0.5m，如砂料缺乏时，可采用连通砂井的纵横砂沟代替整片砂垫层如图 3-3 所示。

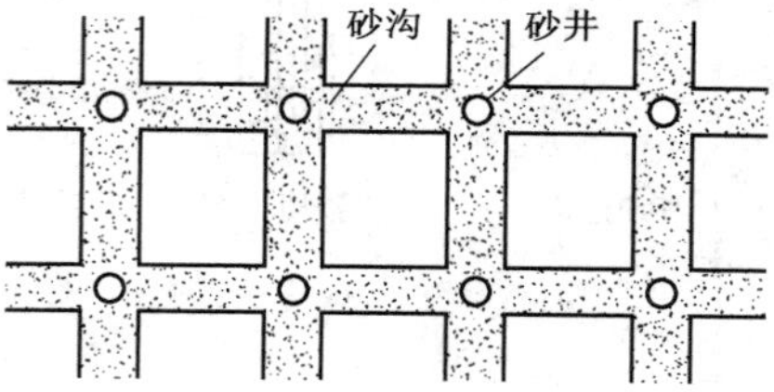

图 3-3　砂沟排水构造

3. 施工要点

1）砂井施工机具、方法与打砂桩相同。排水垫层施工方法与砂垫层和砂石垫层地基相同。当采用袋装砂井时，砂袋应选用透水性和耐水性好以及韧性较强的麻布、再生布或聚丙烯编织布制作。当桩管沉入预定深度后插入砂袋（袋内先装入 200mm 厚砂子作为压重），通过漏斗将砂子填入袋中并捣固密实，待砂灌满后扎紧袋口，往管内适量灌水（减小砂袋与管壁的摩擦力）拔出桩管，此时袋口应高出井口 500mm，以便埋入水平排水砂垫层内，严禁砂井全部深入孔内，造成与砂垫层不连接。

2）砂井堆载预压的材料一般可采用土、砂、石和水等。堆载的顶面积不小于基础面积，堆载的底面积也应适当扩大，以保证建筑物范围内的地基得到均匀加固。

3）地基预压前，应设置垂直沉降观察点、水平位移观测桩、测斜仪以及孔隙水压力计，以控制加载速度和防止地基发生滑动。其设置数量、位置及测试方法，应符合设计要求。

4）堆载应分期分级进行，并严格控制加荷速率，保证在各级荷载下地基的稳定性。对打入式砂井地基，严禁未待因打砂井而使地基减小的强度得到恢复就进行加载。

5）地基预压达到规定要求后，方可分期分级卸载。但应继续观测地基沉降和回弹情况。

六、地基夯实方法

1. 重锤夯实法

重锤夯实就是利用起重机械将夯锤提升到一定高度(2.5～4.5m),然后自由落下,重复夯击基土表面(一般需夯 6～10 遍),使地基表面形成一层比较密实的硬壳层,从而使地基得到加固。本法使用轻型设备易于解决,施工简便,费用较低,但布点较密、夯击遍数多,施工期相对较长,同时夯击能量小,孔隙水难以消散,加固深度有限,当土的含水量稍高,易夯成橡皮土,处理较困难。适于地下水位 0.8m 以上、稍湿的黏性土、砂土、饱和度 $S_r \leqslant 60$ 的湿陷性黄土,杂填土以及分层填土地基的加固处理。但当夯击对邻近建筑物有影响或地下水位高于有效夯实深度时,不宜采用。重锤表面夯实的加固深度一般为 1.2～2.0m。湿陷性黄土地基经重锤表面夯实后,透水性有显著降低,可消除湿陷性,地基土密度增大,强度可提高 30%;对杂填土则可以减少其不均匀性,提高承载力。

(1)施工设备

1)夯锤。夯锤形状宜采用截头圆锥体,可用钢筋混凝土制作,其底部可填充废铁并设置钢底板以使重心降低。夯锤重量宜采用 15～30kN,落距一般为 2.5～4.5m。由锤重在锤底面上的静压力为 15～20kPa 来控制锤重与底面积的关系。

2)起重机械。起重机械可采用履带式起重机、打桩机、龙门式起重机或自制的桅杆式起重机等。起吊设备的起重能力,当直接用钢索悬吊夯锤时,应大于夯锤重量的 3 倍;当采用脱钩夯锤时,应大于夯锤重量的 1.5 倍。

(2)施工要点

1)重锤地基夯实前,应在现场进行试夯,选定夯锤重量、底面直径和落距,以便确定停夯标准。当最后两遍平均夯沉量对于黏性土和湿陷性黄土为 10～20mm;对于砂性土为 5～10mm 时即可停夯。通过试夯可确定夯实遍数,一般试夯 6～10 遍,施工时可适当增加 1～2 遍。

2)采用重锤夯实分层填土地基时,每层的虚铺厚度一般相当于锤底直径,夯击遍数由试夯确定,试夯层数不宜少于两层。

3)基坑(槽)的夯实范围应大于基础底面。开挖时坑(槽)每边比设计宽度加宽不小于 0.3m,坑(槽)边坡应适当放缓。夯实前坑(槽)底面应高出设计标高,预留土层的厚度可为试夯的总下沉量加 50～100mm。

4)夯实施工前,应检查基坑(槽)中土的含水量,并根据试夯结果决定是否需要加水,以保证地基土在最佳含水量下夯实。坑(槽)加水则需待水全部渗入土中一昼夜后方可夯击。如土的表层含水量过大,夯击成软塑状态时,可采取铺撒吸水材料(如干土、碎砖、生石灰等)、换土或其他有效措施处理。分层填土时,应取用含水量为最佳含水量的土料。如土料含水量太低,宜加水至最佳含水量。每层土铺填后应及时夯实。在基坑(槽)周边应作好排水设施,防止向坑(槽)灌水。

5)在大面积基坑(槽)内夯击时,应按一夯挨一夯顺序进行,如图 3-4a 所示。同一夯位应连夯两遍,下一循环的夯位,应与前一循环错开 1/2 锤底直径,落锤应平稳,夯位准确。在独立柱基基坑内夯击时,可采用先周边后中间(图 3-4b)或先外后里的跳打法(图 3-4c)进行。基坑(槽)底面的标高不同时,应按先深后浅的顺序逐层夯实。

6)夯击过程中,应随时检查坑(槽)壁有无坍塌的可能,必要时应采取防护措施。夯实完后,

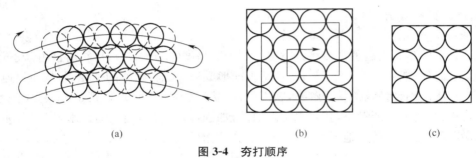

图 3-4　夯打顺序

应将基坑(槽)表面拍实至设计标高。冬季施工时,必须保证地基在不冻的状态下进行夯击。

(3)质量检查

检查施工记录,除应符合试夯最后下沉量的规定外,还应检查基坑(槽)表面的总下沉量,以不小于试夯总下沉量的 90％为合格。也可采用在地基上选点夯击检查最后下沉量。夯击检查点数,每一单独基础至少应有 1 个检查点;基槽每 30m² 应有 1 个检查点;整片地基每 100m² 不得少于 2 点。检查后如质量不合格,应进行补夯,直到合格为止。

2. 强夯法

强夯法是用起重机械吊起重 8～40t 的夯锤,从 6～30m 高处自由落下,给地基土以强大的冲击能量的夯击,使土中出现冲击波和很大的冲击应力,迫使土层孔隙压缩,土体局部液化,在夯击点周围产生裂隙,形成良好的排水通道,孔隙水和气体逸出,使土粒重新排列,经时效压密达到固结,从而提高地基承载力,降低其压缩性的一种有效的地基加固方法,国内外应用十分广泛,地基经强夯加固后,承载能力可以提高 2～5 倍,压缩性可降低 200％～1000％,其影响深度在 10m 以上,国外加固影响深度已达 40m,是一种效果好、速度快、节省材料、施工简便的地基加固方法。适用于加固碎石土、砂土、黏性土、湿陷性黄土、高填土及杂填土等地基,也可用于防止粉土及粉砂的液化;对于淤泥与饱和软黏土如采取一定措施也可采用。如强夯所产生的震动对周围建筑物或设备有一定的影响时,应有防震措施。

(1)机具设备

1)夯锤。夯锤可分为整体式和装配式 2 种:整体式由钢壳和混凝土制成;装配式由钢板制成。夯锤一般多采用圆形,因为圆形锤印易于重合。锤的底面积大小取决于表面土质:对砂土一般为 3～4m²;对黏性土不宜小于 6m²。锤重一般为 8t、10t、12t、16t、25t、30t 等。锤中常设置多个上下贯通的直径 60～200mm 的排气孔,以利于夯击时空气排出和减小起锤时的吸力如图 3-5、图 3-6 所示。

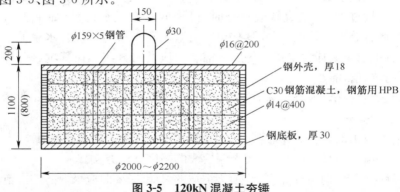

图 3-5　120kN 混凝土夯锤

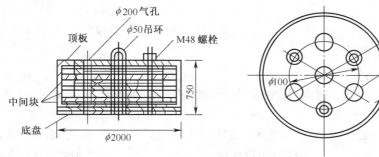

图 3-6　12t 装配式钢制夯锤

2）起重设备。可用 15t、20t、25t、30t、50t 带有离合摩擦器的履带式起重机。当起重能力不够时，亦可采取加钢辅助人字桅杆或龙门架的办法。其起重能力：当直接用钢丝绳悬吊夯锤时，应大于夯锤质量的 3～4 倍，当采用能脱落夯锤的吊钩时，应大于夯锤质量的 1.5 倍。施工宜尽量采用自由落钩，常用吊钩型式（图 3-7）。开钩系利用直径 9.3mm 钢丝绳，通过吊杆顶端的滑轮，固定在吊杆上作为拉绳，当夯锤提至要求高度使自由脱钩下落。吊车起落速度为一次 1～2min。为防止突然脱钩，起重机后仰翻车造成安全事故，一般在起重机前端臂杆上用缆风绳拉住，并用推土机作地锚。

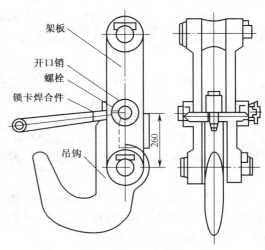

图 3-7　脱钩装置

（2）施工要点

1）施工前做好强夯地基地质勘查，对不均匀土层适当增加钻孔和原位测试工作，掌握土质情况，作为制定强夯方案和对比夯前、夯后加固效果之用。查明强夯影响范围内的地下构筑物和各种地下管线的位置及标高，采取必要的防护措施，避免因强夯施工而造成破坏。

2）施工前应检查夯锤质量，尺寸，落锤控制手段及落距，夯击遍数，夯点布置，夯击范围，进行现场试夯，用以确定施工参数。

3）施工时应按以下步骤进行。

①清理并平整施工场地。

②标出第一遍夯点布置位置并标出高程。

③起重机就位，使夯锤对准夯点位置。

④测量夯前锤顶高程。

⑤将夯锤起吊到预定高度，待夯锤脱钩自由下落后，放下吊钩，测量锤顶高程，若发现因坑底倾斜而造成夯锤歪斜时，应及时将坑底整平。

⑥重复步骤⑤，按设计规定的夯击次数及控制标准，完成 1 个夯点的夯击。

⑦重复步骤③～⑥，完成第一遍全部夯点的夯击。

⑧用推土机将夯坑填平，测量场地高程。

⑨在规定的间隔时间，按上述步骤逐次完成全部夯击遍数，最后用低能量满夯，将场地

表层松土夯实,并测量夯后场地高程。

4)夯击时,落锤应保持平稳,夯位应准确,夯击坑内积水应及时排除。坑底含水量过大时,可铺砂石后再进行夯击。

5)强夯应分段进行,顺序从边缘夯向中央。

①对厂房柱基亦可一排一排夯,起重机直线行驶,从一边驶向另一边,每夯完1遍,进行场地平整,放线定位后又进行下1遍夯击。

②强夯的施工顺序是先深后浅,即先加固深层土,再加固中层土,最后加固浅层土。夯坑底面以上的填土(经推土机推平夯坑)比较疏松,加上强夯产生的强大振动,亦会使周围已夯实的表层土有一定的振松。

③如前所述,一定要在最后1遍点夯完之后,再以低能量满夯1遍,但在夯后工程质量检验时,有时会发现厚度1m左右的表层土,其密实程度要比下层土差,说明满夯没有达到预期的效果。

这是因为目前大部分工程的低能满夯,是采用和强夯施工同一夯锤低落距夯击,由于夯锤较重,而表层土因无上覆压力和侧向约束小,所以夯击时土体侧向变形大。对于粗颗粒的碎石、砂砾石等松散料来说,侧向变形就更大,更不易夯密。由于表层土是基础的主要持力层,如处理不好,将会增加建筑物的沉降和不均匀沉降。因此,必须高度重视表层土的夯实问题。有条件的满夯宜采用小夯锤夯击,并适当增加满夯的夯击次数,以提高表层土的夯实效果。

6)对于高饱和度的粉土、黏性土和新饱和填土,进行强夯时,很难以控制最后两击的平均夯沉量在规定的范围内,可采取以下措施。

①适当将夯击能量降低。

②将夯沉量差适当加大。

③填土采取将原土上的淤泥清除,挖纵横盲沟,以排除土内的水分,同时在原土上铺50cm的砂石混合料,以保证强夯时土内的水分排除,在夯坑内回填块石、碎石或矿渣等粗颗粒材料,进行强夯置换等措施。

通过强夯将坑底软土向四周挤出,使在夯点下形成块(碎)石墩,并与四周软土构成复合地基,有明显加固效果。

(3)质量检查

检查施工记录及各项技术参数,并应在夯击过的场地选点做检验。一般可采用标准贯入、静力触探或轻便触探等测定。

检查点数,每个建筑物的地基不少于3处,检测深度和位置按设计要求确定。

提示:

1)雨季强夯施工,场地四周设排水沟、截洪沟,防止雨水入侵夯坑;填土中间稍高,土料含水率应符合要求,分层回填、摊土、碾压,使表面保持1%～2%的排水坡度,当班填当班压实;雨后抓紧排水,推掉表面稀泥和软土,再碾压,夯后夯坑立即填平、压实,使之高于四周。

2)冬季施工应清除地表冰冻再强夯、夯击次数相应增加,如有硬壳层要适当增加夯次或提高夯击质量。

3)做好施工过程中的监测和记录工作,包括检查夯锤重和落距,对夯点放线进行复核,检查夯坑位置,按要求检查每个夯点的夯击次数、每夯的夯沉量等,对各项施工参数、施工过程实施情况做好详细记录,作为质量控制的依据。

3. 振冲法

振冲法,又称振动水冲法,是以起重机吊起振冲器,启动潜水电机带动偏心块,使振冲器产生高频振动,同时开动水泵,通过喷嘴喷射高压水流成孔,然后分批填以砂石骨料形成一根根桩体,桩体与原地基构成复合地基。该法具有技术可靠,机具设备简单,操作技术易于掌握,施工简便,节省三材。加固速度快,地基承载力高等特点。

振冲法按加固机理和效果的不同,可分为振冲置换法和振冲密实法两类,前者适用于处理不排水,抗剪强度小于20KPa的黏性土、粉土、饱和黄土及人工填土等地基。后者适用于处理砂土和粉土等地基,不加填料的振冲密实法仅适用于处理黏土含量小于10%的粗砂、中砂地基。

(1)施工准备

1)材料要求。填料可用粗砂、中砂、砾砂、碎石、卵石、角砾、圆砾等,粒径为5~50mm。粗骨料粒径以20~50mm较合适,最大粒径不宜大于80mm,含泥量不宜大于5%,不得选用风化或半风化的石料。

2)机具设备。振冲地基施工主要机具有:振冲器、起重机、水泵、控制电流操作台、150A电流表、500V电压表、供水管道及加料设备等。

3)技术准备。

①主要了解现场有无障碍物存在,加固区边缘留出的空间是不是够施工机具使用、空中有无电线、现场是否有河沟作为施工时的排泥水池、料场是否适合。

②了解现场地质情况,土层分布是否均匀;有无软弱夹层,在何深度。

③对中、大工程,宜事先设置一试验区,进行实地制桩试验,从而求得各项施工参数。

施工现场全部振密加固完后,整平场地,进行表层处理。

④振冲置换法。振冲置换法施工程序,如图3-8所示。

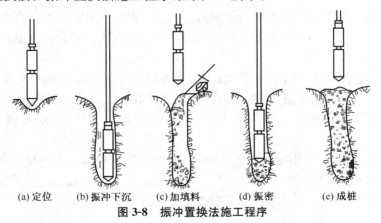

(a)定位　(b)振冲下沉　(c)加填料　(d)振密　(e)成桩

图3-8　振冲置换法施工程序

a. 振冲置换法施工是指碎石桩施工,其施工操作步骤可分成孔、清孔、填料、振密。

b. 若土层中夹有硬层时,应适当进行扩孔,即在此硬层中,把振冲器多次往复上下几次,使得此孔径能扩大,以便于加碎石料。

c. 在黏性土层中制桩,孔中的泥浆水太稠时,碎石料在孔内下降的速度将减慢,影响施工速度,所以要在成孔以后,留有一定时间的清孔,用回水把稠泥浆带出地面,降低孔内泥浆比重。加料宜"少吃多餐",每次往孔内倒入的填料数量,约为堆积在孔内 0.8m,然后用振冲器振密,再继续加料。密实电流应超过原空振时电流 35～45A。

d. 在强度很低的软土地基中施工,则要用"先护壁、后制桩"的方法。即在成孔时,不要直接到达加固深度,可先到达第一层软弱层,然后加填料进行初步挤振,通过填料挤入该软弱层周围,把该段的孔壁保护住,接着再往下开孔到第二层软弱层,给予同样处理,直到加固深度,这样在制桩前已将整个孔道的孔壁保护住,就可按常规制桩。

常用的填料是碎石,其粒径不宜大于 5cm,太大将会损坏机具。也可采用卵石、矿渣等其他硬粒料,各类填料的含泥量均不得大于 10%,已经风化石块,不能作为填料使用。

(2)施工要点

1)施工前后进行振冲实验,以确定成孔合适的水压、水量、成孔速度和填料方法,达到土体密度时的密实电流、填料量和留振时间。一般来说:密实电流不小于 50A,填料量每米桩长不小于 0.6m³,每次填料量控制在 0.20～0.35m³,留振时间 30～60s。

2)振冲前应按设计图要求定出桩孔中心位置并编好孔号,施工时应复查孔位和编号,并做好记录。

3)振冲置换造孔的方法有排孔法,即由一端开始到另一端结束;跳打法,即每排孔施工时隔一孔造一孔、反复进行;帷幕法,即先造外围 2～3 圈孔,再造内圈孔,此时可隔一圈造一圈或依次向中心区推进。振冲施工必须防止漏孔,因此要按上条要求做好孔位复查工作。

4)造孔时,振冲器贯入速度一般为(1～2)m/min,每贯入 0.5～1.0m,宜悬留振冲 5～10s 扩孔,待孔内泥浆溢出时再继续贯入。当造孔接近加固深度时,振冲器应在孔底适当停留并减小射水压力。

5)振冲填料时,宜保持小水量补给,采用边振边填,应对称均匀;如将振冲器提出孔口再加填料时,每次加料量以孔高 0.5m 为宜。每根桩的填料总量必须符合设计要求或规范规定。

6)填料密实度以振冲器工作电流达到规定值为控制标准,完工后,应在距地表面 1m 左右深度桩身部位加填碎石进行夯实,以保证桩顶密实度,密实度必须符合设计要求或施工规范规定。

7)振冲地基施工时对原土结构造成扰动,强度降低,因此,质量检验应在施工结束后间歇一定时间,对砂土地基间隔 1～2 周,黏性土地基间隔 3～4 周,对粉土、杂填土地基间隔 2～3 周。桩顶部位由于周围土体约束力小,密实度较难达到要求,检验取样时应考虑此因素。

8)对用振冲密实法加固的砂土地基,如不加填料,质量检验主要是地基的密实度,可用标准贯入、动力触探等方法进行,但选点应有代表性。质量检验具体选择检验点时,宜由设计、施工、监理(或业主方)在施工结束后根据施工实施情况共同确定。

(3)质量检查

1)振冲成孔中心与设计定位中心偏差不得大于 100mm;完成后的桩顶中心与定位中心偏差不得大于 0.2 倍桩孔直径。

2)振冲效果应在砂土地基完工半个月或黏性土地基完工 1 个月后方可检验。检验方法可采用荷载试验、标准贯入、静力触探及土工试验等方法来检验桩的承载力,以不小于设计要求的数值为合格。对于抗液化的地基,尚应进行孔隙水压力试验。

（4）地基基础的类型

地基基础的类型如图 3-9 所示。

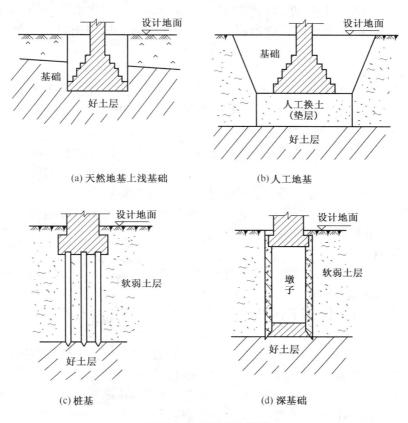

（a）天然地基上浅基础　　　　　　（b）人工地基

（c）桩基　　　　　　（d）深基础

图 3-9　地基基础的类型

1）地基内部都是良好土层，或上部有较厚的良好土层，一般将基础直接做在天然土层上，基础埋置深度小，可用普通方法施工，称为"天然地基上的浅基础"，或称为"天然地基"。

2）对地基上部软弱土层进行加固处理，提高其承载能力，减少其变形，基础做在这种经过人工加固的土层上，称为"人工地基"。

3）在地基中打桩，基础做在桩上，建筑物的荷载由桩传到地基深处的坚实土层，或由桩与地基土层接触面的摩擦力承担，这种基础称为"桩基础"。

4）用特殊的施工手段和相应的基础形式（如地下连续墙、沉井、沉箱等）把基础做在地基深处承载力较高的土层上，称为"深基础"。

<h2 style="text-align:center">第三节　桩基础施工</h2>

一、砂桩

砂桩是将钢桩管沉入土中成孔，在桩管内灌砂后，边拔管边振动，使砂留于桩孔中形成密实的砂桩。适用于软土和人工填土或松散砂土地基。对前者起到置换作用和加速地基的排水固结，对后者起到挤密和振密周围土体作用。

1. 材料要求

砂桩宜用中粗混合砂,粒径以 0.3～3mm 为宜,含泥量不大于 5%。在对砂桩成型没有足够约束力的软弱黏性土中,可以使用砂和角砾混合料。砂的含水量,在饱和土中施工时,可采用饱和状态;在非饱和的并能形成直立桩孔孔壁的土层中用捣实法施工时,可采用 7%～9%。

2. 构造要求

1)砂桩直径一般为 300mm 左右,最大可达 500～700mm,间距为 1.8～4 倍桩直径,如仅为加速地基排水固结,间距可达 4～5m。桩深度应达到压缩层下限处,如在压缩层范围内有密实的下卧层,则只加固软弱上层部分。

2)如砂桩用于处理易振动液化的饱和松散砂土时,桩深度应达到可能发生液化的砂层底部。

3)砂桩布置可采用正三角形或正方形,其平面尺寸在宽度及长度方向最外排桩轴线至基础边缘距离应不小于 1.5 倍桩直径或 1/10 桩有效长度。桩顶应铺设一层 300～500mm 厚度砂垫层或砂和碎石混合料垫层。

3. 施工要点

1)砂桩施工应从外围或两侧向中间进行,砂桩成孔可采用振动沉管或锤击沉管等方法,振动沉管时宜用活瓣式桩靴。

2)砂桩的灌砂量,可按桩孔体积和砂在中密状态时的干密度计算,实际灌砂量(不包括水重)不得少于计算的 95%。

3)施工时,在基底标高以上宜预留 0.5～1.0m 的土层,待打完桩后再将预留土层挖至设计标高。如坑底不够密实,可辅以人工夯实或机械压实。

4)砂桩施工完毕后,地面垫层要分层铺设,用平板振动器振实。若地面很软不能保证施工机械正常行驶和操作时,可在砂桩施工前铺设垫层。

4. 质量检查

桩身及桩与桩之间挤密土的质量,均可用标准贯入或轻便触探检验,亦可用锤击法检查其密实度和均匀性,以不小于设计要求的数值为合格。

二、土和灰土挤密桩

土和灰土挤密桩是在形成的桩孔中,回填土或灰土加以夯实而成,桩间挤密土和填夯的桩体组成人工"复合地基"。适用于地下水位以上深度为 5～10m 的湿陷性黄土、素填土或杂填土地基。

1. 构造要求

桩身直径以 300～600mm 为宜,根据当地的常用成孔机械型号和规格确定;桩孔宜按等边三角形布置(图 3-10a),可使桩周土的挤密效果均匀。桩距按有效挤密范围,可取2.5～3.0 倍桩直径,地基的挤密面积应每边超出基础宽度的 0.2 倍;桩顶一般设 0.5～0.8m 厚的土或灰土垫层(图 3-10b)。桩孔的最少排数,土桩不少于 2 排,灰土桩不少于 3 排。

2. 施工要点

1)施工前,应在现场进行成孔、夯填工艺和挤密效果试验。并确定分层填料的厚度、夯击次数和夯实后的干土密度等要求。

2)土和灰土桩填料的质量及配合比要求同灰土垫层。填料的含水量,如超过最佳值的

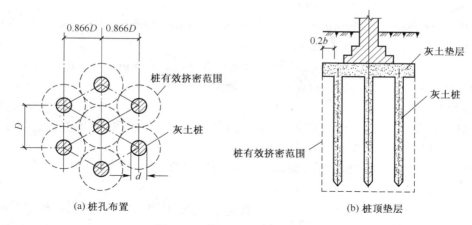

图 3-10 灰土桩及灰土垫层布置

d. 灰土桩径 *D*. 桩距(2.5*d*～3*d*) *b*. 基础宽

±3‰时,宜预晾干或洒水润湿。

3)开挖基坑时,应预留 200～300mm 土层,然后在坑内进行桩的施工,基础施工前再将已搅动的土层挖去。桩的成孔可选用下列方法。

①沉管法。用柴油机或振动打桩机将带有特制桩尖的钢制桩管打入地层至设计深度,然后缓慢拔出桩管即成桩孔。

②爆扩法。用钻机或洛阳铲等打成小孔,然后装药,爆扩成孔。

③冲击法。用冲击钻机将 0.6～3.2t 锥形锤头提升 0.5～2.0m 高度后自由落下,反复冲击使土层成孔,可冲成孔径 500～600mm。

4)桩的施工顺序应先外排后里排,同排内应间隔 1～2 孔,成孔达到要求深度后,应立即清底夯实,夯击次数不少于 8 次,然后根据确定的分层回填厚度和夯击次数及时逐次回填土或灰土夯实。

5)回填桩孔用的夯锤最大直径应比桩孔直径小 100～160mm,锤重不宜小于 1kN,锤底面静压力不宜小于 20kPa,夯锤形状宜呈抛物线锥形体或下端尖角为 30°的尖锥形,以便夯击时产生足够的水平挤压力使整个桩孔夯实。夯锤上端宜成弧形,以便填料能顺利下落。

3. 质量检查

土和灰土桩夯填的质量,应采用随机抽样检查。抽样检查的数量,应不少于桩孔数的 2‰,同时每台班至少应抽查 1 根。

三、钢筋混凝土预制桩

这种桩大部分在混凝土构件厂生产。由于预制桩要求的参数指标比较高,对结构安全起着至关重要的作用,所以要求预制厂有相应的资质、严谨的管理体系、相应的管理人员资格证书、质保体系和生产许可证。

1. 预制桩分类

1)预制实心桩有时根据需要和现场条件在现场预制,这样可以节约运输成本,但是由于现场条件较差,桩的质量难以保证。所以,要求管理人员具有较高的技术素质和责任心。

预制实心桩截面有 200mm×200mm,250mm×250mm,300mm×300mm 及 350mm×350mm;桩长一般在 12m 以内。

2)预制管桩外径尺寸有以下规格。

①PTC型:300mm,400mm,500mm,550mm,600mm,800mm,1000mm。

②PC型:300mm,400mm,500mm,550mm,600mm。

③PHC型:300mm,350mm,400mm,450mm,500mm,550mm,600mm。

随着社会的发展进步,管桩的规格亦不断增加。

2. 一般要求

1)桩基和板桩的轴线应从基准线引出。在打桩地区附近设置的基准点,其位置应不受打桩影响,数量不得少于2个。

2)桩基和板桩轴线位置的允许偏差,不得超过下列数值:

桩基和板桩:20mm;单排桩:10mm。

3)控制桩基和板桩轴线的控制桩,应设在不受打桩影响的地点。施工过程中对桩基轴线应做系统检查,每10d不少于1次。控制桩应妥善保护,移动时,应先检查其正确性,并做好记录。

每根桩打入前,均应检查样桩位置是否符合设计要求。

4)打桩前应处理高空和地下障碍物,打桩和运桩的场地应平整。在桩机移动的范围内除应保证桩机垂直度的要求外,并应考虑地面的承载力,施工场地及周围应保持排水沟畅通。

5)桩基工程所需的工程地质资料必须按照规范规定提供,必要时尚需补充静力触探或标准贯入试验等测试资料。在工程地质复杂地区应加密钻孔,有特殊要求时,每个基础位置均应有详细的工程地质资料。

6)打桩的控制原则。

①桩尖位于坚硬、硬塑的黏性土、碎石土、中密以上的砂土或风化岩等土层时,应以贯入度控制为主,桩尖进入持力层的深度或桩尖标高可作为参考。

②桩贯入度已达要求而桩尖标高未达到要求时,应继续锤击3阵,其每阵10击的平均贯入度不应大于规定的数值。

③桩尖位于其他软土层时,以桩尖设计标高为主,贯入度可作为参考。

④打桩时,如控制指标已符合要求,而其他的指标与要求相差较大时,应会同有关单位研究处理。

⑤贯入度应通过试桩确定或做打桩试验与有关单位共同确定。

⑥打桩宜重锤低击,锤重的选择应根据工程地质条件、桩的类型、结构、密集程度及施工条件确定。筒式柴油打桩机桩锤选择参照表3-6,静力压桩机的选择参照表3-7。

表3-6 选择筒式柴油打桩机桩锤参考表

柴油锤型号 项目	25#	32#~36#	40#~50#	60#~62#	72#	80#
冲击体质量(t)	2.5	3.2、3.5、3.6	4.0、4.5、4.6、5.0	6.0、6.2	7.2	8.0
锤体总质量(t)	5.6~6.2	7.2~8.2	9.2~11.0	12.5~15.0	18.4	17.4~20.5
常用冲程(m)	1.5~2.2	1.6~3.2	1.8~3.2	1.9~3.6	1.8~2.5	2.0~3.4

续表 3-6

项　目 ＼ 柴油锤型号	25#	32#～36#	40#～50#	60#～62#	72#	80#
管桩规格(mm)	$\phi300$	$\phi300～\phi400$	$\phi400～\phi500$	$\phi500～\phi600$	$\phi550～\phi600$	$\phi600～\phi800$
桩尖可进入的岩土层	密实砂、坚硬土、全风化岩层	密实砂、坚硬土、强风化岩层	强风化岩层	强风化岩层	强风化岩层	强风化岩层
锤的常用控制贯入度(mm/10击)	20～40	20～50	20～50	20～50	30～70	30～80
单桩竖向承载力设计值适用范围/kN	600～1200	800～1600	1300～2400	1800～3300	2200～3800	2600～4500

注：①桩锤应根据工程地质条件、单桩竖向承载力设计值、桩的规格及入土深度等因素选用,选用时应遵循重锤低击的原则。

②本表仅供选锤参考,不能作为设计确定贯入度和承载力的依据。

③本表适用于桩长为 16～60m 且桩尖进入硬土层一定深度的情况,不适用于桩尖处于软土层的情况。

④当岩石为变质强化岩时,桩尖进入强化岩深度不宜小于 0.5m。

表 3-7　选择静力压桩机参考表

项　目 ＼ 压桩机型号	160～180	240～280	300～380	400～460	500～560
最大压桩力(kN)	1600～1800	2400～2800	3000～3600	4000～4600	5000～5600
管桩规格(mm)	300～400	300～500	400～500	400～550	500～600
单桩极限承载力(kN)	1000～2000	1700～3000	2100～3800	2800～4600	3500～5500
桩端持力层	中密-密实砂层、硬塑-坚硬黏土层、残积土层	密实砂层、坚硬黏土层、全风化岩层	密实砂层、坚硬黏土层、全风化岩层	密实砂层、坚硬黏土层、全风化岩层、强风化岩层	密实砂层、坚硬黏土层、全风化岩层、强风化岩层
桩端持力层标贯值(N)	20～25	20～35	30～40	30～50	30～55
穿透中密、密实砂层厚度(m)	约2	2～3	3～4	5～6	5～8

注：①静力压桩机压桩采用顶压式桩机时,桩帽或送桩器与桩之间应加设弹性衬垫;采用抱压式桩机时,夹持机构中夹具应避开桩身两侧合缝位置。PTC 桩不宜使用抱压式静力压桩机进行压桩,也不适于单桩竖向承载力超过 1600kN 的工程。

②静力压桩机作业适合于建筑物密集地区的桩基工程,其优点是无噪声、无振动、无污染、可避免打碎桩头,桩强度可降低 1～2 级,可省钢筋 40% 左右,并节省试桩费用。

⑦桩基工程施工前应做打桩或成孔试验,以检验设备和加工工艺是否符合要求,数量是否符合要求。试验数量最少不得少于 2 根。

⑧打桩时如发现地质条件与业主提供的数据不符,应与有关单位研究处理。

⑨邻近原有建筑物和构筑物打桩时,在施工前,必须了解邻近建筑物或构筑物的原有结构及基础等详细情况。地基与基础施工时,如影响邻近建筑物或构筑物的使用和安全时,应会同有关单位采取有效处理措施,如采取适当的隔振措施:开挖防振沟、打隔离板桩及砂井排水等。并宜采用预钻取土打桩或无振动的钻孔灌注桩施工。在邻近河岸边或斜坡上打桩

时,应随时观测对边坡的影响。

⑩在软土地基上打、压较密集的群桩时,为减少桩的移位,应采用砂井排水、井点降水、盲沟排水、预钻取土及控制打桩速度等措施。

⑪打桩完毕后的基坑开挖,应制定合理的施工顺序和技术措施,防止桩的位移和倾斜。

3. 打桩

1)桩在打入前,应在桩的侧面或桩架上设置标尺。

2)打桩应符合以下规定。

①桩帽和送桩帽与桩之间的间隙应为 $5\sim10$mm。

②桩锤、桩帽、送桩帽和桩身应垂直于地平面,且各接触面应平整,受力均匀。

③锤与桩帽、桩帽与桩之间应有相应的弹性衬垫。

④桩或桩管插入时的垂直偏差,不得超过 0.5%。

⑤送桩留下的桩孔,应立即回填密实。

3)打桩的顺序应按以下规定。

①根据桩的密集程度,可采用如下措施。

a. 自中间向两个方向对称进行。

b. 自中间向四周进行。

c. 由一侧向单一方向进行。

②根据基础的设计标高,宜先深后浅。

③根据桩的规格,宜先大后小,先长后短。

4)水冲法打桩,应符合下列规定。

①水冲法打桩适用于砂土和碎石土。

②水冲至最后 $1\sim2$m 时,应停止水冲,用锤击打至规定标高,如有困难,可根据锤击打桩相关要求处理。

5)在冻土地区打桩有困难时,应先将冻土挖除或在解冻后进行,如用电法解冻,应切断电源以后再打桩。

6)开始打桩时,落距应较小,入土一定深度待桩稳定后,再按要求的落距进行;用落锤或单动汽锤打桩时,最大落距不宜大于 1m;用柴油锤时应使锤动正常。

7)遇到下列情况,应暂停打桩,并及时与有关单位研究处理。

①贯入度剧变。

②桩身突然发生倾斜。

③桩顶或桩身出现严重裂缝或破碎。

8)桩的最后贯入度应在下列条件下测量。

①锤的落距符合规定。

②桩帽和弹性垫层等正常。

③锤击没有偏心。

④桩顶没有破坏或破坏处已凿平。

9)管桩的混凝土必须达到设计强度及龄期(常压养护 28d,压蒸养护 1d)后方可打桩。

注:采用常压养护生产的试件,如有其他有效措施且有试验数据表明,混凝土抗压强度及抗拉强度能达到标准养护 28d 龄期的强度时,可不受龄期的限制,但采用锤击法打桩时,

管桩的混凝土龄期仍不得小于 14d。

10)锤击法打桩时,桩锤与桩帽、桩帽与桩顶之间应设弹性衬垫,衬垫厚度应均匀,且经锤击压实后的厚度不宜小于 120mm。在打桩期间应经常检查打桩器具,及时进行更换和补充。

11)静压法压桩采用顶压式桩机时,桩帽和送桩器与桩之间应加设弹性衬垫;采用抱压式桩机压桩时,夹持机构中夹具应避开桩身两侧合缝位置。PTC 桩不宜采用抱压式压桩。

12)任一单桩的总锤击数:PHC 桩、PC 桩、PTC 桩分别不宜超过 2500 次、2000 次、1500 次,最后 1m 的锤击数分别不宜超过 300 次、250 次、200 次。

13)桩帽和送桩器应做成圆筒形与管桩匹配,并应有足够的强度、刚度和耐打性;桩帽和送桩器下端面应开孔,孔径不宜小于管桩内径的 1/5～1/3,应使管桩内腔与外界接通。

14)第一节管桩插入地面时的垂直度偏差不得超过 0.5%;桩锤、桩帽或送桩器应与桩身在同一中心线上。沉桩过程中应经常观测桩身的垂直度,若桩身垂直度偏差超过 1% 时,应找出原因并设法纠正;当桩尖进入较硬土层后,严禁用移动桩架等强行扳回的方法纠偏。

15)每一桩应一次性连续打(压)到底,接桩、送桩应连续进行,尽量减少中间停歇时间。

16)管桩拼接。

①上下两节桩拼接成整桩时,宜采用端板焊接连接或机械快速接头连接,接头连接强度应不小于管桩桩身强度。

②管桩用作受拉(抗拔)桩时,应优先采用机械快速接头连接。

③机械快速接头的安装顺序如下:事先将连接销安装在上节桩上,并涂上沥青漆,待下节桩施打到距地面 0.5～1.0m 时将上节桩的连接销插入下节桩的连接盒中,并校正准确。上下两桩连接后,应采用电焊封闭上下节桩的接缝。

④接桩时,下节桩的桩头处宜设导向箍,以便上节桩的就位。接桩时上下节桩应保持对直,错位偏差不宜大于 2mm。

⑤焊接时宜先在坡口圆周上对称点焊 4 点、6 点,待上下桩节固定后拆除导向箍再分层施焊,施焊宜对称进行。

⑥采用焊接连接时,焊接前应先确认管桩接头是否合格,上下端板表面应用铁刷子等清理干净,坡口处应清除油污和铁锈,刷至露出金属光泽。

⑦桩尖焊接可采用手工焊接或二氧化碳保护焊,焊接层数宜为 3 层,内层焊渣必须清理干净后方可施焊外一层,焊缝应饱满、连续,且根部必须焊透。

开口型钢桩尖参数见表 3-8。

表 3-8 开口型钢桩尖参数 （mm）

外径 \ 项目		300	400	500	550	600	800	1000
D	PHC	180	240	300	340	380～400	580	740
	PC						560	
	PTC	220	310	390	430	480	—	—

续表 3-8

项目 外径	300	400	500	550	600	800	1000
l_1	150～220	300～400	350～500	300～500	300～500	300～500	300～500
l_2	200～300	400～500	400～600				
t_1	12～15	12～18	12～20	12～20	12～20	12～20	12～20
t_2	10	10	12	12	12	20	20
a	25～40		30～40			50	60
b	45		65			75	95
h	6～10		8～12			10～14	
筋板数量	4		6				

⑧焊接接头应自然冷却后才可继续沉桩,冷却时间不宜少于 8min,严禁用水冷却或焊好后立即沉桩。

17)其他。

①冬季施工的管桩工程应按《建筑工程冬季施工规程》JGJ/T 104—2011 的有关规定,根据地基的主要冻土性能指标,采用相应的措施。宜选用混凝土有效预应力值较大且采用高压蒸养护生产的 PHC 桩。

②如需截桩,应采取有效措施以确保截桩后管桩的质量。截桩宜采用锯桩器,严禁采用大锤横向敲击截桩或强行扳拉桩。

③管桩工程的基坑开挖应符合下列规定。

a. 严禁边打桩边施工开挖基坑。

b. 饱和黏性土、粉土地区的基坑开挖宜在打桩完毕以后的 15d 后进行。

c. 挖土宜分层均匀进行,且桩周土体高差不宜大于 1m。

以上未说明单位的均以 mm 为单位,未注尺寸的按单体工程设计,其余事项均按国家现行规范、标准执行。

4. 桩顶与承台连接

1)不截桩桩顶与承台的连接根据桩长和设计深度使桩顶与承台的连接不必截桩时,处理比较简单,可做一托板用钢筋与端板焊牢,按图 3-11 所示将锚固筋焊接在端板上,使桩顶与承台牢固连接。

不截桩桩顶与承台的连接配筋见表 3-9。

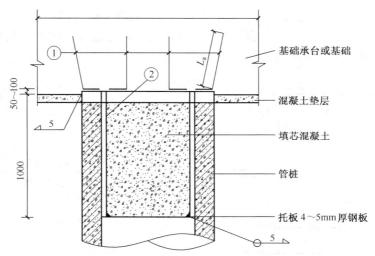

图 3-11 不截桩桩顶与承台的连接

注:1. 桩填芯混凝土强度等级同承台或基础梁,可以与承台或基础梁一起浇筑。

2. 浇筑填芯混凝土前,应先将管桩内壁浮浆清除干净;可根据设计要求,采用内壁涂刷水泥净浆、混凝土界面剂或采用微膨胀混凝土等措施,以提高填芯混凝土与管桩桩身混凝土的整体性。

3. 图中①号钢筋应与端板焊牢,采用双面焊,焊缝长度$>5d$,②号钢筋应与端板可靠连接,保证浇筑填芯混凝土时托板不下沉。

4. 桩顶埋入平台内深度及①号钢筋锚固长度 l_a 按现行工程规范取值,托板尺寸宜略小于管桩内径。

5. ①号钢筋与②号钢筋应沿管桩圆周均匀布置。

6. 管桩顶填芯混凝土的高度可根据工程设计要求确定。

7. ①号钢筋采用 HRB335 级钢筋,②号钢筋采用 HPB235 级钢筋。

8. 对抗拔桩,①号钢筋数量按设计确定。

表 3-9 不截桩桩顶与承台连接配筋表

管桩类型	外径(mm)	配筋	
		①	②
PHC 桩及 PC 桩	φ300	4 ⯐	4φ10
	φ400	4 ⯐ 20	4φ10
	φ500	6 ⯐ 18	4φ10
	φ550	6 ⯐ 18	4φ10
	φ600	6 ⯐ 20	4φ10
	φ800	6 ⯐ 20	4φ10
	φ1000	8 ⯐ 20	6φ10
PTC 桩	φ300	4 ⯐ 16	4φ10
	φ350	4 ⯐ 16	4φ10
	φ400	4 ⯐ 18	4φ10
	φ450	4 ⯐ 18	4φ10
	φ500	6 ⯐ 18	4φ10
	φ550	6 ⯐ 18	4φ10
	φ600	6 ⯐ 18	4φ10

2)截桩桩顶与承台的连接。由于地质条件的变化及施工经验的不足或管桩本身质量的差异,有时使管桩不能达到预定的深度,这种情况就要进行截桩。截桩一般采用锯桩的方法,不能使用大锤敲击的方法,否则会使桩受到破坏。

截桩桩顶与承台连接形式如图 3-12 所示。

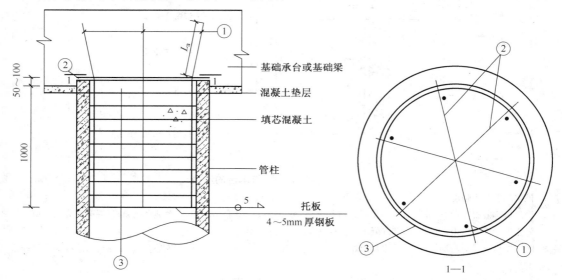

图 3-12　截桩桩顶与承台连接形式

注:1. 桩顶内应设置托板及放入钢筋骨架。桩顶设计标高以下的填芯混凝土,其强度等级同承台或基础梁。

2. 浇筑填芯混凝土前的处理与不截桩桩顶的处理(图 3-11 注 2)相同。

3. ②号钢筋应与①号钢筋焊牢,再与③号端板焊牢。

4. 桩顶埋入承台内深度及①号钢筋锚固长度与不截桩顶的要求(图 3-11 注 4)相同。

5. ①号钢筋与②号钢筋应沿管桩圆周均匀布置。

6. 管桩顶填芯混凝土的高度可根据工程设计要求确定。

7. 对抗拔桩,桩身全部纵向预应力钢筋应锚入承台,锚固长度不得小于 50d,且不得小于 500mm。

8. ①号钢筋采用 HRB335 级钢筋,②号钢筋采用 HPB235 级钢筋。

截桩桩顶与承台连接配筋见表 3-10。

表 3-10　截桩桩顶与承台连接配筋表

管桩类型	外径(mm)	配　筋		
		①	②	③
PHC 桩及 PC 桩	$\phi300$	4 $\underline{\Phi}$ 16	2ϕ8	ϕ6@200
	$\phi400$	4 $\underline{\Phi}$ 20	2ϕ8	ϕ6@200
	$\phi500$	6 $\underline{\Phi}$ 18	3ϕ8	ϕ8@200
	$\phi550$	6 $\underline{\Phi}$ 18	3ϕ8	ϕ8@200
	$\phi600$	6 $\underline{\Phi}$ 20	3ϕ8	ϕ8@200
	$\phi800$	6 $\underline{\Phi}$ 20	3ϕ10	ϕ8@150
	$\phi1000$	8 $\underline{\Phi}$ 20	4ϕ10	ϕ8@150

续表 3-10

管桩类型	外径(mm)	配　筋		
		①	②	③
PTC 桩	φ300	4 Φ 16	2φ8	φ6@200
	φ350	4 Φ 16	2φ8	φ6@200
	φ400	4 Φ 18	2φ8	φ6@200
	φ450	4 Φ 18	2φ8	φ6@200
	φ500	6 Φ 18	3φ8	φ8@200
	φ550	6 Φ 18	3φ8	φ8@200
	φ600	6 Φ 18	3φ8	φ8@200

5. 预制混凝土桩施工质量验收

桩基工程应该按以下规定进行验收。

1)当桩顶设计标高与场地标高一致时,桩基工程可施工完毕后再进行验收。

2)当桩顶设计标高低于场地标高时应进行中间验收,等全部桩打完且挖桩间土完成以后再进行检查验收。

桩基验收时应提供的资料有:桩位测量放线图、工程地质勘查报告、材料试验检测报告、打桩记录和桩的制作过程记录、桩的竣工图(桩位设计及实际图)、桩的静载试验和动载试验报告和打桩贯入度记录。桩位允许偏差见表 3-11。

表 3-11　预制桩(钢桩)的桩位允许偏差

项　目	允许偏差(mm)
单排或双排桩条型桩基 垂直于条形桩基纵轴方向	100
平行于条形桩基纵轴方向	150
桩数为 1~3 根桩基中的桩	100
桩数为 4~16 根桩基中的桩	1/3 桩径或 1/3 边长
桩数大于 16 根桩基中的桩 最外边的桩	1/3 桩径或 1/3 边长
中间桩	1/2 桩径或 1/2 边长

桩的预制应对原材料、钢筋骨架、混凝土强度进行检查。预制桩钢筋骨架质量检验标准见表 3-12。

表 3-12　预制桩钢筋骨架质量检验标准

检查项目	允许偏差(mm)	检查方法
主筋距桩顶距离	±5	用钢尺量
多节桩锚固位置	5	
多节桩预埋铁件	±3	
主筋保护层厚度	±5	

续表 3-12

检查项目	允许偏差(mm)	检查方法
主筋间距	±5	
桩尖中心线	10	
箍筋间距	±20	用钢尺量
桩顶钢筋网片	±10	
多节桩锚固钢筋长度	±10	

钢筋混凝土预制桩的质量检验标准应符合表 3-13 的规定。

表 3-13　钢筋混凝土预制桩的质量检验标准

<table>
<tr><td rowspan="2" colspan="2">检查项目</td><td colspan="2">允许偏差</td><td rowspan="2">检查方法</td></tr>
<tr><td>单位</td><td>数值</td></tr>
<tr><td rowspan="3">主控项目</td><td>桩体质量检验</td><td colspan="2">按基桩检测技术规范</td><td>按基桩检测技术规范</td></tr>
<tr><td>桩位偏差</td><td colspan="2">按桩位允许偏差验收</td><td>用钢尺量</td></tr>
<tr><td>承载力</td><td colspan="2">按基桩检测技术规范</td><td>按基桩检测技术规范</td></tr>
<tr><td rowspan="16">一般项目</td><td>砂、石、水泥、钢材等原材料（现场预制时）</td><td colspan="2">符合设计要求</td><td>检查出厂质保文件或抽样送检</td></tr>
<tr><td>混凝土配合比及强度（现场预制时）</td><td colspan="2">符合设计要求</td><td>检查称量及查试块记录</td></tr>
<tr><td>成品桩外形</td><td colspan="2">表面平整度颜色均匀、掉角深度＜10mm,蜂窝面积小于总面积的 0.5%</td><td>直观观察</td></tr>
<tr><td>成品桩裂缝（收缩裂缝或起吊、装运、堆放引起的裂缝）</td><td colspan="2">深度＜20mm,宽度＜0.25mm,横向裂缝不超过边长的一半</td><td>裂缝检测仪,不适用于在地下水有侵蚀地区及锤击数超过 500 击的长桩</td></tr>
<tr><td>成品桩尺寸:横截面边长</td><td>mm</td><td>±5</td><td>用钢尺量</td></tr>
<tr><td>桩顶对角线差</td><td>mm</td><td>＜10</td><td>用钢尺量</td></tr>
<tr><td>桩尖中心线</td><td>mm</td><td>＜10</td><td>用钢尺量</td></tr>
<tr><td>桩身弯曲矢高</td><td>mm</td><td>＜1/(1000L)</td><td>用钢尺量(L 为桩长)</td></tr>
<tr><td>桩顶平整度</td><td>mm</td><td>＜2</td><td>用水平尺量</td></tr>
<tr><td>电焊接桩:焊缝质量</td><td colspan="2">见表 3-14</td><td>见表 3-14</td></tr>
<tr><td>焊后停歇时间</td><td>min</td><td>＞1</td><td>用秒表测定</td></tr>
<tr><td>上下节平面偏差</td><td>min</td><td>＜10</td><td>用钢尺量</td></tr>
<tr><td>节点弯曲矢高</td><td></td><td>＜1/1000L</td><td>用钢尺量,L 为两节桩长</td></tr>
<tr><td>硫磺胶泥接桩停歇时间:浇筑时</td><td>min</td><td>＜2</td><td rowspan="2">用秒表测定</td></tr>
<tr><td>浇筑后</td><td>min</td><td>＞7</td></tr>
<tr><td>桩顶标高</td><td>mm</td><td>±5</td><td>水准仪</td></tr>
<tr><td>停锤标准</td><td colspan="2">设计要求</td><td>现场测定或查沉桩记录</td></tr>
</table>

钢桩施工质量检验标准,见表 3-14。

表 3-14　钢桩施工质量检验标准

检查项目		允许偏差		检查方法
		单位	数值	
主控项目	桩位偏差	见表 3-11		用钢尺量
	承载力	按基桩检测技术规范		按基桩检测技术规范
一般项目	电焊接桩焊缝: (1)上下节端部错口	mm	≤3	用钢尺量
	外径≥700mm	mm	≤2	用钢尺量
	外径<700mm	mm	≤0.5	焊缝检查仪
	(2)焊缝咬边深度	mm	2	焊缝检查仪
	(3)焊缝加强层高度	mm	2	焊缝检查仪
	(4)焊缝加强层密度			
	(5)焊缝电焊质量外观	无气孔、焊瘤、裂缝		直观观察
	(6)焊缝擦伤检验	满足设计要求		按设计要求
	焊后停歇时间	min	>1.0	用秒表测定
	节点弯曲矢高		<1/1000L	用钢尺量(L 为两节桩长)
	停锤标准	设计要求		用钢尺量或沉桩记录

四、混凝土灌注桩

1. 定桩位和确定成孔顺序

灌注桩定位放线与预制桩定位放线基本相同。确定桩的成孔顺序时应注意下列各点。

1)机械钻孔灌注桩、干作业成孔灌注桩等,成孔时对土没有挤密作用,一般按现场条件和桩机行走最方便的原则确定成孔顺序。

2)冲孔灌注桩、振动灌注桩、爆扩桩等,成孔时对土有挤密作用和振动影响,一般可结合现场施工条件,采用下列方法确定成孔顺序。

①间隔 1～2 个桩位成孔。

②在邻桩混凝土初凝前或终凝后再成孔。

③5 根单桩以上的群桩基础,位于中间的桩先成孔,周围的桩后成孔。

④同一个承台下的爆扩桩,可根据不同的桩距采用单爆或联爆法成孔。

2. 制作钢筋笼

钢筋笼直径除按设计要求外,还应符合下列规定。

1)套管成孔的桩,应比套管内径小 60～80mm。

2)用导管法灌注水下混凝土的桩,应比导管连接处的外径大 100mm 以上。

3)钢筋笼制作、运输和安装过程中,应采取措施防止变形,并应有保护层垫块。

4)钢筋笼吊放入孔时不得碰撞孔壁,浇筑混凝土时应采取措施固定钢筋笼的位置,防止上浮和偏移。

3. 混凝土配制

1)混凝土配制时,应选用合适的石子粒径和混凝土坍落度。石子粒径要求:卵石不宜大于 50mm,碎石不宜大于 40mm,配筋的桩不宜大于 30mm,石子最大粒径不得大于钢筋净距的 1/3。坍落度要求:水下灌注的混凝土宜为 16～22cm;于作业成孔的混凝土宜为 8～10cm;套管成孔的混凝土宜为 6～8cm。

2)灌注桩的混凝土浇灌应连续进行。水下浇灌混凝土时,钢筋笼放入泥浆后 4h 内必须浇灌混凝土,并要做好施工记录。

4. 人工挖孔灌注桩

简称人工挖孔桩,是指采用人工挖掘方法进行成孔,然后安放钢筋笼,浇筑混凝土而形成的桩。

人工挖孔桩的优点。设备简单;施工现场较干净;噪声小、振动少,对周围建筑影响小;施工速度快,可按施工进度要求确定同时开挖桩孔的数量;土层情况明确,可直接观察到地质变化情况;沉渣能清除干净,施工质量可靠。

人工挖孔桩的缺点。工人在井下作业,施工安全性差。因此,施工安全应予以特别重视,要严格按操作规程施工,要制定可靠的安全措施。

(1)一般要求

1)人工挖孔桩的直径除了能够满足设计承载力的要求处,还应考虑施工操作的要求,所以桩径都较大,最小不宜小于 800mm,一般为 1000～3000mm,桩底一般都扩底。

2)人工挖孔桩必须考虑防止土体坍滑的支护措施,以确保施工过程中的安全。常用的护壁方法有现浇混凝土护圈、沉井护圈、钢套管护圈 3 种,如图 3-13 所示。

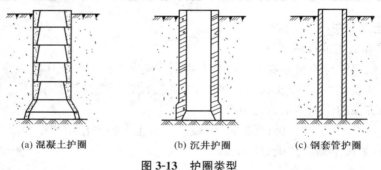

(a) 混凝土护圈   (b) 沉井护圈   (c) 钢套管护圈

图 3-13　护圈类型

3)现浇混凝土护圈的结构型式为斜阶形,如图 3-14 所示。对于土质较好的地层,护壁可用素混凝土,土质较差地段应增加少量钢筋(环筋 $\phi10～12mm$ 间距 200mm,竖筋 $\phi10～12mm$,间距 400mm)。

(2)机具准备

1)挖土工具:铁镐、铁锹、钢钎、铁锤、风镐等挖土工具。

2)出土工具:电动葫芦或手摇辘轳和提土桶。

3)降水工具:潜水泵,用于抽出桩孔内的积水。

4)通风工具:常用的通风工具为 1.5kW 的鼓风机,配以直径为 100mm 的薄膜塑料送风管,用于向桩孔内强制送入风量不小于 25L/s 的新鲜空气。

5)通信工具:摇铃、电铃、对讲机等。

6)护壁模板:常用的有木结构式和钢结构式两种。

(3)施工技术要点

1)测量放线、定桩位。

2）桩孔内土方开挖。采取分段开挖，每段开挖深度取决于土的直立能力，一般为 0.5～1.0m 为一施工段，开挖范围为设计桩径加护壁厚度。

3）支护壁模板。常在井外预拼成 4～8 块工具式模板。

4）浇护壁混凝土。护壁起着防止土壁坍塌与防水的双重作用，因此护壁混凝土要捣实，第一节护壁厚宜增加 100～150mm，上下节用钢筋拉结。

5）拆模，继续下一节的施工。当护壁混凝土强度达到 1MPa（常温下约 24h）方可拆模，拆模后开挖下一节的土方，再支模浇护壁混凝土，如此循环，直到挖到设计深度。

6）浇筑桩身混凝土。排除桩底积水后浇筑桩身混凝土至钢筋笼底面设计标高，安放钢筋笼，再继续浇筑混凝土。混凝土浇筑时应用溜槽或串筒，用插入式振动器捣实。

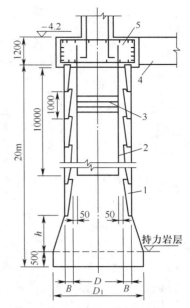

图 3-14　人工挖孔桩构造
1. 护壁　2. 主筋　3. 箍筋　4. 地梁　5. 桩帽

（4）提示

1）开挖前，桩位定位应准确，在桩位外设置，龙门桩安装护壁模板时须用桩心点校正模板位置，并由专人负责。

2）保证桩孔的平面位置和垂直度。桩孔中心线的平面位置偏差不宜超过 50mm，桩的垂直度偏差不超过 0.5％，桩径不得小于设计直径。为保证桩孔平面位置和垂直度符合要求，每开挖一段，安装护圈楔板时，可用十字架放在孔口上方，对准预先标定的轴线标记，在十字架交叉点悬吊垂球对中，务使每一段护壁符合轴线要求，以保证桩身的垂直度。

3）防止土壁坍落及流砂。在开挖过程中遇有特别松散的土层或流砂层时，为防止土壁坍落及流砂，可采用钢套管护圈或沉井护圈作为护壁。或将混凝土护圈的高度减小到 300～500mm。流砂现象严重时可采用井点降水法降低地下水位，以确保施工安全和工程质量。

5. 沉管灌注桩

沉管灌注桩，又称套管成孔灌注桩、打拔管灌注桩，施工时是使用振动式桩锤或锤击式桩锤将一定直径的钢管沉入土中形成桩孔，然后在钢管内吊放钢筋笼，边灌筑混凝土边拔管而形成灌注桩桩体的一种成桩工艺。它包括锤击沉管灌注桩、振动沉管灌注桩、夯压成型沉管灌注桩等，这里只介绍一种。

锤击沉管施工法，是利用桩锤将桩管和预制桩尖（桩靴）打入土中，边拔管、边振动、边灌注混凝土、边成桩，在拔管过程中，由于保持对桩管进行连续低锤密击，使钢管不断得到冲击振动，从而密实混凝土。与振动沉管灌注桩一样，锤击沉管灌注桩也可根据土质情况和荷载要求，分别选用单打法、复打法、反插法。

锤击沉管灌注桩施工顺序如图 3-15 所示。

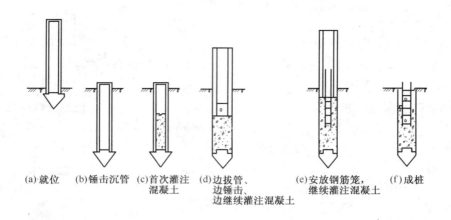

(a) 就位　(b) 锤击沉管　(c) 首次灌注　(d) 边拔管、　(e) 安放钢筋笼，　(f) 成桩
　　　　　　　　　　　　混凝土　　　边锤击、　　继续灌注混凝土
　　　　　　　　　　　　　　　　　边继续灌注混凝土

图 3-15　锤击沉管灌注桩施工程序示意图

（1）桩机就位

将桩管对准预先埋设在桩位上的预制桩尖或将桩管对准桩位中心，使它们三点合一线，然后把桩尖活瓣合拢，放松卷扬机钢丝绳，利用桩机和桩管自重，把桩尖沉入土中。

（2）锤击沉管

检查桩管与桩锤、桩架等是否在一条垂直线上之后，检查桩管垂直度偏差是否≤5%，满足后即可先用桩锤低锤轻击桩管，观察偏差在容许范围内，再正式施打，直至将桩管打入至设计标高或要求的贯入度。

（3）首次浇筑混凝土

沉管至设计标高后，应立即灌注混凝土，尽量减少间隔时间；在灌注混凝土之前，必须先检查桩管内没有吞食桩尖，并用吊铊检查桩管内无泥浆或无渗水后，再用吊斗将混凝土通过灌注漏斗灌入桩管内。

（4）边拔管边锤击，继续浇筑混凝土

当混凝土灌满桩管后，便可开始拔管，一边拔管，一边锤击，拔管的速度要均匀，对一般土层以 1m/min 为宜，在软弱土层和软硬土层交界处宜控制在 0.3～0.8m/min。桩锤的冲击频率视锤的类型而定。单动汽锤采用倒打拔管，打击次数不得少于 50 次/min；自由落锤轻击（小落距锤击）不得少于 40 次/min。在管底未拔至桩顶设计标高之前，倒打和轻击不得中断。在拔管过程中应向桩管内继续灌入混凝土，以满足灌注量的要求。

（5）放钢筋笼浇筑成桩。

当桩身配钢筋笼时，第一次混凝土应先灌至笼底标高，然后放置钢筋笼，再灌混凝土至桩顶标高。第一次拔管高度应控制在能容纳第二次所需灌入的混凝土量为限，不宜拔得过高。在拔管过程中应有专用测锤或浮标检查混凝土面的下降情况。

6. 钻孔灌注桩

钻孔灌注桩是指利用钻孔机械钻出桩孔，并在桩孔中浇灌混凝土（或先在孔中吊放钢筋笼）而成的桩。

根据钻孔机械的钻头是否在土壤的含水层中施工，又分为干作业成孔和泥浆护壁成孔两种方法。

（1）干作业成孔灌注桩

干作业成孔灌注桩是用钻机在桩位上成孔，在孔中吊放钢筋笼，再浇筑混凝土的成桩工艺。

干作业成孔适用于地下水位以上的各种软硬土层，施工中不需设置护壁而直接钻孔取土形成桩孔。目前常用的钻孔机械是螺旋钻机。

1）螺旋钻成孔灌注桩施工。螺旋钻机（图 3-16）是利用动力旋转钻杆，钻杆带动钻头上的螺旋叶片旋转切削土层，土渣沿螺旋叶片上升排出孔外。螺旋钻机成孔直径一般为300～600mm 左右，钻孔深度 8～12m。

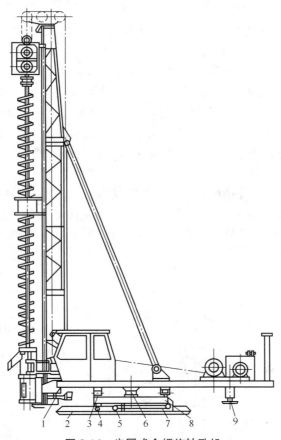

图 3-16　步履式全螺旋钻孔机
1. 上盘　2. 下盘　3. 回转滚轮　4. 行走滚轮
5. 钢丝滑轮　6. 旋转中心轴　7. 行走油缸　8. 中盘　9. 支腿

①钻杆按叶片螺距的不同，可分为密螺纹叶片和疏螺纹叶片，密螺纹叶片适用于可塑或硬塑黏土或含水量较小的砂土，钻进时速度缓慢而均匀。疏螺纹叶片适用于含水量大的软塑土层，由于钻杆在相同转速时，疏螺纹叶片较密螺纹叶片向上推进快，所以可取得较快的钻进速度。

②螺旋钻成孔灌注桩施工流程如下。

③钻机就位→钻孔→检查成孔质量→孔底清理→盖好孔口盖板→移桩机至下一桩位→移走盖口板→复测桩孔深度及垂直度→安放钢筋笼→放混凝土串筒→浇灌混凝土→插桩顶

钢筋。

④钻进时要求钻杆垂直,钻孔过程中如发现钻杆摇晃或进钻困难时,可能是遇到石块等硬物,应立即停钻检查,及时处理,以免损坏钻具或导致桩孔偏斜。

⑤施工中,如发现钻孔偏斜时,应提起钻头上下反复扫钻数次,以便削去硬土,如纠正无效,应在孔中回填黏土至偏孔处以上 0.5m,再重新钻进。如成孔时发生塌孔,宜钻至塌孔处以下 1～2m 处,用低强度等级的混凝土填至塌孔以上 1m 左右,待混凝土初凝后再继续下钻钻至设计深度,也可用 3∶7 的灰土代替混凝土。

⑥钻孔达到要求深度后,进行孔底土清理,即钻到设计钻深后,必须在深处进行空转清土,然后停止转动,提钻杆,不得回转钻杆。

⑦提钻后应检查成孔质量:用测绳(锤)或手提灯测量孔深垂直度及虚土厚度。虚土厚度等于测量深度与钻孔深的差值,虚土厚度一般不应超过 100mm。如清孔时,少量浮土泥浆不易清除,可投入 25～60mm 厚的卵石或碎石插捣,以挤密土体,或用夯锤夯击孔底虚土或用压力在孔底灌入水泥浆,以减少桩的沉降和提高其承载力。

⑧钻孔完成后应尽快吊放钢筋笼并浇筑混凝土。混凝土应分层浇筑,每层高度不得大于 1.5m,混凝土的坍落度在一般黏性土中为 50～70mm,砂类土中为 70～90mm。

2)螺旋钻孔压浆成桩法施工。螺旋钻孔压浆成桩法是在螺旋钻孔灌注桩的基础上,发展起来的一种新工艺。

它的工艺原理是,用螺旋钻杆钻到预定的深度后,通过钻杆芯管底部的喷嘴,自孔底由下而上向孔内高压喷射以水泥浆为主剂的浆液,使液面升至地下水位或无塌孔危险的位置以上。提起钻杆后,在孔内安放钢筋笼并在孔口通过漏斗投放骨料。最后再自孔底向上多次高压补浆即成。

它的施工顺序如图 3-17 所示。

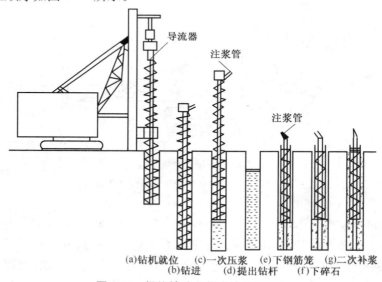

(a)钻机就位　　(c)一次压浆　　(e)下钢筋笼　　(g)二次补浆
　　　　　　(b)钻进　　　　(d)提出钻杆　　(f)下碎石

图 3-17　螺旋钻孔压浆成桩施工顺序

①钻机就位。

②钻至设计深度空钻清底。

③一次压浆。把高压胶管一头接在钻杆顶部的导流器预留管口,另一头接在压浆泵上,将配制好的水泥浆由下而上边提钻边压浆。

④提钻。压浆到坍孔地层以上500mm后提出钻杆。

⑤下钢筋笼。浆塑料压浆管固定在制作好的钢筋笼上,使用钻机的吊装设备吊起钢筋笼对准孔位,垂直缓慢放入孔内,下到设计标高,固定钢筋笼。

⑥下碎石:碎石通过孔口漏斗倒入孔内,用铁棍捣实。

⑦二次补浆:与第一次压浆的间隔不得超过45min,利用固定在钢筋笼上的塑料管进行第二次的压浆,压浆完了后立即拔管洗净备用。

(2)泥浆护壁成孔灌注桩

泥浆护壁成孔是利用泥浆保护孔壁,通过循环泥浆裹携悬浮孔内钻挖出的土渣并排出孔外,从而形成桩孔的一种成孔方法。

泥浆护壁成孔灌注桩的施工工艺流程如下。

测定桩位→埋设护筒→桩机就位→制备泥浆→成孔→清孔→安放钢筋骨架→浇筑水下混凝土。

1)定桩位、埋设护筒。桩位放线定位后即可在桩位上埋设护筒。

护筒的作用是固定桩位、防止地表水流入孔内、保护孔口和保持孔内水压力、防止塌孔以及成孔时引导钻头的钻进方向等。

护筒一般用4~8mm钢板制作,其内径应大于钻头直径100~200mm,其上部宜开设1~2个溢浆孔。护筒埋设应准确、稳定,护筒与坑壁间用黏土填实,护筒中心与桩位中心的偏差不得大于50mm。护筒的埋设深度:黏土中不宜小于1.0m;砂土中不宜小于1.5m,其高度尚应满足孔内泥浆面高度的要求,一般高出地面或水面400~600mm;受水位涨落影响或水下施工的钻孔灌注桩,护筒应加高加深,泥浆面应高出最高水位1.5m,必要时护筒应打入不透水层。

2)制备泥浆。制备泥浆的方法根据土质确定。在黏性土中成孔时可在孔中注入清水,钻机旋转时,切削土屑与水旋拌,用原土造浆;在其他土中成孔时,泥浆制备应选用高塑性黏土或膨润土。

泥浆的浓度应控制适当,注入干净泥浆的相对密度应控制在1.1左右,排出的泥浆相对密度宜为1.2~1.4;当穿过砂类卵石层等容易坍孔的土层时,泥浆的相对密度可增大至1.3~1.5。在施工过程中,应勤测泥浆密度,并应定期测定黏度、含砂量和胶体率。

3)成孔。泥浆护壁成孔灌注桩有回转钻成孔、潜水钻成孔、冲击钻成孔、冲抓锥成孔等不同的成孔方法,这只是介绍回转钻机成孔。

回转钻机是由动力装置带动钻机回转装置,再经回转装置带动装有钻头的钻杆转动,钻头切削土壤而形成桩孔。

按泥浆循环方式不同,可分为正循环回转钻机(图3-18)和反循环回转钻机(图3-19)。

正循环回转钻机成孔工艺为:从空心钻杆内部空腔注入的加压泥浆或高压水,由钻杆底部喷出,裹携钻削出的土渣沿孔壁向上流动,由孔口排出后流入泥浆池。

与正循环相反,反循环回转钻机成孔工艺为:反循环作业的泥浆或清水是由钻杆与孔壁间的环状间隙流入钻孔,由于吸泥泵的作用,在钻杆内腔形成真空,钻杆内外的压强差使得钻头下裹携土渣的泥浆,由钻杆内部空腔上升返回地面,再流入泥浆池。反循环工艺的泥浆向上流动的速度较大,能携带较多的土渣。

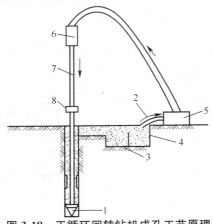

图 3-18 正循环回转钻机成孔工艺原理
1. 钻头 2. 泥浆循环方向 3. 沉淀池 4. 泥浆池
5. 泥浆泵 6. 水龙头 7. 钻杆 8. 钻机回转装置

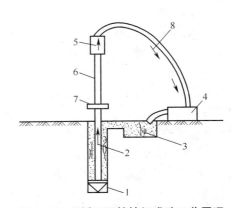

图 3-19 反循环回转钻机成孔工艺原理
1. 钻头 2. 新泥浆流向 3. 沉淀池 4. 砂石泵
5. 水龙头 6. 钻杆 7. 钻机回转装置 8. 混合液流向

五、挤扩支盘灌注桩

1. 特点

1)施工周期短,适应性广挤扩支盘灌注桩可以在多种可挤扩土层中进行施工,不受地下水位高低的影响,可充分利用硬土层作为持力层,可以灵活采用分支或承力盘来增强桩的承载能力、稳定性及抗震性能。

在内陆、冲积平原、沿海软土地区、海陆交错沉积三角洲平原以下的硬塑黏性土层、细粉砂土层、密实土、碎砾土等均可作为挤扩支盘灌注桩的持力层,所以,除少数山区有坚硬岩石和有流塑黏性土的地段以外,其他地区都能使用。由于挤扩支盘灌注桩的推广和使用,相对节约了原材料、减少了工程量,降低了成本,加快了施工进度(比正常施工节约 30%~50% 的时间),提高了桩的承载能力(复合地基处理可使地基承载力提高到 10000kN/m² 左右,是普通混凝土灌注桩承载力的 2~3 倍)。

2)沉降量小由于各分支、承力盘承担了桩的竖向荷载,所以使桩的整体沉降量比普通混凝土灌注桩减少 50%~90%。

3)节约原材料与普通混凝土灌注桩相比,挤扩支盘灌注桩可以采用桩径小而短的设计满足桩基础承载力的需求,从而使桩基工程的桩数量、长度、直径减小很多。在满足同等承载力要求的情况下,可节约原材料 40%~70%,节约工程造价 20%~30%,经济效益十分可观。

4)低公害。由于支盘成形采用了液压传动,施工中几乎无噪声;与普通混凝土灌注桩完成等值承载力桩的成孔泥浆排放量明显减少;虽为挤土桩,但挤土量很少对周边的建筑物、构筑物无特殊干扰,所以挤扩支盘灌注桩可实现无公害、无污染,文明施工的理想。

5)施工设备和工艺简单。支盘桩施工过程中,只在常规钻孔桩的工作中增加一道支盘工序,就是完成钻孔或冲孔以后,用配套的支盘成形设备(支盘仪)实施支盘成形,然后下钢筋笼和清孔、浇筑混凝土等工序。目前,施工现场使用的液压支盘成型机为 2000 年经过改进的设备,具有成型可靠、工艺简单、操作灵活、维修方便、工作安全、强度高,挤扩力大等优点。

6)单桩承载力高。与普通混凝土灌注桩相比,由于采用了分支及承力盘的结构使桩的承载能力得到提高,改变了桩的受力形式。使挤扩支盘灌注桩的单桩承载能力比普通混凝土灌注桩提高了2~3倍,比预制桩提高1.5~2倍,所以,具有较强的抗压、抗拔性能和较强的抗水平荷载,抗冲击能力。

2. 挤扩支盘灌注桩外形及工艺流程

(1)外形

挤扩支灌注桩外形如图3-20所示。

图3-20 挤扩支灌注桩

(2)工艺流程

挤扩与盘灌注桩工艺流程如图3-21所示。

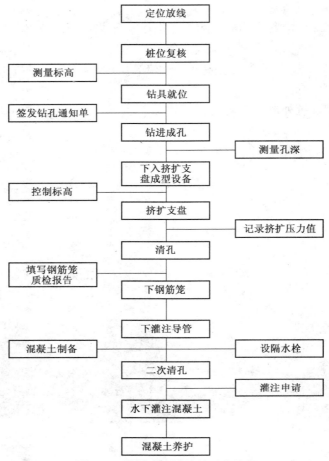

图 3-21　挤扩支盘灌注桩工艺流程

3. 支盘桩的构造

与普通灌注桩相同,支盘桩大部采用钢筋混凝土构造,加工、安装钢筋笼以后再浇筑混凝土,区别只是对材料配制有一定要求。

(1)支盘桩材料配置的一般原则

1)混凝土强度和保护层厚度应符合以下规定。

①一般情况下,混凝土强度等级不低于 C20;以下灌注桩的混凝土强度等级不低于 C25;特殊地质条件时不得低于 C30。

②主筋保护层厚度一般不小于 35mm;水下灌注混凝土钢筋保护层厚度不得小于 50mm。

2)钢筋配置可参照以下规定。

①轴向受压桩的配筋率不应小于 0.25%,当考虑受弯时不宜小于 0.4%;纵向主筋直径不宜小于 12mm。

②当桩直径为 600~1200mm 时,截面配筋率可取 0.4%~0.65%。

3)对水平荷载特大的支盘桩和抗拔支盘桩,应经计算以后确定配筋率。

①主筋长度对抗压桩宜沿桩身分段变截面配筋,钢筋变截面处宜设置在距盘底面

500mm 以下，且不宜小于桩长的 2/3。沿桩长全长配筋时不宜少于全部纵向主筋的 1/3。

承受水平荷载的桩，配筋长度不小于 4/a 且宜穿过淤泥、淤泥质土或液化土层。

承受负摩阻力和位于坡地岸边的支盘桩应通长配筋。

抗拔桩应通长配筋。

②箍筋配置。箍筋采用 $\phi6.5\sim\phi8$。$200\sim300$，宜用螺纹箍筋；受水平荷载的桩基，距桩顶 $(3\sim5)d$（d 为桩直径）范围内的箍筋应适当加密、当钢筋笼长度超过 4m 时，应每隔 2m 左右设置一道 $\underline{\Phi}12\sim\underline{\Phi}18$ 的焊接加劲筋。

(2) 支盘构造的其他规定

1)《地基与基础施工手册》中规定：多分支承力盘桩采用 C20 或 C25 混凝土；配筋主筋用 $\phi12\sim\phi16$，长度一般要求为最小不小于 $l/2$（l—桩长）；配筋率 P 为 $0.4\%\sim0.6\%$；箍筋用 $\phi8\sim\phi10$，间距为 $100\sim200mm$；另外，可以增设加强筋。

2)《火力发电厂支盘灌注桩暂行技术规定》关于支盘桩配筋的要求：一般支盘桩，应设置桩与承台的连接钢筋，主筋用 $6\sim10$ 根 $\phi12\sim\phi14mm$，配筋率不小于 0.2%，锚入承台深度不应小于 $30d_g$（d_g 为主筋直径），伸入桩身长度不应小于 $10d$，且不应小于承台下软弱土层层底深度。

二级建筑物支盘应根据桩径大小配置 $4\sim8$ 根 $\phi10\sim\phi12mm$ 与桩顶、承台连接的钢筋，锚入承台的深度不应小于 $30d_g$，伸入桩身长度不小于 $5d$。

三级建筑物支盘桩可不配构造钢筋。

①配筋率：截面配筋率可取 $0.2\%\sim0.65\%$（小桩径取大值，大桩径取小值）；对受水平荷载大的支盘桩、抗拔支盘桩及嵌岩端承桩应通过计算确定配筋率。

②配筋长度：对于端承支盘桩，宜沿桩身通长设置；受水平荷载的摩擦桩，包括受地震影响的基桩，配筋长度宜采用 4/a；对于单桩竖向承载力较高的摩擦桩，宜沿深度分段变截面通长配筋或局部通长配筋，且钢筋端部宜延伸到附近盘下；对于承受负摩阻力和位于坡地、岸边的支盘桩应通长配筋；抗拔桩应通长配筋，受地震影响、冻膨胀或膨胀力作用而受拔的支盘桩应经计算配置通长或局部通长抗拉筋。

③主筋配置数量及要求：对于受水平荷载的支盘桩，主筋不宜少于 $8\phi10$；抗压或抗拔支盘桩，主筋不宜少于 $6\phi10$。纵向主筋应沿桩身周边均匀布设，净距不应小于 60mm，并应尽量减少钢筋接头。

4. 挤扩支盘桩工程施工

挤扩支盘桩施工质量的优劣是能否最大限度地发挥支盘桩的特点、体现支盘桩的优良承载特性和显著的经济、社会效益的关键环节。

(1) 成孔工艺

目前，与支盘桩配套的成孔工艺大致有 4 种：泥浆护壁成孔、干作业成孔、水泥注浆护壁成孔和重锤捣扩成孔，其中泥浆护壁和干作业法比较普遍。

1) 泥浆护壁成孔工艺。当地下水位较浅时，通常用钻孔钻出的原状土或从场外运进的土配制适当的泥浆，钻孔时注入孔内进行护壁和清渣。设计和施工时根据施工现场实际情况适当选择持力层，合理设置分支和承力盘，按设计位置自上而下或自下而上依次完成挤扩作业，最后浇筑混凝土成桩。该成孔工艺的特点是成形比较可靠，空腔由于有泥浆保护不容易坍塌、沉渣容易清出。

2) 干作业成孔工艺。当地下水位较深时，水位以上可采用螺旋钻机进行干作业施工，然后通过支盘机成形支盘，再浇筑混凝土成桩。该成孔工艺的特点是施工速度快，节省材料和时间,对环境污染小。

3)水泥注浆护壁成孔工艺。对一些较特殊的土层,如干砂土层,成孔时孔壁很容易坍塌,使成盘作业更为困难,这时多采用灌注水泥浆的方法,先将成孔的孔壁做稳定性加固和保护,然后进行支盘成形。

4)重锤捣扩成孔工艺。适用于土层较浅及软土层的施工。在上部荷载不大时,利用浅部可塑黏土为依托,通过插入孔中的外套。加入一定数量的建筑废料,如碎砖瓦、混凝土块、碎石等,用重锤在孔内冲捣,使废料扩入孔壁中完成成孔作业,然后用支盘成形机进行支盘并浇筑混凝土成桩。此法可节约大量原材料和成本,适用于不受噪声或振动限制的施工场地。

以上几种工艺最终目的都是保证支盘成形,应根据施工现场具体情况适当选择施工工艺并编制施工方案,确保工程质量。

（2）挤扩支盘

在成孔以后要进行彻底的清孔。当钻机钻到预定的设计深度以后将钻头提离孔底 200~500mm;然后注入大量性能指标符合要求的泥浆,持续半小时左右以清除孔底的沉渣和冲磨孔壁的泥皮(磨孔),直到排出的泥浆含砂量小于4%,相对密度小于1.15 为合格。清孔完成以后孔底的沉渣厚度应小于30cm。移开钻机,再用起重机起吊支盘成形机入孔,按设计深度依次挤扩形成分支和承力盘。设备入孔前应详细检查主机、接长杆、液压胶管等部分,确保动能健全和连接良好。在挤扩支盘过程中、应注意及时补充泥浆,并随时观察孔内泥浆下降情况,计算泥浆下降的体积,以检验挤扩支盘的可靠性。吊起主机后检查孔底沉渣厚度,如发现沉渣厚度超限,应进行二次清孔,必要时使用盘径仪检测挤扩支、盘的直径,如图 3-22 所示,以便确认和判定挤扩支盘成形的实际情况。施工记录见表 3-15。

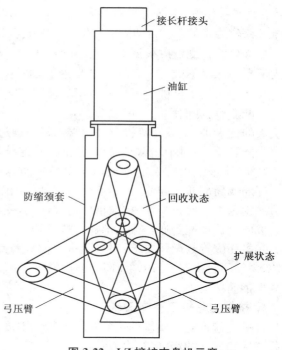

图 3-22　LZ 挤扩支盘机示意

（3）安放钢筋笼

支盘桩的钢筋笼制作与普通混凝土灌注桩的钢筋笼制作基本相同,只是钢筋笼的长度有所限制。经检查支盘成形合格以后才可安放钢筋笼,一般情况下钢筋笼可整体吊入,如钢筋笼过长不能整体吊人时可分段吊入,即先吊人一段,在孔口固定好以后再吊入另一段,并在孔口将钢筋笼的主筋接头一一对应焊好,然后沉放入孔。

安放钢筋笼时应尽量避免钢筋笼变形,入孔后要减少钢筋笼碰撞孔壁。若采用吊筋时应有防止钢筋笼上浮或下沉的措施。钢筋笼上的保护层用混凝土块或塑料垫圈进行控制。减少钢筋笼安放时间以避免支、盘空腔的坍塌。

表 3-15　挤扩支盘施工作业记录表

工程名称：＿＿＿＿＿＿＿＿＿

施工单位：＿＿＿＿＿＿＿＿＿　　　　　　　　　　　　　　　　桩号：＿＿＿＿＿＿＿＿＿

设计桩长(m)		设计桩径(m)		设计孔深(m)		设计盘径(m)	
支盘机型号		单支挤扩宽度/m（单支臂宽度）		弓压臂最大张开尺寸/m		设计支盘数量	
孔口标高		实钻孔深/m		挤扩后孔深/m		挤扩后沉渣厚度/m	

作业起止时间：　　　　　　　　　年　　月　　日：　～　　日：

盘支名称	盘支深度	盘支标高	压力值(MPa)										机体上升情况（上升√，未上升×）	泥浆下降情况（下降√，未下降×）
			1	2	3	4	5	6	7	8	9	10		
备注														
记录员			工长			质检员			监理					

（4）安装导管、二次清孔及浇筑混凝土

钢筋笼安放完成以后应尽快安装混凝土浇筑导管，检查泥浆相对密度在 1.15 以内时方可浇筑混凝土，若泥浆相对密度不符合要求则应二次清孔，直到合格为止。初次浇筑混凝土应使导管离开孔底不得大于 0.5m，即 $h_1 \leqslant 0.5$m；混凝土初灌量的大小除考虑桩和承力盘的容积外，至少应将导管埋入混凝土内 1.6m，即 $h_2 = 1.6$m。在混凝土浇筑过程中严禁将导管底部拔出混凝土作业面，应边浇筑边拔导管。浇筑后的桩顶至少应高出设计桩顶标高 0.5m，即 $h_3 \geqslant 0.5$m，浇筑完成以后拔出导管和护筒。

5. 挤扩支盘桩质量检查

在混凝土浇筑前应检查孔的中心位置、孔径、孔深、成孔垂直度、支盘直径、盘位、盘数、钢筋笼安装的具体位置和保护层厚度及孔底的沉渣厚度，并填写质量检查记录。其主要检查项目的允许偏差，见表 3-16。

表 3-16　支盘桩主要检查项目的允许偏差

桩径允许偏差(mm)	盘径允许偏差(mm)	垂直度允许偏差(％)	桩位允许偏差(mm)		孔底允许沉渣厚度(mm)
			单桩、条形桩基沿垂直轴线方向和群桩基础中的边桩	条形桩基础轴线方向和群桩基础中间桩	
<0.1d 且≤50	<0.07D 且≤100	<1	<d/6 且≤100	<d/4 且≤150	≤100

注：d 为桩直径；D 为支盘直径。

（1）钢筋笼质量检查的内容及要求

钢筋笼制作应对钢筋的规格、主筋和箍筋的制作偏差等进行检查，钢筋笼制作允许偏差表见表 3-17。

表 3-17　钢筋笼制作允许偏差　　　　　　　　　（mm）

主筋间距	箍筋间距或螺旋筋间距	钢筋笼直径	钢筋笼长度
±10	±20	±10	±50

（2）支盘桩主要检查项目和检查方法

1）孔深检查。孔深必须符合设计要求。检查的方法是：检查钻孔施工记录，按钻杆和钻具总长减去钻机上部剩余部分长度来确定孔深，其中锥形钻头可以把锥体高度的 1/2 处作为孔深 O 点。

①用测绳复测孔深。

②用支盘成形机主机与接长杆连接后的总尺寸计算。

2）孔径和盆径检查。由于钻孔时泥浆的浸泡和冲刷易造成孔壁坍塌，从而出现局部扩径现象，直接影响混凝土充盈系数；其缩径是由于塑性土的膨胀所致，能使桩的承载力降低。所以，必须进行孔径和盘径的测量，确保孔径和盘径的大小符合设计要求。

检验方法是：检查成孔钻头直径或用井径仪进行检查，滑线电阻式井径仪由测头、放大器和记录仪组成，测头为机械式。使用前 4 条测臂合拢并以弹簧锁定。将测头放入孔底通过设定的方式打开井径臂，于是互成 90° 的 4 条井径臂便在弹簧力的作用下向外张开，其末段紧贴孔壁，随着井径仪往上提升，井径臂沿着孔壁的表面相应地张开和收缩，使滑动的电阻触点来回移动，不断地改变阻值的大小，并使测量的电压信号随之变化。经信号放大器输出，用自动记录仪自动记录，即可在荧光屏绘制出孔壁的形状，同时将测得的电压信号转化成与孔径相对应的数值，便可计算出孔径的大小。

3）成孔垂直度检查。成孔垂直度既影响桩的承载力，又影响支盘成形机的正常出入。对成孔垂直度的检查方法主要有声波孔壁检测仪检测法。

声波孔壁检测仪用于检测成孔垂直度的原理不变，只是利用超声波在泥浆中的传播时间和速度不同，在孔口某一直径线上按一定的间距确定测点，测得孔口至孔底的数据，并根据超声波在泥浆中的传播速度即可得到孔壁的形状。

4）盘数、盘位及盘间距检测。挤扩支盘完成以后应根据施工记录和现场测量的数据检查盘数、盘位及盘间距是否符合设计要求。

①检查护筒标高及各盘位深度换算标高值，检查接长杆及机身各长度标记尺寸是否准确。

②当硬土层持力层厚度发生变化时，检查盘位是否作了适当调整，还应检查原设计盘位挤扩压力值、调整盘位后的压力值、相关尺寸、施工记录、证明资料等情况。

③检查盘顶有无塌陷，核对挤扩支盘前后孔深记录。当沉渣厚度超过 1m 时，除了加强清渣措施外还应查明原因，包括检查泥浆的相对密度、胶体率、泥浆液面高度以及相关参数。

④检查各盘位到下卧层的距离是否符合设计和规范要求。

⑤通过井径仪检测盘数、盘位和盘间距是否符合设计要求。

5）沉渣厚度的检查。混凝土灌注桩如果沉渣太厚会影响桩的承载力和桩侧阻力的正常发挥，从而降低桩的承载力。因此《建筑桩基技术规范》JGJ 94 规定：泥浆护壁灌注桩在浇筑混凝土前孔底沉渣厚度应满足以下要求。

①端承桩≤50mm。

②摩擦端承桩或端承摩擦桩≤100mm。

③摩擦桩≤300mm。

6)单桩承载力检测。为确保单桩承载力特征值达到设计要求,应根据工程的重要性,地质条件、设计要求及工程施工情况进行单桩静荷载试验和可靠的动力试验,以检测单桩承载力特征值是否满足设计要求。根据设计要求及桩的作用,对单桩静荷载试验分为单桩竖向抗压静荷载试验、单桩抗拉竖向静荷载试验、水平静荷载试验。试验目的是检测桩的承载力是否满足设计要求和桩的极限承载力设计值的大小,为开展支盘桩工程设计提供可靠的数据和依据。

基本要求:对工程桩未作单桩静荷载试验的地基基础,设计为甲级、乙级等级的支盘桩基础,应采用静荷载试验的方法对工程桩单桩竖向承载力进行检测,检测的桩数应为总桩数的1%,且不少于3根,工程桩在50根以内时不少于2根。

第四节　浅基础

一、刚性基础

刚性基础是指用抗压强度较高的抗拉、抗弯强度较低的材料建造的基础。通常所用的材料有混凝土、毛石混凝土、砖、毛石、灰土和三合土等。一般可用5层及5层以下(三合土则适合于4层或4层以下)的民用建筑和墙承重的轻型厂房。

1. 构造要求

如图3-23所示,刚性基础断面形式有矩形、阶梯形、锥形等。基础底面宽度应符合下式要求:

$$B \leqslant B_0 + 2H \tan\alpha$$

式中　B_0——基础顶面的砌体宽度(m);

　　　H——基础高度(m);

　$\tan\alpha$——基础台阶的宽高比,可按表3-18选用。

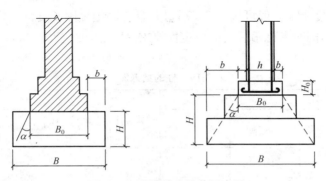

图3-23　刚性基础构造示意图

2. 施工要点

1)混凝土基础。混凝土应分层进行浇捣,对阶梯形基础,每一阶高内应整分浅捣层;对锥形基础,其斜面部分的模板要逐步地随捣随安装,并需注意边角处混凝土的密实。单独基础应连续浇筑完毕。浇捣完毕，水泥终凝后，混凝土外露部分要加以覆盖和浇水养护。

2)毛石混凝土基础。所掺用的毛石数量不应超过基础体积的 25%。毛石尺寸不得大于所浇筑部分的最小宽度的 1/3，且不大于 300mm。毛石的抗压极限强度不应低于 300kg/cm²。施工时先铺一层 100～150mm 厚的混凝土打底，再铺毛石，每层厚 200～250mm，最上层毛石的表面上，应有不小于 100mm 厚的保护层。

3)其他基础。砖基础同砌体工程，灰土、三合土同灰土垫层、三合土垫层。

表 3-18　刚性基础台阶宽高比的容许值

基础名称	质量要求		台阶宽高比的容许值			备注
			$p<100$	$100<p<200$	$200<p<300$	
混凝土基础	C10 号混凝土		1:1.00	1:1.00	1:1.25	1. p 为基础底面处的平均压力（MPa） 2. 阶梯形毛石基础的每阶伸出宽度不宜大于 20cm 3. 基础由不同材料叠合组成时，应对接触部分做抗压验算
	C7.5 号混凝土		1:1.00	1:1.25	1:1.50	
毛石混凝土基础	C7.5～C10 号混凝土		1:1.00	1:1.25	1:1.50	
砖基础	砖不低于 MU7.5 号	M5 号砂浆	1:1.50	1:1.50	1:1.50	
		M2.5 号砂浆	1:1.50	1:1.50	1:1.50	
毛石基础	M2.5～M5 号砂浆		1:1.25	1:1.50		
	M1 号砂浆		1:1.50			
灰土地基	体积比为 3:7 或 2:8 的灰土，其干质量密度（g/cm³）：轻亚黏土 1.50；亚黏土 1.50；黏土 1.45		1:1.25	1:1.50		
三合土地基	体积比为石灰:砂:骨料=1:2:4～1:3:6，每层虚铺厚 220mm，夯至 150mm		1:1.50	1:1.20		

二、杯形基础

杯形基础一般用于装配式钢筋混凝土柱下，所用材料为钢筋混凝土。

1. 构造要求

1)柱的插入深度 H_1 一般可按表 3-19 选用，且应满足锚固长度的要求，一般为 20 倍的纵向受力筋的直径，同时考虑吊装时的稳定性要求，插入深度应大于 0.05 倍的柱长（吊装时的柱长）。

表 3-19　柱的插入深度　　　　　　　　　　　　　　（mm）

矩形或工字形柱				单肢管柱	双管柱	备注
$h<500$	$500\leqslant h<800$	$800\leqslant h\leqslant1000$	$h>1000$			1. h 为截面长边尺寸；D 为柱的外直径；h_A 为双肢桩整个外截面长边尺寸；h_B 为双肢柱整个截面短边尺寸 2. 柱轴心受压或小偏心受压时，H_1 可适当减小，偏心距 $e_0>2h$（或 $e_0>2D$）时，H_1 应适当加大
$H_1=(1\sim1.2)h$	$H_1=h$	$H_1=0.9h$ $\geqslant800$	$H_1=0.8h$ $\geqslant1000$	$H_1=1.5D$ $\geqslant500$	$H_1=(1/3\sim2/3)h$ $h_A=(1.5\sim1.8)h_B$	

2)基础的杯底、杯壁厚度可根据表 3-20 及图 3-24 选用。

3)杯壁配筋可按表 3-21 及图 3-25 进行。

表 3-20　基础的杯底厚度及杯壁厚度

柱截面长边尺寸 h	杯底厚度 a_1	杯壁厚度 t	备 注
$h<500$	$\geqslant150$	$150\sim200$	1. 双肢柱的 a_1 值可适当加大
$500<h<800$	$\geqslant200$	$\geqslant200$	2. 当有基础梁时,基础梁下的杯壁厚度应满足其支承宽度的要求
$800<h<1000$	$\geqslant200$	$\geqslant300$	3. 柱子插入杯口部分的表面应尽量凿毛,柱子与
$1000<h<1500$	$\geqslant250$	$\geqslant350$	杯口之间的空隙应用细石混凝土(比基础混凝土等级高一级)充填密实,其强度达到基础设计等级的
$1500<h<2000$	$\geqslant300$	$\geqslant400$	70%以上时,方能进行上部吊装

表 3-21　杯壁配筋

轴心或小偏心受压 $0.5\leqslant t/h_1\leqslant0.65$		
柱截面长边尺寸	$h<1000$	$1000\leqslant h<1500$	$1500\leqslant h\leqslant2000$
钢筋网直径	$8\sim10$	$10\sim12$	$12\sim16$

2. 施工要点

1)杯口浇筑应注意杯口模板的位置,应从四周对称浇筑,以防杯口模板被挤向一侧。

2)基础施工时在杯口底应留出 50mm 的细石混凝土找平层。

3)施工高杯口基础时,由于最上一级台阶较高,可采用后安装杯口模板的方法施工。

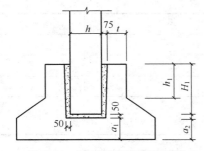

图 3-24　杯形基础构造示意图　　　　　　图 3-25　杯壁内配筋示意图

$t\geqslant200$(轻型柱可用 150)　　$a_1\geqslant200$(轻型柱可用 150)　　$a_2\geqslant a_1$

三、壳体基础

壳体基础可用于一般工业与民用建筑柱基(烟囱、水塔、料仓等)基础。它是利用壳体结构的稳定性将钢筋混凝土做成壳体,减小基础厚度加在基础底面,在提高承载力的同时,降低基础的造价。图 3-26 是几种典型的壳体形式。

1. 构造要求

1)壳面倾角。可根据表 3-22 和图 3-26 确定。组合壳体内外角度的匹配取为 $\alpha_1\approx\alpha-10°$;$\varphi_1\geqslant\alpha$。

2)壳壁厚度。一般可按表 3-23 选定,但不得小于 80mm。壳壁与其他结构部分(杯壁、上环梁等)的结合部位应适当加厚,加厚的最大厚度不小于 0.5 倍的壳壁厚。

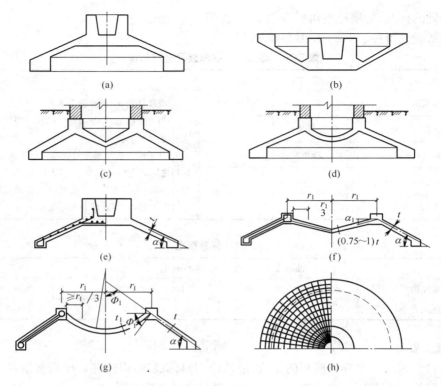

图 3-26 壳体基础构造示意图

表 3-22 壳面倾角

壳体类别	α	α_1	ϕ_1
正圆锥壳	30°~40°		
内倒锥壳		20°~30°	
内倒球壳			30°~40°

表 3-23 壳壁厚度

壳体形式	基底水平面的最大净反力/(MPa)			备注
	<150	150~200	200~250	表中正圆锥壳壳壁厚度系按不允许出现裂缝要求确定的,不能满足规定时,应根据使用要求进行抗裂度或裂缝宽度验算。R 为基础水平投影面最大半径;t 为正圆锥壳的壳壁厚度;t_1 为内倒球壳壳厚度
正圆锥壳	$(0.05~0.06)R$	$\alpha>32°$时,$(0.06~0.08)R$		
内倒球壳	$(0.03~0.05)r_1$	$(0.05~0.06)r_1$	$(0.06~0.07)r_1$	
内倒锥壳	边缘最大厚度等于 $0.75t~t$,中间厚度不小于 0.5 倍的边缘厚度			

3)边梁截面。如图 3-27 所示,应满足下列各式的要求:

$$h \geqslant t; b=(1.5~2.5)t$$
$$A_h \geqslant 1.3t I_b$$

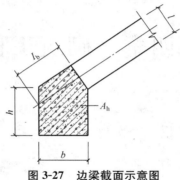

图 3-27 边梁截面示意图

4)构造钢筋的配置。一般壳体基础构造钢筋见表 3-24。在壳壁厚度大于 150mm 的部位和内倒锥(或内倒球)壳距边缘不小于 $r_1/3$ 的范围内,均应配置双层构筋。内倒球壳边缘附近环向钢筋和底层径向钢筋应适当加强。

表 3-24 壳体基础的构造钢筋

配筋部位		壳壁厚度(mm)				备注
		<100	100～200	200～400	400～600	
正圆锥壳径向		$\phi6@200$	$\phi8@250$	$\phi10@250$	$\phi12@300$	1. 径向构造钢筋上端伸入杯壁或上环梁内,并满足锚固长度要求 2. 内倒锥壳构造筋按边缘最大厚度选用
内倒锥壳	径向		$\phi8@200$	$\phi10@200$	$\phi12@250$	
	环向		$\phi8@200$	$\phi10@200$	$\phi12@250$	
内倒球壳	径向		$\phi8@200$	$\phi10@200$		
	环向		$\phi8@200$	$\phi10@200$		

5)对钢筋和混凝土的要求。混凝土等级不宜低于 C20,作为建筑物基础时不宜低于 C30。钢筋宜采用Ⅰ、Ⅱ级钢筋,钢筋保护层不小于 30mm。

2. 施工要点

1)壳体基础是空间结构,以薄壁、曲面的高强材料取得较大的刚度和强度,因此对施工质量更应严格要求。同时要注意结构几何尺寸的准确,加强放线的校核工作,且要保证混凝土振捣密实。

2)土胎开挖施工,第一次挖平壳体顶部标高或倒壳上部边梁标高部分的土体;第二次放出壳顶及底部尺寸,然后进行开挖。施工偏差不宜超过 10～15mm。挖土后应尽快抹 10～20mm 厚的水泥砂浆垫层(较大工程可采用 50～80mm 厚的细石混凝土垫层)。

3)绑扎钢筋与支模,钢筋绑扎做木胎模,预制成罩形网以便运往现场。

第四章　砌筑工程

第一节　砌筑主要材料简介

一、砌筑砂浆

砌筑砂浆是指将砖、石、砌块等粘结成为砌体的粘结材料。砌筑砂浆分为水泥砂浆和水泥混合砂浆。

水泥砂浆是由水泥、细骨料加拌合水配制而成的砂浆。

水泥混合砂浆是由水泥、细骨料、掺加料和水配制而成的砂浆。

细骨料一般采用中砂。

掺加料一般是指改善砂浆和易性而加入的无机材料,例如,石灰膏、电石膏、粉煤灰、黏土膏等。

为了改善砌筑砂浆性能,可在拌制砂浆的过程中掺加适量的外加剂。

掺入砌筑砂浆中的外加剂,应具有法定检测单位出具的产品砌体强度的检测报告,并经砂浆性能试验合格(试验室出具的配合比通知单是通过试配且经试验证实能满足设计要求的配合比)后,方可投入施工现场来使用。

1. 材料要求

(1)水泥

水泥进场后应按品种、等级、出厂日期分别码放,并应有厂家合格证、检测报告及质量保证书、生产许可证等相关资料。水泥使用前应对强度、安定性进行复试。检验批应以同一生产厂家、同一等级、同一品种的水泥为一批。当遇水泥等级不清或生产日期超过 3 个月(快硬水泥超过 1 个月)时,应对水泥进行复试,按复试报告的结果进行使用。

不同品种的水泥,不得混合使用。

(2)砂

砂浆用砂宜用中砂,并应过筛,且不得含有草根等有害物质。当水泥砂浆和强度等级不小于 M5 时,其含泥量不应超过 5%;当水泥混合砂浆的强度等级小于 M5 时,其含泥量不应超过 10%。人工砂、山砂及特细砂经试配能满足砌筑砂浆技术要求时,含泥量可适当放宽。

(3)石灰膏

块状生石灰熟化成石灰膏时,应用不大于 3mm×3mm 的细筛过筛,其熟化时间不得少于 7d;对于磨细生石灰粉,其熟化时间不得少于 2d。过滤水沉淀池中的石灰膏应防止干燥、受冻和混入杂质。脱水后的石灰膏严禁使用。消石灰粉不得直接使用于砂浆中。

(4)石灰

石灰的主要成分是碳酸钙。由白云石通过高温(1000℃～1100℃)煅烧而成的是生石灰,而不是熟石灰,其主要成分是氧化钙。熟石灰是由生石灰加水经过化学反应而成,其主要成分是氢氧化钙。当生石灰熟化时能自动形成极细颗粒(直径约为 $1\mu m$)、呈胶状体分散状态的氢氧化钙,其颗粒表面吸附一层水膜。因此,熟化后的石灰浆,在砂浆中能起到提高和易性的作用。石灰中的化学成分是氢氧化钙,遇空气中的二氧化碳后便还原成碳酸钙,并析出水分。碳酸钙具有一定的强度。因空气中的二氧化碳比较稀薄,故碳化过程较为缓慢,且由于表面碳化后形成一层紧紧的外壳,不利碳化过程的深入,也不利于内部水分的挥发,因此石灰是一种硬化缓慢的材料。

熟石灰是由生石灰加入足够的水而生成的,可用于砌筑、抹灰和罩面。规范规定:砌筑用石灰应通过过滤网,熟化时间不少于 7d,抹灰用石灰熟化时间不得少于 15d;罩面用的石灰熟化时间不少于 30d。石灰使用时不得含有颗粒或其他杂质。

石灰使用时应避开潮湿环境,处理地基土除外。生石灰露天堆放时间不宜太长。磨细生石灰与块灰应存放在地面干燥、门窗密闭的仓库内,灰堆应离墙一段距离,最好随进随用。

石灰不宜存放在木材等易燃物品处,因为生石灰熟化过程中释放出大量的热,易引发火灾。

粉煤灰的品质指标应符合现行行业标准《粉煤灰混凝土应用技术规范》GB/T 50146 的有关规定。

(5)掺入剂

用于砂浆及混凝土中的早强剂、缓凝剂、防冻剂等,其掺量应通过试验确定。

拌制砂浆及混凝土的用水宜采用生活饮用水,当采用其他来源水时(如地表水、地下水、海水以及处理过的工业废水),水质应符合现行行业标准《混凝土用水标准》JGJ 63 的规定。

生活饮用水可拌制各种混凝土和砂浆。

地表水和地下水在首次使用前,应按规定进行检验,检验合格者可拌制各种混凝土和砂浆。

海水可拌制素混凝土,但不得用于拌制钢筋混凝土和预应力混凝土。有饰面要求的混凝土和砂浆不应用海水拌制。

工业废水经处理检验合格后可用于拌制各种混凝土和砂浆。

拌合用水中所含物质对混凝土、钢筋混凝土和预应力混凝土不应产生有害作用。水的 pH 值、不溶物、可溶物、氯化物、硫酸盐、硫化物的含量应符合表 4-1 的规定。

表 4-1　拌合用水中物质含量限值

项　　目	预应力混凝土	钢筋混凝土	素混凝土
pH 值	>4	>4	>4
不溶物(mg/L)<	2000	2000	5000
可溶物(mg/L)<	2000	5000	10000
氯化物(以 Cl^- 计)(mg/L)<	500[①]	1200	3500
硫酸盐(以 SO_4^{2-} 计)(mg/L)<	600	2700	2700
硫化物(以 S^{2-} 计)(mg/L)<	100	—	—

注:使用钢丝或经热处理钢筋的预应力混凝土氯化物含量不得超过 350mg/L。

(6)粉煤灰

粉煤灰是从煤粉炉烟道中收集的粉末,作为砂浆掺和料的粉煤灰成品应满足表 4-2 中Ⅲ级的要求。

表 4-2　粉煤灰技术指标

序号	指　　　标	级　　别		
		I	II	III
1	细度(0.045mm 方孔筛筛余)/%,不大于	12	20	45
2	需水量比/%,不大于	95	105	115
3	烧失量/%,不大于	5	8	15
4	含水量/%,不大于	1	1	不规定
5	三氧化硫/%,不大于	3	3	3

(7)有机塑化剂

砂浆中掺入的有机塑化剂,应符合相应的产品标准和说明书的要求。当对其质量不能确定时,应通过试验鉴定后,方可使用。水泥石灰砂浆中掺入有机塑化剂时,石灰用量最多减少一半;水泥砂浆中掺入有机塑化剂时,砌体抗压强度较水泥混合砂浆砌体降低 10%。水泥黏土砂浆中,不得掺入有机塑化剂。

2. 砌筑砂浆的配合比设计

(1)材料要求

1)砌筑砂浆所用原材料不应对人体、生物与环境造成有害的影响,并应符合现行国家标准《建筑材料放射性核素限量》GB 6566 的规定。

2)水泥宜采用通用硅酸盐水泥或砌筑水泥,且应符合现行国家标准《通用硅酸盐水泥》GB 175 和《砌筑水泥》GB/T 3183 的规定。水泥强度等级应根据砂浆品种及强度等级的要求进行选择。M15 及以下强度等级的砌筑砂浆宜选用 32.5 级的通用硅酸盐水泥或砌筑水泥;M15 以上强度等级的砌筑砂浆宜选用 42.5 级通用硅酸盐水泥。

3)砂宜选用中砂,并应符合现行行业标准《普通混凝土用砂、石质量及检验方法标准》JGJ 52 的规定,且应全部通过 4.75mm 的筛孔。

4)砌筑砂浆用石灰膏、电石膏应符合下列规定。

①生石灰熟化成石灰膏时,应用孔径不大于 3mm×3mm 的网过滤,熟化时间不得少于7d;磨细生石灰粉的熟化时间不得少于 2d。沉淀池中储存的石灰膏,应采取防止干燥、冻结和污染的措施。严禁使用脱水硬化的石灰膏。

②制作电石膏的电石渣应用孔径不大于 3mm×3mm 的网过滤,检验时应加热至 70℃后至少保持 20min,并应待乙炔挥发完后再使用。

③消石灰粉不得直接用于砌筑砂浆中。

5)石灰膏、电石膏试配时的稠度,应为 120mm±5mm。

6)粉煤灰、粒化高炉矿渣粉、硅灰、天然沸石粉应分别符合国家现行标准《用于水泥和混凝土中的粉煤灰》GB/T 1596、《用于水泥和混凝土中的粒化高炉矿渣粉》GB/T 18046、《高强高性能混凝土用矿物外加剂》GB/T 18736 和《天然沸石粉在混凝土和砂浆中应用技术规程》JGJ/T 112 的规定。当采用其他品种矿物掺合料时,应有可靠的技术依据,并应在使用前进行试验验证。

7)采用保水增稠材料时,应在使用前进行试验验证,并应有完整的型式检验报告。

8)外加剂应符合国家现行有关标准的规定,引气型外加剂还应有完整的型式检验报告。

9)拌制砂浆用水应符合现行行业标准《混凝土用水标准》JGJ 63 的规定。

（2）技术条件

1）水泥砂浆及预拌砌筑砂浆的强度等级可分为 M5、M7.5、M10、M15、M20、M25、M30；水泥混合砂浆的强度等级可分为 M5、M7.5、M10、M15。

2）砌筑砂浆拌合物的表观密度宜符合表 4-3 的规定。

表 4-3　砌筑砂浆拌合物的表观密度 （kg/m³）

砂浆种类	表观密度
水泥砂浆	≥1900
水泥混合砂浆	≥1800
预拌砌筑砂浆	≥1800

3）砌筑砂浆的稠度、保水率、试配抗压强度应同时满足要求。

4）砌筑砂浆施工时的稠度宜按表 4-4 选用。

表 4-4　砌筑砂浆的砂浆稠度 （mm）

砌体种类	砂浆稠度
烧结普通砖砌体、粉煤灰砖砌体	70～90
混凝土砖砌体、普通混凝土小型空心砌块砌体、灰砂砖砌体	50～70
烧结多孔砖砌体、烧结空心砖砌体、轻骨料混凝土小型空心砌块砌体、蒸压加气混凝土砌块砌体	60～80
石砌体	30～50

5）砌筑砂浆的保水率应符合表 4-5 的规定。

表 4-5　砌筑砂浆的保水率 （%）

砂浆种类	保水率
水泥砂浆	≥80
水泥混合砂浆	≥84
预拌砌筑砂浆	≥88

6）有抗冻性要求的砌体工程，砌筑砂浆应进行冻融试验。砌筑砂浆的抗冻性应符合表 4-6 的规定，且当设计对抗冻性有明确要求时，尚应符合设计规定。

表 4-6　砌筑砂浆的抗冻性

使用条件	抗冻指标	质量损失率（%）	强度损失率（%）
夏热冬暖地区	F15	≤5	≤25
夏热冬冷地区	F25		
寒冷地区	F35		
严寒地区	F50		

7）砌筑砂浆中的水泥和石灰膏、电石膏等材料的用量可按表 4-7 选用。

8）砌筑砂浆中可掺入保水增稠材料、外加剂等，掺量应经试配后确定。

表 4-7　砌筑砂浆的材料用量　　　　　　　　　（kg/m³）

砂浆种类	材料用量
水泥砂浆	≥200
水泥混合砂浆	≥350
预拌砌筑砂浆	≥200

注：①水泥砂浆中的材料用量是指水泥用量。

②水泥混合砂浆中的材料用量是指水泥和石灰膏、电石膏的材料总量。

③预拌砌筑砂浆中的材料用量是指胶凝材料用量，包括水泥和替代水泥的粉煤灰等活性矿物掺合料。

9)砌筑砂浆试配时应采用机械搅拌。搅拌时间应自开始加水算起，并应符合下列规定。

①对水泥砂浆和水泥混合砂浆，搅拌时间不得少于 120s。

②对预拌砌筑砂浆和掺有粉煤灰、外加剂、保水增稠材料等的砂浆，搅拌时间不得少于 180s。

（3）砌筑砂浆配合比的确定与要求

1)现场配制砌筑砂浆的试配要求。

①现场配制水泥混合砂浆的试配应符合下列规定。

配合比应按下列步骤进行计算。

计算砂浆试配强度（$f_{m,0}$）。

计算每立方米砂浆中的水泥用量（Q_c）。

计算每立方米砂浆中石灰膏用量（Q_D）。

确定每立方米砂浆中的砂用量（Q_s）。

按砂浆稠度选每立方米砂浆的用水量（Q_w）。

②砂浆的试配强度应按下式计算。

$$f_{m,0} = k f_2$$

式中　$f_{m,0}$——砂浆的试配强度（MPa），应精确至 0.1MPa；

　　　f_2——砂浆强度等级值（MPa），应精确至 0.1MPa；

　　　k——系数，按表 4-8 取值。

表 4-8　砂浆强度标准差 σ 及 k 值

强度等级 施工水平	强度标准差 σ/MPa							k
	M5	M7.5	M10	M15	M20	M25	M30	
优　良	1.00	1.50	2.00	3.00	4.00	5.00	6.00	1.15
一　般	1.25	1.88	2.50	3.75	5.00	6.25	7.50	1.20
较　差	1.50	2.25	3.00	4.50	6.00	7.50	9.00	1.25

③砂浆强度标准差确定应符合下列规定。

当有统计资料时，砂浆强度标准差应按下式计算：

$$\sigma = \sqrt{\frac{\sum_{i=1}^{n} f_{m,i}^2 - n\mu_{fm}^2}{n-1}}$$

式中　$f_{m,i}$——统计周期内同一品种砂浆第 i 组试件的强度（MPa）；

μ_{fm}——统计周期内同一品种砂浆 n 组试件强度的平均值(MPa);

n——统计周期内同一品种砂浆试件的总组数,$n \geqslant 25$。

④水泥用量的计算应符合下列规定。

每立方米砂浆中的水泥用量,应按下式计算:

$$Q_c = 1000(f_{m,0} - \beta)/(\alpha \cdot f_{ce})$$

式中 Q_c——每立方米砂浆的水泥用量(kg),应精确至 1kg;

f_{ce}——水泥的实测强度(MPa),应精确至 0.1MPa;

α、β——砂浆的特征系数,其中 α 取 3.03,β 取 15.09。

注:各地区也可用本地区试验资料确定 α、β 值,统计用的试验组数不得少于 30 组。

在无法取得水泥的实测强度值时,可按下式计算:

$$f_{ce} = \gamma_c \cdot f_{ce,k}$$

式中 $f_{ce,k}$——水泥强度等级值(MPa);

γ_c——水泥强度等级值的富余系数,宜按实际统计资料确定;无统计资料时可取 1.0。

⑤石灰膏用量应按下式计算。

$$Q_D = Q_A - Q_c$$

式中 Q_D——每立方米砂浆的石灰膏用量(kg),应精确至 1kg;石灰膏使用时的稠度宜为(120±5)mm;

Q_c——每立方米砂浆的水泥用量(kg),应精确至 1kg;

Q_A——每立方米砂浆中水泥和石灰膏总量(kg),应精确至 1kg,可为 350kg。

⑥每立方米砂浆中的砂用量,应按干燥状态(含水率小于 0.5%)的堆积密度值作为计算值(kg)。

⑦每立方米砂浆中的用水量,可根据砂浆稠度等要求选用 210kg～310kg。

注:混合砂浆中的用水量,不包括石灰膏中的水。

当采用细砂或粗砂时,用水量分别取上限或下限。

稠度小于 70mm 时,用水量可小于下限。

施工现场气候炎热或干燥季节,可酌量增加用水量。

现场配制水泥砂浆的试配应符合表 4-9、表 4-10 要求。

表 4-9　每立方米水泥砂浆材料用量　　　　　　　　(kg/m³)

强度等级	水泥	砂	用水量
M5	200～230		
M7.5	230～260		
M10	260～290		
M15	290～330	砂的堆积密度值	270～330
M20	340～400		
M25	360～410		
M30	430～480		

注:①M15 及 M15 以下强度等级水泥砂浆,水泥强度等级为 32.5 级;M15 以上强度等级水泥砂浆,水泥强度等级为 42.5 级。

②当采用细砂或粗砂时,用水量分别取上限或下限。

③稠度小于 70mm 时,用水量可小于下限。

④施工现场气候炎热或在干燥季节,可酌量增加用水量。

表 4-10 每立方米水泥粉煤灰砂浆材料用量 （kg/m³）

强度等级	水泥和粉煤灰总量	粉煤灰	砂	用水量
M5	210～240	粉煤灰掺量可占胶凝材料总量的 15%～25%	砂的堆积密度值	270～330
M7.5	240～270			
M10	270～300			
M15	300～330			

注:①表中水泥强度等级为 32.5 级。

②当采用细砂或粗砂时,用水量分别取上限或下限。

③稠度小于 70mm 时,用水量可小于下限。

④施工现场气候炎热或在干燥季节,可酌量增加用水量。

2)预拌砌筑砂浆的试配要求。

①预拌砌筑砂浆应符合下列规定。

在确定湿拌砌筑砂浆稠度时应考虑砂浆在运输和储存过程中的稠度损失。

湿拌砌筑砂浆应根据凝结时间要求确定外加剂掺量。

干混砌筑砂浆应明确拌制时的加水量范围。

预拌砌筑砂浆的搅拌、运输、储存等应符合现行行业标准《预拌砂浆》JG/T 230 的规定。

预拌砌筑砂浆性能应符合现行行业标准《预拌砂浆》JG/T 230 的规定。

②预拌砌筑砂浆的试配应符合下列规定。

预拌砌筑砂浆生产前应进行试配,试配时稠度取 70～80mm。

预拌砌筑砂浆中可掺入保水增稠材料、外加剂等,掺量应经试配后确定。

3)配合比试配、调整与确定。

①砌筑砂浆试配时应考虑工程实际要求,搅拌应符合有关规定。

②按计算或查表所得配合比进行试拌时,应按现行行业标准《建筑砂浆基本性能试验方法标准》(JGJ/T 70)测定砌筑砂浆拌合物的稠度和保水率。当稠度和保水率不能满足要求时,应调整材料用量,直到符合要求为止,然后确定为试配时的砂浆基准配合比。

③试配时至少应采用三个不同的配合比,其中一个配合比应为按基准配合比,其余两个配合比的水泥用量应按基准配合比分别增加及减少 10%。在保证稠度、保水率合格的条件下,可将用水量、石灰膏、保水增稠材料或粉煤灰等活性掺合料用量作相应调整。

④砌筑砂浆试配时稠度应满足施工要求。并应按现行行业标准《建筑砂浆基本性能试验方法标准》(JGJ/T 70)分别测定不同配合比砂浆的表观密度及强度;并应选定符合试配强度及和易性要求、水泥用量最低的配合比作为砂浆的试配配合比。

⑤砌筑砂浆试配配合比尚应按下列步骤进行校正。

确定的砂浆配合比材料用量,按下式计算砂浆的理论表观密度值:

$$\rho_t = Q_c + Q_D + Q_s + Q_w$$

式中 ρ_t——砂浆的理论表观密度值（kg/m³）,应精确至 10kg/m³。

应按下式计算砂浆配合比校正系数 δ:

$$\delta = \rho_c / \rho_t$$

式中 ρ_c——砂浆的实测表观密度值（kg/m³）,应精确至 10kg/m³。

当砂浆的实测表观密度值与理论表观密度值之差的绝对值不超过理论值的 2% 时,可将按试配配合比确定为砂浆设计配合比;当超过 2% 时,应将试配配合比中每项材料用量均乘以校正系数(δ)后,确定为砂浆设计配合比。

⑥预拌砌筑砂浆生产前应进行试配、调整与确定。并应符合现行行业标准《预拌砂浆》(JG/T 230)的规定。

3. 砂浆的制备与使用

(1)砂浆的制备

1)砂浆的制备必须按试验室给出的砂浆配合比进行,严格计量措施,其各组成材料的重量误差应控制在以下范围之内。

①水泥、有机塑化剂、冬季施工中掺用的氯盐等不超过±2%。

②砂、石灰膏、粉煤灰、生石灰粉等不超过±5%。其中,石灰膏使用时的用量,应按试配时的稠度与使用的稠度予以调整,即用计算所得的石灰膏用量乘以换算系数,该系数见表4-11。同时还应对砂的含水率进行测定,并考虑其对砂浆组成材料的影响。

表 4-11　石灰膏不同稠度时的换算系数

石灰膏稠度(mm)	120	110	100	90	80	70	60	50	40	30
换算系数	1.00	0.99	0.97	0.95	0.93	0.92	0.90	0.88	0.87	0.86

2)砂浆搅拌时应采用机械拌和。现国内使用的砂浆搅拌机一般多为200L和325L两种容量型号,而按卸料方式可分为活门卸料式和倾翻卸料式。

3)搅拌砂浆时,应先加入水泥和砂,干拌均匀,再加入石灰膏和水,搅拌均匀即成。

若砂浆中掺入粉煤灰,则应先加入水泥、砂和粉煤灰以及部分水,干拌均匀,再加入石灰膏和水,搅拌均匀即成。

水泥砂浆和水泥石灰砂浆中掺用微沫剂时,微沫剂掺量应事先通过试验确定,一般为水泥用量的 0.5/10000～1.0/10000(微沫剂按 100%纯度计)。微沫剂宜用不低于 70℃的水稀释至 5%～10%的浓度。微沫剂溶液应随拌和水加入搅拌机内。稀释后的微沫剂溶液,存放时间不宜超过 7 天。此外,砂浆中掺加微沫剂时,必须采用机械拌和。

4)砂浆的搅拌时间,自投料完算起,不得少于 1.5min,其中掺加微沫剂的砂浆为 3～5min。

5)砂浆制备完成后应符合下列要求。

①设计要求的种类和强度等级。

②施工验收规范规定的稠度,见表 4-12。

表 4-12　砌筑砂浆的稠度

项　次	砌体种类	砂浆稠度(mm)
1	烧结普通砖砌体	70～90
2	轻集料混凝土小型砌块砌体	60～90
3	烧结多孔砖、空心砖砌体	60～80
4	烧结普通砖平拱式过梁 空斗墙、筒拱 普通混凝土小型空心砌块砌体 加气混凝土砌块砌体	50～70
5	石砌体	30～50

③良好的保水性能(分层度不宜大于 30mm)。

(2)砂浆的使用

1)砂浆拌成后和使用时,均应盛入储灰器内。如砂浆出现泌水现象,应在砌筑前再次拌和。

2)砂浆应随拌随用。水泥砂浆和水泥混合砂浆必须分别在拌成后 3h 和 4h 内使用完毕;如施工期间最高气温超过 30℃,必须分别在拌成后 2h 和 3h 内使用完毕。

4. 砌筑砂浆的强度

(1)砂浆的强度等级

砂浆的强度等级是在标准养护条件下,28d 龄期的试块抗压强度,分 M15、M10、M7.5、M5、M2.5、M1、M0.4 共 7 个等级。

(2)试块取样

1)施工中进行砂浆试验取样时,应在搅拌机出料口、砂浆运送车或砂浆槽中至少从 3 个不同部位随机提取。

2)每一楼层或 250m³ 砌体中的各种强度等级的砂浆每台搅拌机应至少检查 1 次,每次至少应制作 1 组试块(每组 6 块)。如砂浆强度等级或配合比变更时,还应制作试块。基础砌体可按一个楼层计。

(3)强度要求

1)同品种、同强度等级砂浆各组试块的平均强度不小于 $f_{m,k}$。

2)任意一组试块的强度不小于 $0.75f_{m,k}$。具体数值见表 4-13。

表 4-13 砌筑砂浆强度等级

强度等级	龄期 28 天抗压强度(MPa)	
	各组平均值不小于	最小 1 组平均值不小于
M15	15	11.25
M10	10	7.5
M7.5	7.5	5.63
M5	5	3.75
M2.5	2.5	1.88
M1	1.0	0.75
M0.4	0.4	0.3

注:砂浆强度按单位工程内同品种、同强度等级砂浆为同一验收批。当单位工程中同品种、同强度等级砂浆按取样规定,仅有 1 组试块时,其强度不应低于 $f_{m,k}$。

(4)砌筑砂浆试块强度验收

砌筑砂浆试块强度验收时,其强度合格标准必须符合以下规定。

同一验收批砂浆试块抗压强度平均值必须大于或等于设计强度等级所对应的立方体抗压强度;同一验收批砂浆试块抗压强度的最小 1 组试块的平均值必须大于或者等于设计强度等级所对应的立方体抗压强度的 75%。

砌筑砂浆的检验批,同一类型、强度等级的砂浆试块应不少于 3 组。当同一验收批只有 1 组试块时,该组试块抗压强度的平均值必须大于或等于设计强度等级所对应的立方体抗压强度。

砂浆强度应以标准条件养护、龄期为 28d 的试块抗压强度试验结果为准。

抽检数量:每一检验批且不超过 250m³、各种类型及强度等级的砌筑砂浆,每台搅拌机应至少抽检 1 次。

检验方法:在砂浆搅拌机出料口随机取样制作砂浆试块(同盘砂浆只应制作 1 组试块),最后检查试块强度试验报告单。

当施工中或验收时出现以下情况时,可采用现场检验方法对砂浆和砌体强度进行原位检测或取样检测来判定其强度。

1)砂浆试块缺乏代表性或试块数量不足。

2)对砂浆试块的试验结果有怀疑或有争议。

3)砂浆试块的试验结果,不能满足要求。

(5)砌筑砂浆强度增长

普通硅酸盐水泥拌制的砂浆的强度增长关系见表4-14。

表4-14　用32.5级、42.5级普通硅酸盐水泥拌制的砂浆强度增长

龄期(d)	不同温度下的砂浆强度百分率(%)（以在20℃时养护28d的强度为100%）							
	1℃	5℃	10℃	15℃	20℃	25℃	30℃	35℃
1	4	6	8	11	15	19	23	25
3	18	25	30	36	43	48	54	60
7	38	46	54	62	69	73	78	82
10	46	55	64	71	78	84	88	92
14	50	61	71	78	85	90	94	98
21	55	67	76	85	93	96	102	104
28	59	71	81	92	100	104	—	—

矿渣硅酸盐水泥拌制的砂浆强度增长关系见表4-15及表4-16。

表4-15　用32.5级矿渣硅酸盐水泥拌制的砂浆强度增长

龄期(d)	不同温度下的砂浆强度百分率(%)（以在20℃时养护28d的强度为100%）							
	1℃	5℃	10℃	15℃	20℃	25℃	30℃	35℃
1	3	4	5	6	8	11	15	18
3	8	10	13	19	30	40	47	52
7	19	25	33	45	59	64	69	74
10	26	34	44	57	69	75	81	88
14	32	43	54	66	79	87	93	98
21	39	48	60	74	90	96	100	102
28	44	53	65	83	100	104	—	—

表4-16　用42.5级矿渣硅酸盐水泥拌制的砂浆强度增长

龄期(d)	不同温度下的砂浆强度百分率(%)（以在20℃时养护28d的强度为100%）							
	1℃	5℃	10℃	15℃	20℃	25℃	30℃	35℃
1	3	4	6	8	11	15	19	22
3	12	18	24	31	39	45	50	56
7	28	37	45	54	61	68	73	77
10	39	47	54	63	72	77	82	86
14	46	55	62	72	82	87	91	95
21	51	61	70	82	92	96	100	104
28	55	66	75	89	100	104	—	—

二、砌筑用砖

1. 烧结普通砖

烧结普通砖是指以黏土、页岩、煤矸石、粉煤灰为主要原料经焙烧而成的砖。

烧结普通砖按照所用材料的不同分为料土砖、页岩砖、煤矸石砖和粉煤灰砖。

烧结普通砖根据抗压强度的不同分为 Mu30、Mu25、Mu20、Mu15 和 Mu10 等 5 个强度等级。

强度和抗风化性能合格的砖,根据外观质量、尺寸不同、泛霜和石灰爆裂分为优等品、一等品、合格品 3 个等级。

优等品的砖适用于砌筑清水墙和墙体装饰,一等品的砖和合格的砖适用于混水墙,中等泛霜的砖不能用于砌体的潮湿部位。

烧结普通砖形状成直角六面体,其尺寸为长 240mm、宽 115mm、高 53mm。配砖公称尺寸为长 175mm、宽 115mm、高 53mm。

烧结普通砖尺寸允许偏差应符合表 4-17 的规定。

烧结普通砖的外观质量应符合表 4-18 的规定。

烧结普通砖的强度等级见表 4-19。

表 4-17　烧结普通砖尺寸允许偏差 　　　　　(mm)

公称尺寸	优等品		一等品		合格品	
	样本平均偏差	样本极差 ≤	样本平均偏差	样本极差 ≤	样本平均偏差	样本极差 ≤
240	±2.0	8	±2.5	8	±3.0	8
115	±1.5	6	±2.0	6	±2.5	7
53	±1.5	4	±1.6	5	±2.0	6

表 4-18　烧结普通砖外观质量 　　　　　(mm)

项　　目	优等品	一等品	合格品
两条面高度差　≤	2	3	5
弯曲　≤	2	5	5
杂质凸出高度　≤	2	3	5
缺棱掉角的 3 个破坏尺寸不得同时大于	5	20	30
裂纹长度　≤			
(1)大面上宽度方向及其延伸至条面的长度	30	60	80
(2)大面上长度方向及其延伸至顶面的长度或条顶面上水平裂纹的长度	50	80	100
完整面不得少于	一条面和一顶面	一条面和一顶面	—
颜色	基本一致	—	—

注:①为装饰而施加的色差、凹凸纹、拉毛、压花等不算作缺陷。

　　②凡有下列缺陷之一者,不得称为完整面。

　　　缺损在条面或顶面上造成的破坏面尺寸同时大于 10mm×10mm。

　　　条面或顶面上裂纹宽度大于 1mm,其长度超过 30mm。

　　　压陷、粘底、焦花在条面或顶面上的凹陷或凸出超过 2mm,区域尺寸同时大于 10mm×10mm。

表 4-19 烧结普通砖强度等级 （MPa）

强度等级	抗压强度平均值 $f \geqslant$	变异系数 $\delta \leqslant 0.21$ 抗压强度标准值 $f_k \geqslant$	变异系数 $\delta > 0.21$ 单块最小抗压强度值 $f_{min} \geqslant$
MU30	30.0	22.0	25.0
MU25	25.0	18.0	22.0
MU20	20.0	14.0	16.0
MU15	15.0	10.0	12.0
MU10	10.0	6.5	7.5

2. 烧结多孔砖

烧结多孔砖是指以黏土、页岩、煤矸石、粉煤灰为主要原料、经焙烧而成的多孔砖。

烧结多孔砖按主要材料分为黏土多孔砖、页岩多孔砖、煤矸石多孔砖和粉煤灰多孔砖。

烧结多孔砖的外形为直角六面体,其长度、宽度、高度尺寸分别如下。

290mm、190mm、180mm;175mm、115mm、90mm。

烧结多孔砖的孔洞尺寸应符合以下规定。

圆孔直径≤22mm,非等圆孔平均直径≤15mm,手抓孔一般为(30~40mm)×(75~85mm)。

烧结多孔砖根据抗压强度分为 Mu30、Mu25、Mu20、Mu15、Mu10 等 5 个强度等级。

强度和抗风化性能合格的砖,根据尺寸偏差、外观质量、孔型及孔洞排列、泛霜、石灰爆裂分为优等品、一等品和合格品 3 个质量等级。烧结多孔砖尺寸允许偏差应符合表 4-20 的规定。

表 4-20 烧结多孔砖尺寸允许偏差 （mm）

公称尺寸	优等品 样本平均偏差	样本极差≤	一等品 样本平均偏差	样本极差≤	合格品 样本平均偏差	样本极差≤
290、240	±2.0	±2.5	±2.0	7	±3.0	8
190、180、175、140、115	±1.5	5		6	±2.5	7
90	±1.5	4	±1.5	5	±2.0	6

烧结多孔砖的外观质量应符合表 4-21 的规定。

表 4-21 烧结多孔砖外观质量 （mm）

项 目		优等品	一等品	合格品
颜色(一条面和一顶面)		一致	基本一致	—
完整面	不得少于	一条面和一顶面	一条面和一顶面	—
缺棱掉角的 3 个破坏尺寸不得同时大于		10	20	30
裂纹长度大面上深入孔壁 15mm 以上,宽度方向及其延伸到条面的长度不大于		60	80	100

续表 4-21

项　　目	优等品	一等品	合格品
裂纹长度大面上深入孔壁 15mm 以上长度方向及其延伸到顶面的长度不大于	60	100	120
条顶面上的水平裂纹不大于	80	100	120
杂质在砖面上造成的凸出高度	3	4	5

注:1. 为装饰而施加的色差、凹凸纹、拉毛、压花等不为缺陷。

2. 凡有下列缺陷之一者,不能成为完整面。

①缺损在条面或顶面上造成的破坏面尺寸同时大于 20mm×30mm。

②条面和顶面上裂纹宽度大于 1mm,其长度超过 70mm。

③压陷、焦花、粘底在条面或顶面上的凹陷或凸出超过 2mm,区域尺寸同时大于 20mm×30mm。

烧结多孔砖强度等级应符合表 4-22 的规定。

表 4-22　烧结多孔砖强度等级　　　　（MPa）

强度等级	抗压强度平均值≥	变异系数≤0.21 强度标准值≥	变异系数>0.21 单块最小抗压强度≥
Mu30	30.0	22.0	25.0
Mu25	25.0	18.0	22.0
Mu20	20.0	14.0	16.0
Mu15	15.0	10.0	12.0
Mu10	10.0	6.5	7.5

3. 烧结空心砖

烧结空心砖是指以黏土、页岩、煤矸石为主要原料,经焙烧而成的空心砖。

烧结空心砖主要用于非承重部位。

烧结空心砖的外形为直角六面体,与砂浆的接合面上应设有增加结合力、深度为 1mm 以上的凹线槽。

烧结空心砖的长度、宽度和高度应符合下列要求。

1)长 290mm、宽 190mm、高 90mm。

2)长 240mm、宽 180(175)mm、高 115mm。

烧结空心砖的壁厚应大于 10mm,肋厚应大于 7mm。孔洞采用矩形条孔或其他孔形,且平行于大面和条面。

烧结空心砖根据密度(kg/m³)分为 800、900、1100 等 3 个密度级别,密度级别应符合表 4-23 的规定。每个密度级根据孔洞及其数量、尺寸偏差、外观质量、强度等级和物理性能分为优等品、一等品和合格品 3 个质量等级。

表 4-23　烧结空心砖密度级别

密度级别	5 块密度平均值(kg/m³)
800	≤800
900	801～900
1100	901～1100

烧结空心砖尺寸允许偏差应符合表 4-24 的规定。

表 4-24　烧结空心砖尺寸允许偏差　　　　　　　　（mm）

公称尺寸	优等品	一等品	合格品
＞200	±4	±5	±7
200～100	±3	±4	±5
＜100	±3	±4	±4

烧结空心砖外观质量应符合表 4-25 的规定。

表 4-25　烧结空心砖外观质量　　　　　　　　（mm）

项　　目		优等品	一等品	合格品
弯曲	不大于	3	4	5
缺棱掉角的三个破坏尺寸不得同时大于		15	30	40
未贯穿裂纹长度	不大于			
a. 大面上宽度方向及其延伸到条面的长度		不允许	100	140
b. 大面上长度方向或条面上水平方向的长度		不允许	120	160
贯穿裂纹长度	不大于			
a. 大面上宽度方向及其延伸到条面的长度		不允许	60	80
b. 壁、肋沿长度、宽度及其水平方向的长度肋、壁内残长度 不大于		不允许	60	80
完整面	不少于	一条面和一大面	一条面或一大面	
欠火砖和酥砖		不允许	不允许	不允许

注：凡有下列缺陷之一者，不能成为完整面：
　①缺损在大面、条面上造成的破坏面尺寸同时大于 20mm×30mm。
　②大面、条面上裂纹宽度大于 1mm，其长度超过 70mm。
　③压陷、粘底、焦花在大面、条面上的凹陷或凸出部分超过 2mm；区域尺寸同时大于 20mm×30mm。

烧结空心砖的强度应符合表 4-26 的规定。

表 4-26　烧结空心砖强度

质量等级	强度等级	大面抗压强度（MPa）		条面抗压强度（MPa）	
		5 块平均值不小于	单块最小值不小于	五块平均值不小于	单块最小值不小于
优等品	Mu5	5.0	3.7	3.4	2.3
一等品	Mu3	3.0	2.2	2.2	1.4
合格品	Mu2	2.0	1.4	1.0	0.9

4. 蒸压灰砂空心砖

蒸压灰砂空心砖是指以石灰、砂为主要原料，经拌料制备、压制成形、蒸压养护而制成的灰砂空心砖。

蒸压灰空心砖可用于防潮层以上的建筑部位，不得用于受热 200℃以上、受骤冷骤热和有酸性碱性侵蚀的建筑部位。

蒸压灰砂空心砖规格及公称尺寸见表 4-27。

表 4-27　蒸压灰砂空心砖规格及公称尺寸

规格代号	公称尺寸		
	长	宽	高
NF	240	115	53
1.5NF	240	115	90
2NF	240	115	115
3NF	240	115	175

孔洞采用圆形或其他形状。孔洞应垂直于大面。

蒸压灰砂空心砖根据抗压强度分为 Mu25、Mu20、Mu15、Mu10、Mu7.5 等 5 个强度等级。

蒸压灰空心砖根据强度等级、尺寸偏差及外观质量分为优等品、一等品、合格品 3 个质量等级。

蒸压灰砂空心砖的尺寸允许偏差,外观质量和孔洞率应符合表 4-28 的规定。

表 4-28　蒸压灰砂空心砖允许偏差、外观质量和孔洞率

项　　目		优等品	一等品	合格品
尺寸允许偏差	长度(mm)不大于	±2		
	宽度(mm)不大于	±1	±2	±3
	高度(mm)不大于	±1		
对应高度差(mm)　不大于		±1	±2	±3
孔洞率(%)　不小于		15	15	15
外壁厚度(mm)　不小于		10	10	10
肋厚度　不小于		7	7	7
尺寸缺棱掉角最小尺寸(mm)　不大于		15	20	25
完整面　不小于		一条面和一顶面	一条面或一顶面	一条面或一顶面
裂纹长度(mm)　不大于 a. 条面上高度方向及其延伸至大面的长度		30	50	70
b. 条面上长度方向及其延伸到顶面上的水平裂纹长度		50	70	100

注:凡有以下缺陷者,均是非完整面。

①缺陷尺寸或掉角的最小尺寸大于 8mm。

②灰球、黏土团、草棍等杂物造成破坏面尺寸大于 10mm×20mm。

③有气泡、麻面、龟裂等缺陷造成的凹陷与凸起等分别超过 2mm。

蒸压灰砂空心砖的抗压强度应符合表 4-29 的规定,优等品的强度级别应不低于 Mu15

级,一等品的强度等级应不低于 Mu10 级。

表 4-29　蒸压灰砂空心砖抗压强度

强度等级	抗压强度(MPa)	
	5 块平均值不小于	单块最小值不小于
Mu25	25.0	20.0
Mu20	20.0	16.0
Mu15	15.0	12.0
Mu10	10.0	8.0
Mu7.5	7.5	6.0

5. 煤渣砖

煤渣砖是指以煤渣为主要材料,掺入适量的石灰、石膏,经混合搅拌后压制而成的;通过蒸养或蒸压而成的称为实心煤渣砖。

煤渣砖可用于工业与民用建筑的墙体和基础,但用于基础或易受冻融、干湿交替作用的建筑部位必须使用 Mu15 级或 Mu15 级以上的砖。

煤渣砖不宜用于长期受热 200℃以上,骤冷骤热和有酸性介质侵蚀的部位。

煤渣砖外形为直角六面体,公称尺寸为长 240mm、宽 115mm、高 53mm。

煤渣砖根据尺寸偏差、外观质量、强度级别分为优等品、一等品和合格品三个质量等级。

煤渣砖的外形尺寸允许偏差与外观质量应符合表 4-30 的规定。

表 4-30　煤渣砖尺寸允许偏差与外观质量

项　　目		优等品	一等品	合格品
尺寸允许偏差	长度(mm)不大于 宽度(mm)不大于 高度(mm)不大于	±2	±3	±4
对应高度差(mm)　　　　　不大于		1	2	3
每一缺棱掉角的最小破坏尺寸　不大于		10	20	30
完整面　　　　　　　　　　不少于		二条面和一顶面或二顶面和一条面	一条面和一顶面	一条面和一顶面
裂缝长度(mm)　　　　　　　不大于				
a. 大面上宽度方向及其延伸到条面的长度		30	50	70
b. 大面上长度方向及其延伸到顶面上的长度或条,顶面水平裂缝的长度		50	70	100
层裂		不允许	不允许	不允许

煤渣砖的强度级别应符合表 4-31 的规定。优等品的强度等级应不低于 Mu15 级,一等品的强度等级应不低于 Mu10 级,合格品的强度级别应不低于 Mu7.5 级。

表 4-31　煤渣砖强度级别　　　　　　　　　（MPa）

强度级别	抗压强度		抗拉强度	
	10 块平均值 不小于	单块最小值 不小于	10 块平均值 不小于	单块最小值 不小于
Mu20	20.0	15.0	4.0	3.0
Mu15	15.0	11.2	3.2	2.4
Mu10	10.0	7.5	2.5	1.9
Mu7.5	7.5	5.6	2.0	1.5

注:强度级别以蒸气养护 24～36h 内的强度为准。

第二节　砌体施工一般要求

1)砌体工程材料应具有质量证明文件和复试报告文件,合格以后方能投入使用。砌体工程所采用的砖和砌块,应符合国家现行标准《烧结普通砖》GB 5101、《烧结多孔砖和多孔砌块》GB 13544、《蒸压粉煤灰砖》JC/T 239、《烧结空心砖和空心砌块》GB/T 13545、《混凝土小型空心砌块填充墙建筑、结构构造》14J102—2 14G614、《蒸压加气混凝土砌块》GB 11968 等的规定。

石材应符合设计要求的强度等级和岩种。

2)砌体工程应在地基或基础工程验收合格以后,方可进行施工。

3)建筑物或构筑物的标高,应从标准水准点或设计指定的水准点引入。

4)基础施工前,应在建筑物的主要轴线部位设置标志板。标志板上应标明基础、墙身及轴线的标高和位置。

对外形和构造简单的建筑物,可用控制轴线的引入桩代替标志板。

5)砌筑基础前,应先用钢尺校核放线尺寸,允许偏差应符合表 4-32 的规定。

表 4-32　放线尺寸的允许偏差

长度 L、宽度 B(m)	允许偏差(mm)	长度 L、宽度 B(m)	允许偏差(mm)
L(或 B)≤30	±5	60<L(或 B)≤90	±15
30<L(或 B)≤60	±10	L(或 B)>90	±20

6)砌体施工,应设置皮数杆,并应根据设计要求、块材规格和灰缝厚度在皮数杆上标明皮数及竖向构造的变化部位。

7)砌筑顺序,应符合下列规定。

当遇基底标高不同时,应从低处砌起,并应在由高及低处搭接。当设计没有要求时,搭接长度不应小于基础扩大部分的高度。

在内外墙同时砌筑时,当不能同时砌筑时,应按规定留槎并做好接槎处理。

8)砌完基础后,应及时双侧回填。回填土的施工应符合现行国家标准《土方与爆破工程施工及验收规范》GB 50201 的有关规定,单项回填应在砌体达到侧向承载能力要求后进行。

9)基础墙的防潮层。当设计无具体要求时,宜用 1∶2.5 的水泥砂浆加适量的防水剂铺设,其厚度宜为 20mm。

抗震设防地区的建筑物,不应采用卷材作基础墙的水平防潮层。

10)砌筑施工前,应将砌筑部位的砂浆及杂物清理干净,并应浇水湿润。

11)伸缩缝、防震缝、沉降缝中,不得夹杂砂浆、砌材碎渣和其他杂物。

12)不得在下列墙体中设置脚手眼。

①空斗墙、120mm 厚砖墙、料石清水墙和独立柱。

②过梁上与过梁成 60°角的三角形范围及过梁净跨度 1/2 的高度范围内。

③宽度小于 1m 的窗间墙。

④砖砌体的门窗洞口两侧 200mm 及转角处 450mm 的范围内;石砌体的门窗洞口两侧 300mm 范围内。

⑤梁或梁垫下及其左右各 500mm 范围内。

⑥设计明确不允许设置脚手眼的部位。

13)砌体表面的垂直度、平整度及灰缝厚度、砂浆饱满度等均应按本规范规定,随时检查并校正。砌体表面的垂直度、平整度校正必须在砂浆终凝前进行。

14)砌体工程施工段的分段位置,宜设在伸缩缝、沉降缝、防震缝、构造柱或门窗洞口处,相邻施工段的砌筑高度差不得超过一个楼层的高度,且不宜大于 4m。

15)砌体临时间断处的高度差,不得超过一步脚手架的高度。临时性洞口顶部应设置过梁,普通砖砌体也可在洞口上部采取逐层挑砖的方法封口,并应预埋水平拉筋。这种做法的洞口最宽不应超过 1m。

16)设计要求的洞口、管道、沟槽和预埋件等应在砌筑同时在正确位置留出或预埋。宽度超过 300mm 的洞口,应砌筑成平拱或设置过梁。多孔砖、空心砖、小砌块墙体不得留置水平沟槽。砌体中的预埋件应作防腐处理。预埋木砖的木纹应与钉子垂直。

17)通气道、垃圾道等采用水泥制品时,接缝处外侧宜带有槽口,安装时除座浆外,尚应采用 1∶2 水泥砂浆将槽口填封严实。

18)砖体施工质量控制等级,应符合下列规定。

①砌体工程施工质量控制等级,按施工技术和质量控制状况分为 3 级,应符合表 4-33 所示规定。

表 4-33　砌体施工质量控制等级

项目	施工质量控制等级		
	A	B	C
现场质量保证体系	制度健全,应严格执行;非施工方质量监督人员经常到现场或现场设常驻代表;施工方有在岗专业技术管理人员,人员齐全,并持证上岗	制度基本健全,并能执行;非施工方质量监督人员间断地到现场进行质量控制;施工方有在岗专业技术管理人员,并持证上岗	有制度;非施工方质量监督人员很少作现场质量控制;施工方有在岗专业技术管理人员
砂浆、混凝土强度	试块按规定制作,强度满足试验规定,离散性小	试块按规定制作,强度满足验收规定,离散性较小	试块强度满足验收规定,离散性大
砂浆拌合方式	机械拌合;配合比计量控制严格	机械拌合;配合比计量控制一般	机械或人工拌合;配合比计量控制较差
砌筑工人技术等级	中级工以上;其中高级不少于 20%	中级工不少于 70%	初级工以上

②砌体施工质量控制等级的选用,应符合设计要求。当设计无规定时,可根据砌体工程类型由建设单位、设计单位、监理单位共同确认。对重要的建筑物,宜优先选用 A 级,不应选用 C 级。

19)砌筑完基础或一楼层以后,应该校核砌体的标高、轴线是否超过允许偏差范围。实际偏差可在基础及楼面进行校正,实际标高偏差可以通过加大或减少灰缝厚度进行调整。

20)砌体施工时,楼面和屋面的堆载不得超过楼板的极限荷载。施工层进料口楼板下,应采取临时加撑措施。

21)搁置预制梁、板的砌体顶面应找平,应在安装时铺浆。

22)尚未安装楼板或屋面板的墙和柱,当可能遇大风时,其允许自由高度不得超过表4-34的规定,若超过限值,它须采取临时支撑等有力措施。

表 4-34　墙和柱的允许自由高度

墙(柱)厚 (mm)	砌体密度＞1600kg/m³			砌体密度(1300～1600kg/m³)		
	风载(kN/m²)			风载(kN/m²)		
	0.3(大致相当于7级风)	0.4(大致相当于8级风)	0.6(大致相当于9级风)	0.3(大致相当于7级风)	0.4(大致相当于8级风)	0.6(大致相当于9级风)
190	—	—	—	1.4	1.1	0.7
240	2.8	2.1	1.4	2.2	1.7	1.1
370	5.2	3.9	2.6	4.2	3.2	2.1
490	8.6	6.5	4.3	7.0	5.2	3.5
620	14.0	10.5	7.0	11.4	8.6	5.7

23)雨季施工应防止基槽灌水和雨水冲刷砂浆。砂浆稠度应适当减小,每小时砌筑高度不宜超过1.2m。每天收工时应用防雨材料覆盖新砌体。对蒸压养护灰土砖、粉煤灰砖及混凝土小型空心砌块砌体,下雨天不宜进行砌筑。

24)清水墙面勾缝前,应做好以下准备工作。

①清除墙面污染的砂浆、泥浆及杂物并洒水湿润。

②扩凿瞎缝,并对缺棱短角的部位用与砌体颜色相同的砂浆进行修复。

③将脚手眼清理干净并用与砌体相同的砌材进行补砌。

25)清水墙勾缝。宜采用细砂拌制的1∶1.5水泥砂浆。石墙勾缝也可采用水泥混合砂浆或掺入麻刀、低筋等的石灰浆或青灰浆。

内墙面(混水墙)也可采用原浆勾缝,但必须随砌随勾,使灰缝光滑并密实。

26)墙面勾缝应横平竖直,深浅一致,搭接平整并压实抹光,不得有丢缝、裂缝、粘接不牢和污染墙面等现象的发生。

在设计无特殊要求时,砖墙勾缝宜采用凹缝及平缝,毛石墙勾缝应保持砌体的自然缝。

勾缝墙体在勾缝完成以后应清扫干净。

27)在砌炉灶和墙烟囱时(设计无要求)应符合下列规定。

①有防火层的炉灶或烟囱内表面距易燃物体不应小于240mm;无防火层的则不应小于370mm。

②烟囱外表面距易燃屋面（木屋架、木梁等）不应小于 120mm，距易燃屋面不应小于 250mm。

③靠近易燃物体的烟囱内表面应抹砂浆。设置烟道时，应以砂浆填满所有的灰缝，其内衬应用黏土砂浆或耐火土砌筑。

④炉灶灰坑和灶门前的地面若是易燃物体，灰坑的底部应至少砌 4 皮砖，炉门前地面应用非燃材料覆盖。

⑤烟囱所有灰缝均应填满砂浆。阁楼内及屋面至顶棚空间部分的烟囱外表面，应抹灰并刷石灰浆。

⑥砌筑烟道时，应防止砂浆、砌块及杂物溶入其内。砌筑垂直烟道，宜采用桶式提芯工具，随砌随提。烟道下端应砌有出灰检查孔。

⑦防火层应采用石棉或其他耐火材料做成。

28）砌筑通风孔道，也应符合以上 7 条的规定。

第三节　基　础　砌　筑

基础墙是墙身向地下的延伸，大放脚是为了增大基础的承压面积，所以要砌成台阶形状，大放脚有等高式和间隔式两种砌法如图 4-1 所示。

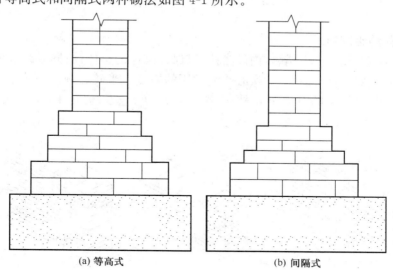

(a) 等高式　　　　　　　　　(b) 间隔式

图 4-1　基础大放脚形式

基础垫层施工完毕经验收合格后，便可进行弹墙基线的工作。弹线工作可按以下顺序进行：

1）在基槽四角各相对龙门板的轴线标钉处拉上麻线如图 4-2 所示。

2）沿麻线挂线锤，找出麻线在垫层上的投影点。

3）用墨汁弹出这些投影点的连线，即墙基

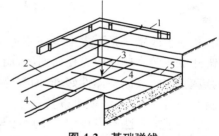

图 4-2　基础弹线
1. 龙门板　2. 麻线　3. 线锤　4. 轴线　5. 基础边线

的外墙轴线。

4）按基础图所示尺寸，用钢尺量出各内墙的轴线位置并弹出内墙轴线。

5）用钢尺量出各墙基大放脚外边沿线，弹出墙基边线。

6）砌筑基础前，应校核放线尺寸，其允许偏差应符合有关规定。

砖基础的砌筑高度，是用基础皮数杆来控制的。首先根据施工图标高，在基础皮数杆上划出每皮砖及灰缝的尺寸，然后把基础皮数杆固定，即可逐皮砌筑大放脚。

当发现垫层表面的水平标高相差较大时，要先用细石混凝土或用砂浆找平后再开始砌筑。砌大放脚时，先砌转角端头，以两端为标准，拉好准线，然后按此准线进行砌筑。

大放脚一般采用一顺一丁的砌法，竖缝至少错开 1/4 砖长，十字及丁字接头处要隔皮砌通。大放脚的最下一皮及每个台阶的上面一皮应以丁砌为主。

当基底标高不同时，应从低处砌起，并应由高处向低处搭砌。当设计无要求时，搭接长度不应小于基础扩大部分的高度。

基础中的洞口、管道等，应在砌筑时正确留出或预埋。通过基础的管道的上部，应预留沉降缝隙。砌完基础墙后，应在两侧同时填土，并应分层夯实。当基础两侧填土的高度不等或仅能在基础的一侧填土时，填土的时间、施工方法和施工顺序应保证不致破坏或变形。

第四节 砖砌施工

一、砖砌体的组砌形式

砖砌体的组砌要求：上下错缝，内外搭接，以保证砌体的整体性；同时组砌要有规律，少砍砖，以提高砌筑效率，节约材料。实心砖墙常用的厚度有半砖、一砖、一砖半、两砖等。依其组砌形式不同，最常见的有以下几种：一顺一丁、三顺一丁、梅花丁、全丁式等，如图 4-3 所示。

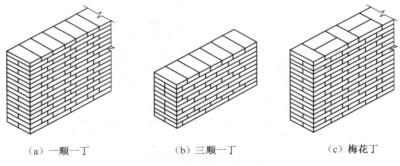

（a）一顺一丁　　　　　　　（b）三顺一丁　　　　　　　（c）梅花丁

图 4-3　砖墙的组砌形式

一顺一丁的砌法是一皮中全部顺砖与一皮中全部丁砖相互交替砌成，上下皮间的竖缝相互错开 1/4 砖。砌体中无任何通缝，而且丁砖数量较多，能增强横向拉结力。这种组砌方式，砌筑效率高，墙面整体性好，墙面容易控制平直，多用于一砖厚墙体的砌筑。但当砖的规格参差不齐时，砖的竖缝就难以整齐。

三顺一丁的砌法是三皮中全部顺砖与一皮中全部丁砖间隔砌成。上下皮顺砖间的竖缝错开 1/2 砖长；上下皮顺砖与丁砖间竖缝错开 1/4 砖长。这种砌法由于顺砖较多，砌筑效率较高,但三皮顺砖内部纵向有通缝,整体性较差,一般使用较少。宜用于一砖半以上的墙体的砌筑或挡土墙的砌筑。

梅花丁又称沙包式、十字式。梅花丁的砌法是每皮中丁砖与顺砖相隔,上皮丁砖中坐于下皮顺砖,上下皮间相互错开 1/4 砖长。这种砌法内外竖缝每皮都能错开,故整体性好,灰缝整齐,而且墙面比较美观,但砌筑效率较低。砌筑清水墙或当砖的规格不一致时,采用这种砌法较好。

全丁砌筑法就是全部用丁砖砌筑,上下皮竖缝相互错开 1/4 砖长,此法仅用于圆弧形砌体,如水池、烟囱、水塔等。

为了使砖墙的转角处各皮间竖缝相互错开,必须在外角处砌七分头砖(3/4 砖长)。当采用一顺一丁组砌时,七分头的顺面方向依次砌顺砖,丁面方向依次砌丁砖,如图 4-4a所示。

砖墙的丁字接头处,应分皮相互砌通,内角相交处竖缝应错开 1/4 砖长,并在横墙端头处加砌七分头砖,如图 4-4b 所示。

砖墙的十字接头处,应分皮相互砌通,交角处的竖缝应错开 1/4 砖长,如图 4-4c 所示。

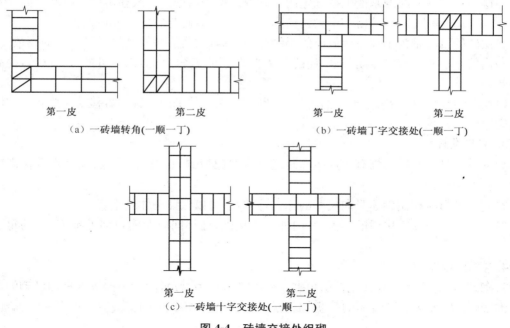

第一皮	第二皮
（a）一砖墙转角(一顺一丁)	

第一皮　　第二皮
（b）一砖墙丁字交接处(一顺一丁)

第一皮　　　第二皮
（c）一砖墙十字交接处(一顺一丁)

图 4-4　砖墙交接处组砌

二、砌砖准备

用于清水墙、柱表面的砖,应边角整齐、色泽均匀,砌砖时应予以挑选。

砖应提前 1～2d 浇水湿润。烧结普通砖含水率宜为 5%～10%。现场检查砖含水率,可将砖断开,砖心尚有 10～15mm 厚干心为宜。

在砖砌体的转角处、交接处竖立皮数杆,皮数杆之间的间距应小于 15m。皮数杆上应画出地面标高、砖的厚度、灰缝厚度以及砌体内构件高程位置等。在相对的皮数杆上砖的上皮线拉上准线,每皮砖依准线砌筑。

砌筑基础前,应先用钢尺校核放线尺寸,允许偏差应符合表 4-35 的规定。

表 4-35 放线尺寸的允许偏差

长度 L、宽度 B(m)	允许偏差(mm)	长度 L、宽度 B(m)	允许偏差(mm)
L(或 B)≤30	±5	60<L(或 B)≤90	±15
30<L(或 B)≤60	±10	L(或 B)>90	±20

砌砖方法宜采用"三一"砌砖法,"三一"砌砖法即为一铲灰、一块砖、一揉压的砌筑法。当采用铺浆法砌筑时,铺浆长度不得超过 250mm;施工期间气温超过 30℃时,铺浆长度不得超过 500mm。

砌筑前,应将砌筑部位的砂浆和杂物等清除干净,并应浇水湿润。

三、砖砌体的施工工艺

1. 抄平放线

1)砌筑前,在基础防潮层或楼面上先用水泥砂浆找平。

2)然后以龙门板上定位钉为标志弹出墙身的轴线、边线,定出门窗洞口的位置。

2. 摆砖

1)摆砖是指在放线的基面上按选定的组砌方式用砖试摆。一般在房屋外纵墙方向摆顺砖,在山墙方向摆丁砖,摆砖由一个大角摆到另一个大角,砖与砖留 10mm 缝隙。

2)摆砖的目的是为了校对所放出的墨线在门窗洞口、附墙垛等处是否符合砖的模数。

3)当偏差小时可调整砖间竖缝,使砖和灰缝的排列整齐、均匀,以尽可能减少砍砖,提高砌砖效率。

4)摆砖结束后,用砂浆把干摆的砖砌好,砌筑时注意其平面位置不得移动。摆砖样在清水墙砌筑中尤为重要。

3. 立皮数杆

1)皮数杆是指在其上划有每皮砖和砖缝厚度及门窗洞口、过梁、梁底、预埋件等标高位置的一种木制标杆。

2)它是砌筑时控制砌体竖向尺寸的标志,同时还可以保证砌体的垂直度。

3)皮数杆一般立于房屋的四大角、内外墙交接处、楼梯间以及洞口多的地方,大约每隔 10~15m 立 1 根。

4. 盘角、挂线

1)砌筑时,应根据皮数杆先在墙角砌 4~5 皮砖,称为盘角,然后根据皮数杆和已砌的墙角挂准线,作为砌筑中间墙体的依据,每砌一皮或两皮,准线向上移动一次,以保证墙面平整。

2)一砖厚的墙单面挂线,外墙挂外边,内墙挂任何一边;一砖半及以上厚的墙都要双面挂线。

5. 砌筑

1)砌砖的操作方法较多,不论选择何种砌筑方法,首先应保证砖缝的灰浆饱满,其次还应考虑有较高生产效率。目前常用的砌筑方法主要有铺灰挤砌法和"三一砌砖法"。

2)铺灰挤砌法是先在砌体的上表面铺一层适当厚度的灰浆,然后拿砖向后持平连续向砖缝挤去,将一部分砂浆挤入竖向灰缝,水平灰缝靠手的揉压达到需要的厚度,达到上齐线下齐边,横平竖直的要求。

3)这种砌筑方法的优点是效率较高,灰缝容易饱满,能保证砌筑质量。当采用铺浆法砌筑时,铺浆长度不得超过 750mm;施工期间气温超过 30℃时,铺浆长度不得超过 500mm。

"三一砌砖法"是先将灰抛在砌砖位置上,随即将砖挤揉,即"一铲灰、一块砖、一挤揉",并随手将挤出的砂浆刮去。该砌筑方法的特点是上灰后立即挤砌,灰浆不宜失水,且灰缝容易饱满、黏结力好,墙面整洁,宜于保证质量。

4)竖缝可采用挤浆或加浆的方法,使其砂浆饱满。砌筑实心墙时宜选用"三一砌砖法"。

6. 勾缝

1)勾缝是砌清水墙的最后一道工序,具有保护墙面并增加墙面美观的作用。

2)勾缝的方法有两种。墙较薄时,可用砌筑砂浆随砌随勾缝,称为原浆勾缝;墙较厚时,待墙体砌筑完毕后,用 1∶1 勾缝,称为加浆勾缝。

3)勾缝形式有平缝、斜缝、凹缝等。勾缝完毕,应清扫墙面。

7. 楼层轴线的引测

1)为了保证各层轴线的重合和施工方便,在弹墙身线时,应根据龙门板上标注的轴线位置将轴线引测到房屋的外墙基上。

2)二层以上各层墙的轴线,可用经纬仪或垂球引测到楼层上去。

3)轴线的引测是放线的关键,必须按图纸要求尺寸用钢皮尺进行校核。然后按楼层墙身中心线,弹出各墙边线,划出门窗洞口位置。

8. 各层标高的控制

1)墙体标高可在室内弹出水平线控制。当底层砌到一定高度(500mm 左右)后,用水准仪根据龙门板上±0.000 标高,引出统一标高的测量点(一般比室内地坪高 200～500mm),在相邻两墙角的控制点间弹出水平线,作为过梁、圈梁和楼板标高的控制线。

2)以此线到该层墙顶的高度计算出砖的皮数,并在皮数杆上划出每皮砖和砖缝的厚度,作为砌砖时的依据。此外,在建筑物外墙上引测±0.000 标高,画上标志,当第二层墙砌到一定高度,从底层用尺往上量出第二层的标高的控制点,并用水准仪,以引上的第一个控制点为准,定出各墙面水平线,用以控制第二层楼板标高。

四、技术要求

1. 砂浆饱满

为保证砖块均匀受力和使块体紧密结合,要求水平灰缝砂浆饱满,厚薄均匀。水平灰缝太厚在受力时,砌体的压缩变形增大,还可能使砌体产生滑移,这对墙体结构很不利。如灰缝过薄,则不能保证砂浆的饱满度,对墙体的黏结力削弱,影响整体性。砂浆的饱满程度以砂浆饱满度表示,用百格网检查,要求饱满度达到 80% 以上。同样,竖向灰缝亦应控制厚度保证黏结,不得出现透明缝、瞎缝和假缝,以避免透风漏雨,影响保温性能。

2. 横平竖直

砌体的灰缝应横平竖直,厚薄均匀。水平灰缝厚度宜为 10mm,不应小于 8mm,也不应大于 12mm。否则在垂直荷载作用下上下两层将产生剪力,使砂浆与砌块分离从而引起砌体破坏;砌体必须满足垂直度要求,否则在垂直荷载作用下将产生附加弯矩而降低砌体承载力。

砌体的竖向灰缝应垂直对齐,对不齐而错位,称为游丁走缝,会影响墙体外观质量。

要做到横平竖直,首先应将基础找平,砌筑时严格按皮数杆拉线,将每皮砖砌平,同时经常用 2m 托线板检查墙体垂直度,发现问题应及时纠正。

3. 接槎可靠

整个房屋的纵横墙应相互连接牢固,以增加房屋的强度和稳定性。砖砌体的转角处和交接处应同时砌筑,严禁无可靠措施的内外墙分砌施工。对不能同时砌筑而又必须留置的临时间断处应砌成斜槎,斜槎水平投影长度不应小于高度的 2/3。非抗震设防和抗震设防烈度为 6 度、7 度地区的临时间断处,当不能留斜槎时,除转角外,可留直槎。但直槎必须做成凸槎。留直槎处应加设拉结筋,拉结钢筋的数量为每 120mm 墙厚留 $1\phi6$ 的拉结钢筋(120mm 厚墙放置 $2\phi6$ 拉结钢筋),间距沿墙高不应超过 500mm,埋入长度从留槎处算起每边均不应小于 500mm,对抗震设防烈度为 6 度、7 度的地区,不应小于 1000mm;末端应有 90°的弯钩,如图 4-5 所示。

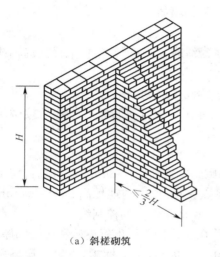

（a）斜槎砌筑　　　　　　　　　　（b）直槎砌筑

图 4-5　接槎

接槎即先砌砌体与后砌砌体之间的结合。接槎方式的合理与否,对砌体的质量和建筑物整体性影响极大。因留槎处的灰浆不易饱满,故应少留槎。接槎的方式有两种:斜槎和直砖砌体接槎时,必须将接槎处的表面清理干净,浇水润湿,并应填实砂浆,保持灰缝平直,使接槎处的前后砌体黏结牢固。

4. 错缝搭接

为保证墙体的整体性和传力效果,砖块的排列方式应遵循内外搭接、上下错缝的原则。砖块的错缝搭接长度不应小于 1/4 砖长,避免出现垂直通缝,确保砌筑质量。

240mm 厚承重墙的每层墙的最上一皮砖,砖砌体的阶台水平面上及挑出层,应整砖丁砌。宜超过 1.2m。

5. 减少不均匀沉降

沉降不均匀将导致墙体开裂,对结构危害很大,砌筑施工中要严加注意。砖砌体相临施工段的高差,不得超过一个楼层的高度,也不宜大于 4m;临时间断处的高度差不得超过一步脚手架的高度;为减少灰缝变形而导致砌体沉降,一般每日砌筑高度不宜超过 1.8m,雨天施工,不宜超过 1.2m。

五、质量允许偏差

砖砌体的位置及垂直度允许偏差应符合表 4-36 的规定。砖砌体的一般尺寸允许偏差应符合表 4-37 的规定。

表 4-36　砖砌体的位置及垂直度允许偏差

项次	项目			允许偏差(mm)	检验方法
1	轴线位置偏移			10	用经纬仪和尺检验或其他测量仪器检查
2	垂直度	每层		5	用2m托线板检查
		全高	≤10m	10	用经纬仪、吊线和尺检查,或用其他测量仪器检查
			>10m	20	

表 4-37　砖砌体一般尺寸的允许偏差

项次	项目		允许偏差(mm)	检验方法	抽检数量
1	基础顶面和楼面标高		±15	用水平仪和尺检查	不应少于5处
2	表面平整度	清水墙、柱	5	用2m靠尺和楔形塞尺检查	有代表性自然间10%,但不应少于3间,每间不应少于2处
		混水墙、柱	8		
3	门窗洞口高、宽(后塞口)		±5	用尺检查	检验批洞口的10%,且不应少于5处
4	外墙上下窗口偏移		30	以底层窗口为准,用经纬仪或吊线检查	检验批的10%,且不应少于5处
5	水平灰缝平直度	清水墙	7	拉10m线和尺检查	有代表性自然间10%,但不应少于3间,每间不应少于2处
		混水墙	10		
6	清水墙游丁走缝		20	吊线和尺检查,以每层第一皮砖为准	有代表性自然间10%,但不应少于3间,每间不应少于2处

六、砖基础砌筑

砖基础可根据设计要求,砌成等高式或间隔式,如图 4-6 所示。

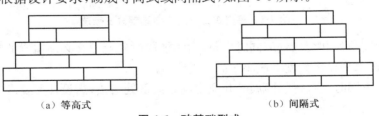

（a）等高式　　　　　　　　（b）间隔式

图 4-6　砖基础型式

砖基础立面砌筑形式宜为一顺一丁,上下皮竖向灰缝相互错开至少 1/4 砖长。

等高式两砖半底宽的砖基础分皮砌筑法如图 4-7 所示,在转角处加砌 1/4 砖(也可打 6 分头或 3/4 砖)。

等高式三砖底宽的砖基础分皮砌法如图 4-8 所示,在转角处仅加砌配砖。

砖基砌的水平灰缝厚度和竖向灰缝宽度宜为 10mm,但不应大于 8mm 或大于 12mm。

砖基础水平灰缝的砂浆饱满度不得小于 80%,竖向灰缝宜采用挤浆或加浆砌法。

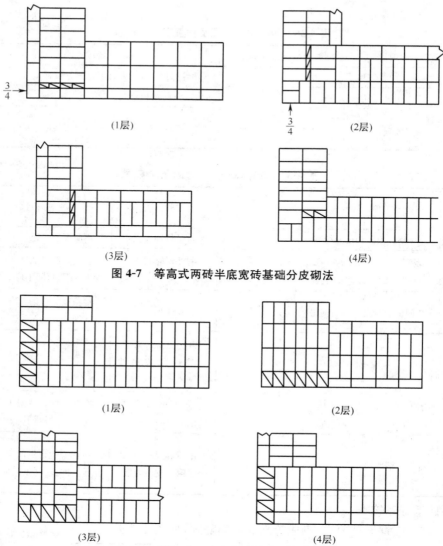

图 4-7　等高式两砖半底宽砖基础分皮砌法

图 4-8　等高式三砖底宽砖基础分皮砌法

砖基础的转角处和交接处应同时砌筑,对不能同时砌筑而又必须留置的临时间断处,应砌成斜槎,斜槎水平投影长度不应小于高度的 2/3。

基底标高不同时,应从低处砌起,并应由高处向低处搭接;当设计无要求对,搭接长度不应小于基础扩大部分的高度。

基础墙的防潮层,当设计无具体要求时,宜用 1∶2 水泥砂浆加适量的防水剂铺设,其厚度宜为 20mm,标高位置应在室内底层地面标高往下一皮砖处。

砌完砖基础后,应及时双侧回填土,如采用单侧填土应在砖基础达到侧向承载能力要求以后进行。

七、砖墙砌筑

砖墙可根据设计要求,砌成半砖厚(115mm)、一砖厚(240mm)、一砖半厚(365mm)、二砖厚(490mm)、二砖半厚(615mm)等甚至更厚。

全顺:各皮砖均顺砌,上下皮竖向灰缝相互错开 1/4 砖长,适用于砌半砖厚墙。

一顺一丁:一皮顺砖与一皮丁砖相间,上下皮竖向灰缝相互错开 1/4 砖长,适用于砌一砖厚及其以上砖墙。

梅花丁:每皮中顺砖与丁砖相间,上皮丁砖座中于下皮顺砖。上下皮竖向灰缝相互错开 1/4 砖长,适用于砌一砖厚墙。

三顺一丁:三皮顺砖与一皮丁砖相间,顺砖层与顺砖层之间上下皮竖向灰缝相互错开 1/2 砖长,顺砖层与丁砖层之间上下皮竖向灰缝相互错开 1/4 砖长,适用于砌一砖半厚及其以上的墙。

砖墙的转角处、交接处为错缝需要可加砌配砖。半砖厚墙仅需隔皮相互搭接,不要配砖。

一砖厚墙转角处分皮砌法如图 4-9 所示。

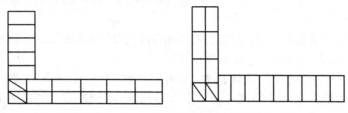

图 4-9　一顺一丁一砖厚墙转角处分皮砌法

一顺一丁一砖厚墙丁字交接处分皮砌法如图 4-10 所示。

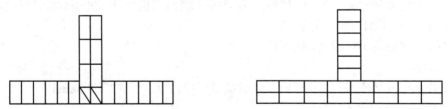

图 4-10　一顺一丁一砖厚墙丁字交接处分皮砌法

梅花丁一砖厚墙转角处分皮砌法如图 4-11 所示。

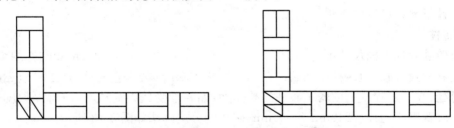

图 4-11　梅花丁一砖厚墙转角处分皮砌法

梅花丁一砖厚墙丁字交接处分皮砌法如图 4-12 所示。

无论哪种分皮砌法,在转角处,丁字交接处均应适当加砌配砖,以使上下皮竖向灰缝相互错开。

每层承重墙的最上皮砖,一砖厚墙应是整砖丁砌层,在梁或梁垫的下面、砖墙的阶台水平面上以及挑檐、腰线等中,也应是整砖丁砌层。

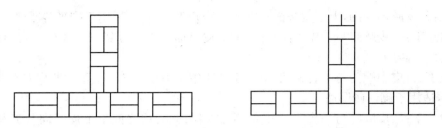

图 4-12　梅花丁一砖厚墙丁字交接处分皮砌法

宽度小于 1m 的窗间墙,应选用整砖砌筑。半砖和破损的应分散使用在受力较小的部位。

砖墙的水平灰缝厚度和竖向灰缝宽度宜为 10mm,但不应小于 8mm 或大于 12mm。

砖墙水平缝的砂浆饱满度不得小于 80%,竖向灰缝宜采用挤浆或加浆的砌筑方法,不能出现透明缝。

砖墙的转角处和交接处应同时砌筑,在不能同时砌筑而又必须留设的临时间断处,应砌成斜槎,斜槎水平投影长度不应小于高度的 2/3。

施工条件不允许留斜槎时,除转角处外,可留直槎,但直槎必须做成凸槎,并应压拉接筋。拉接钢筋的数量为每半砖厚墙放置 1 根直径 6mm 的钢筋,竖向间距不得超过 500mm,埋入长度从墙的留槎处算起,每边均不应小于 500mm,对抗震烈度 6 度、7 度的地区,不应小于 1000mm,末端应设 90°弯钩。

在砖墙上留置临时施工洞口,其侧边离交接处墙面不应小于 500mm,洞口净宽度不应超过 1m。临时施工洞口应做好补砌。

砖墙的下列部位不得设置脚手眼。

1)半砖厚墙。

2)过梁上与过梁成 60°角的三角形范围及过梁净跨度 1/2 的高度范围内。

3)宽度小于 1m 的窗间墙。

4)门窗洞口两侧 200mm 和转角处 450mm 范围内。

5)梁或梁垫下及其左右 500mm 范围内。

6)设计不允许设置脚手眼的部位。

八、砖柱

普通砖独立柱截面尺寸不应小于 240mm×365mm。240mm×365mm 砌柱的组砌,只用整砖左右转换叠砌,但砖柱中间始终存在一道长 130mm 的垂直通缝,这是一道无法避免的竖向通缝,在一定程度上削弱了砖柱的整体性,如要承受较大荷载时,应每隔数皮砖在水平灰缝中放置钢筋网片。240mm×365mm 砖柱的分皮砌法如图 4-13 所示。

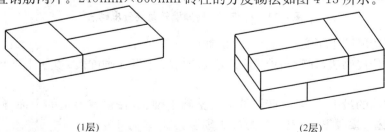

(1层)　　　　　　　　　　　　　(2层)

图 4-13　240mm×365mm 砖柱分皮砌法

365mm×365mm砌柱有两种砌筑方法,一种为每皮中采用三块整砖与两块配砖组砌,但砖柱中间有两条长130mm的竖向通缝,在一定程度上削弱了砖柱的整体性。另一种是每皮中均用配砖砌筑,但用整砖砍成配砖,对造价不利,既费工又费料。365mm×365mm砖柱的组砌方法如图4-14所示。

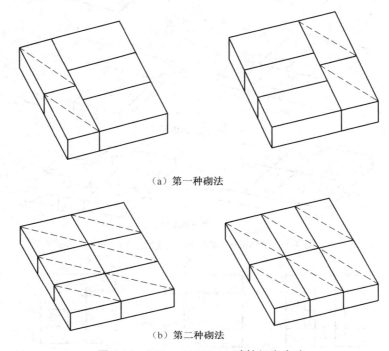

（a）第一种砌法

（b）第二种砌法

图 4-14　365mm×365mm 砖柱组砌方法

365mm×490mm砖柱有三种组砌方法。第一种砌法是隔皮用4块配砖,其他都用整砖。但砖柱中间有两道长250mm的竖向通缝。第二种砌法是每皮中用4块整砖、两块配砖与一块半砖组砌,但砖柱中间有三道长130mm的竖向通缝。第三种砌法是隔皮用一块整砖和一块半砖,其他都用配砖,平均每两皮砖用7块配砖,如果配砖用整砖砍成,则费工费料(为解决这一问题,有的砖厂供应满足使用的配砖)。图4-15是365mm×490mm砖柱的3种分皮砌法。

490mm×490mm砖柱有3种组砌方法,第一种砌法是两皮全部整砖,配砖、1/4砖(各4块)轮流叠砌,砖柱中间有一定数量的通缝,但每隔一两皮便进行拉接,有效地避免竖向通缝的产生;第二种砌法是全部由整砖砌筑,砖柱中间每隔3皮竖向通缝才有1皮砖进行拉接;第三种砌法是每皮砖均用8块配砖与两块整砖组砌,无任何内外通缝,但配砖太多,若配砖用整砖砍成,则既费工又费料。490mm×490mm砖柱分皮砌法如图4-16所示。

490mm×615mm砖柱组砌,一般可采用分皮砌法。砖柱中间存在两条长60mm的竖向通缝。

365mm×615mm砖柱组砌,一般可采用分皮砌法,每皮中都要采用整砖与配砖,隔层还要用半砖,半砖每砌一皮后,与相邻丁砌交换一下位置。

九、砖垛

附在砖墙上的砖柱称为砖垛。砖垛截面尺寸不应小于125mm×240mm。125mm×

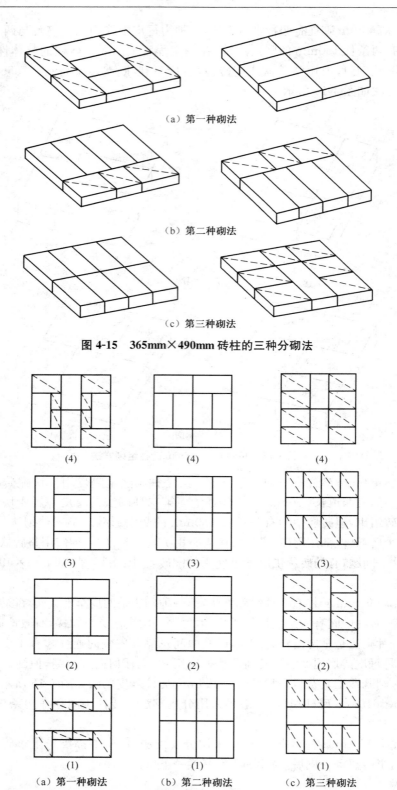

（a）第一种砌法

（b）第二种砌法

（c）第三种砌法

图 4-15　365mm×490mm 砖柱的三种分砌法

(4)	(4)	(4)
(3)	(3)	(3)
(2)	(2)	(2)
(1)	(1)	(1)
（a）第一种砌法	（b）第二种砌法	（c）第三种砌法

图 4-16　490mm×490mm 砖柱分皮砌法

240mm 砖垛组砌一般可采用图 4-17 所示的分皮砌法,砖垛的丁砖隔皮伸入砖墙内 1/2 砖长。

图 4-17　125mm×240mm 砖垛分皮砌法

125mm×365mm 砖垛组砌,一般可采用分皮砌法,砖垛的丁砖隔皮伸入砖墙内 1/2 砖长,隔皮要用两块配砖及一块半砖。

240mm×240mm 砖垛组砌,一般采用分皮砌法。砖垛丁砖隔皮伸入砖墙角 1/2 砖长,不必用配砖。

125mm×490mm 砖垛组砌,砖垛丁砖隔皮伸入砖墙内 1/2 砖长,隔皮要用两块配砖及一块配砖砌法。

240mm×365mm 砖垛组砌,一般砖垛顶砖隔皮伸入砖墙内 1/2 砖,隔皮砌两块配砖,砖垛内有两道长 120mm 的竖向通缝,砌法。

十、砖钢筋过梁

1)砖钢筋过梁是用普通砖平砌而成,其底部配有钢筋。其配筋直径不应小于 5mm,间距不宜大于 120mm,钢筋伸入墙内的长度不应小于 240mm,保护钢筋的砂浆厚度不宜小于 30mm。

2)钢筋过梁的作用高度为 7 皮砖(440mm);砖钢筋过梁的厚度等于墙厚;长度等于洞口的宽度加 480mm,跨度不应超过 1.5m。

3)砌筑砖钢筋过梁时,应先在洞口顶部支设模板,模板应有 1% 的起拱。底部砂浆层铺设 1/2 厚度时,放置经拉伸且两端带弯钩的钢筋,钢筋两端伸入墙内的长度应不小于 240mm,并使其弯钩向上。再铺设一半厚砂浆层,使钢筋处于整个砂浆层的中间。继续按砖墙组砌方法砌筑砖钢筋过梁。钢筋放好以后的砌砖部分宜采用一顺一丁砌筑法,第一皮砖宜丁砌。

砖钢筋过梁部分的灰缝宽度及砂浆饱满度要求与墙体相同。

砖钢筋过梁底部的模板拆除应在底部砂浆层的强度不低于设计强度的 50% 时方可进行。

砖钢筋过梁砌法如图 4-18 所示。

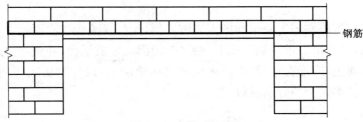
钢筋

图 4-18　砖钢筋过梁

第五节　砌块施工

一、砌块安装前的准备工作

1. 编制砌块排列图

1）砌块砌筑前，应根据施工图纸的平面、立面尺寸，并结合砌块的规格，先绘制砌块排列图，砌块排列图如图 4-19 所示。绘制砌块排列图时在立面图上按比例绘出纵横墙，标出楼板、大梁、过梁、楼梯、孔洞等位置，在纵横墙上绘出水平灰缝线，然后以主规格为主、其他型号为辅，按墙体错缝搭砌的原则和竖缝大小进行排列。

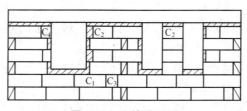

图 4-19　砌块排列图

2）在墙体上大量使用的主要规格砌块，称为主规格砌块；与它相搭配使用的砌块，称为副规格砌块。小型砌块施工时，也可不绘制砌块排列图，但必须根据砌块尺寸和灰缝厚度计算皮数和排数，以保证砌体尺寸符合设计要求。

砌块应按下列原则排列。

①砌筑应符合错缝搭接的原则，搭接长度不得小于砌块高的 1/3，且不应小于 150mm。当搭接长度不足时，应在水平灰缝内设置 2/4 的钢筋网片予以加强，网片两端离该垂直缝的距离不得小于 300mm。

②尽量多用主规格的砌块或整块砌块，减少非主规格砌块的规格与数量。

③水平灰缝一般为 10～20mm，有配筋的水平灰缝为 20～25mm。竖缝宽度为 15～20mm，当竖缝宽度大于 40mm 时应用与砌块同强度的细石混凝土填实，当竖缝宽度大于 100mm 时，应用页岩砖砌死。

④当楼层高度不是砌块（包括水平灰缝）的整数倍时，用页岩砖砌死。

⑤对于空心砌块，上下皮砌块的壁、肋、孔均应垂直对齐，以提高砌体的承载能力。

⑥外墙转角处及纵横交接处，应用砌块相互搭接，如不能相互搭接，则每两皮应设置一道拉结钢筋网片。

2. 堆放

砌块的堆放位置应在施工总平面图上周密安排，应尽量减少二次搬运，使场内运输路线最短，以便于砌筑时起吊。堆放场地应平整夯实，使砌块堆放平稳，并做好排水工作；砌块不宜直接堆放在地面上，应堆在草袋、煤渣垫层或其他垫层上，以免砌块底面玷污。砌块的规格、数量必须配套，不同类型分别堆放。

3. 砌块吊装

砌块墙的施工特点是砌块数量多，吊次也相应的多，但砌块的重量不很大。砌块安装方案与所选用的机械设备有关，通常采用的吊装方案有两种：

1)以塔式起重机进行砌块、砂浆的运输,以及楼板等构件的吊装,由台灵架吊装砌块。如工程量大,组织两栋房屋对翻流水等可采用这种方案。

2)以井架进行材料的垂直运输,杠杆车进行楼板吊装,所有预制构件及材料的水平运输则用砌块车和劳动车,台灵架负责砌块的吊装。

除应准备好砌块垂直、水平运输和吊装的机械外,还要准备安装砌块的专用夹具和有关工具。

二、小型砌块施工

1. 材料要求

(1)普通混凝土小型空心砌块

普通混凝土小型空心砌块是用水泥、砂、碎石或卵石、水等经搅拌、预制而成。

普通混凝土小型空心,砌块主要规格尺寸为390mm×190mm×190mm,副规格尺寸有390mm×190mm×190mm,190mm×190mm×190mm等。最小外壁厚应不小于30mm,最小肋厚应不小于25mm。空心率应不小于25%。其形状如图4-20所示。

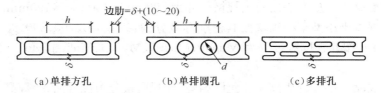

(a)单排方孔　　　　(b)单排圆孔　　　　(c)多排孔

图 4-20　普通混凝土小型空心砌块

1)普通混凝土小型空心砌块按照尺寸和外观质量分为优等品、一等品及合格品。

2)普通混凝土小型空心砌块按其强度等级分为 Mu3.5、Mu5.0、Mu7.5、Mu10.0、Mu15.0、Mu20.0。

3)普通混凝土小型砌块尺寸允许偏差应符合表 4-38 的要求。

表 4-38　普通混凝土小砌块尺寸允许偏差　　　　　　　　　(mm)

尺寸	优等品	一等品	合格品
长度	±2	±3	±3
宽度	±2	±3	±3
高度	±2	±3	+3,−4

4)外观质量应符合表 4-39 的规定。

表 4-39　普通混凝土小砌块外观质量

项　目			优等品	一等品	合格品
弯曲(mm)		≤	2	2	2
掉角缺棱	个数	不多于	0	2	2
	三个方向投影尺寸最小值(mm)	≤	0	20	30
裂纹延伸的投影尺寸累计(mm)		≤	0	20	30

5)强度等级应符合表 4-40 的规定。

表 4-40　普通混凝土小砌块强度等级

强度等级	砌块抗压强度(MPa)	
	平均值≥	单块最小值≥
MU3.5	3.5	2.8
MU5.0	5.0	4.0
MU7.5	7.5	6.0
MU10.0	10.0	8.0
MU15.0	15.0	12.0
MU20.0	20.0	16.0

(2)轻骨料混凝土小型空心砌块

轻骨料混凝土小型空心砌块是用水泥、轻骨料(陶粒、陶砂)、水等经搅拌、预制而成。

1)轻骨料混凝土小型空心砌块按其孔的排数分为：单排孔、双排孔、三排孔和四排孔四类。

2)轻骨料混凝土小型空心砌块主规格尺寸为 390mm×190mm×190mm。

3)轻骨料混凝土小型空心砌块按其密度等级分为：500、600、700、800、900、1000、1200、1400 等 8 个等级；按其强度等级分为 Mu1.5、Mu2.5、Mu3.5、Mu5.0、Mu7.5、Mu10.0 等 6 个级。

4)轻骨料混凝土小型砌块按尺寸允许偏差、外观质量分为优等品、一等品和合格品。

5)尺寸允许偏差应符合表 4-41 的要求。外观质量应符合表 4-42 的要求。

表 4-41　轻骨料混凝土小砌块尺寸允许偏差　　　　　　　　(mm)

尺寸	优等品	一等品	合格品
长度	±2	±3	±3
宽度	±2	±3	±3
高度	±2	±3	+3,−4

注：最小外壁厚和肋厚不应小于 20mm。

表 4-42　轻骨料混凝土小砌块外观质量

项目		优等品	一等品	合格品
缺棱掉角	个数　　　　不多于	0	2	2
	3 个方向投影的最小值(mm)　不大于	0	20	30
裂缝延伸投影的累计尺寸(mm)　不大于		0	20	30

密度等级应符合表 4-43 的要求，其规定值允许最大偏差为 100kg/m³。

表 4-43　轻骨料混凝土小砌块密度等级

密度等级	砌块干燥表观密度的范围(kg/m³)	密度等级	砌块干燥表观密度的范围(kg/m³)
500	≤500	900	810～900
600	510～600	1000	910～1000
700	610～700	1200	1010～1200
800	710～800	1400	1210～1400

强度等级符合表 4-44 要求者为优等品或一等品；密度等级范围不满足要求的定为合格品。

表 4-44　轻骨料混凝土小砌块强度等级

强度等级	砌块抗压强度（MPa）		密度等级范围
	5 块平均值	单块最小值	
Mu1.5 Mu2.5	≥1.5 ≥2.5	1.2 2.0	≤800
Mu3.5 Mu5.0	≥3.5 ≥5.0	2.8 4.0	≤1200
Mu7.5 Mu10.0	≥7.5 ≥10.0	6.0 8.0	≤1400

2. 小砌块砌体构造

普通混凝土小砌块可用来砌筑基础、墙体等。轻骨料混凝土小砌块可用来砌筑隔墙或填充墙。混凝土小砌块基础一般做成阶梯形，每砌一皮或二皮砌块收进一次，每边收进 1/2 砌块宽，如图 4-21 所示。

混凝土小砌块墙一般采用全顺砌法，上下两皮砌块竖向灰缝相互错开 1/2 砌块长，墙的厚度等于砌块宽度，如图 4-22 所示。

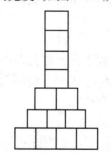

图 4-21　混凝土小砌块基础

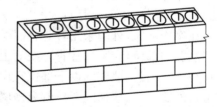

图 4-22　混凝土小砌块墙

复合夹心墙的里侧用主规格小砌块，外侧用辅助规格小砌块（390mm×90mm×190mm），两侧小砌块间用拉结筋拉结。拉结筋的配置，每 0.24m² 设置一根 $\phi4$ 环筋，水平间距不大于 800mm，竖向间距不大于 600mm，梅花形布置。两侧砌块间填充保温材料，如图 4-23 所示。

混凝土小砌块砌体所用的材料，除满足强度计算要求外，尚应符合如下要求。

1）对室内地面以下的砌体，应采用普通混凝土小砌块和不低于 M5 的水泥砂浆。

2）5 层及 5 层以上民用建筑的底层墙体，应采用不低于 Mu5 的小砌块和 M5 的筑砂浆。

3）在墙体的以下部位，应用 C20 混凝土灌实砌块的孔洞。

①底层室内地面以下或防潮层以下的砌体。

②无圈梁的楼板支撑面下的一皮砌块。

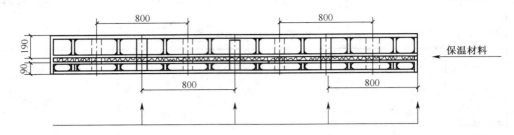

图 4-23 混凝土小砌块复合夹心墙

注:环形钢筋拉结,层层设置,交替进行。

③没有设置混凝土垫层的次梁支撑处,灌实宽度不应小于 600mm,灌实高度不应小于一皮砌块。

④挑梁的悬挑长度不小于 1.2m 时,其支撑部位的内外墙交接处,纵横各灌实 3 个孔洞,灌实高度不小于三皮砌块。

4)跨度大于 4.2m 的梁,其支撑面下应设置混凝土或钢筋混凝土垫块。当墙中有圈梁时,垫块宜与圈梁同时浇筑。当梁的跨度不小于 4.8m 且墙厚为 190mm 时,其支撑处宜加设壁柱。

5)后砌隔墙和填充墙,沿墙高每隔 600mm 应与承重墙或柱内预留的钢筋网片或 2φ6 钢筋拉结,钢筋伸入墙内的长度不应小于 600mm。

6)预制钢筋混凝土板在墙上或圈梁上支撑长度不应小于 80mm;当支撑长度不足时,应采取有效的锚固措施。

7)墙体宜做双面抹灰,室外勒脚处应作水泥砂浆抹灰。

8)处于潮湿环境的轻骨料混凝土小砌块砌体,墙面应采取水泥砂浆抹灰等有效措施。

9)在寒冷地区,外墙采用轻骨料混凝土小砌块时,在圈梁、过梁、芯柱及其他外墙保温性能受到削弱的部位,应采取轻骨料混凝土或其他有效保温构造措施。

10)芯柱设置。墙体的以下部位宜设置芯柱。

①在外墙转角、楼梯间四角的纵横墙交接处的 3 个孔洞,宜设置素混凝土芯柱。

②5 层及 5 层以上的建筑物,应在上述部位设置钢筋混凝土芯柱。

③芯柱截面不宜小于 120mm×120mm,宜用不低于 C15 的细石混凝土灌实。

④钢筋混凝土芯柱每孔中插竖筋不应小于 1φ10,底部应伸入室内地面下 500mm 或与基础梁锚固,顶部与屋盖圈梁锚固。

⑤芯柱应沿建筑物全高贯通,并与基础梁整体现浇。

⑥在钢筋混凝土芯柱处,沿墙高每隔 600mm 设 φ4 钢筋网片拉结,每边伸入墙体深度不小于 600mm,如图 4-24 所示。

在 6～8 度抗震设防地区的建筑物,应按表 4-45 的要求设置钢筋混凝土芯柱;对医院、教学楼等横墙较少的建筑,应根据建筑物增加网片

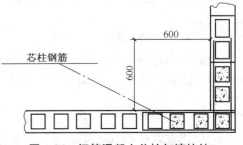

图 4-24 钢筋混凝土芯柱与墙拉结

的层数。芯柱中竖筋不应少于 1φ12。钢筋混凝土芯柱与墙体拉结处,宜沿墙高每次隔 600mm 设置钢筋网片,钢筋网片用 φ4 点焊而成,每边伸入墙内深度不宜小于 1m。

表 4-45　抗震设防地区芯柱设置要求

建筑物层数			设置部位	设置数量
6 度	7 度	8 度		
4	3	2	外墙转角、楼梯间四角,大房间外墙交接处、外墙转角、楼梯间四角、大房间内外墙交接处、山墙与内纵墙交接处、隔开间横墙(轴线)与外纵墙交接处	外墙转角灌实 3 个孔;内外墙交接处灌实 4 个孔
5	4	3		
6	5	4		
7	6	5	外墙转角、楼梯间四角、各内墙(轴线)与外墙交接处;8°时,内纵墙与横墙(轴线)交接处和洞口两侧	外墙转角灌实 5 个孔;内外墙交接处灌实 4 个孔;内墙交接处灌实 4~5 个孔;洞口两侧各灌实 1 个孔

3. 混凝土小砌块砌筑

龄期不足 28d 及潮湿的小砌块不得进行砌筑。应在建筑物四角或楼梯间转角处设置皮数杆,皮数杆间距不宜超过 15m。皮数杆上画出小砌块高度及水平灰缝的厚度以及砌体中其他构件标高位置。两皮数杆之间拉准线,按照准线砌筑。

应尽量采用主规格小砌块,并应清除小砌块表面污物和砌筑芯柱用的小砌块孔洞底部的毛边。

小砌块应底面朝上砌筑。

小砌块应对孔错缝搭砌。当个别情况无法对孔砌筑时,普通混凝土小砌块的搭接长度不应小于 90mm,轻骨料混凝土小砌块的搭接长度不应小于 120mm;当不能保证此规定时,应在水平灰缝中设置钢筋网片或拉结钢筋,网片和钢筋的长度应不小于 700mm,如图 4-25 所示。

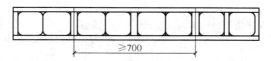

图 4-25　小砌块灰缝中拉结筋做法

小砌块应从转角或定位处开始,内外墙同时砌筑,纵横墙交错连接。墙体临时间断处应砌成斜槎,斜槎长度不应小于高度的 2/3(一般按一步脚手架高度控制);如留斜槎有困难,除外墙转角处及抗震设防地区墙体临时间断处不应留直槎外,可以从墙面伸出 200mm 砌成阴阳槎,并沿墙高每三皮砌块(600mm)设拉结筋或钢筋网片,接槎部位宜延至门窗洞口。

小砌块外墙转角处,应使小砌块隔皮交错搭砌,小砌块端面外露处用水泥砂浆补抹平整。小砌块内外墙丁字交接处,应隔皮加砌两块 290mm×90mm×190mm 的辅助规格小砌块,辅助小砌块位于外墙上,开口处对齐。

4. 施工准备

1)砌块运到现场后,应按不同规格和强度等级分别整齐堆放,堆垛上应设标志,堆放场地必须平整,并做好排水。砌块的堆置高度不宜超过 1.6m,堆垛之间保持适当的通道。

2)砌筑墙体前,必须根据砌块尺寸和灰缝厚度计算皮数和排数,以保证砌体尺寸符合设计要求。

3)砌块一般不宜浇水,但在气候特别干燥炎热时,可在砌筑前稍加水湿润。不得使用龄期不足 28d 的砌块进行砌筑。

5. 施工要点

1)砌筑时,应先清除砌块表面污物,尽量选择主规格砌块,从转角或定位处开始,内外墙同时砌筑。砌筑时应对孔错缝搭砌。个别情况如无法对孔砌筑时,可错孔砌筑,但其搭接长度不得小于 90mm,如不能保证时,可在灰缝设拉结钢筋。砌块应底面朝上砌筑(反砌),纵横墙应交错搭砌。承重墙体不得采用砌块与黏土砖等混合砌筑。墙体砌筑高度每天不宜大于 1.8m。

2)墙体的临时间断处应砌成斜槎,斜槎长度不应小于高度的 2/3。如留斜槎有困难时,除转角外,也可砌成直槎,但必须采用拉结网片或其他措施,以保证连接牢靠。

3)砌筑砂浆必须搅拌均匀,随拌随用,一般应在 4h 内使用完毕。墙体灰缝应做到横平竖直,全部灰缝均应填铺砂浆。水平灰缝的砂浆饱满程度不得低于 90%,竖直灰缝的砂浆饱满程度不得低于 60%,严禁用水冲浆浇灌灰缝。砌体水平灰缝的厚度和竖直灰缝的宽度应控制在 8~12mm。埋设的拉结钢筋或网片,必须放置在砂浆层中。

4)在墙体的下列部位施工。

①底层室内地面以下墙体全部用强度等级不低于 C10 的混凝土填实。

②楼板支承处如无圈梁时,板下应砌一皮实心砌块或用强度等级为 C15 混凝土填实一皮砌块。

③次梁支承处应设置预制垫块或用强度等级为 C15 的混凝土填实,其宽度不应小于 400mm,高度不应小于 190mm。

④挑梁的悬挑长度大于或等于 1.2m 时,其支承处的内外墙交接处 5 个孔洞内应用强度等级为 C15 的混凝土填实,填实高度不小于 600mm。

5)芯柱施工。

①在楼、地面砌筑第一皮砌块时,在芯柱位置侧面应预留孔,浇灌混凝土前,必须清除芯柱孔洞内的杂物和底部毛边,并用水冲洗干净,校正钢筋位置并绑扎固定。

②芯柱钢筋应与基础或基础梁的预埋钢筋搭接。上下楼层的钢筋可在圈梁上部搭接,搭接长度不应小于 $35d$(d 为钢筋直径)。

③芯柱混凝土应与圈梁同时浇灌,在芯柱位置,楼板应留缺口,以保证芯柱连成整体。

④芯柱混凝土应在砌完一个楼层高度后连续浇灌,为保证芯柱混凝土密实,浇灌前,应先注入适量的水泥浆,混凝土坍落度应不小于 50mm,并定量浇灌。每浇灌 400~500mm 高度应捣实 1 次,或边浇灌边捣实,不得在灌满一个楼层高度后再捣实。

6)在每一楼层或 250m² 的墙体中,对每种强度等级的砂浆和混凝土,至少制作 1 组试块(每组 3 块)。如砂浆和混凝土强度等级或配合比变更时,也应制作试块以便检查。

7)需要移动已砌好的砌块时,应清除原有砂浆,重铺砂浆砌筑。

8)对骨架房屋的填充墙和石砌的隔墙,沿墙高每隔 600mm,应与承重墙或柱预留的 2φ6 钢筋或钢筋网片拉结,钢筋伸入墙内的长度不得小于 600mm。

9)当框架的填充墙砌至最后一皮(即梁底)时,可用实心砌块搂紧。

10)对墙体表面的平整度和垂直度,灰缝的均匀程度及砂浆饱满程度等,应随时检查并校正所发现的偏差。在砌完每一楼层后,应校核墙体的轴线尺寸和标高。在允许范围内的轴线和标高的偏差,可在楼板面上予以校正。

11)雨天施工应有防雨措施,不得使用湿砌块。雨后施工时,应复核墙体的垂直度。

12)在墙体的下列部位不得设置脚手眼。

①过梁上部与过梁成60°角的三角形范围内。

②门窗洞口两侧200mm和墙体交接处400mm的范围内。

③设计规定不允许设脚手眼的部位。

④宽度小于800mm的窗间墙。

⑤梁或梁垫下及其左右各500mm的范围内。

6. 质量检查

(1)普通混凝土小砌块砌体施工

1)主控项目。

①小砌块检查数量:每一生产厂家,每一万块小砌块至少应检查一组。用于多层以上建筑基础和底层的小砌块检查数量不应少于3组。砂浆试块检查数量:每一检验批且不超过250m³砌体的各种类型及强度等级的砌筑砂浆,每台搅拌机应至少检查1次。

检验方法:查小试块和砂浆试块试验报告单。

②砌体水平灰缝的砂浆饱满度,应按净面积计算且不得低于90%;竖向灰缝砂浆饱满度不得小于80%,竖缝凹槽部位应用砌筑砂浆填实;不得出现瞎缝、透明缝。

检查数量:每检验批不应少于3处。

检验方法:用专用百格网检测小砌块与砂浆粘结痕迹,每处检测3块小砌块,取其平均值。

③墙体转角处和纵横墙交接处应同时砌筑,临时间断处应砌成斜槎,斜槎水平投影长度不应少于高度的2/3。

检查数量:每检验批抽20%接槎,且不少于5处。

检验方法:观察检查。

④砌体的轴线位置偏移和垂直度偏差应符合表4-46的规定。

表 4-46　普通混凝土小砌块砌体的位置及垂直度允许偏差

项　　目		允许偏差(mm)	检验方法
轴线位置偏移		10	用经纬仪检查或尺及其他检测仪器检查
垂直度	每层	5	用2m托线板检查
	≤10m	10	用经纬仪,吊线和尺检查,或用其他测量仪器检查
	>10m	20	

2)一般项目。

①砌体的水平灰缝和竖向灰缝宽度宜为10mm,但不应小于8mm或大于12mm。

检查数量:每层楼的检测数量不应少于3处。

检验方法:用尺量5皮小砌块的高度和2m砌体长度折算。

②小砌块砌体的一般尺寸允许偏差应符合表 4-47 的规定。

表 4-47　普通混凝土小砌块砌体一般尺寸允许偏差

项次	项目		允许偏差(mm)	检验方法	抽检数量
1	楼面标高及基础顶面		±5	用水平仪和尺检查	检验数量
2	表面平整度	清水墙、柱	5	用 2m 靠尺和楔形塞尺检查	有代表性自然间 10%,但不应少于 3 间,每间不应少于 2 处
		混水墙、柱	8		
3	门窗洞口高、宽(后塞口)		±5	用尺检查	检验批洞口的 10%,且不少于 5 处
4	外墙上下窗口偏移		20	以底层窗口为准,用经纬或吊线检查	检验批的 10%,且不应少于 5 处
5	水平灰缝平直度	清水墙	7	拉 10m 线和尺检查	有代表性自然间的 10%,但不应少于 3 间,每间不应少于 2 处
		混水墙	10		

(2)轻骨料混凝土小砌块施工

1)主控项目。砌块和砌筑砂浆的强度等级应符合设计要求。

检验方法:检查小砌块产品合格证书及产品性能检测报告、砂浆强度试验报告。

2)一般项目。

①轻骨料混凝土小砌块砌体工程一般尺寸允许偏差应符合表 4-48 的规定。

表 4-48　轻骨料混凝土小砌块砌体尺寸允许偏差

项次	项目		允许偏差(mm)	检验方法
1	轴线偏移		10	用尺检查
	垂直度	≤3m	5	用 2m 托线板或吊线、尺检查
		>3m	10	
2	表面平整度		8	用 2m 靠尺和楔形塞尺检查
3	门窗洞口高、宽(后塞口)		±5	用尺检查
4	外墙上、下窗口偏移		20	用经纬仪或吊线检查

检查数量:对上表中 1、2 项,在检验批的标准间中随机抽查 10%,但不应少于 3 间;大面积房间和楼道按两个轴线或每 10 延长米按一标准间计数。每间检验不应少于 3 处。对上表中 3、4 项,在检验批中抽检 10%,且不应少于 5 处。

②轻骨料混凝土小型空心砌块不应与其他块材混砌。

检查数量:在检验批中抽查 20%,且不应少于 5 处。

检验方法:外观检查。

③小砌块砌体的灰缝砂浆饱满度不应小于 80%。

检查数量:每步架不少于 3 处,且每处不少于 3 块。

检验方法:用百格网检查小砌块底面砂浆的粘结痕迹面积。

④小砌块砌体留置的拉结钢筋或网片的位置应与砌块皮数相符合。拉结钢筋或网片应

置于灰缝中,埋置长度应符合设计要求。竖向位置偏差不应超过一皮砌块高度。

检查数量:在检验批中抽检 20％,且不应少于 5 处。

检查方法:观察和用尺检查。

⑤小砌块砌筑时应错缝搭接,搭接长度不应小于 90mm;竖向通缝不应大于 2 皮砌块。

检查数量:在检验批的标准间中抽查 10％,且不应少于 3 间。

检验方法:观察和尺量检查。

⑥小砌块砌体的灰缝厚度和宽度应正确。水平灰缝厚度和竖向灰缝宽度应控制在 8 ～12mm。

检查数量:在检验批的标准间中抽查 10％,且不应少于 3 间。

检验方法:用尺量 5 皮小砌块的高度和 2m 砌体长度折算。

⑦小砌块砌至接近梁、板底时,应留一定空隙,待小砌块砌筑完并应至少间隔 7d 以后,再将其补砌挤紧。

检查数量:每验收批抽 10％小砌块墙面(每两柱间的小砌块墙为一面),且不应少于 3 面墙。

检验方法:观察检查。

三、中型砌块施工

中型砌块墙是以粉煤灰硅酸盐密实中型砌块和混凝土空心中型砌块为主要墙体材料和砂浆砌筑而成,也可采用其他工业废料制成的密实或空心中型砌块。

1. 砌块要求

粉煤灰密实砌块是以粉煤灰、石灰、石膏等为胶凝材料,以煤渣或矿渣、石子等为骨料,按一定的比例配合,加入一定量的水,经搅拌、振动成型、蒸汽养护而成。粉煤灰砌块的主体规格尺寸为:

长度:1180mm、880mm、580mm、430mm。

高度:380mm。

厚度:240mm、200mm、190mm、180mm。

粉煤灰密实砌块的强度等级一般为 MU10 和 MU15,其强度指标见表 4-49。外观质量和尺寸允许偏差应符合表 4-50 的规定。

表 4-49 粉煤灰密实砌块的强度指标

项 次	项 目	指 标	
		MU10	MU15
1	立方体试件抗压强度(MPa)	3 块试件平均值不小于 10,其中一块最小值不小于 8	3 块试件平均值不小于 15,其中一块最小值不小于 12
2	人工炭化后强度(MPa)	不小于 6	不小于 9

表 4-50 粉煤灰密实砌块的外观质量和尺寸允许偏差 （mm）

项 次	项 目	指 标
1	表面疏松	不允许
2	贯穿面棱的裂缝	不允许
3	直径大于 50mm 的灰团、空洞、爆裂和突出高度大于 20mm 的局部凸起部分	不允许

续表 4-50

项　次	项　目	指　标
4	翘曲	不大于 10
5	条面、顶面相对两棱边高低差	不大于 8
6	缺棱掉角深度	不大于 50
7	尺寸的允许偏差：	
	长度	+5，-10
	高度	+5，-10
	宽度	±8

　　混凝土空心砌块是以普通混凝土为原料，可采用人工立模抽芯成型工艺成型。其规格尺寸、孔型及空心率应根据当地采用的原材料性能、生产和施工条件，结合构件强度验算和建筑功能要求等因素综合考虑，合理设计。若无试验根据时，可参照表 4-51 及图 4-26 进行产品设计。

表 4-51　混凝土空心中型砌块的构造尺寸参考表

项　次	项　目	孔型		
		单排孔	单排圆孔	多排孔
1	空心率（%）	50～60	40～50	35～45
2	壁厚 δ（mm）	25～35	25～30	25～35
3	肋距 h（mm）	$10\delta\sim12\delta$	$d+(30\sim40)$	

注：d 为圆孔直径。

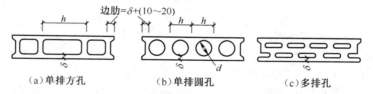

（a）单排方孔　　　（b）单排圆孔　　　（c）多排孔

图 4-26　混凝土空心中型砌块构造

混凝土空心中型砌块的强度等级一般为 MU25、MU20、MU15 和 MU10。其强度指标、外观质量和尺寸允许偏差应符合表 4-52 的规定。

表 4-52　混凝土空心中型砌块的强度指标、外观质量和尺寸允许偏差

项次	项　目	指　标
1	主规格砌块块体抗压强度	随机抽取 3 块副规格砌块的平均抗压强度不得低于砌块强度等级
2	副规格砌块块体抗压强度	的 95%
3	长度	+5，-10
4	高度	+5，-10
5	厚度	+5，-3
6	壁、肋厚	+5，-3
7	大面的不平整翘曲	+5，-5
8	每面两对角线之差	10
9	表面疏松	不允许
10	贯穿面棱裂缝	不允许

中型砌块的两侧面宜参照图 4-27 设置封闭灌浆槽,空心砌块的上端应封顶。

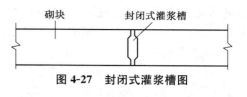

图 4-27　封闭式灌浆槽图

砌体的砌筑砂浆强度等级一般为 M15、M10、M5 和 M2.5。地面或防潮层以下的砌体,砌筑砂浆应采用强度等级不低于 M5 的水泥砂浆。

2. 砌块砌体构造要求

1)砌块排列时,应尽量采用主规格砌块和大规格砌块,以减少吊次,提高台班产量,增加房屋的整体性。

2)砌块应错缝搭砌,砌块上下皮搭缝长度不得小于块高的 1/3,且不应小于 150mm。当搭缝长度不足时,应在水平灰缝内设 2Φ4 的钢筋网片,网片两端离该垂直灰缝的距离不得小于 300mm。

3)纵横墙交接处,应分皮咬槎砌筑如图 4-28 所示。砌块墙与后砌半砖隔墙交接处,应在沿墙高每 800mm 左右的水平缝内设 2Φ4 的钢筋网片,如图 4-29 所示。

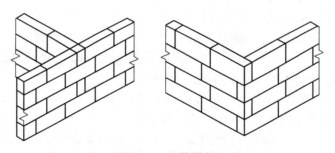

图 4-28　砌块搭接

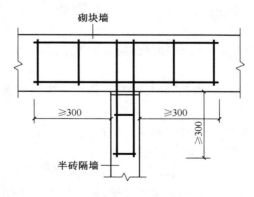

图 4-29　砌块墙与后砌半砖隔墙交接处钢筋网片布置示意图

4)为增加空心砌块墙的整体刚度,可在其外墙转角处、楼梯间四角的砌体空洞内,设置不少于 1Φ12 的竖向钢筋,并贯通全部墙身高度,锚固于基础和楼屋盖圈梁内,钢筋接头应尽量绑扎或焊接，绑扎搭接长度不应小于 $35d$（d 为钢筋直径），并随砌随在孔内用强度等级为 C20 的细石混凝土浇捣密实，次闪灌孔高度应比砌块顶面低 100mm 左右。

3. 施工准备

1）砌块应垂直堆放，空心砌块堆放高度以一皮为宜，开口端向下放置。密实砌块应上下皮交叉叠放，顶面二皮叠成阶梯形，堆放高度不宜超过 3m；采用集装架时，堆垛高度不宜超过 3 格，集装架的净距不小于 200mm。

2）砌块装卸和运输应平稳，避免冲击，布置起重设备时应考虑其起吊有效高度和回转半径，缆风绳应尽量避开在建建筑物。

3）砌块的垂直运输和安装就位一般用塔架、轻型塔吊或台灵架等，吊装砌块的夹具可采用剪刀摩擦式、剪刀单齿式或多齿式夹具，灌垂直缝可采用工具式模板，铺水平灰缝可采用平面铺灰器，切割密实砌块可用切割机。

4）砌块堆放地点宜布置在起重设备的回转半径范围内，堆放场地要压实、平整并做好排水，砌块应保持干净，避免粘结泥土、脏物。

4. 施工要点

1）砌块砌筑前，应在基础平面和楼层平面按砌块设计排列图，放出第一皮砌块的轴线、边线和洞口线，对于空心砌块还应放出分块线。

2）砌筑前，应先清除砌块表面的污物及黏土，并对砌块作外观检查。

3）砌筑时，砌筑砂浆须随拌随用，砂浆稠度以 50～70mm 为宜，铺灰长度不宜过长，一般密实砌块不超过 3～5m，空心砌块不超过 2～3m。

4）墙体砌筑应从转角处或定位砌块处开始，内外墙同时砌筑，纵横墙交接处应交错搭砌，每个楼层砌完后应复核标高，如有误差应找平校正。

5）在每一楼层或 250m 砌体中，每种强度等级的砂浆或细石混凝土应至少制作一组试块（每组 3 块），如砂浆或细石混凝土强度等级或配合比变更时，也应制作试块以便检查。

6）砌块墙砌筑应做到横平竖直，墙体表面平整清洁，砂浆饱满，灌缝密实，水平灰缝和垂直灰缝一般为 15～20mm（不包括灌浆槽），当垂直灰缝大于 30mm 时，应用强度等级为 C20 的细石混凝土灌实。

7）常温施工时，砌块及空心砌块的抽筋孔应提前浇水湿润，湿润程度以砌块表面呈现水影为准。

8）设计规定的洞口、沟槽、管道和预埋件等，一般应于砌筑时预留或预埋。空心砌块墙体不得打凿通长沟槽。

9）砌块墙在相邻施工段之间或临时间断处的高度差不得超过一个楼层，并应留阶梯形斜槎，附墙垛应与墙体同时交错搭砌。

10）冬季施工时砌块不得浇水湿润，也不得使用被水浸后受冻的砌块，砌块砌筑前，应先清除冰碴等冻结物。对砌筑好的砌体要覆盖保温，避免受冻，在解冻期应对砌体进行观察和检查，当发现裂缝、不均匀下沉等情况时，应分析原因，并立即采取措施消除或减弱其影响。

11）墙体抹灰以喷涂为宜，抹灰前应将墙面清除干净，并在前一天洒水湿润；门窗框与墙的交接处应分层填嵌密实，室内墙面的阻角和门口侧壁的阻角处，如设计对护角无规定时，可用水泥混合砂浆抹出护角，高度不低于 1.5m。外墙窗台、雨篷、压顶等应做好流水坡度和滴水线槽，外墙勾缝应用水泥砂浆，不宜做凸缝。

12)墙体经校正平直、灌垂直缝后,随即进行水平和垂直缝的勒缝(原浆勾缝),勒缝不得碰撞或撬动,如发生移动,应重新铺筑,预制板、梁、圈梁安装时必须坐浆。

13)当采用退榫法砌筑时,砌块就位时的榫面不得高出砂浆表面,内外墙面的榫孔不得贯通。

14)雨天施工不得使用过湿的砌块,以避免砂浆流淌,影响砌体质量;雨后施工时,应复核砌体垂直度。

5. 质量检查

1)组砌方法应正确,不应有通缝,转角处和交接处的斜槎应通顺,密实。

2)墙面应保持清洁,勾缝密实,深浅一致,横竖缝交接处应平整,预埋件、预留孔洞的位置应符合设计要求。

3)砌体的允许偏差和检查方法见表4-53。

表 4-53　粉煤灰砌块砌体允许偏差和外观质量标准表

项次	项　目		允许偏差(mm)	检验方法
1	轴线位置		10	用经纬仪、水平仪复查或检查施工记录
2	基础或楼面标高		±15	用经纬仪、水平仪复查或检查施工记录
3	垂直度	每楼层	5	用吊线法检查
		全高　10m 以下	10	用经纬仪或吊线尺检查
		全高　10m 以上	20	用经纬仪或吊线尺检查
4	表面平整		10	用2m 长直尺和塞尺检查
5	水平灰缝平直度	清水墙	7	灰缝上口处用10m 长的线拉直并用尺检查
		混水墙	10	
6	水平灰缝厚度		+10、-5	与线杆比较,用尺检查
7	竖向灰缝宽度		+10、-5　>30用细石混凝土	用尺检查
8	门窗洞口宽度(后塞框)		+10、-5	用尺检查
9	清水墙面游丁走缝		2	用吊线和尺检查

4)龄期为28天,标准养护的同强度等级砂浆或细石混凝土的平均强度不得低于设计强度等级。其中任意一组试块的最低值,对于砂浆不低于设计强度等级的75%,对于细石混凝土不低于设计强度等级的85%。

第六节   石砌体施工

一、材料要求

石砌体采用的石材应质地坚实、无风化剥落和裂纹。用于清水墙、柱表面的石材,尚应色泽均匀。

1)石材的强度等级:Mu100、Mu80、Mu60、Mu50、Mu40、Mu30 和 Mu20,8 层及 5 层以上建筑的墙,以及受振动或层高大于 6m 的柱、墙所用石材的最低强度等级为 Mu30。

2)石材按其加工后的外形规则程度,可分为料石和毛石,见表 4-54。

料石分为细料石、粗料石和毛料石。

①细料石。通过细加工,外表规则,叠砌面凹入深度不应大于 10mm,截面的宽度、高度不宜小于 200mm,且不宜小于长度的 1/4,见表 4-55。

②粗料石。规格尺寸同上,但叠砌面凹入深度不应大于 20mm。

③毛料石。外形大致方正,一般不加工或仅稍加修整,高度不应小于 200mm,叠砌面凹入深度不应大于 25mm。

3)毛石形状不规则,中部厚度不应小于 200mm。

表 4-54   料石各面的加工要求

项次	料石种类	外露面及相接周边的表面凹入深度	叠砌面和接砌面的表面凹入深度
1	细料石	不大于 2mm	不大于 10mm
2	半细料石	不大于 10mm	不大于 15mm
3	粗料石	不大于 20mm	不大于 20mm
4	毛料石	稍加修整	不大于 25mm

注:①相接周边的表面系指叠砌面、接砌面与外露面相接处 20~50mm 范围内的部分。
②如设计对外露面有特殊要求,应按设计要求加工。

表 4-55   料石加工允许偏差

项次	料石种类	允许偏差	
		宽度、厚度(mm)	长度(mm)
1	细料石、半细料石	±3	±5
2	粗料石	±5	±7
3	毛料石	±10	±15

注:如设计有特殊要求,应按设计要求加工。

4)粗打要求达到边角面基本平整,正面不平的部分要基本凿平,凿点距离在 12~15mm,凹凸处高低差不超过 15mm,凿打顺序是沿着修边的表面边沿进行。

5)第一遍錾凿是在粗打的基础上进行的。凿点距离 8~10mm,要求达到凿点分布均匀,露明部分的边、棱角、面平直方正。

6)第二遍錾凿要求达到边、角、棱、面平直方整,不得有掉棱缺角和扭曲,叠砌面要符合灰缝的要求。凿点的距离在 6mm 左右,表面平整用 30cm 直尺检查,低凹处不超过 3mm,正面直视不见凹窟。

7)第一遍剁斧要用剁斧基准线法,沿着基准线顺序进行,控制每 100mm 内有 40～50 条斧痕,要求达到表面平整度在 100mm 内,低凹部分不超过 3mm,边棱必须方直,角、面必须平整。

8)第二遍剁斧操作与第一遍剁斧一致,但要求斧痕方向与第一遍剁斧相垂直,在 100mm 内有 70～80 条斧痕,表面平整度在 100mm 内,低凹部分不超过 2mm,棱、角、面较第一遍剁斧更细致方整。

9)特种加工是对各种加工操作方法的综合应用,具体造型和加工要求由设计定。

10)一般的磨光经粗磨和细磨即可。磨光的坯料必须选择色泽均匀,没有裂痕、气孔、晶洞的石材,以保证加工效果良好。

二、毛石基础砌筑施工

1)毛石基础断面形状有矩形、阶梯形和梯形。基础顶面宽应比墙基宽度大 200mm。阶梯形基础每阶高度不小于 300mm,每阶伸出宽度不宜大于 200mm,如图 4-30 所示。

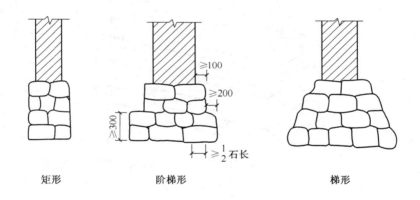

矩形　　　　　　　阶梯形　　　　　　　梯形

图 4-30　毛石基础

2)毛石基础的扩大部分可单面挂线,用直尺控制另一面,以上应双面挂线,按线砌筑。

3)毛石基础第一皮石块应坐浆,即在开始砌筑前先铺砂浆 30～50mm,然后选用较大较整齐的石块,大面朝下,放稳放平。从第二皮开始,应分皮卧砌,并应上下错缝,内外搭砌,不得采用外面侧立石块中间填心的砌法。

4)毛石基础最好设置拉结石,每皮内每隔 2m 设置一块。拉结石长度,如基础宽度等于或小于 400mm,应等于基础宽度,如基础宽度大于 400mm,可用两块拉结石内外搭接,搭接长度不应小于 150mm,且其中一块长度不小于基础宽度的 2/3。

5)石块间较大的空隙应先填塞砂浆,后用碎石块嵌塞,不得采用先摆碎石块,后塞砂浆或干填碎石块的方法。

6)灰缝厚度 20～30mm,砂浆应饱满,石块间不得有相互接触现象。阶梯形毛石基础,上阶的石块应至少压砌下阶石块的 1/2。

7)毛石基础的最上一皮,宜选用较大的毛石砌筑,第一皮及转角砌筑毛石挡土墙,每砌3～4皮为一个分层高度,每个分层高度应找平1次;外露面的灰缝厚度不得大于400mm,2个分层高度间分层处的错缝不得小于80mm,砌法如图4-31所示。

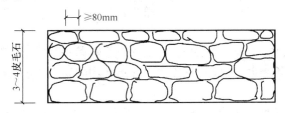

图4-31　毛石挡土墙立面

三、毛石与砖施工

1)在毛石和普通砖的组合墙中,毛石砌体与砖砌体应同时砌筑,并每隔4～6皮砖用2～3皮丁砖与毛石砌体拉结组合。两种砌材间的空隙应用砂浆填满,砌法如图4-32所示。

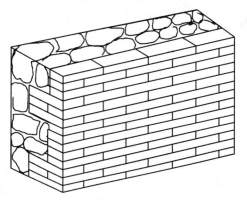

图4-32　毛石和普通砖组合墙

2)毛石墙和砖墙相接的转角处及交接处应同时砌筑。

3)转角处应自纵墙(或横墙)每隔4～6皮砖高度引出不小于120mm与横墙(或纵墙)相接,做法如图4-33所示。

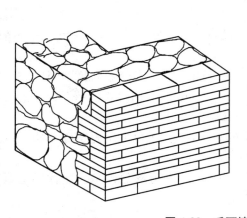
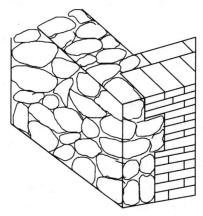

图4-33　毛石墙和砖墙转角处

4)交接处应自纵墙每隔4～6皮砖高度引出不小于120mm与横墙相接,做法如图4-34所示。

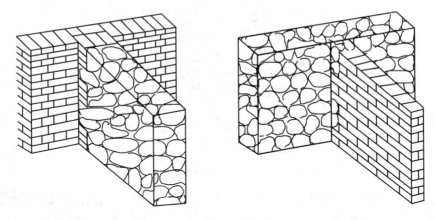

图 4-34　毛石墙和砖墙的交接处

5)毛石砌体每天的砌筑高度,不应超过1.2m。

四、料石施工

1)料石砌体是由毛料石、粗料石或细料石砌成的砌体,毛料石、粗料石可砌成基础和墙,细料石可砌成墙和柱。

2)料石基础可做阶梯形,上阶料石应至少压砌下阶料石的1/3。

3)料石基础的第一皮料石应用丁砌座浆砌筑。

4)料石墙的厚度不应小于200mm。

5)料石砌体应上下错缝搭砌。砌体厚度等于或大于两块料石宽度时,如同皮内全部顺砌,每砌两皮后,应丁砌一层;如同皮内采用丁顺组砌,丁砌石应交错设置,其中心间距不应大于2m。

6)料石挡土墙,当中间部分用毛石砌时,丁砌料石伸入毛石部分的长度不小于200mm。料石砌体灰缝厚度:毛料石和粗料石砌体不宜大于20mm;细料石砌体不宜大于5mm。

7)砌筑料石砌体时,料石应放置平稳,砂浆铺设厚度应略高于规定灰缝厚度,其高出厚度,细料石、毛料石宜为6～8mm。

五、料石、毛石、砖砌筑施工

在料石和毛石或砖的组合墙中,料石砌体和毛石砌体或砖砌体应同时砌筑,并每隔2～3皮料石层用丁砌层与毛石层砌体或砖砌体拉结砌合。丁砌料石的长度宜与组合墙厚度相同,如图4-35所示。

六、料石过梁与拱施工

1)用料石作过梁,若设计无规定,则过梁厚度应为200～450mm,净跨度不宜大于1.2m,两端各伸入墙内长度不应小于250mm,过梁宽度与墙厚相等。过梁断续砌墙时,其正中料石的长度不应小于过梁净跨度的1/3,其两边应砌不小于过梁净跨度2/3的料石,砌法如图4-36所示。

2)用料石平拱,料石应加工成楔形(上宽下窄),在拱脚处坡度以60°为宜。平拱石料块

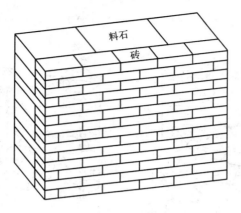

图 4-35　料石和砖组合墙

数应为单数,平拱厚度与墙厚相等,平拱高度为二皮料石高。平拱砌筑时,应先支设模板,并从两边对称地向中间砌筑,正中一块锁石要挤紧。所用的砌筑砂浆强度等级不应低于 M10,灰缝厚度宜为 5mm。拆模时,砂浆强度必须大于设计强度的 70%,做法如图 4-37 所示。

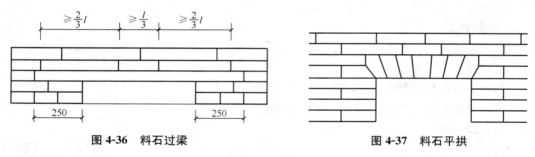

图 4-36　料石过梁　　　　　　　　　　图 4-37　料石平拱

七、质量检查

石砌体工程质量分为合格和不合格。

质量合格标准:主控项目应全部符合规定;一般项目应有 80% 及以上的检查处符合规定或偏差值在允许偏差范围以内。

(1)主控项目

1)石材及砂浆强度等级必须符合设计要求。

石材检查数量:同一产地的石材至少应抽检 1 组。

砂浆试块检查数量:每一检验批且不超过 250m³ 砌体的各种类型及强度等级的砌筑砂浆,每台搅拌机应至少抽检 1 次。

检验方法:料石检查产品质量证明书,石材、砂浆检查试块试验报告。

2)砂浆饱满度不应小于 80%。

检查数量:每步架抽查不应少于 1 处。

检验方法:观察检查。

3)石砌体的轴线位置及垂直度允许偏差应符合表 4-56 的规定。

检查数量:外墙按楼层(或 4m 高以内)每 20m 检查 1 处,每处 3 延长米,但不应少于 3 处;内墙按有代表性的自然间抽查 10%,但不应少于 3 间,每间不应少于 2 处,柱不应少于 5 根。

表 4-56 石砌体的轴线位置及垂直度允许偏差

项次	项目		允许偏差(mm)						检查方法
		毛石砌体		料石砌体					
				毛料石		粗料石		细料石	
		基础	墙	基础	墙	基础	墙	墙、柱	
1	轴线位置	20	15	20	15	15	10	10	用经纬仪和尺检查,或用其他测量仪器检查
2	墙面垂直度 每层		20		20		10	7	用经纬仪、吊线和尺检查或用其他测量仪器检查
	全高		30		30		25	20	

(2)一般项目

石砌体的一般尺寸允许偏差应符合表 4-57 的规定。

检查数量:外墙按楼层(4m 高以内)每 20m 抽查 1 处,每处 3 延长米,但不应少于 3 处;内墙按有代表性的自然间抽查 10%,但不应少于 3 间,每间不应少于 2 处,柱不应少于 5 根。

表 4-57 石砌体的一般尺寸允许偏差

项次	项目		允许偏差 (mm)					检查方法
		毛石砌体		料石砌体				
		基础	墙	基础	墙	基础	墙	墙、柱	
1	基础和墙砌体顶面标高	±25	±15	±25	±15	±15	±15	±10	用水准仪和尺检查
2	砌体厚度	+30	+20 -10	+30	+20 -10	+15	+10 -5	+10 -5	用尺检查
3	表面平整度 清水墙、柱	—	20	—	20		10	5	细料石用 2m 靠尺和楔形塞尺检查,其他用两直尺垂直于灰缝拉 2m 线和尺检查
	混水墙、柱	—	20	—	20		15	—	
4	清水墙水平灰缝平直度	—	—	—	—		10	5	拉 10m 线和尺检查

石砌体的组砌形式应符合下列规定。

1)内外搭砌、上下错缝,拉结石、丁砌石交错设置。

2)毛石墙拉接石每 0.7m² 墙面不应少于 1 块。

检查数量:外墙按楼层(或 4m 高以内)每 20m 抽查 1 处,每处 3 延长米,但不应少于 3 处;内墙按代表性的自然间抽查 10%,但不应少于 3 间。

检验方法:观察检查。

八、石墙勾缝

1)石墙面勾缝形式有平缝、平凹缝、平凸缝、半圆凹缝、半圆凸缝和三角凸缝等如图 4-38 所示。设计无特殊要求时,墙面应采用凸缝或平缝。

2)设计要求勾缝时,应在砌体砂浆初凝开始,将原灰缝勾刮 25mm 深,并将松散的砂浆刮去,用清水湿润,然后将嵌缝砂浆嵌压入缝内,做成设计要求的勾缝形式。嵌缝应沿砌合

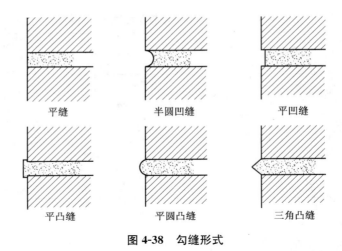

平缝　　　　半圆凹缝　　　　平凹缝

平凸缝　　　　平圆凸缝　　　　三角凸缝

图 4-38　勾缝形式

时的自然缝进行,做到均匀一致,深浅厚度一致,搭接平整。

　　3)勾缝完毕后,应及时清扫好墙面。

第五章　钢筋混凝土工程

第一节　模板工程施工

一、材料要求

1. 钢材及钢管

1）为保证模板结构的承载能力，防止在一定条件下出现脆性破坏，应根据模板体系的重要性、荷载特征、连接方法等不同情况，选用适合的钢材型号和材性，且宜采用 Q235 钢和 Q345 钢。对模板的支架材料宜优先选用钢材。

2）模板的钢材质量应符合下列规定。

①钢材应符合现行国家标准《碳素结构钢》GB/T 700、《低合金高强度结构钢》GB/T 1591 的规定。

②钢管应符合现行国家标准《直缝电焊钢管》GB/T 13793 或《低压流体输送用焊接钢管》GB/T 3091 中规定的 Q235 普通钢管的要求，并应符合现行国家标准《碳素结构钢》GB/T 700 中 Q235A 级钢的规定。不得使用有严重锈蚀、弯曲、压扁及裂纹的钢管。

③钢铸件应符合现行国家标准《一般工程用铸造碳钢件》GB/T 11352 中规定的 ZG 200-420、ZG 230-450、ZG 270-500 和 ZG 310-570 的要求。

④钢管扣件应符合现行国家标准《钢管脚手架扣件》GB 15831 的规定。

⑤连接用的焊条应符合现行国家标准《压水堆核电厂用焊接材料 第 1 部分 1、2、3 级设备用碳钢焊条》NB/T 20009.1 或《压水堆核电厂用焊接材料 第 2 部分：1、2、3 级设备用低合金钢焊条》NB/T 20009.2 中的规定。

⑥连接用的普通螺栓应符合现行国家标准《六角头螺栓 C 级》GB/T 5780 和《六角头螺栓》GB/T 5782 的规定。

⑦组合钢模板及配件制作质量应符合现行国家标准《组合钢模板技术规范》GB 50214 的规定。

3）下列情况的模板承重结构和构件，不应采用 Q235 沸腾钢。

①工作温度低于−20℃承受静力荷载的受弯及受拉的承重结构或构件。

②工作温度等于或低于−30℃的所有承重结构或构件。

4）承重结构采用的钢材应具有抗拉强度、伸长率、屈服强度和硫、磷含量的合格保证，对焊接结构尚应具有碳含量的合格保证。

焊接的承重结构以及重要的非焊接承重结构采用的钢材还应具有冷弯试验的合格保证。

5）当结构工作温度不高于−20℃时，对 Q235 钢和 Q345 钢应具有 0℃冲击韧性的合格保证；对 Q390 钢和 Q420 钢应具有−20℃冲击韧性的合格保证。

6）钢材的强度设计值，应根据钢材厚度或直径。

7)计算下列情况的结构构件或连接件时,强度设计值应乘以下列相应的折减系数。

①单面连接的单角钢。

a. 按轴心受力计算强度和连接:0.85。

b. 按轴心受压计算稳定性。

c. 等边角钢 0.6+0.001λ,但不大于 1.0。

d. 短边相连的不等边角钢 0.5+0.0025λ,但不大于 1.0。

e. 长边相连的不等边角钢:0.7。

f. λ 为长细比,对中间无连系的单角钢压杆,应按最小回转半径计算。当λ<20 时,取λ=20。

②无垫板的单面施焊对接焊缝:0.85。

③施工条件较差的高空安装焊缝连接:0.90。

④当上述几种情况同时存在时,其折减系数应连乘。

8)钢材和钢铸件的物理性能指标应按表 5-1 采用。

表 5-1　钢材和钢铸件的物理性能指标

弹性模量 E(N/mm²)	剪切模量 G(N/mm²)	线膨胀系数 α(以每℃计)	质量密度 ρ(kg/m³)
$2.06×10^5$	$0.79×10^5$	$12×10^{-6}$	78.50

2. 冷弯薄壁型钢

1)用于承重模板结构的冷弯薄壁型钢的带钢或钢板,应采用符合现行国家标准《碳素结构钢》GB/T 700 规定的 Q235 钢和《低合金高强度结构钢》GB/T 1591 规定的 Q345 钢。

2)用于承重模板结构的冷弯薄壁型钢的带钢或钢板,应具有抗拉强度、伸长率、屈服强度、冷弯试验和硫、磷含量的合格保证;对焊接结构尚应具有碳含量的合格保证。

3)焊接采用的材料应符合下列规定。

①手工焊接用的焊条,应符合现行国家相关标准的规定。

②选择的焊条型号应与主体结构金属力学性能相适应。

③当 Q235 钢和 Q345 钢相焊接时,宜采用与 Q235 钢相适应的焊条。

4)连接件及连接材料应符合下列规定。

①普通螺栓除应符合规定外,其机械性能还应符合现行国家标准《紧固件机械性能螺栓、螺钉和螺柱》GB/T 3098.1 的规定。

②连接薄钢板或其他金属板采用的自攻螺钉应符合现行国家标准《紧固件机械性能自钻自攻螺钉》GB/T 3098.11 或《紧固件机械性能自攻螺栓》GB/T 3098.5 的规定。

5)在冷弯薄壁型钢模板结构设计图中和材料订货文件中,应注明所采用钢材的牌号和质量等级、供货条件及连接材料的型号(或钢材的牌号)。必要时尚应注明对钢材所要求的机械性能和化学成分的附加保证项目。

6)计算下列情况的结构构件和连接时,强度设计值,应乘以下列相应的折减系数。

①平面格构式楞系的端部主要受压腹杆:0.85。

②单面连接的单角钢杆件。

a. 按轴心受力计算强度和连接:0.85。

b. 按轴心受压计算稳定性:0.6+0.0014λ。

注:对中间无联系的单角钢压杆,λ 为按最小回转半径计算的杆件长细比。

③无垫板的单面对接焊缝:0.85。

④施工条件较差的高空安装焊缝:0.9。

⑤两构件的连接采用搭接或其间填有垫板的连接,以及单盖板的不对称连接:0.9。

⑥上述几种情况同时存在时,其折减系数应连乘。

7)钢材的物理性能应符合表 5-1 的规定。

3. 木材

1)模板结构或构件的树种应根据各地区实际情况选择质量好的材料,不得使用有腐朽、霉变、虫蛀、折裂、枯节的木材。

2)模板结构设计应根据受力种类或用途按表 5-2 的要求选用相应的木材材质等级。木材材质标准应符合现行国家标准《木结构设计规范》GB 50005 的规定。

表 5-2 模板结构或构件的木材材质等级

主要用途	材质等级
受拉或拉弯构件	Ⅰa
受弯或压弯构件	Ⅱa
受压构件	Ⅲa

3)用于模板体系的原木、方木和板材可采用目测法分级。选材应符合现行国家标准《木结构设计规范》GB 50005 的规定,不得利用商品材的等级标准替代。

4)用于模板结构或构件的木材,应符合要求。主要承重构件应选用针叶材;重要的木制连接件应采用细密、直纹、无节和无其他缺陷的耐腐蚀的硬质阔叶材。

5)当采用不常用树种木材作模板体系中的主梁、次梁、支架立柱等的承重结构或构件时,可按现行国家标准《木结构设计规范》GB 50005 的要求进行设计。对速生林材,应进行防腐、防虫处理。

6)在建筑施工模板工程中使用进口木材时,应符合下列规定。

①应选择天然缺陷和干燥缺陷少、耐腐朽性较好的树种木材。

②每根木材上应有经过认可的认证标识,认证等级应附有说明,并应符合国家商检规定;进口的热带木材,还应附有无活虫虫孔的证书。

③进口木材应有中文标识,并应按国别、等级、规格分批堆放,不得混淆;储存期间应防止木材霉变、腐朽和虫蛀。

④对首次采用的树种,必须先进行试验,达到要求后方可使用。

7)当需要对模板结构或构件木材的强度进行测试验证时,应按现行国家标准《木结构设计规范》GB 50005 的检验标准进行。

8)施工现场制作的木构件,其木材含水率应符合下列规定。

①制作的原木、方木结构,不应大于 25%。

②板材和规格材,不应大于 20%。

③受拉构件的连接板,不应大于 18%。

④连接件,不应大于 15%。

9)当采用原木时,若验算部位未经切削,其顺纹抗压、抗弯强度设计值和弹性模量可提高 15%。

10)当构件矩形截面的短边尺寸不小于 150mm 时,其强度设计值可提高 10%。

11)当采用湿材时,各种木材的横纹承压强度设计值和弹性模量以及落叶松木材的抗弯强度设计值宜降低 10%。

12)使用有钉孔或各种损伤的旧木材时,强度设计值应根据实际情况予以降低。

13)进口规格材应由主管的管理机构按规定的专门程序确定强度设计值和弹性模量。

14)本规范采用的木材名称及常用树种木材主要特性、主要进口木材现场识别要点及主要材性、已经确定的目测分级规格材的树种和设计值应符合现行国家标准《木结构设计规范》GB 50005 的有关规定。

4. 铝合金型材

1)当建筑模板结构或构件采用铝合金型材时,应采用纯铝加入锰、镁等合金元素构成的铝合金型材,并应符合国家现行标准《建筑用隔热铝及铝合金型材》JG 175 的规定。

2)铝合金型材的机械性能应符合表 5-3 的规定。

表 5-3　铝合金型材的机械性能

牌号	材料状态	壁厚 (mm)	抗拉极限强度 σ_b (N/mm^2)	屈服强度 $\sigma_{0.2}$ (N/mm^2)	伸长率 δ (%)	弹性模量 E_c (N/mm^2)
LD$_2$	C$_Z$	所有尺寸	≥180	—	≥14	1.83×10^5
	C$_S$		≥280	≥210	≥12	
LY$_{11}$	C$_Z$	≤10.0	≥360	≥220	≥12	
	C$_S$	10.1~20.0	≥380	≥230	≥12	
LY$_{12}$	C$_Z$	<5.0	≥400	≥300	≥10	2.14×10^5
		5.1~10.0	≥420	≥300	≥10	
		10.1~20.0	≥430	≥310	≥10	
LC$_4$	C$_S$	≤10.0	≥510	≥440	≥6	2.14×10^5
		10.1~20.0	≥540	≥450	≥6	

注:材料状态代号名称:C$_Z$——淬火(自然时效);C$_S$——淬火(人工时效)。

3)铝合金型材的横向、高向机械性能应符合表 5-4 的规定。

表 5-4　铝合金型材的横向、高向机械性能

牌号	材料状态	取样部位	抗拉极限强度 σ_b (N/mm^2)	屈服强度 $\sigma_{0.2}$ (N/mm^2)	伸长率 δ (%)
LY$_{12}$	C$_Z$	横向	>400	>290	≥6
		高向	≥350	≥290	≥4
LC$_4$	C$_S$	横向	≥500	—	≥4
		高向	≥480	—	≥3

注:材料状态代号名称:C$_Z$——淬火(自然时效);C$_S$——淬火(人工时效)。

4)建筑模板结构或构件,当采用铝合金型材时,其强度设计值应按表5-5。

表5-5　铝合金型材的强度设计值　　　　　　　　（N/mm²）

牌　号	材料状态	壁厚（mm）	抗拉、抗压、抗弯强度设计值 f_{Lm}	抗剪强度设计值 f_{LV}
LD₂	C_S	所有尺寸	140	80
LY₁₁	C_Z	≤10.0	146	84
	C_S	10.1～20.0	153	88
LY₁₂	C_Z	≤5.0	200	116
		5.1～10.0	200	116
		10.1～20.0	206	119
LC₄	C_S	≤10.0	293	170
		10.1～20.0	300	174

注:材料状态代号名称:C_Z——淬火(自然时效);C_S——淬火(人工时效)。

5)当采用不同牌号的铝合金型材时,应有可靠的实验数据,并经数理统计确定设计指标后方可使用。

5. 竹、木胶合模板板材

1)胶合模板板材表面应平整光滑,具有防水、耐磨、耐酸碱的保护膜,并应有保温性能好、易脱模和可两面使用等特点。板材厚度不应小于12mm,并应符合国家现行标准《混凝土模板用胶合板》GB/T 17656的规定。

2)各层板的原材含水率不应大于15%,且同一胶合模板各层原材间的含水率差别不应大于5%。

3)胶合模板应采用耐水胶,其胶合强度不应低于木材或竹材顺纹抗剪和横纹抗拉的强度,并应符合环境保护的要求。

4)进场的胶合模板除应具有出厂质量合格证外,还应保证外观及尺寸合格。

5)常用木胶合模板的厚度宜为12mm、15mm、18mm,其技术性能应符合下列规定。

①不浸泡,不蒸煮:剪切强度1.4～1.8N/mm²。

②室温水浸泡:剪切强度1.2～1.8N/mm²。

③沸水煮24h:剪切强度1.2～1.8N/mm²。

④含水率:5%～13%。

⑤密度:450～880kg/m³。

⑥弹性模量:4.5×10³～11.5×10³N/mm²。

6)常用复合纤维模板的厚度宜为12mm、15mm、18mm,其技术性能应符合下列规定:

①静曲强度:横向28.22～32.3N/mm²;纵向52.62～67.21N/mm²。

②垂直表面抗拉强度:大于1.8N/mm²。

③72h吸水率:小于5%。

④72h吸水膨胀率:小于4%。

⑤耐酸碱腐蚀性:在1%苛性钠中浸泡24h,无软化及腐蚀现象。

⑥耐水气性能：在水蒸气中喷蒸 24h 表面无软化及明显膨胀。

⑦弹性模量：大于 $6.0 \times 10^3 \text{N/mm}^2$。

7)覆面竹胶合板的抗弯强度设计值和弹性模量应根据试验所得的可靠数据采用。

二、模板的主要类型

1. 按材料组成分类

(1)木模板

木模板是钢筋混凝土结构施工中采用较早的一种模板。木模板是使混凝土按几何尺寸成型的模型板，俗称壳子板，因此木模板选用的木材品种应根据它的构造来确定。与混凝土表面接触的模板，为了保证混凝土表面的光洁，宜采用红松、白松、杉木，因为它重量轻，不易变形，可以增加模板的使用次数。如混凝土表面不露明或需抹灰时，则可尽量采用其他树种的木材做模板。用多层胶合板做模板料进行施工的方法：用胶合板制作模板，加工成型比较省力，材质坚韧，不透水，自重轻，浇筑出的混凝土外观比较清晰美观。

(2)塑料模板

塑料模板是随着钢筋混凝土预应力现浇密肋楼盖的出现而创造出来的，其形状如一方形大盆，支模时间倒扣在支架上，底面朝上，也称塑壳定型模板。在支模四侧浇筑混凝土，使之形成十字交叉的楼盖肋梁。这种楼壳的优点是拆模快，容易周转，但仅能用于钢筋混凝土结构的楼盖施工中。

(3)钢木组合模板

钢木组合模板是由钢框和面板组成的，钢框是由角钢或其他异型钢材制成的；面板材料有胶合板、竹塑板、纤维板、蜂窝纸板等，无论采用何种材料面板，其表面均需做防水处理。目前，工程中常用的钢木组合模板的品种有钢框覆膜胶合板组合模板、钢框木(竹)组合模板及利建模板体系等。

(4)胶合板模板

胶合板模板是指用钢、木等制作框架，用胶合成的木制、竹制或塑料纤维等制成的板面，并配置各种配件组合成的复合模板。工程中，常用的胶合板模板有竹(木)胶合板模板、钢框胶合板模板及无框胶合板模板等。其中，以钢框胶合板模板的应用范围较广。钢框胶合板模板是以热轧异型型钢为边框，以胶合板为面板，再用沉头螺丝或拉铆钉连接面板横竖肋而构成的一种模板体系。其边框厚度为 95mm，面板厚 15～18mm，面板与边框相接处缝隙应涂有密封胶。模板之间用螺栓连接，并配有专用夹具，以加强模板间连接的紧密性。

(5)组合钢模板

组合钢模板是目前使用较广泛的一种通用性组合模板，可用于现浇钢筋混凝土结构施工。组合钢模板安装时，可以采用散装散拆法，也可事先按设计要求组拼成各种结构模板再整体吊装就位。

国内使用的组合式钢模板大致可分为两类，一类为小块钢模，亦称为小块组合钢模，它是以一定尺寸模数做成不同大小的单块钢模，最大尺寸是 300mm×1500mm×50mm，在施工时按构件所需尺寸，采用 U 形卡将板缝卡紧形成一体；其中 55 型组合钢模板又称组合式定型小钢模，是目前使用较广泛的一种通用性组合模板。另一类是大模板，它用于墙体的支模，多用在剪力墙结构中，模板的大小按设计的墙身大小而定型制作。是由钢模板、连接件和支承件 3 部分组成。

(6)定型钢模板

定型钢模板是由钢板与型钢焊接而成,分小钢模板和大钢模板 2 种。

1)小钢模板的构造:面层一般为 2mm 厚的钢板,肋用 50mm×5mm 扁钢点焊焊接,边框上钻有 20mm×10mm 的连接孔。小钢模的规格较多,以便适用于基础、梁、板、柱、墙等构件模板的制作,并有定型标准和非标准之分。

2)大钢模板也称大模板,是一种大型的定型模板,主要用于浇筑混凝土墙体,模板尺寸与大模板墙相配套,一般与楼层高度和开间尺寸相适应,例如高度为 2.7m、2.9m,长度为 2.7m、3.0m、3.3m、3.6m 等。大钢模板主要由板面系统、支撑系统、操作平台和附件组成,面板一般采用厚 4~5mm 的整块钢板焊成或用厚 2~3mm 的定型组合钢模板拼装而成。

2. 按施工工艺条件分类

1)现浇混凝土模板。即根据混凝土结构形状、尺寸就地形成的模板,如基础、梁、板等现浇混凝土结构模板。其支撑体系多通过支于地面或基坑侧壁以及对拉螺栓来承受混凝土的竖向或侧向压力。这种模板的适应性较强,但周转较慢。

2)预组装模板。是由定型模板分段预组成较大面积的模板及其支承体系,可用起重设备吊运至混凝土浇筑位置,多用于大体积混凝土工程。

3)大模板。也称大钢模板,是由固定单元形成的固定标准系列的大型定型模板,多用于高层建筑的墙板体系。其模板尺寸与大模墙相配套,一般与楼层高度和开间尺寸相适应。用于平面楼板的大模板则称为飞模或台模。

4)爬升模板。是由二段以上固定形状的模板组成的,它通过埋设于混凝土中的固定件而形成模板支承条件,用以承受混凝土施工荷载,当混凝土达到一定强度时,拆模上翻,以形成新的模板体系。多用于设有滑升设备的高耸混凝土结构工程。

5)滑动模板。

①水平滑动的隧道工程模板。是由短段标准模板组成的整体模板,它通过滑道或轨道支于地面,并沿结构纵向平行移动的模板体系。多用于地下直行结构,如隧道、地沟、封闭顶面的混凝土结构。

②垂直滑动模板。由小段固定形状的模板、提升设备及操作平台组成的可设混凝土成型方向平行移动的模板体系。根据提升设备的不同,又可分为液压滑模、螺旋丝杠滑移、拉力滑模等,多用于高耸框架、烟囱、圆形料仓等钢筋混凝土结构。

3. 其他模板

自 20 世纪 80 年代中期以来,随着现浇混凝土结构的发展,模板的发展也更为迅速,并日趋多样化,还出现玻璃钢模板、压型钢模板、装饰混凝土模板及复合材料模板等类型。

三、模板构造与安装

1. 一般规定

1)模板安装前必须做好下列安全技术准备工作。

①应审查模板结构设计与施工说明书中的荷载、计算方法、节点构造和安全措施,设计审批手续应齐全。

②应进行全面的安全技术交底,操作班组应熟悉设计与施工说明书,并应做好模板安装作业的分工准备。采用爬模、飞模、隧道模等特殊模板施工时,所有参加作业人员必须经过专门技术培训,考核合格后方可上岗。

③应对模板和配件进行挑选、检测,不合格者应剔除,并应运至工地指定地点堆放。

④备齐操作所需的一切安全防护设施和器具。

2)模板构造与安装应符合下列规定。

①模板安装应按设计与施工说明书顺序拼装。木杆、钢管、门架等支架立柱不得混用。

②竖向模板和支架立柱支承部分安装在基土上时,应加设垫板,垫板应有足够强度和支承面积,且应中心承载。基土应坚实,并应有排水措施。对湿陷性黄土应有防水措施;对特别重要的结构工程可采用混凝土、打桩等措施防止支架柱下沉。对冻胀性土应有防冻融措施。

③当满堂或共享空间模板支架立柱高度超过 8m 时,若地基土达不到承载要求,无法防止立柱下沉,则应先施工地面下的工程,再分层回填夯实基土,浇筑地面混凝土垫层,达到强度后方可支模。

④模板及其支架在安装过程中,必须设置有效防倾覆的临时固定设施。

⑤现浇钢筋混凝土梁、板,当跨度大于 4m 时,模板应起拱;当设计无具体要求时,起拱高度宜为全跨长度的 $1/1000\sim3/1000$。

⑥现浇多层或高层房屋和构筑物,安装上层模板及其支架应符合下列规定。

a. 下层楼板应具有承受上层施工荷载的承载能力,否则应加设支撑支架。

b. 上层支架立柱应对准下层支架立柱,并应在立柱底铺设垫板。

c. 当采用悬臂吊模板、桁架支模方法时,其支撑结构的承载能力和刚度必须符合设计构造要求。

⑦当层间高度大于 5m 时,应选用桁架支模或钢管立柱支模。当层间高度小于或等于 5m 时,可采用木立柱支模。

3)安装模板应保证工程结构和构件各部分形状、尺寸和相互位置的正确,防止漏浆,构造应符合模板设计要求。

模板应具有足够的承载能力、刚度和稳定性,应能可靠承受新浇混凝土自重和侧压力以及施工过程中所产生的荷载。

4)拼装高度为 2m 以上的竖向模板,不得站在下层模板上拼装上层模板。安装过程中应设置临时固定设施。

5)当承重焊接钢筋骨架和模板一起安装时,应符合下列规定。

①梁的侧模、底模必须固定在承重焊接钢筋骨架的节点上。

②安装钢筋模板组合体时,吊索应按模板设计的吊点位置绑扎。

6)当支架立柱成一定角度倾斜,或其支架立柱的顶表面倾斜时,应采取可靠措施确保支点稳定,支撑底脚必须有防滑移的可靠措施。

7)除设计图另有规定者外,所有垂直支架柱应保证其垂直。

8)对梁和板安装二次支撑前,其上不得有施工荷载,支撑的位置必须正确。安装后所传给支撑或连接件的荷载不应超过其允许值。

9)支撑梁、板的支架立柱构造与安装应符合下列规定。

①梁和板的立柱,其纵横向间距应相等或成倍数。

②木立柱底部应设垫木,顶部应设支撑头。钢管立柱底部应设垫木和底座,顶部应设可调支托,U 形支托与楞梁两侧间如有间隙,必须楔紧,其螺杆伸出钢管顶部不得大于

200mm,螺杆外径与立柱钢管内径的间隙不得大于 3mm,安装时应保证上下同心。

③在立柱底距地面 200mm 高处,沿纵横水平方向应按纵下横上的程序设扫地杆。可调支托底部的立柱顶端应沿纵横向设置一道水平拉杆。

a. 扫地杆与顶部水平拉杆之间的间距,在满足模板设计所确定的水平拉杆步距要求条件下,进行平均分配确定步距后,在每一步距处纵横向应各设一道水平拉杆。

b. 当层高在 8～20m 时,在最顶步距两水平拉杆中间应加设一道水平拉杆;当层高大于 20m 时,在最顶两步距水平拉杆中间应分别增加一道水平拉杆。

c. 所有水平拉杆的端部均应与四周建筑物顶紧顶牢。无处可顶时。应在水平拉杆端部和中部沿竖向设置连续式剪刀撑。

④木立柱的扫地杆、水平拉杆、剪刀撑应采用 40mm×50mm 木条或 25mm×80mm 的木板条与木立柱钉牢。

a. 钢管立柱的扫地杆、水平拉杆、剪刀撑应采用 ϕ48mm×3.5mm 钢管。

b. 用扣件与钢管立柱扣牢。木扫地杆、水平拉杆、剪刀撑应采用搭接,并应采用铁钉钉牢。

c. 钢管扫地杆、水平拉杆应采用对接,剪刀撑应采用搭接。

d. 搭接长度不得小于 500mm,并应采用 2 个旋转扣件分别在离杆端不小于 100mm 处进行固定。

10)施工时,在已安装好的模板上的实际荷载不得超过设计值。已承受荷载的支架和附件,不得随意拆除或移动。

11)组合钢模板、滑升模板等的构造与安装,尚应符合现行国家标准《组合钢模板技术规范》GB 50214 和《滑动模板工程技术规范》GB 50113 的相应规定。

12)安装模板时,安装所需各种配件应置于工具箱或工具袋内,严禁散放在模板或脚手板上;安装所用工具应系挂在作业人员身上或置于所配带的工具袋中,不得掉落。

13)当模板安装高度超过 3.0m 时,必须搭设脚手架,除操作人员外,脚手架下不得站其他人。

14)吊运模板时,必须符合下列规定。

①作业前应检查绳索、卡具、模板上的吊环,必须完整有效,在升降过程中应设专人指挥,统一信号,密切配合。

②吊运大块或整体模板时,竖向吊运不应少于 2 个吊点,水平吊运不应少于 4 个吊点。吊运必须使用卡环连接,并应稳起稳落,待模板就位连接牢固后,方可摘除卡环。

③吊运散装模板时,必须码放整齐,待捆绑牢固后方可起吊。

④严禁起重机在架空输电线路下面工作。

⑤遇 5 级及以上大风时,应停止一切吊运作业。

15)木料应堆放在下风向,离火源不得小于 30m,且料场四周应设置灭火器材。

2. 模板的支架立柱构造与安装

1)梁式或桁架式支架的安装应符合下列规定。

①采用伸缩式桁架时,其搭接长度不得小于 500mm,上下弦连接销钉规格、数量应按设计规定,并应采用不少于 2 个 U 形卡或钢销钉销紧,2 个 U 形卡距或销距不得小于 400mm。

②安装的梁式或桁架式支架的间距设置应与模板设计图一致。

③支承梁式或桁架式支架的建筑结构应具有足够强度,否则,应另设立柱支撑。

④若桁架采用多榀成组排放,在下弦折角处必须加设水平撑。

2)工具式立柱支撑的构造与安装应符合下列规定。

①工具式钢管单立柱支撑的间距应符合支撑设计的规定。

②立柱不得接长使用。

③所有夹具、螺栓、销子和其他配件应处在闭合或拧紧的位置。

3)木立柱支撑的构造与安装应符合下列规定。

①木立柱宜选用整料,当不能满足要求时,立柱的接头不宜超过 1 个,并应采用对接夹板接头方式。立柱底部可采用垫块垫高,但不得采用单码砖垫高,垫高高度不得超过 300mm。

②木立柱底部与垫木之间应设置硬木对角楔调整标高,并应用铁钉将其固定在垫木上。

③木立柱间距、扫地杆、水平拉杆、剪刀撑的设置应符合《组合钢模板技术规范》GB 50214 的规定,严禁使用板皮替代规定的拉杆。

④所有单立柱支撑应在底垫木和梁底模板的中心,并应与底部垫木和顶部梁底模板紧密接触,且不得承受偏心荷载。

⑤当仅为单排立柱时,应在单排立柱的两边每隔 3m 加设斜支撑,且每边不得少于 2 根,斜支撑与地面的夹角应为 60°。

4)当采用扣件式钢管作立柱支撑时,其构造与安装应符合下列规定。

①钢管规格、间距、扣件应符合设计要求。每根立柱底部应设置底座及垫板。垫板厚度不得小于 50mm。

②钢管支架立柱间距、扫地杆、水平拉杆、剪刀撑的设置应符合《组合钢模板技术规范》GB 50214 的规定。当立柱底部不在同一高度时,高处的纵向扫地杆应向低处延长不少于 2 跨,高低差不得大于 1m。立柱距边坡上方边缘不得小于 0.5m。

③立柱接长严禁搭接,必须采用对接扣件连接,相邻两立柱的对接接头不得在同步内,且对接接头沿竖向错开的距离不宜小于 500mm,各接头中心距主节点不宜大于步距的 1/3。

④严禁将上段的钢管立柱与下段钢管立柱错开固定在水平拉杆上。

⑤满堂模板和共享空间模板支架立柱,在外侧周圈应设由下至上的竖向连续式剪刀撑。

a. 中间在纵横向应每隔 10m 左右设由下至上的竖向连续式剪刀撑,其宽度宜为 4～6m,并在剪刀撑部位的顶部、扫地杆处设置水平剪刀撑如图 5-1 所示。

b. 剪刀撑杆件的底端应与地面顶紧,夹角宜为 45°～60°。

c. 当建筑层高在 8～20m 时,除应满足上述规定外,还应在纵横向相邻的两竖向连续式剪刀撑之间增加之字斜撑,在有水平剪刀撑的部位,应在每个剪刀撑中间处增加一道水平剪刀撑如图 5-2 所示。

d. 当建筑层高超过 20m 时,在满足以上规定的基础上,应将所有之字斜撑全部改为连续式剪刀撑如图 5-3 所示。

⑥当支架立柱高度超过 5m 时,应在立柱周圈外侧和中间有结构柱的部位,按水平间距 6～9m、竖向间距 2～3m 与建筑结构设置一个固结点。

5)当采用标准门架作支撑时,其构造与安装应符合下列规定。

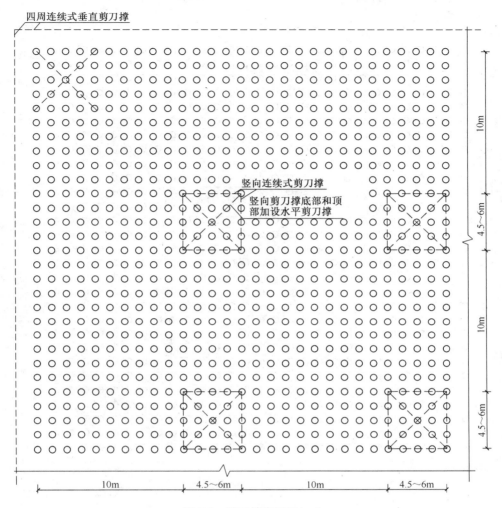

图 5-1　剪刀撑布置图(一)

①门架的跨距和间距应按设计规定布置,间距宜小于 1.2m;支撑架底部垫木上应设固定底座或可调底座。门架、调节架及可调底座,其高度应按其支撑的高度确定。

②门架支撑可沿梁轴线垂直和平行布置。当垂直布置时在两门架间的两侧应设置交叉支撑;当平行布置时,在两门架间的两侧亦应设置交叉支撑,交叉支撑应与立杆上的锁销锁牢,上下门架的组装连接必须设置连接棒及锁臂。

③当门架支撑宽度为 4 跨及以上或 5 个间距及以上时,应在周边底层、顶层、中间每 5 列、5 排在每门架立杆跟部设 ϕ8mm×3.5mm 通长水平加固杆,并应采用扣件与门架立杆扣牢。

④当门架支撑高度超过 8m 时,剪刀撑不应大于 4 个间距,并应采用扣件与门架立杆,扣牢。

⑤顶部操作层应采用挂扣式脚手板满铺。

6)悬挑结构立柱支撑的安装应符合下列要求。

①多层悬挑结构模板的上下立柱应保持在同一条垂直线上。

②多层悬挑结构模板的立柱应连续支撑,并不得少于 3 层。

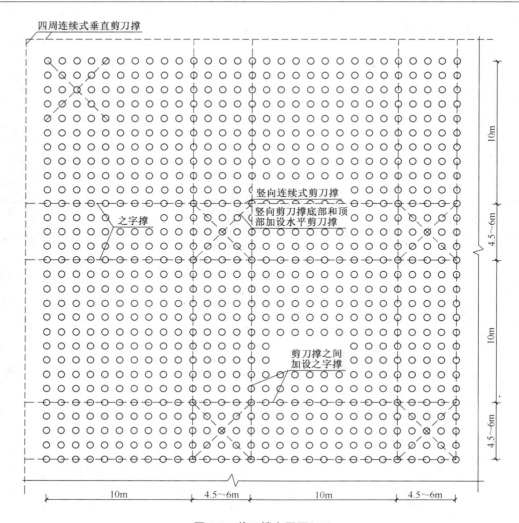

图 5-2　剪刀撑布置图(二)

3. 普通模板构造与安装

1)基础及地下工程模板应符合下列规定。

①地面以下支模应先检查土壁的稳定情况,当有裂纹及塌方危险迹象时,应采取安全防范措施后,方可下人作业。当深度超过 2m 时,操作人员应设梯上下。

②距基槽(坑)上口边缘 1m 内不得堆放模板。向基槽(坑)内运料应使用起重机、溜槽或绳索;运下的模板严禁立放在基槽(坑)土壁上。

③斜支撑与侧模的夹角不应小于 45°,支在土壁的斜支撑应加设垫板,底部的对角楔木应与斜支撑连牢。高大长脖基础若采用分层支模时,其下层模板应经就位校正并支撑稳固后,方可进行上一层模板的安装。

④在有斜支撑的位置,应在两侧模间采用水平撑连成整体。

2)柱模板应符合下列规定。

①现场拼装柱模时,应适时地安设临时支撑进行固定,斜撑与地面的倾角宜为 60°,严

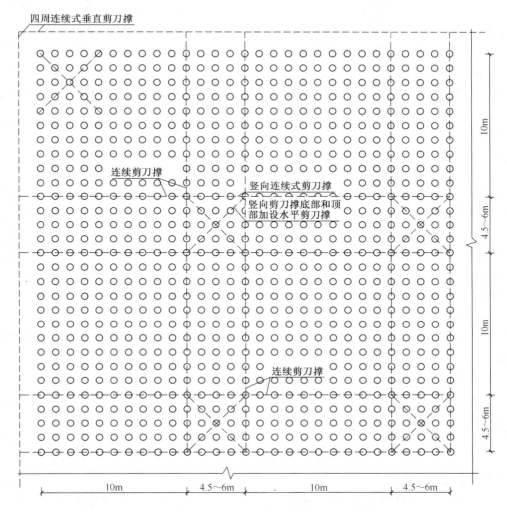

图 5-3　剪刀撑布置图（三）

禁将大片模板系在柱子钢筋上。

②待四片柱模就位组拼经对角线校正无误后，应立即自下而上安装柱箍。

③若为整体预组合柱模，吊装时应采用卡环和柱模连接，不得采用钢筋钩代替。

④柱模校正(用四根斜支撑或用连接在柱模顶四角带花篮螺栓的揽风绳，底端与楼板钢筋拉环固定进行校正)后，应采用斜撑或水平撑进行四周支撑，以确保整体稳定。当高度超过 4m 时，应群体或成列同时支模，并应将支撑连成一体，形成整体框架体系。当需单根支模时，柱宽大于 500mm 应每边在同一标高上设置不得少于 2 根斜撑或水平撑。斜撑与地面的夹角宜为 45°～60°，下端尚应有防滑移的措施。

⑤角柱模板的支撑，除满足上款要求外，还应在里侧设置能承受拉力和压力的斜撑。

3)墙模板应符合下列规定。

①当采用散拼定型模板支模时，应自下而上进行，必须在下一层模板全部紧固后，方可进行上一层安装。当下层不能独立安设支撑件时，应采取临时固定措施。

②当采用预拼装的大块墙模板进行支模安装时,严禁同时起吊 2 块模板,并应边就位、边校正、边连接,固定后方可摘钩。

③安装电梯井内墙模前,必须在板底下 200mm 处牢固地满铺一层脚手板。

④模板未安装对拉螺栓前,板面应向后倾一定角度。

⑤当钢楞长度需接长时,接头处应增加相同数量和不小于原规格的钢楞,其搭接长度不得小于墙模板宽或高的 15%～20%。

⑥拼接时的 U 形卡应正反交替安装,间距不得大于 300mm;2 块模板对接接缝处的 U 形卡应满装。

⑦对拉螺栓与墙模板应垂直,松紧应一致,墙厚尺寸应正确。

⑧墙模板内外支撑必须坚固、可靠,应确保模板的整体稳定。当墙模板外面无法设置支撑时,应在里面设置能承受拉力和压力的支撑。多排并列且间距不大的墙模板,当其与支撑互成一体时,应采取措施,防止灌筑混凝土时引起临近模板变形。

4)独立梁和整体楼盖梁结构模板应符合下列规定。

①安装独立梁模板时应设安全操作平台,并严禁操作人员站在独立梁底模或柱模支架上操作及上下通行。

②底模与横楞应拉结好,横楞与支架、立柱应连接牢固。

③安装梁侧模时,应边安装边与底模连接,当侧模高度多于 2 块时,应采取临时固定措施。

④起拱应在侧模内外楞连固前进行。

⑤单片预组合梁模,钢楞与板面的拉结应按设计规定制作,并应按设计吊点试吊无误后,方可正式吊运安装,侧模与支架支撑稳定后方准摘钩。

5)楼板或平台板模板应符合下列规定。

①当预组合模板采用桁架支模时,桁架与支点的连接应固定牢靠,桁架支承应采用平直通长的型钢或木方。

②当预组合模板块较大时,应加钢楞后方可吊运。当组合模板为错缝拼配时,板下横楞应均匀布置,并应在模板端穿插销。

③单块模就位安装,必须待支架搭设稳固、板下横楞与支架连接牢固后进行。

④U 形卡应按设计规定安装。

6)其他结构模板应符合下列规定。

①安装圈梁、阳台、雨篷及挑檐等模板时,其支撑应独立设置,不得支搭在施工脚手架上。

②安装悬挑结构模板时,应搭设脚手架或悬挑工作台,并应设置防护栏杆和安全网。作业处的下方不得有人通行或停留。

③烟囱、水塔及其他高大构筑物的模板,应编制专项施工设计和安全技术措施,并应详细地向操作人员进行交底后方可安装。

④在危险部位进行作业时,操作人员应系好安全带。

4. 其他模板构造与安装

(1)爬升模板构造与安装

1)进入施工现场的爬升模板系统中的大模板、爬升支架、爬升设备、脚手架及附件等,应按施工组织设计及有关图纸验收,合格后方可使用。

2)爬升模板安装时,应统一指挥,设置警戒区与通信设施,做好原始记录。并应符合下列规定。

①检查工程结构上预埋螺栓孔的直径和位置,并应符合图纸要求。

②爬升模板的安装顺序应为底座、立柱、爬升设备、大模板、模板外侧吊脚手。

3)施工过程中爬升大模板及支架时,应符合下列规定。

①爬升前,应检查爬升设备的位置、牢固程度、吊钩及连接杆件等,确认无误后,拆除相邻大模板及脚手架间的连接杆件,使各个爬升模板单元彻底分开。

②爬升时,应先收紧千斤钢丝绳,吊住大模板或支架,然后拆卸穿墙螺栓,并检查再无任何连接,卡环和安全钩无问题,调整好大模板或支架的重心,保持垂直,开始爬升。爬升时,作业人员应站在固定件上,不得站在爬升件上爬升,爬升过程中应防止晃动与扭转。

③每个单元的爬升不宜中途交接班,不得隔夜再继续爬升。每单元爬升完毕应及时固定。

④大模板爬升时,新浇混凝土的强度不应低于 $1.2N/mm^2$。支架爬升时的附墙架穿墙螺栓受力处的新浇混凝土强度应达到 $10N/mm^2$ 以上。

⑤爬升设备每次使用前均应检查,液压设备应由专人操作。

4)作业人员应背工具袋,以便存放工具和拆下的零件,防止物件跌落。且严禁高空向下抛物。

5)每次爬升组合安装好的爬升模板、金属件应涂刷防锈漆,板面应涂刷脱模剂。

6)爬模的外附脚手架或悬挂脚手架应满铺脚手板,脚手架外侧应设防护栏杆和安全网。爬架底部亦应满铺脚手板和设置安全网。

7)每步脚手架间应设置爬梯,作业人员应由爬梯上下,进入爬架应在爬架内上下,严禁攀爬模板、脚手架和爬架外侧。

8)脚手架上不应堆放材料,脚手架上的垃圾应及时清除。如需临时堆放少量材料或机具,必须及时取走,且不得超过设计荷载的规定。

9)所有螺栓孔均应安装螺栓,螺栓应采用 $50\sim60N\cdot m$ 的扭矩紧固。

(2)飞模构造与安装

1)飞模的制作组装必须按设计图进行。运到施工现场后,应按设计要求检查合格后方可使用安装。安装前应进行一次试压和试吊,检验确认各部件无隐患。对利用组合钢模板、门式脚手架、钢管脚手架组装的飞模,所用的材料、部件应符合现行国家标准《组合钢模板技术规范》GB 50214、《冷弯薄壁型钢结构技术规范》GB 50018 以及其他专业技术规范的要求。凡属采用铝合金型材、木或竹塑胶合板组装的飞模,所用材料及部件应符合有关专业标准的要求。

2)飞模起吊时,应在吊离地面 0.5m 后停下,待飞模完全平衡后再起吊。吊装应使用安全卡环,不得使用吊钩。

3)飞模就位后,应立即在外侧设置防护栏,其高度不得小于 1.2m,外侧应另加设安全网,同时应设置楼层护栏。并应准确、牢固地搭设出模操作平台。

4)当飞模在不同楼层转运时,上下层的信号人员应分工明确、统一指挥、统一信号,并应采用步话机联络。

5)当飞模转运采用地滚轮推出时，前滚轮应高出后滚轮 10～20mm，并应将飞模重心标画在旁侧，严禁外侧吊点在未挂钩前将飞模向外倾斜。

6)飞模外推时，必须用多根安全绳一端牢固拴在飞模两侧，另一端围绕在飞模两侧建筑物的可靠部位上，并应设专人掌握；缓慢推出飞模，并松放安全绳，飞模外端吊点的钢丝绳应逐渐收紧，待内外端吊钩挂牢后再转运起吊。

7)在飞模上操作的挂钩作业人员应穿防滑鞋，且应系好安全带，并应挂在上层的预埋铁环上。

8)吊运时，飞模上不得站人和存放自由物料，操作电动平衡吊具的作业人员应站在楼面上，并不得斜拉歪吊。

9)飞模出模时，下层应设安全网，且飞模每运转一次后应检查各部件的损坏情况，同时应对所有的连接螺栓重新进行紧固。

（3）隧道模构造与安装

1)组装好的半隧道模应按模板编号顺序吊装就位。并应将 2 个半隧道模顶板边缘的角钢用连接板和螺栓进行连接。

2)合模后应采用千斤顶升降模板的底沿，按导墙上所确定的水准点调整到设计标高，并应采用斜支撑和垂直支撑调整模板的水平度和垂直度，再将连接螺栓拧紧。

3)支卸平台构架的支设，必须符合下列规定。

①支卸平台的设计应便于支卸平台吊装就位，平台的受力应合理。

②平台桁架中立柱下面的垫板，必须落在楼板边缘以内 400mm 左右，并应在楼层下相应位置加设临时垂直支撑。

③支卸平台台面的顶面，必须和混凝土楼面齐平，并应紧贴楼面边缘。相邻支卸平台间的空隙不得过大。支卸平台外周边应设安全护栏和安全网。

4)山墙作业平台应符合下列规定。

①隧道模拆除吊离后，应将特制 U 形卡承托对准山墙的上排对拉螺栓孔，从外向内插入，并用螺帽紧固。U 形卡承托的间距不得大于 1.5m。

②将作业平台吊至已埋设的 U 形卡位置就位，并将平台每根垂直杆件上的 ϕ30 水平杆件落入 U 形卡内，平台下部靠墙的垂直支撑用穿墙螺栓紧固。

③每个山墙作业平台的长度不应超过 7.5m，且不应小于 2.5m，并应在端头分别增加外挑 1.5m 的三角平台。作业平台外周边应设安全护栏和安全网。

四、模板拆除

1. 模板拆除要求

1)模板的拆除措施应经技术主管部门或负责人批准，拆除模板的时间可按现行国家标准《混凝土结构工程施工质量验收规范》GB 50204 的有关规定执行。冬期施工的拆模，应符合专门规定。

2)当混凝土未达到规定强度或已达到设计规定强度，需提前拆模或承受部分超设计荷载时，必须经过计算和技术主管确认其强度能足够承受此荷载后，方可拆除。

3)在承重焊接钢筋骨架作配筋的结构中，承受混凝土重量的模板，应在混凝土达到设计强度的 25％后方可拆除承重模板。当在已拆除模板的结构上加置荷载时，应另行核算。

4)大体积混凝土的拆模时间除应满足混凝土强度要求外，还应使混凝土内外温差降低到 25℃以下时方可拆模。否则应采取有效措施防止产生温度裂缝。

5)后张预应力混凝土结构的侧模宜在施加预应力前拆除,底模应在施加预应力后拆除。当设计有规定时,应按规定执行。

6)拆模前应检查所使用的工具有效和可靠,扳手等工具必须装入工具袋或系挂在身上,并应检查拆模场所范围内的安全措施。

7)模板的拆除工作应设专人指挥。作业区应设围栏,其内不得有其他工种作业,并应设专人负责监护。拆下的模板、零配件严禁抛掷。

8)拆模的顺序和方法应按模板的设计规定进行。当设计无规定时,可采取先支的后拆、后支的先拆、先拆非承重模板、后拆承重模板,并应从上而下进行拆除。拆下的模板不得抛扔,应按指定地点堆放。

9)多人同时操作时,应明确分工、统一信号或行动。应具有足够的操作面,人员应站在安全处。

10)高处拆除模板时,应符合有关高处作业的规定。严禁使用大锤和撬棍,操作层上临时拆下的模板堆放不能超过 3 层。

11)在提前拆除互相搭连并涉及其他后拆模板的支撑时,应补设临时支撑。拆模时,应逐块拆卸,不得成片撬落或拉倒。

12)拆模如遇中途停歇,应将已拆松动、悬空、浮吊的模板或支架进行临时支撑牢固或相互连接稳固。对活动部件必须一次拆除。

13)已拆除了模板的结构,应在混凝土强度达到设计强度值后方可承受全部设计荷载。若在未达到设计强度以前,需在结构上加置施工荷载时,应另行核算,强度不足时,应加设临时支撑。

14)遇 6 级或 6 级以上大风时,应暂停室外的高处作业。雨、雪、霜后应先清扫施工现场,方可进行工作。

15)拆除有洞口模板时,应采取防止操作人员坠落的措施。洞口模板拆除后,应按国家现行标准《建筑施工高处作业安全技术规范》JGJ 80 的有关规定及时进行防护。

2. 支架立柱拆除

1)当拆除钢楞、木楞、钢桁架时,应在其下面临时搭设防护支架,使所拆楞梁及桁架先落在临时防护支架上。

2)当立柱的水平拉杆超出 2 层时,应首先拆除 2 层以上的拉杆。当拆除最后一道水平拉杆时,应和拆除立柱同时进行。

3)当拆除 4～8m 跨度的梁下立柱时,应先从跨中开始,对称地分别向两端拆除。拆除时,严禁采用连梁底板向旁侧一片拉倒的拆除方法。

4)对于多层楼板模板的立柱,当上层及以上楼板正在浇筑混凝土时,下层楼板立柱的拆除,应根据下层楼板结构混凝土强度的实际情况,经过计算确定。

5)拆除平台、楼板下的立柱时,作业人员应站在安全处。

6)对已拆下的钢楞、木楞、桁架、立柱及其他零配件应及时运到指定地点。对有芯钢管立柱运出前应先将芯管抽出或用销卡固定。

3. 普通模板拆除

1)拆除条形基础、杯形基础、独立基础或设备基础的模板时,应符合下列规定。

①拆除前应先检查基槽(坑)土壁的安全状况,发现有松软、龟裂等不安全因素时,应在采取安全防范措施后,方可进行作业。

②模板和支撑杆件等应随拆随运,不得在离槽(坑)上口边缘1m以内堆放。

③拆除模板时,施工人员必须站在安全地方。应先拆内外木楞、再拆木面板;钢模板应先拆钩头螺栓和内外钢楞,后拆U形卡和L形插销,拆下的钢模板应妥善传递或用绳钩放置地面,不得抛掷。拆下的小型零配件应装入工具袋内或小型箱笼内,不得随处乱扔。

2)拆除柱模应符合下列规定。

①柱模拆除应分别采用分散拆和分片拆2种方法。分散拆除的顺序应为:拆除拉杆或斜撑、自上而下拆除柱箍或横楞、拆除竖楞、自上而下拆除配件及模板、运走分类堆放、清理、拔钉、钢模维修、刷防锈油或脱模剂、入库备用。

分片拆除的顺序应为:拆除全部支撑系统、自上而下拆除柱箍及横楞、拆掉柱角U形卡、分2片或4片拆除模板、原地清理、刷防锈油或脱模剂、分片运至新支模地点备用。

②柱子拆下的模板及配件不得向地面抛掷。

3)拆除墙模应符合下列规定。

①墙模分散拆除顺序应为:拆除斜撑或斜拉杆、自上而下拆除外楞及对拉螺栓、分层自上而下拆除木楞或钢楞及零配件和模板、运走分类堆放、拔钉清理或清理检修后刷防锈油或脱模剂、入库备用。

②预组拼大块墙模拆除顺序应为:拆除全部支撑系统、拆卸大块墙模接缝处的连接型钢及零配件、拧去固定埋设件的螺栓及大部分对拉螺栓、挂上吊装绳扣并略拉紧吊绳后、拧下剩余对拉螺栓、用方木均匀敲击大块墙模立楞及钢模板,使其脱离墙体、用撬棍轻轻外撬大块墙模板使全部脱离、指挥起吊、运走、清理、刷防锈油或脱模剂备用。

③拆除每一大块墙模的最后2个对拉螺栓后,作业人员应撤离大模板下侧,以后的操作均应在上部进行。个别大块模板拆除后产生局部变形者应及时整修好。

④大块模板起吊时,速度要慢,应保持垂直,严禁模板碰撞墙体。

4)拆除梁、板模板应符合下列规定。

①梁、板模板应先拆梁侧模,再拆板底模,最后拆除梁底模,并应分段分片进行,严禁成片撬落或成片拉拆。

②拆除时,作业人员应站在安全的地方进行操作,严禁站在已拆或松动的模板上进行拆除作业。

③拆除模板时,严禁用铁棍或铁锤乱砸,已拆下的模板应妥善传递或用绳钩放至地面。

④严禁作业人员站在悬臂结构边缘敲拆下面的底模。

⑤待分片、分段的模板全部拆除后,方允许将模板、支架、零配件等按指定地点运出堆放,并进行拔钉、清理、整修、刷防锈油或脱模剂,入库备用。

4. 其他模板拆除

1)对于拱、薄壳、圆穹屋顶和跨度大于8m的梁式结构,应按设计规定的程序和方式从中心沿环圈对称向外或从跨中对称向两边均匀放松模板支架立柱。

2)拆除圆形屋顶、筒仓下漏斗模板时,应从结构中心处的支架立柱开始,按同心圆层次对称地拆向结构的周边。

3)拆除带有拉杆拱的模板时,应在拆除前先将拉杆拉紧。

4)爬升模板拆除。

①拆除爬模应有拆除方案,且应由技术负责人签署意见,应向有关人员进行安全技术交底后,方可实施拆除。

②拆除时应先清除脚手架上的垃圾杂物,并应设置警戒区由专人监护。

③拆除时应设专人指挥,严禁交叉作业。拆除顺序应为:悬挂脚手架和模板、爬升设备、爬升支架。

④已拆除的物件应及时清理、整修和保养,并运至指定地点备用。

⑤遇5级以上大风应停止拆除作业。

5)飞模拆除。

①脱模时,梁、板混凝土强度等级不得小于设计强度的75%。

②飞模的拆除顺序、行走路线和运到下一个支模地点的位置,均应按飞模设计的有关规定进行。

③拆除时应先用千斤顶顶住下部水平连接管,再拆去木楔或砖墩(或拔出钢套管连接螺栓,提起钢套管)。操作人员可任意转向的四轮台车,松千斤顶使飞模落在台车上,随后推运至主楼板外侧搭设的平台上,用塔吊吊至上层重复使用。若不需重复使用时,应按普通模板的方法拆除。

④飞模拆除必须有专人统一指挥,飞模尾部应绑安全绳,安全绳的另一端应套在坚固的建筑结构上,且在推运时应徐徐放松。

⑤飞模推出后,楼层外边缘应立即绑好护身栏。

6)隧道模拆除。

①拆除前应对作业人员进行安全技术交底和技术培训。

②拆除导墙模板时,应在新浇混凝土强度达到 1.0N/mm^2 后,方准拆模。

③拆除隧道模应按下列顺序进行。

a. 新浇混凝土强度应在达到承重模板拆模要求后,方准拆模。

b. 应采用长柄手摇螺帽杆将连接顶板的连接板上的螺栓松开,并应将隧道模分成2个半隧道模。

c. 拔除穿墙螺栓,并旋转垂直支撑杆和墙体模板的螺旋千斤顶,让滚轮落地,使隧道模脱离顶板和墙面。

d. 放下支卸平台防护栏杆,先将一边的半隧道模推移至支卸平台上,然后再推另一边半隧道模。

e. 为使顶板不超过设计允许荷载,经设计核算后,应加设临时支撑柱。

④半隧道模的吊运方法,可根据具体情况采用单点吊装法、两点吊装法、多点吊装法或鸭嘴形吊装法。

五、模板的运输、存放

1. 模板的堆放

1)模板堆放场地要求整平垫高,并注意通风、排水,要保持干燥。室内堆放要注意取用方便,堆放安全,露天堆放应加以遮盖。

2)所有模板和支撑系统应按不同材质、品种、规格、型号、大小、形状分类堆放。在堆放处,要注意留出空地或交通道路,以便于取用。在多层和高层施工中,应考虑模板和支撑的竖向转运顺序。

3)模板堆放一般以平卧为主,对桁架或大模板等部件可采用立放形式,但必须采用取抗倾覆措施。每堆材料不宜过多,以免影响部件本身质量和转运。

4)钢模板宜存放在室内或棚内;露天堆放时,地面应平整,并有排水措施,模板板底应支垫离地面200mm以上,两点距模板两端长度不大于模板长度的1/6。

5)木质材料可按品种和规格分类堆放,并采取防腐、防火、防雨、防暴晒措施;对于入库的配件,小件要装箱入袋,大件要按规格分类整数成垛堆放。

2. 模板的运输

1)模板运输时,不同规格的钢模板不得混装混运。预组装模板要分隔垫实,以防止松动变形。

2)模板运输时,必须采取有效措施,防止模板滑动、倾倒。长途运输时,应采用简易集装箱,支承件应捆扎牢固,连接件应分类装箱。

3)装卸模板和配件时应轻装轻卸,严禁抛掷,并应采取措施模板碰撞损坏。严禁用钢模板作其他非模板用途。

3. 模板的维护

钢模板和配件拆除后,应及时清除黏结的灰浆,对已发生变形和损坏的模板和配件,宜采用机械进行整形与修复。整形修复后质量不合格的模板和配件不得使用。钢模板及配件修复后的质量标准见表5-6。

表 5-6　钢模板及配件修复后的质量标准

名　称	项　目	允许偏差(mm)
钢模板	板面平整度	≤2.0
	凸棱直线度	≤1.0
	边肋不直度	不得超过凸棱高度
配件	U形卡卡口残余变形	≤1.2
	钢楞和支柱不直度	≤l/1000

注:l为钢楞和支柱的长度。

模板拆除后,对于暂不使用的钢模板,板面上涂刷脱模剂或防锈油;模板背面油漆脱落处,应补刷防锈漆;焊缝开裂处应补焊,并按规格分类堆放。

第二节　钢筋工程施工

一、钢筋的分类

1. 按化学成分分

(1)碳素钢钢筋

1)低碳钢钢筋。低碳钢属于"普通碳素结构钢",它的含碳量低于0.25%。用低碳钢热轧制成的低碳钢钢筋的截面呈圆形,实际上就是一种表面光滑的钢条。相对于其他钢筋,低碳钢钢筋的强度较低,但是塑性性能较好。低碳钢钢筋仅用于普通钢筋混凝土(即非预应力钢筋混凝土)或作为非预应力钢筋用于预应力钢筋混凝土。

2)高碳钢钢筋。高碳钢属于"优质碳素结构钢"，它的含碳量为 0.7%～1.4%，而用于钢筋混凝土中的钢筋通常采用 70 号、75 号、80 号、85 号钢（钢号的数值约为含碳量的万分数），高碳钢钢筋的强度较高，并且制成的钢筋较细（直径为 3mm 至 9mm），故通常称为"碳素钢丝"或"高强度钢丝"。高碳钢钢筋仅用于预应力钢筋混凝土。

（2）普通低合金钢钢筋

在碳素钢中，含碳量为 0.25%～0.7% 的称为中碳钢（含碳量为 0.7% 的也可以归于高碳钢）。在低碳钢或中碳钢（含碳量 0.2%～0.45%）的成分中加入少量合金元素，如钛、钒等热轧而成的钢筋称为普通低合金钢钢筋。加入合金元素后可以相应地改善钢筋的综合性能，如提高强度、增强可焊性等。常用的普通低合金钢钢筋有"20 锰硅"（20MnSi）、"45 硅锰钒"（45SiMnV）、"20 锰铌半"（20MnNbb）（"半"是半镇静钢的意思。半镇静是炼钢工艺的一种特征）等。各种牌号前面的数字表示平均含碳量的万分数，表示它的平均含量在 1.5% 以下，如果附有数字 2，则表示它的平均含量为 1.50%～2.49%。

2. 按外形分

1)光圆钢筋。光圆钢筋是光面圆钢筋之意，由于其表面光滑，也叫"光面钢筋"，或简称"圆钢"。

2)带肋钢筋。其表面有突起部分的圆形钢筋称为带肋钢筋，其肋纹形式如图 5-4 所示。带肋钢筋可分为热轧或冷轧制成。

3)刻痕钢丝。刻痕钢丝是由光面钢丝经过机械压痕而成。

4)绞线式钢筋。也称为"钢绞线"，是用 2 根、3 根或 7 根圆钢丝捻制而成。

5)冷轧扭式钢筋。是用圆钢轧扁扭转而成。

3. 按生成工艺分

（1）热轧钢筋

热轧钢筋混凝土用热轧钢筋根据其表面特征又分为光圆钢筋和带肋钢筋。

1)钢筋混凝土用热轧光圆钢筋由低碳钢轧制而成，其牌号为 HPB235、HPB300 2 种，其中 H 表示"热轧"、P 表示"光圆"、B 表示"钢筋"。

塑性及焊接性好，便于各种冷加工，其广泛用作钢筋洁癖构件的受力筋和构造筋。

2)钢筋混凝土热轧带肋钢筋，其牌号分为 HRB335、HRB400、HRB500、HRBF335、HRBF400、HRBF500 6 种，其中 H 表示"热轧"、R 表示"带肋"、B 表示"钢筋"、F 表示"向晶粒"。

热轧带肋钢筋强度高，广泛应用于大、中型钢筋混凝土结构的受力钢筋。

（2）预应力热处理钢筋

预应力混凝土用热处理钢筋是用 $\phi 8$、$\phi 10$ 的热轧螺纹钢筋经淬火和回火等调质处理而成，代号为 RB150。热处理钢筋成盘供应，每盘长约 200m。根据现行标准《预应力混凝土用钢棒》GB 5223.3 的规定，其所用钢材有 40Si2Mn、48Si2Mn 和 45Si2Cr 等牌号。

（3）冷轧钢筋

用低碳钢或普通低合金钢热轧圆盘条作为母材，经冷轧或冷轧减径为在其表面冷轧成具有三面或二面月牙形横肋的钢筋，这就是冷轧带肋钢筋如图 5-4 所示。另外，还有一种冷轧扭钢筋，它是利用低碳钢热轧圆盘条经专用钢筋冷轧扭机调直、冷轧并冷扭一次成型的，这种钢筋是用特殊设备制作的，工艺比较复杂，钢筋被轧、而后的形状也很特别。

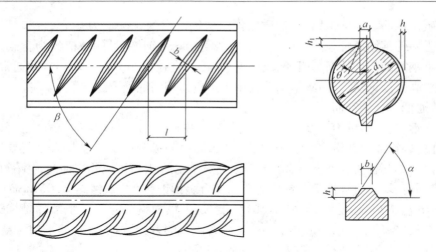

图 5-4　月牙肋钢筋表面及截面形状

d_1. 钢筋内径　α. 横肋斜角　h. 横肋高度　β. 横肋与轴线夹角

h_1. 纵肋高度　θ. 纵肋斜角　a. 纵肋顶宽　l. 横肋间距　b. 横肋顶宽

1)冷轧带肋钢筋。冷轧带肋钢筋是热轧圆盘条经冷轧或冷拔减径在其表面冷轧成三面或二面有肋的钢筋,冷轧带肋钢筋应符合国家现行标准《冷轧带肋钢筋》GB 13788 的规定。

冷轧带肋钢筋的强度,可分为 5 种等级:550 级、650 级、800 级、970 级及 1170 级,550 级为普通钢筋混凝土用钢筋,其他牌号为预应力混凝土用钢筋。其中,550 级钢筋宜用于钢筋混凝土结构构件中的受力钢筋、架立筋、箍筋及构造钢筋;650 级和 800 级钢筋宜用于中小型预应力混凝土构件中的受力主筋。

冷轧带肋钢筋的公称直径范围 4～12mm,其力学性能和工艺性能应符合相应的要求。同时,当进行冷主粃试验时,受弯曲部位表面不得产生裂纹。钢筋的强屈比 $\sigma_b/\sigma_{0.2}$ 应不小于 1.05。

2)冷轧扭钢筋。冷轧扭钢筋是用低碳钢热轧圆盘条经专用钢筋冷扎扭机调直、冷轧并冷扭(或冷滚)一次成型具有规定截面形式和相应节距的连续螺旋状钢筋。冷轧扭钢筋应符合现行行业标准《冷轧扭钢筋》的规定。

这种钢筋具有较高的强度,而且有足够的塑性,与混凝土粘结性能优异,代替 HPB235 级钢筋可节约钢材约 30%。一般用于预制钢筋混凝土圆孔板、叠合板中的预制薄板,以及现浇钢筋混凝土楼板等。

(4)冷拉钢筋

冷拉钢筋是将热轧钢筋在常温下进行强力拉伸,使它强度提高的一种钢筋。通常冷拉操作都在施工工地进行。

(5)余热处理钢筋

余热处理钢筋是利用一种制钢特殊工艺生产的,热轧后立即穿水,进行表面控制冷却,然后利用芯部余热自身完成回火处理而成钢丝或钢绞线。

预应力高强度钢丝是用优质碳素结构钢盘条,经酸洗、冷拉,或经回火处理等工艺制成,钢绞线是由 2 根或 3 根或 7 根直径为 2.5～5.0mm 的高强度钢丝,绞捻后经一定热处理清除内应力而制成,绞捻方向一般为左捻。

现行标准《预应力混凝土用钢棒》GB/T 5223.3 规定,这种钢丝分为冷拉钢丝(代号 RCD)、消除应力钢丝(代号 S)、消除应力刻痕钢丝(代号 SI)和消除应力螺旋助钢丝(代号 SH)四种。它们的抗拉强度 σ_b 达 1500MPa 以上,屈服强度 $\sigma_{0.2}$ 可达 1100MPa 以上。

预应力混凝土用钢丝具有强度高、柔性好、无接头等优点。施工简便,不需冷拉、焊接接头等加工,而且质量稳定、安全可靠。

其主要用于大跨度吊车梁、桥梁、电杆、轨枕等预应力钢筋。

现行标准《预应力混凝土用钢绞线》GB/T 5224 的规定,钢绞线整根破坏最大负荷可达 300kN,屈服负荷最大可达 255kN。钢绞线主要用于大跨度、大负荷的后张法预应力屋架、桥梁和薄腹梁等结构的预应力筋。

4. 按钢筋构件中的作用分

1)受力钢筋。在外部荷载作用下,通过计算得出的构件所需配置的钢筋,包括受拉钢筋、受压钢筋、弯起钢筋等。

2)构造钢筋。因构件的构造要求和施工安装需要配置的钢筋,架立筋、分布筋、箍筋等都属于构造钢筋。

二、加工

钢筋的冷拉是在常温下对钢筋进行强力拉伸,以达到调直、除锈、提高强度的目的。经过冷拉后的钢筋,屈服强度还会有一定的提高,这对节约钢筋的意义是很大的。

钢筋经冷拉后的长度,HPB235 级钢筋被拉长 8%左右,HRB335 级、HRB400 级钢筋拉长 3%～5%;强度提高,因此,可大量节约钢材,同时使开盘、除锈、调直、冷拉合成一道工序,简化施工工艺;设备简单,操作容易,应用较为广泛。

冷拉 HPB235 级钢筋适用于钢筋混凝土结构中的受拉钢筋;冷拉 HRB335 级、HRB400 级钢筋适用预应力混凝土结构构件中的预应力筋。

1. 钢筋冷拉

(1)冷拉钢筋力学性能

冷拉钢筋的力学性能见表 5-7。

表 5-7 冷拉钢筋的力学性能

钢筋级别	钢筋直径 d (mm)	屈服强度 (MPa)	抗拉强度 (MPa)	伸长率 (%)	冷 弯	
		不小于			弯曲角度	弯曲直径
HPB235	≤12	280	370	11	180°	3d
HRB335	≤25	450	510	10	90°	3d
	28～40	430	490	10	90°	4d
HRB400	8～40	500	570	8	90°	5d

注:计算屈服强度和抗拉强度,应采用冷拉前的截面面积。

(2)钢筋冷拉工艺操作方法

1)工艺流程。钢筋上盘→开盘→切断→夹紧夹具→冷拉→观察控制值→停止冷拉→卸夹→捆扎→堆放→时效→使用。

2)操作工艺方法。

①控制冷拉率冷拉法。控制冷拉率法的优点是设备简单,并能做到等长或是定长要求;

但对材质不均匀或混批的钢筋,冷拉率波动大,不易保证冷拉应力。

采用控制冷拉率方法冷拉钢筋时,冷拉率必须由试验确定。测定同炉批钢筋冷拉率,其试样不应少于 4 个,并取其平均值作为该批钢筋实际采用的冷拉率。测定冷拉率时钢筋的冷拉应力应符合表 5-8 的规定。

表 5-8　测定冷拉率时钢筋的冷拉应力

钢筋级别	钢筋直径 d/mm	冷拉应力/MPa
HPB235	≤12	310
HRB335	≤25	480
	28～40	460
HRB400	8～40	530

注:当钢筋平均冷拉率低于 1% 时,仍应按 1% 进行冷拉。

②冷拉时钢筋的伸长值 Δl 可按下式计算:

$$\Delta l = \gamma \cdot L$$

式中　γ——钢筋的冷拉率(%);

L——钢筋冷拉前的长度。

冷拉后,钢筋的实际伸长应扣除弹性回缩值,其数值由试验确定,一般为 0.2%～0.5%。

实际工作中常采用逐根取样法。逐根取样方法,就是在钢筋逐根取样试验后,将冷拉率相差在 0.5% 以内的钢筋归类对焊,然后按类确定冷拉率进行冷拉。这样,对冷拉钢筋质量有明显效果,但试样耗钢量多且试验任务大。因此,逐根取样方法只宜来混杂、材质不均而又无测力装置的条件下,适用于一些重要的预应力钢筋。

③控制冷拉应力法。控制应力方法的优点是钢筋冷拉后的屈服点较为稳定,不合格的钢筋易于发现;对重要的预应力混凝土构件,应优先采用。但由于控制应力取定值,则必然会带来伸长不一致。这样,对要求等长(同时张拉)或定长(带锚具)的预应力筋,就难以满足要求。

用控制应力方法冷拉钢筋时,其冷拉控制应力及最大冷拉率应符合表 5-9 的规定。

表 5-9　冷拉控制应力及最大冷拉率

钢筋级别	钢筋直径 d(mm)	冷拉控制应力(MPa)	最大冷拉率(%)
HPB235	≤12	280	10.0
HRB335	≤25	450	5.5
	28～40	430	5.5
HRB400	8～40	500	5.0

冷拉时应检查钢筋的冷拉率,当超过表 5-9 的规定时,应进行力学性能检验。采用控制应力法时,其冷拉力 N,可按下式计算:

$$N = \sigma_{cs} \cdot A_s$$

式中　σ_{cs}——钢筋冷拉的控制应力(MPa);

A_s——钢筋冷拉前的截面面积(mm²)。

采用控制冷拉应力法冷拉钢筋时,常以一定幅度同时控制应力与伸长。此法控制应力的幅度宜取一3‰～5‰,控制伸长的幅度可根据伸长允许调整值确定。如钢筋冷拉应力已达上限,而长度还不够,或钢筋长度已达上限,而冷拉应力还不足,则应将钢筋卸下,不论其偏短或偏长,均应截去一段,另焊一段,再予冷拉。对有锚具的预应力筋则常采取加长螺杆(比规范放长50mm)或后焊帮条锚具(要有保证焊接质量的可靠措施)。

2. 钢筋冷轧扭

钢筋冷轧扭是用低碳钢热轧圆盘条,通过专用钢筋冷轧扭机,在常温下调直、冷轧并冷扭一次轧制成型,其为具有规定截面形状和节距的连续螺旋状钢筋。

冷轧扭钢筋加工工艺简单,设备可靠,集冷拉、冷轧、冷扭于一身,能大幅度提高钢筋的强度与混凝土之间的握裹力。使用时,末端不需弯钩。用冷轧扭钢筋代替 HPB235 级钢筋,可节约钢材 42.6%,扣除其他因素,可节约 35% 左右,如按等规格代用,亦可节约 20% 以上,具有明显的技术经济效果。冷轧扭钢筋混凝土构件的生产不需要预加应力,因此投资少,适于中、小型构件生产。适于做圆孔板(最大跨度 4.5m、厚 120m、180mm)、双向叠合楼板(最大跨度 6m×5.4m)以及现浇大楼板(最大跨度 5.1m、厚 110～130mm)、圈梁等。

钢筋冷轧扭工艺方法。

1)圆盘钢筋从放盘架上引出后,经调直箱调直并清除氧化铁皮,再经轧机将圆钢筋轧扁。

2)在轧辊推动下,强迫钢筋通过扭转装置,从而形成表面为连续螺旋曲面的麻花状钢筋,再穿过切断机的圆切刀刀孔进入落料架的料槽。

3)当钢筋触到定位开关后,切断机将钢筋切断落到落料架上。

4)调整定位开关在落料架上的位置可控制钢筋的长度。钢筋调直、扭转及输送的动力均来自轧辊在轧制钢筋时产生的摩擦力。

常用钢筋切断机的技术性能见表 5-10。

表 5-10　液压传动及手持式钢筋切断机主要技术性能

参数名称		形式与型号			
		电　动	手　动	手　　持	
		DYJ-32	SYJ-16	GQ-12	GQ-20
切断钢筋直径 d(mm)		8～32	16	6～12	6～20
工作总压力(kN)		320	80	100	150
活塞直径(mm)		95	36		
最大行程(mm)		28	30		
液压泵柱塞直径 d(mm)		12	8		
单位工作压力(MPa)		45.5	79	34	34
液压泵输油率(L/min)		4.5			
压杆长度(mm)			438		
压杆作用力(N)			220		
储油量(kg)			35		
电动机	型号	Y 型		单相串数激	单相串激
	功率(kW)	3		0.567	0.570
	转数(r/min)	1440			

续表 5-10

参数名称		形式与型号			
		电　动	手　动	手　持	
		DYJ-32	SYJ-16	GQ-12	GQ-20
外形尺寸	长(mm)	889	680	367	420
	宽(mm)	396		110	218
	高(mm)	398		185	130
总重(kg)		145	6.5	7.5	14

钢筋切断机每次切断钢筋根数见表 5-11。

表 5-11　钢筋切断机每次切断钢筋根数

钢筋直径(mm)	5.5～8	9～12	13～16	18～20	20 以上
可切断根数	12～8	6～4	3	2	1

三、钢筋成型

1. 钢筋调直

(1)钢筋调直的必要性

钢筋调直是钢筋加工中不可缺少的工序,弯曲的不直的钢筋如果在混凝土中与混凝土共同工作会导致混凝土而出现裂缝,而断料的钢筋长度不准确,会影响到钢筋成型、绑扎安装。

(2)钢筋调直设备或机具

1)常见调直设备或机具。钢筋调直机种类很多,常见的调直装置及机械有 GT3/8、GB6/12 等,如图 5-5 及图 5-6 所示,数控调直切断机如图 5-7 所示。

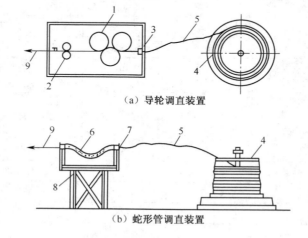

（a）导轮调直装置

（b）蛇形管调直装置

图 5-5　导轮和蛇形管调直装置

1. 辊轮　2. 导轮　3. 旧拔丝模　4. 盘条架　5. 细钢筋或钢丝
6. 蛇形管　7. 旧滚珠轴承　8. 支架　9. 人力牵引

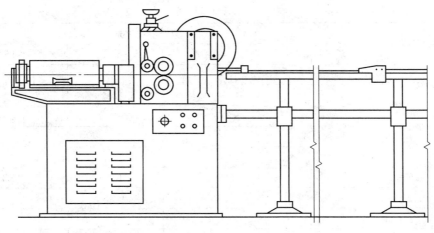

图 5-6　GT3/8 型钢筋调直机

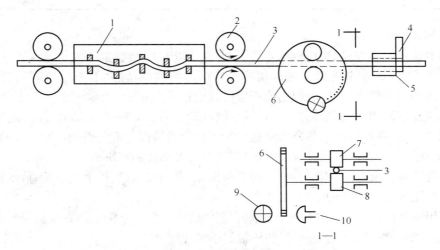

图 5-7　数控钢筋调直机切断机工作简图

1. 调直装置　2. 牵引轮　3. 钢筋　4. 上刀口
5. 下刀口　6. 光电盘　7. 压轮　8. 摩擦轮　9. 灯光　10. 光电管

2)调直机主要性能规格。常见调直机主要性能见表 5-12。

表 5-12　钢筋调直切断机主要技术性能

参数名称	型　　号			
	GT1.6/4	GT3/8	GT6/12	GTS3/8
调直钢筋直径(mm)	1.6~4	3~8	6~12	3~8
钢筋抗拉强度(MPa)	650	650	650	650
牵引速度(m/min)	40	40、65	36、54、72	30
调直筒转速(r/min)	2900	2900	2800	1430
送料、牵引辊直径(mm)	80	90	102	

续表 5-12

参数名称	型 号			
	GT1.6/4	GT3/8	GT6/12	GTS3/8
电机型号:调直	Y100L-2	Y132M-4	Y132S-2	J02-31-4
牵引	Y100L-6		Y112M-4	
		Y90S-6	Y90S-4	J02-31-4
功率:调直(kW)	3	7.5	7.5	2.2
牵引(kW)	1.5		1	
		0.75	1.1	2.2
外形尺寸:长(mm)	3410	1854	1770	
宽(mm)	730	741	535	
高(mm)	1375	1400	1457	
整机重量(kg)	1000	1280	1263	

3)钢筋调直要求。

①用卷扬机拉直钢筋时,应注意控制冷拉率:HPB235 级钢筋不宜大于 4%;HRB335、HRB400 和 RRB400 级钢筋及不准采用冷拉钢筋的结构,不宜大于 1%。用调直机调直钢丝和用锤击法平直粗钢筋时,表面伤痕不应使截面积减少 5% 以上。

②如果建筑面积较大,要调直的盘条钢筋较多,具有一定的施工场地,并决定争创质量奖的工程,宜选择卷扬机冷拉的方法调直。如工程的建筑面积不是很大,要调直的钢筋不是太多,施工现场大小并不具备冷拉的场地和条件时,可选择调直机调直。

③在缺乏调直设备时,粗钢筋可采用弯曲机、平直锤或卡盘、扳手锤击矫直;细钢筋可用绞磨拉直或用导轮、蛇形管直装置来调直。

④采用钢筋调直机调直冷拔低碳钢丝和细钢筋时。要根据钢筋的直径选用调直模和传送辊,并要恰当掌握调直模的偏移量和压辊的压紧程度。

⑤调直后的钢筋应平直,无局部曲折;冷拔低碳钢丝表面不得有明显擦伤。应当注意:冷拔低碳钢丝经调直机调直后,其抗拉强度一般要降低 10%～15%,使用前要加强检查,按调直后的抗拉强度选用。

⑥已调直的钢筋应按牌号、直径、长短、根数分扎成若干小扎,分区整齐地堆放。

2. 钢筋调直方法

1)人工调直。人工调直主要用导轮、蛇形管、扳子等机具,例如:

①冷拔低碳钢丝:可通过牵引调直,再用小锤敲打平直;也可以使用蛇形管调直。也可将待调直的钢丝穿过蛇形管,用人力向前牵引,局部慢弯处可用小锤加以平直。

②圆盘条筋:可采用绞盘拉直。

③较粗直条钢筋:一般弯曲较缓,就势用手扳子扳直。

2)机械调直。主要用调直机进行调直步骤为:检查→试运转→试断筋。

①检查。每天工作前先要检查电气系统及其元件有无毛病,各种连接零件是否牢固可靠,各传动部分是否灵活,确认后方可进行试运转。

②试运转。首先从空载开始,确认运转可靠之后才可进料,试验调直和切断。之后要将

盘条的端头锤打平直,然后再将它从导向套推进机器内。

③试断筋。为保证断料长度准确,应在机器开动后试断几根钢筋,看切断尺寸是否准确,并根据误差的大小调整限位开关或定尺板。

④安全要求。盘圆钢筋放在放圈架上要平稳,如发现乱丝或钢筋脱架时,必须及时停车处理,操作人员必须坚守岗位,以防发生故障时不能立即停车造成事故。因现在大多数盘条供应的都是一大盘(1～2t),从头到尾就1根,如果调直时将其分解成数段放置在放圈盘中会增加不必要的中间环节。因此,可以把整盘钢筋放倒调正,直接入调直机即可,但必须有1人做"疏筋"工作。

⑤安装承料架。承料架中心线应对准导向套,调直筒和剪切孔槽中心线,并保持平直。

⑥安装切刀。安装滑动刀台上的固定切刀,保证其位置正确。

⑦安装导向管。在导向套前部,安装1根长度约为1m的导向钢管,需调直的钢筋应先穿入该钢管,然后穿过导向套和调直筒,以防止每盘钢筋接近调直完毕时其端头弹出伤人。

3. 钢筋切断

(1)准备

1)复核。切断前根据钢筋配料单,复核料牌上所标注的钢筋直径、尺寸、根数是否正确。

2)下料方案。根据工地的库存钢筋情况作好下料方案,长短搭配,尽量减少损耗。

3)量度准确。应避免使用短尺量长料,防止产生累计误差。

4)试切钢筋。调试好切断设备,试切1～2根,尺寸无误后再成批加工。

(2)钢筋切断方法

钢筋切断方法,见表5-13。

表 5-13　钢筋切断方法

类　别	机具设备	说　明
手工切断法	1. 断线钳	剪断钢丝,使用方便
	2. 手压切断器	切断直径<16mm 的钢筋
	3. 液压切断器	切断直径<20mm 钢筋
	4. 克子切断器	锤击克子切断钢筋
机械切断法	钢筋切断机	详见使用说明书

(3)钢筋切断操作要点

1)切断时应合理统筹配料,将相同规格钢筋根据不同长短搭配,统筹排料;一般先断长料,后断短料,以减薪少短头、接头和损耗。避免用短尺量长料,以防止产生累积误差;应在工作台上标出尺寸刻度并设置控制断料尺寸用的挡板。切断过程中如发现劈裂、缩头或严重的弯头等必须切除。

2)断料时应握紧钢筋,待活动刀片后退时及时将钢筋送进刀口,不要在活动刀片已开始向前推进前,向刀口送料,以免断料不准,甚至发生机械及人身事件;禁止切断超过切断机技术性能规定的钢材以及超过刀片硬度或烧红的钢筋;切断钢筋后,刀口处的屑渣不能直接用手清除或用嘴吹,而应用毛刷刷干。

3)向切断机送料时,应将钢筋摆直,避免弯成弧形。操作者应将钢筋握紧,并应在冲切刀片向后退时送进钢筋;切断长300mm以下钢筋时,应将钢筋套在钢管内送料,防止发生人身或设备安全事故。

4）操作中，如发现钢筋硬度异常，过硬或过软，与钢筋牌号不相称时，应考虑对该批钢筋进一步检验；热处理预应力锚切料时，只允许用切断机或氧乙炔割断，不得用电弧切割。

5）切断后的钢筋断口不得有马蹄形或起弯等现象；钢筋长度偏差应小于±10mm。

4. 钢筋弯曲

1）HPB235 级钢筋末端应做 180°弯钩，其弯弧内直径不应小于钢筋直径的 2.5 倍，弯钩的弯后平直部分长度不应小于钢筋直径的 3 倍。

2）当设计要求钢筋末端需做 135°弯钩时（图 5-8b），HRB335 级、HRB400 级钢筋的弯弧内直径 D 不应小于钢筋直径的 4 倍，弯钩的弯后平直部分长度应符合设计要求。

3）钢筋做不大于 90°的弯折时如图 5-8a 所示，弯折处的弯弧内直径不应小于钢筋直径的 5 倍。

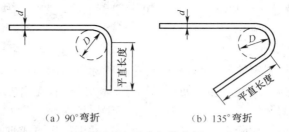

（a）90°弯折　　　　　　　　　（b）135°弯折

图 5-8　受力钢筋弯折

5. 箍筋弯曲成型

除焊接封闭环式箍筋外，箍筋的末端应做弯钩。弯钩形式应符合设计要求；当设计无具体要求时，应符合下列规定。

1）箍筋弯钩的弯弧内直径除应满足基本条件外，尚应不小于受力钢筋的直径。

2）箍筋弯钩的弯折角度：对一般结构，不应小于 90°；对有抗震等要求的结构应为 135°，如图 5-9 所示。

3）箍筋弯后的平直部分长度：对一般结构，不宜小于箍筋直径的 5 倍；对有抗震等要求的结构，不应小于箍筋直径的 10 倍。

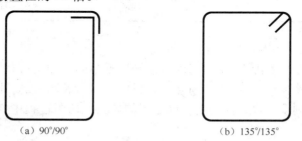

（a）90°/90°　　　　　　　　　　（b）135°/135°

图 5-9　箍筋示意

6. 钢筋弯曲操作要点

钢筋弯曲前，对形状复杂的钢筋（如弯起钢筋），根据钢筋料牌上标明的尺寸，用石笔将各弯曲点位置画出。画线时应注意：

1）根据不同的弯曲角度扣除弯曲调整值，其扣法是从相邻两段长度中各扣一半。

2）钢筋端部带半圆弯钩时，该段长度画线时增加 0.5d（d 为钢筋直径）。

3)画线工作宜从钢筋电线开始向两边进行;两边不对称的钢筋,也可从钢筋一端开始画线,如画到另一端有出入时,则应重新调整。

4)画线应在工作台上进行,如无画线台而直接以尺度量进行画线时,应使用长度适当的木尺,不宜用短尺(木折尺)接量,以防发生差错。

四、钢筋焊接

1. 钢筋焊接材料要求

1)焊接钢筋的化学成分和力学性能应符合国家现行有关标准的规定。

2)预埋件钢筋焊接接头、熔槽帮条焊接头和坡口焊接头中的钢板和型钢,可采用低碳钢或低合金钢,其力学性能和化学成分应符合现行国家标准《碳素结构钢》GB/T 700 或《低合金高强度结构钢》GB/T 1591 中的规定。

3)钢筋焊条电弧焊所采用的焊条,应符合现行国家标准的规定。钢筋二氧化碳气体保护电弧焊所采用的焊丝,应符合现行国家标准《气体保护电弧焊用碳钢、低合金钢焊丝》GB/T 8110 的规定。其焊条型号和焊丝型号应根据设计确定;若设计无规定时,可按表 5-14 选用。

表 5-14　钢筋电弧焊所采用焊条、焊丝推荐表

钢筋牌号	电弧焊接头形式			
	帮条焊　搭接焊	坡口焊 熔槽帮条焊 预埋件穿孔塞焊	窄间隙焊	钢筋与钢板搭接焊 预埋件 T 形角焊
HPB300	E4303 ER50-X	E4303 ER50-X	E4316 E4315 ER50-X	E4303 ER50-X
HRB335 HRBF335	E5003 E4303 E5016 E5015 ER50-X	E5003 E5016 E5015 ER50-X	E5016 E5015 ER50-X	E5003 E4303 E5016 E5015 ER50-X
HRB400 HRBF400	E5003 E5516 E5515 ER50-X	E5503 E5516 E5515 ER55-X	E5516 E5515 ER55-X	E5503 E5516 E5515 ER50-X
HRB500 HRBF500	E5503 E6003 E6016 E6015 ER55-X	E6003 E6016 E6015	E6016 E6015	E5503 E6603 E6016 E6015 ER55-X
RRB400W	E5003 E5516 E5515 ER50-X	E5503 E5516 E5515 ER55-X	E5516 E5515 ER55-X	E5003 E5516 E5515 ER50-X

4)焊接用气体质量应符合下列规定。

①氧气的质量应符合现行国家标准《工业氧》GB/T 3863 的规定,其纯度应大于或等

于 99.5％。

②乙炔的质量应符合现行国家标准《溶解乙炔》GB 6819 的规定,其纯度应大于或等于 98.0％。

③液化石油气应符合现行国家标准各项规定。

④二氧化碳气体应符合现行化工行业标准《焊接用二氧化碳》HG/T 2537 中优等品的规定。

5)在电渣压力焊、预埋件钢筋埋弧压力焊和预埋件钢筋埋弧螺柱焊中,可采用熔炼型 HJ 431 焊剂;在埋弧螺柱焊中,亦可采用氟碱型烧结焊剂 SJ101。

6)施焊的各种钢筋、钢板均应有质量证明书;焊条、焊丝、氧气、溶解乙炔、液化石油气、二氧化碳气体、焊剂应有产品合格证。

钢筋进场时,应按国家现行相关标准的规定抽取试件并作力学性能和重量偏差检验,检验结果必须符合国家现行有关标准的规定。

检验数量:按进场的批次和产品的抽样检验方案确定。

检验方法:检查产品合格证、出厂检验报告和进场复验报告。

7)各种焊接材料应分类存放、妥善处理;应采取防止锈蚀、受潮变质等措施。

2. 焊接基本要求

1)电渣压力焊应用于柱、墙等构筑物现浇混凝土结构中竖向受力钢筋的连接;不得用于梁、板等构件中水平钢筋的连接。

2)在钢筋工程焊接开工之前,参与该项工程施焊的焊工必须进行现场条件下的焊接工艺试验,应经试验合格后,方准于焊接生产。

3)钢筋焊接施工之前,应清除钢筋、钢板焊接部位以及钢筋与电极接触处表面上的锈斑、油污、杂物等;钢筋端部当有弯折、扭曲时,应予以矫直或切除。

4)带肋钢筋进行闪光对焊、电弧焊、电渣压力焊和气压焊时,应将纵肋对纵肋安放和焊接。

5)焊剂应存放在干燥的库房内,若受潮时,在使用前应经 250℃～350℃烘焙 2h。使用中回收的焊剂应清除熔渣和杂物,并应与新焊剂混合均匀后使用。

6)两根同牌号、不同直径的钢筋可进行闪光对焊、电渣压力焊或气压焊。闪光对焊时钢筋径差不得超过 4mm,电渣压力焊或气压焊时,钢筋径差不得超过 7mm。焊接工艺参数可在大、小直径钢筋焊接工艺参数之间偏大选用,两根钢筋的轴线应在同一直线上,轴线偏移的允许值应按较小直径钢筋计算;对接头强度的要求,应按较小直径钢筋计算。

7)两根同直径、不同牌号的钢筋可进行闪光对焊、电弧焊、电渣压力焊或气压焊,其钢筋牌号应在规定的范围内。焊条、焊丝和焊接工艺参数应按较高牌号钢筋选用,对接头强度的要求应按较低牌号钢筋强度计算。

8)进行电阻点焊、闪光对焊、埋弧压力焊、埋弧螺柱焊时,应随时观察电源电压的波动情况;当电源电压下降大于 5％、小于 8％时,应采取提高焊接变压器级数等措施;当大于或等于 8％时,不得进行焊接。

9)在环境温度低于－5℃条件下施焊时,焊接工艺应符合下列要求。

①闪光对焊时,宜采用预热闪光焊或闪光—预热闪光焊;可增加调伸长度,采用较低变压器级数,增加预热次数和间歇时间。

②电弧焊时,宜增大焊接电流,降低焊接速度。电弧帮条焊或搭接焊时,第一层焊缝应从中间引弧,向两端施焊;以后各层控温施焊,层间温度应控制在150℃~350℃之间。多层施焊时,可采用回火焊槽施焊。

10)当环境温度低于-20℃时,不应进行各种焊接。

11)雨天、雪天进行施焊时,应采取有效遮蔽措施。焊后未冷却接头不得碰到雨和冰雪,并应采取有效的防滑、防触电措施,确保人身安全。

12)当焊接区风速超过8m/s在现场进行闪光对焊或焊条电弧焊时,当风速超过5m/s进行气压焊时,当风速超过2m/s进行二氧化碳气体保护电弧焊时,均应采取挡风措施。

13)焊机应经常维护保养和定期检修,确保正常使用。

3. 钢筋电阻点焊

1)混凝土结构中钢筋焊接骨架和钢筋焊接网,宜采用电阻点焊制作。

2)钢筋焊接骨架和钢筋焊接网在焊接生产中,当两根钢筋直径不同时,焊接骨架较小钢筋直径小于或等于10mm时,大、小钢筋直径之比不宜大于3倍;当较小钢筋直径为12~16mm时,大、小钢筋直径之比不宜大于2倍。焊接网较小钢筋直径不得小于较大钢筋直径的60%。

3)电阻点焊的工艺过程中,应包括预压、通电、锻压3个阶段,如图5-10所示。

4)电阻点焊的工艺参数应根据钢筋牌号、直径及焊机性能等具体情况,选择变压器级数、焊接通电时间和电极压力。

5)焊点的压入深度应为较小钢筋直径的18%~25%。

6)钢筋焊接网、钢筋焊接骨架宜用于成批生产;焊接时应按设备使用说明书中的规定进行安装、调试和操作,根据钢筋直径选用合适电极压力、焊接电流和焊接通电时间。

7)在点焊生产中,应经常保持电极与钢筋之间接触面的清洁平整;当电极使用变形时,应及时修整。

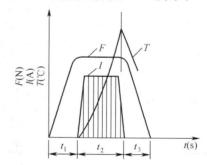

图 5-10　点焊过程示意

F. 压力　I. 电流　T. 温度　t. 时间　t_1. 预压时间

t_2. 通电时间　t_3. 锻压时间

8)钢筋点焊生产过程中,应随时检查制品的外观质量;当发现焊接缺陷时,应查找原因并采取措施,及时消除。

4. 钢筋闪光对焊

钢筋闪光对焊系将两钢筋安放成对接形式,并利用强大电流通过钢筋端头而产生的电阻热,使钢筋端部熔化,产生强烈飞溅,形成闪光,迅速施加顶锻力,使2根钢筋焊成一体。焊接工艺要点如下。

1)钢筋闪光焊可采用连续闪光焊、预热闪光焊或闪光—预热闪光焊工艺方法如图5-11所示。生产中,可根据不同条件下列规定选用。

①当钢筋直径较小,钢筋牌号较低,在表5-15规定的范围内,可采用"连续闪光"。

②当钢筋直径超过表5-15规定,钢筋端面较平整,宜采用"预热闪光焊"。

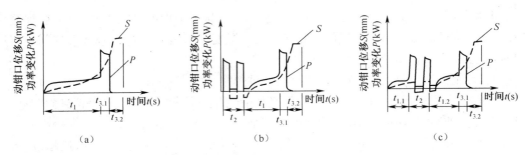

图 5-11 钢筋闪光对焊工艺过程图解

S. 动钳口位移 P. 功率变化 t. 时间 t_1. 烧化时间 $t_{1.1}$. 一次烧化时间 $t_{1.2}$. 二次烧化时间 t_2. 预热时间 $t_{3.1}$. 有电顶锻时间 $t_{3.2}$. 无电顶锻时间

③当钢筋直径超过表 5-15 规定,且钢筋端面不平整,应采用"闪光—预热闪光焊"。

2)连续闪光焊所能焊接的钢筋直径上限,应根据焊机容量、钢筋牌号等具体情况而定,并应符合表 5-15 的规定。

表 5-15 连续闪光焊钢筋直径上限

焊机容量(kVA)	钢筋牌号	钢筋直径(mm)
160 (150)	HPB300	22
	HRB335 HRBF335	22
	HRB400 HRBF400	20
100	HPB300	20
	HRB335 HRBF335	20
	HRB400 HRBF400	18
80 (75)	HPB300	16
	HRB335 HRBF335	14
	HRB400 HRBF400	12

3)施焊中,焊工应熟练掌握各项留量参数如图 5-12 所示,以确保焊接质量。

①焊条电弧焊时,角焊缝焊脚尺寸(K)应符合规定。

②埋弧压力焊或埋弧螺柱焊时,四周焊包凸出钢筋表面的高度,当钢筋直径为 18mm 及以下时,不得小于 3mm;当钢筋直径为 20mm 及以上时,不得小于 4mm。

③焊缝表面不得有气孔、夹渣和肉眼可见裂纹。

④钢筋咬边深度不得超过 0.5mm。

⑤钢筋相对钢板的直角偏差不得大于 2°。

4)预埋件外观质量检查结果,当有 2 个接头不符合上述规定时,应对全数接头的这一项目进行检查,并剔出不合格品,不合格接头经补焊后可提交二次验收。

5)力学性能检验时,应以 300 件同类型预埋件作为一批。一周内连续焊接时,可累计计算。当不足 300 件时,亦应按一批计算。应从每批预埋件中随机切取 3 个接头做拉伸试验。试件的钢筋长度应大于或等于 200mm,钢板(锚板)的长度和宽度等于 60mm,并视钢筋直径的增大而适当增大(图 5-13)。

6)预埋件钢筋 T 形接头拉伸试验时,应采用专用夹具。

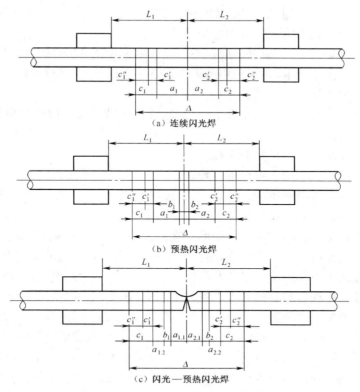

图 5-12　钢筋闪光对焊三种工艺方法留量图示

L_1、L_2.调伸长度　a_1+a_2.烧化留量　$a_{1.1}+a_{2.1}$.一次烧化留量

$a_{1.2}+a_{2.2}$.二次烧化留量　b_1+b_2.预热留量　c_1+c_2.顶锻留量

$c_1'+c_2'$.有电顶锻留量　$c_1''+c_2''$.无电顶锻留量　Δ.焊接总留量

5. 焊接安全

1)安全培训与人员管理应符合下列规定。

①承担钢筋焊接工程的企业应建立健全钢筋焊接安全生产管理制度,并应对实施焊接操作和安全管理人员进行安全培训,经考核合格后方可上岗。

②操作人员必须按焊接设备的操作说明书或有关规程,正确使用设备和实施焊接操作。

2)焊接操作及配合人员应按下列规定并结合实际情况穿戴劳动防护用品。

①焊接人员操作前,应戴好安全帽,佩戴电焊手套、围裙、护腿,穿阻燃工作服;穿焊工皮鞋或电焊工劳保鞋,应戴防护眼镜(滤光或遮光镜)、头罩或手持面罩。

②焊接人员进行仰焊时,应穿戴皮制或耐火材质的套袖、披肩罩或斗篷,以防头部灼伤。

3)焊接工作区域的防护应符合下列规定。

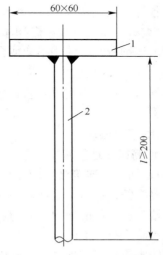

图 5-13　预埋件钢筋 T 形接头拉伸试件
1.钢板　2.钢筋

①焊接设备应安放在通风、干燥、无碰撞、无剧烈振动、无高温、无易燃品存在的地方;特殊环境条件下还应对设备采取特殊的防护措施。

②焊接电弧的辐射及飞溅范围,应设不可燃或耐火板、罩、屏,防止人员受到伤害。

③焊机不得受潮或雨淋;露天使用的焊接设备应予以保护,受潮的焊接设备在使用前必须彻底干燥并经适当试验或检测。

④焊接作业应在足够的通风条件下(自然通风或机械通风)进行,避免操作人员吸入焊接操作产生的烟气流。

⑤在焊接作业场所应当设置警告标志。

4)焊接作业区防火安全应符合下列规定。

①焊接作业区和焊机周围 6m 以内,严禁堆放装饰材料、油料、木材、氧气瓶、溶解乙炔气瓶、液化石油气瓶等易燃、易爆物品。

②除必须在施工工作面焊接外。钢筋应在专门搭设的防雨、防潮、防晒的工房内焊接;工房的屋顶应有安全防护和排水设施,地面应干燥,应有防止飞溅的金属火花伤人的设施。

③高空作业的下方和焊接火星所及范围内,必须彻底清除易燃、易爆物品。

④焊接作业区应配置足够的灭火设备。如水池、沙箱、水龙带、消火栓、手提灭火器。

5)各种焊机的配电开关箱内,应安装熔断器和漏电保护开关;焊接电源的外壳应有可靠的接地或接零;焊机的保护接地线应直接从接地极处引接,其接地电阻值不应大于 4Ω。

6)冷却水管、输气管、控制电缆、焊接电缆均应完好无损;接头处应连接牢固,无渗漏,绝缘良好;发现损坏应及时修理;各种管线和电缆不得挪作拖拉设备的工具。

7)在封闭空间内进行焊接操作时,应设专人监护。

8)氧气瓶、溶解乙炔气瓶或液化石油气瓶、干式回火防止器、减压器及胶管等,应防止损坏。发现压力表指针失灵,瓶阀、胶管有泄漏,应立即修理或更换;气瓶必须进行定期检查,使用期满或送检不合格的气瓶禁止继续使用。

9)气瓶使用应符合下列规定。

①各种气瓶应摆放稳固;钢瓶在装车、卸车及运输时,应避免互相碰撞;氧气瓶不能与燃气瓶、油类材料以及其他易燃物品同车运输。

②吊运钢瓶时应使用吊架或合适的台架,不得使用吊钩、钢索和电磁吸盘;钢瓶使用完时,要留有一定的余压力。

③钢瓶在夏季使用时要防止暴晒,冬季使用时如发生冻结、结霜或出气量不足时,应用温水解冻。

五、钢筋机械连接

1. 钢筋机械连接基本要求

(1)钢筋机械连接接头设计原则

1)接头的设计应满足强度及变形性能的要求。

2)接头连接件的屈服承载力和受拉承载力的标准值不应小于被连接钢筋的屈服承载力和受拉承载力标准值的 1.10 倍。

3)接头应根据其性能等级和应用场合,对单向拉伸性能、高应力反复拉压、大变形反复拉压、抗疲劳等各项性能确定相应的检验项目。

4)接头应根据抗拉强度、残余变形以及高应力和大变形条件下反复拉压性能的差异,分为下列 3 个性能等级。

Ⅰ级　接头抗拉强度等于被连接钢筋的实际拉断强度或不小于 1.10 倍钢筋抗拉强度标准值,残余变形小并具有高延性及反复拉压性能。

Ⅱ级　接头抗拉强度不小于被连接钢筋抗拉强度标准值,残余变形较小并具有高延性及反复拉压性能。

Ⅲ级　接头抗拉强度不小于被连接钢筋屈服强度标准值的 1.25 倍,残余变形较小并具有一定的延性及反复拉压性能。

5)Ⅰ级、Ⅱ级、Ⅲ级接头的抗拉强度必须符合表 5-16 的规定。

表 5-16　接头的抗拉强度

接头等级	Ⅰ级		Ⅱ级	Ⅲ级
抗拉强度	$f_{mst}^o \geqslant f_{stk}$, 或 $f_{mst}^o \geqslant 1.10 f_{stk}$	断于钢筋 断于接头	$f_{mst}^o \geqslant f_{stk}$	$f_{mst}^o \geqslant 1.25 f_{yk}$

6)Ⅰ级、Ⅱ级、Ⅲ级接头应能经受规定的高应力和大变形反复拉压循环,且在经历拉压循环后,其抗拉强度仍应符合本规程表 5-17 的规定。

7)Ⅰ级、Ⅱ级、Ⅲ级接头的变形性能应符合表 5-17 的规定。

表 5-17　接头的变形性能

接头等级		Ⅰ级	Ⅱ级	Ⅲ级
单向拉伸	残余变形 (mm)	$u_0 \leqslant 0.10(d \leqslant 32)$ $u_0 \leqslant 0.14(d > 32)$	$u_0 \leqslant 0.14(d \leqslant 32)$ $u_0 \leqslant 0.16(d > 32)$	$u_0 \leqslant 0.14(d \leqslant 32)$ $u_0 \leqslant 0.16(d > 32)$
	最大力 总伸长率(%)	$A_{sgt} \geqslant 6.0$	$A_{sgt} \geqslant 6.0$	$A_{sgt} \geqslant 3.0$
高应力反复拉压	残余变形 (mm)	$u_{20} \leqslant 0.3$	$u_{20} \leqslant 0.3$	$u_{20} \leqslant 0.3$
大变形反复拉压	残余变形 (mm)	$u_4 \leqslant 0.3$ 且 $u_8 \leqslant 0.6$	$u_4 \leqslant 0.3$ 且 $u_8 \leqslant 0.6$	$u_4 \leqslant 0.6$

注:当频遇荷载组合下,构件中钢筋应力明显高于 0.6fvk 时,设计部门可对单向拉伸残余变形 u_0 的加载峰值提出调整要求。

8)对直接承受动力荷载的结构构件,设计应根据钢筋应力变化幅度提出接头的抗疲劳性能要求。当设计无专门要求时,接头的疲劳应力幅限值不应小于现行国家标准对普通钢筋疲劳应力幅限值的 80%。

(2)钢筋机械连接接头应用

1)结构设计图纸中应列出设计选用的钢筋接头等级和应用部位。接头等级的选定应符合下列规定。

①混凝土结构中要求充分发挥钢筋强度或对延性要求高的部位应优先选用Ⅱ级接头。当在同一连接区段内必须实施 100% 钢筋接头的连接时,应采用Ⅰ级接头。

②混凝土结构中钢筋应力较高但对延性要求不高的部位可采用Ⅲ级接头。

2)钢筋连接件的混凝土保护层厚度宜符合现行国家标准《混凝土结构设计规范》GB 50010 中受力钢筋的混凝土保护层最小厚度的规定,且不得小于 15mm。连接件之间的横向净距不宜小于 25mm。

3)结构构件中纵向受力钢筋的接头宜相互错开。钢筋机械连接的连接区段长度应按 $35d$ 计算。在同一连接区段内有接头的受力钢筋截面面积占受力钢筋总截面面积的百分率(以下简称接头百分率),应符合下列规定。

①接头宜设置在结构构件受拉钢筋应力较小部位,当需要在高应力部位设置接头时,在同一连接区段内Ⅲ级接头的接头百分率不应大于 25%,Ⅱ级接头的接头百分率不应大于 50%。

②接头宜避开有抗震设防要求的框架的梁端、柱端箍筋加密区;当无法避开时,应采用Ⅱ级接头或Ⅰ级接头,且接头百分率不应大于 50%。

③受拉钢筋应力较小部位或纵向受压钢筋,接头百分率可不受限制。

④对直接承受动力荷载的结构构件,接头百分率不应大于 50%。

4)当对具有钢筋接头的构件进行试验并取得可靠数据时,接头的应用范围可根据工程实际情况进行调整。

(3)钢筋连接接头的型式检验

1)在下列情况应进行型式检验。

①确定接头性能等级时。

②材料、工艺、规格进行改动时。

③型式检验报告超过 4 年时。

2)用于形式检验的钢筋应符合有关钢筋标准的规定。

3)对每种型式、级别、规格、材料、工艺的钢筋机械连接接头,型式检验试件不应少于 9 个:单向拉伸试件不应少于 3 个,高应力反复拉压试件不应少于 3 个,大变形反复拉压试件不应少于 3 个。同时应另取 3 根钢筋试件作抗拉强度试验。全部试件均应在同一根钢筋上截取。

4)用于型式检验的直螺纹或锥螺纹接头试件应散件送达检验单位,由型式检验单位或在其监督下由接头技术提供单位按相应规定的拧紧扭矩进行装配,拧紧扭矩值应记录在检验报告中,型式检验试件必须采用未经过预拉的试件。

5)型式检验的试验方法应按相应规定进行,当试验结果符合下列规定时评为合格。

①强度检验:每个接头试件的强度实测值均应符合相应接头等级的强度要求。

②变形检验:对残余变形和最大力总伸长率,3 个试件实测值的平均值应符合相应规定。

6)型式检验应由国家、省部级主管部门认可的检测机构进行,并应按相应格式出具检验报告和评定结论。

(4)施工现场钢筋机械连接接头的加工

1)在施工现场加工钢筋接头时,应符合下列规定。

①加工钢筋接头的操作工人应经专业技术人员培训合格后才能上岗,人员应相对稳定。

②钢筋接头的加工应经工艺检验合格后方可进行。

2)直螺纹接头的现场加工应符合下列规定。

①钢筋端部应切平或镦平后加工螺纹。

②镦粗头不得有与钢筋轴线相垂直的横向裂纹。

③钢筋丝头长度应满足企业标准中产品设计要求,公差应为 $0\sim2.0p$(p 为螺距)。

④钢筋丝头宜满足 $6f$ 级精度要求,应用专用直螺纹量规检验,通规能顺利旋入并达到要求的拧入长度,止规旋入不得超过 $3p$。抽检数量 10%,检验合格率不应小于 95%。

3)锥螺纹接头的现场加工应符合下列规定。

①钢筋端部不得有影响螺纹加工的局部弯曲。

②钢筋丝头长度应满足设计要求,使拧紧后的钢筋丝头不得相互接触,丝头加工长度公差应为 $-0.5p\sim-1.5p$。

③钢筋丝头的锥度和螺距应使用专用锥螺纹量规检验;抽检数量 10%,检验合格率不应小于 95%。

(5)施工现场钢筋机械连接接头的质量与验收

1)工程中应用钢筋机械接头时,应由该技术提供单位提交有效的型式检验报告。

2)钢筋连接工程开始前,应对不同钢筋生产厂的进场钢筋进行接头工艺检验;施工过程中,更换钢筋生产厂时,应补充进行工艺检验,工艺检验应符合下列规定。

①每种规格钢筋的接头试件不应少于 3 根。

②每根试件的抗拉强度和 3 根接头试件的残余变形的平均值均应符合相应规定。

③接头试件在测量残余变形后可再进行抗拉强度试验,并宜按相应规定中的单向拉伸加载制度进行试验。

④第一次工艺检验中 1 根试件抗拉强度或 3 根试件的残余变形平均值不合格时,允许再抽 3 根试件进行复检,复检仍不合格时判为工艺检验不合格。

3)接头安装前应检查连接件产品合格证及套筒表面生产批号标识;产品合格证应包括适用钢筋直径和接头性能等级、套筒类型、生产单位、生产日期以及可追溯产品原材料力学性能和加工质量的生产批号。

4)现场检验应按本规程进行接头的抗拉强度试验,加工和安装质量检验;对接头有特殊要求的结构,应在设计图纸中另行注明相应的检验项目。

5)接头的现场检验应按验收批进行。同一施工条件下采用同一批材料的同等级、同型式、同规格接头,应以 500 个为一个验收批进行检验与验收,不足 500 个也应作为一个验收批。

6)螺纹接头安装后应按钢筋连接规定的验收批,抽取其中 10% 的接头进行拧紧扭矩校核,拧紧扭矩值不合格数超过被校核接头数的 5% 时,应重新拧紧全部接头,直到合格为止。

7)对接头的每一验收批。必须在工程结构中随机截取 3 个接头试件作抗拉强度试验,按设计要求的接头等级进行评定。当 3 个接头试件的抗拉强度均符合相应等级的强度要求时,该验收批应评为合格。如有 1 个试件的抗拉强度不符合要求。应再取 6 个试件进行复检。复检中如仍有 1 个试件的抗拉强度不符合要求。则该验收批应评为不合格。

8)现场检验连续 10 个验收批抽样试件抗拉强度试验一次合格率为 100% 时,验收批接头数量可扩大 1 倍。

9)现场截取抽样试件后,原接头位置的钢筋可采用同等规格的钢筋进行搭接连接,或采用焊接及机械连接方法补接。

10)对抽检不合格的接头验收批,应由建设方会同设计等有关方面研究后提出处理方案。

2. 钢筋套筒连接

套管挤压连接亦称钢筋套筒冷压连接,它是将需连接的变形钢筋插入特制钢套筒内,利用液压驱动的挤压机进行径向或轴向挤压,钢筋套筒产生塑性变形,使它紧紧咬住变形钢筋实现连接。

套筒钢筋连接适用于直径 16~40mm 的 HRB335、HRB400 带肋钢筋和余热处理钢筋的连接。

1)工艺流程。套筒连接工艺流程为:钢筋、套筒质量验收→钢筋断料、套筒画套入长度标记→将钢筋套入套筒内→安装压接钳→开动液压泵、逐扣压套筒至接头成型→卸下压接钳→接头外形检查验收。

2)工艺参数。钢筋径向挤压连接的工艺参数见表 5-18 及表 5-19。

表 5-18　同直径钢筋挤压连接工艺参数表

连接钢筋直径 (mm)	钢套筒型号	压模型号	压痕最小直径 允许范围(mm)	挤压道数
40~10	G40	M40	61~64	8×2
36~36	G36	M36	55~58	7×2
32~32	G32	M32	49~52	6×2
28~28	G28	M28	42~44.5	5×2
25~25	G25	M25	37.5~40	4×2
22~22	G22	M22	33~35	3×2
20~20	G20	M20	30~32	3×2

表 5-19　异径钢筋挤压连接工艺参数表

连接钢筋直径 (mm)	钢套筒型号	压模型号	压痕最小直径 允许范围(mm)	挤压道数
40~36	G40	Φ40 端 M40	61~64	8
		Φ36 端 M36	58~60.5	8
36~32	G36	Φ36 端 M36	55~58	7
		Φ32 端 M32	52~54.5	7
32~28	G32	Φ32 端 M32	49~52	6
		Φ28 端 M28	46.5~48.5	6
28~25	G28	Φ28 端 M28	42~44.5	5
		Φ25 端 M25	39.5~41.5	5
25~22	G25	Φ25 端 M25	37.5~40	4
		Φ22 端 M22	36~37.5	4
25~20	G25	Φ25 端 M25	37.5~40	4
		Φ20 端 M20	33.5~35	4
22~20	G22	Φ22 端 M22	33~35	3
		Φ20 端 M20	31.5~33	3

径向挤压连接操作方法:钢筋挤压连接时,先将 1 根钢筋的待接端插入钢套筒一半后,用挤压钳按要求将钢套筒与钢筋挤压连接;再将另 1 根钢筋的待接端,插入到已完成半个接

头挤压的钢套筒另一半,最后,用挤压钳按要求将钢套筒与钢筋挤压连接。挤压过程顺序是:由钢套筒的中部按标记依次向端部进行挤压连接。

3. 轴向挤压连接

挤压肋滚轧(压)直螺纹钢筋连接操作方法。挤压肋滚轧(又称滚压)直螺纹钢筋连接技术,是先利用专用挤压设备,将钢筋端头待连接部分的纵肋和横肋挤压成圆柱状,再利用滚丝机将圆柱状的钢筋端头滚轧成直螺纹。

1)工艺流程。钢筋断料切头→端头压圆→外径卡规检查直径→端头压圆部分滚丝→螺纹环规检验→合格后套防护帽→套筒加工→螺纹塞规检验→合格后加防护塞→现场接头连接→接头检查验收→完成。

2)适用范围。此种连接方法适用于钢筋混凝土结构中直径 16～40mm 的 HRB335、HRB400 钢筋的连接。

3)连接设备。

①挤压圆机。由液压泵、供油软管、回路软管、导线钳、压模等组成。

②滚丝机。由回转驱动器、滚丝轮、尾座及夹紧卡盘、送料机构和底座导轨等组成。其型号有:GST-1 型(功率 1.5kW)和 GST-2 型(功率 3kW)等型号。

③其他机具设备。砂轮切割机、直螺纹环规和塞规、外径卡规及管钳扳手等。

4)套筒。套筒采用 45 号钢,并符合《优质碳素结构钢》GB/T 699 中的规定。套筒加工的主要参数如:热处理状态、螺距、牙型高度、牙型角和公称直径等均应符合设计要求和有关规定,且必须有出厂合格证。标准套筒外形如图 5-14a 所示,参考尺寸见表 5-20;异径套筒外形如图 5-14b 所示,参考尺寸见表 5-21。

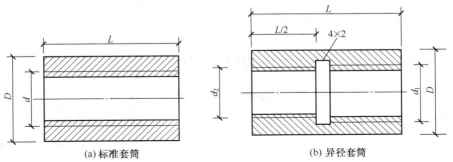

(a) 标准套筒　　　　　　　　　(b) 异径套筒

图 5-14　套筒外形示意图

表 5-20　标准套筒参考尺寸表　　　　　　　　　　　　（mm）

钢筋直径	d	$D \geqslant$	$L \geqslant$
18	18.2	28	50
20	20.2	32	54
22	22.2	36	58
25	25.2	40	62
28	28.2	44	66
32	32.2	50	74
36	36.2	56	82
40	40.2	62	90

表 5-21　异径套筒参考尺寸表　　　　　　　（mm）

钢筋直径	d_1	$d_2\geqslant$	$D\geqslant$	$L\geqslant$
20/18	20.2	18.2	32	54
22/20	22.2	20.2	36	58
25/22	25.2	22.2	40	62
28/25	28.2	25.2	44	66
32/28	32.2	28.2	50	74
36/32	36.2	32.2	56	82
40/36	40.2	36.2	62	90

①钢筋端部平头压圆。检查钢筋是否符合要求后,将钢筋用砂轮切割机切头约5mm左右,达到端部平整。再按钢筋直径选择相适配规格的压模,调整压合高度和定位尺寸,然后,将钢筋端头放入挤压圆机的压模腔中,调整油泵压力进行压圆操作。经压圆操作后,钢筋端头成为圆柱体。

②滚轧直螺纹。将已压成圆柱形的钢筋端头插入滚丝机卡盘孔,夹紧钢筋。开机后,卡盘的引导部分可使钢筋沿轴向自动进给,在滚丝轮的作用下,即可完成直螺纹的滚轧加工。挤压肋滚压钢筋端头直螺纹如图5-15所示。钢筋端头直螺纹相关资料见表5-22。

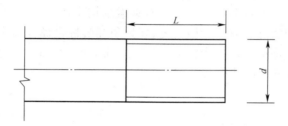

图 5-15　钢筋端头直螺纹示意图

表 5-22　钢筋挤压肋滚轧直螺纹相关资料

钢筋直径(mm)	18	20	22	25	28	32	36	40
d(mm)	18.2	20.2	22.2	25.2	28.2	32.2	36.2	40.2
L(mm)	29	31	33	35	37	41	45	49

六、钢筋安装

1. 绑扎钢筋网及骨架的预制

(1)绑扎钢筋骨架(网)的预制

1)预制钢筋绑扎网与钢筋绑扎骨架,一般宜分块或分段绑扎,应根据结构配筋特点及起重运输能力而定,网片分块面积以 6~20m² 为宜,骨架分段长度以 8~12m 为宜。

2)为防止运输安装中歪斜变形,在斜向应用钢筋拉结临时加固(图5-16),大型钢筋网或骨架应设钢筋桁架或型钢加固。

3)钢筋网与钢筋骨架的吊点应根据其尺寸、重量和刚度确定。宽度大于1m的水平钢筋网宜采用4点起吊,跨度小于6m的钢筋骨架宜采用两点起吊,跨度大、刚度差的钢筋骨架宜采用横吊梁4点起吊。为防止吊点处钢筋受力变形,可采取兜底或用短筋加强。

4）对较大型预制构件，为避免模内绑扎困难，常在模外或模上部位绑扎成整体骨架，再用吊车或设三木搭借捌链缓慢放入模内。

5）绑扎钢筋骨架和钢筋网片的交接处做法与钢筋的现场绑扎相同。

（2）焊接钢筋骨架（网）的安装

1）钢筋焊接网运输时应捆扎整齐、牢固，每捆重量不应超过 2t，必要时应加刚性支撑或支架。进场的钢筋焊接网宜按施工要求堆放，并应有明确的标志。

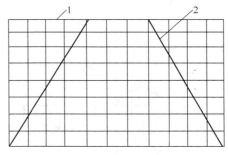

图 5-16　绑扎钢筋网的临时加固
1—钢筋网　2—加固筋

2）对两端须插入梁内锚固的焊接网，当网片纵向钢筋较细时，可利用网片的弯曲变形性能，先将焊接网中部向上弯曲，使两端能先后插入梁内，然后铺平网片。

3）当钢筋较粗，焊接网不能弯曲时，可将焊接网的一端少焊 1～2 根横向钢筋，先插入该端，再退插另一端，必要时可采用绑扎方法补回所减少的横向钢筋。

4）两张网片搭接时，在搭接区中心及两端应采用铁丝绑扎牢固。在附加钢筋与焊接网连接的每个节点处应采用铁丝绑扎。焊接网与焊接骨架沿受力钢筋方向的搭接接头宜位于受力小的部位，如承受均布荷载的简支受弯构件，接头宜放在跨度两端各 1/4 跨长范围内。

5）在梁中焊接骨架的搭接长度内应配置箍筋或短的槽形焊接网。箍筋或网中的横向钢筋间距不得大于 $5d$。轴心受压或偏心受压构件中的搭接长度内，箍筋或横向钢筋的间距不得大于 $10d$。

6）在构件宽度内有若干焊接网或焊接骨架时，其接头位置应错开，在同一截面内搭接的受力钢筋的总截面面积不得大于构件截面中受力钢筋全部截面面积的 50%；在轴心受拉及小偏心受拉构件（板和墙除外）中，不得采用搭接接头。焊接网在非受力方向的搭接长度宜为 100mm。当受力钢筋直径≥16mm 时，焊接网沿分布钢筋方向的接头宜辅以附加钢筋网，其每边的搭接长度为 $15d$。

2. 钢筋网、钢筋架的安装要点

1）安装时应按图施工对号入座，要特别注意节点组合处的交错、搭接符合原定的施工方法。

2）为防止钢筋网、钢筋架在运输及安装过程中发生歪斜变形，应采取可靠的临时加固措施。在安装预制钢筋网、钢筋架时，应正确选择吊点和吊装法，确保吊装过程中的钢筋网、钢筋架不歪斜变形。

3）较短的钢筋骨架，可采用两端带小挂钩的吊索，在骨架距两端 1/5l 处兜系起吊，如图5-17a 所示。较长的骨架可采用四根吊索，分别兜系在距端头 1/6l 处，使 4 个吊点均衡受力。跨度大、刚度差的钢筋骨架宜采用图 5-17b 所示的铁扁担 4 点起吊方法。

4）为了防止吊点处的钢筋受力变形，可采用兜底吊或图 5-18 所示的加横吊梁起吊钢筋骨架的方法。

5）预制钢筋网、钢筋架放入模板后，应及时按要求垫好规定厚度的保护层垫块。

焊接钢筋网、钢筋架采用绑扎连接时，应符合《混凝土结构工程施工质量验收规范》GB 50204—2002（2010 年版）的规定。

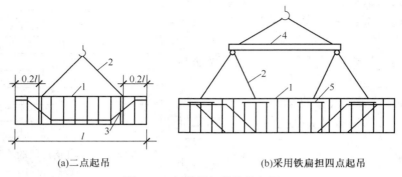

(a)二点起吊　　　　　　　　　(b)采用铁扁担四点起吊

图 5-17　钢筋骨架的绑扎起吊

1. 钢筋骨架　2. 吊索　3. 兜底索　4. 铁扁担　5. 短钢筋

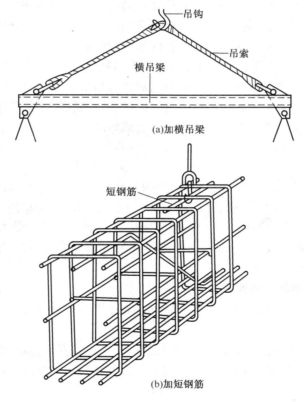

(a)加横吊梁

(b)加短钢筋

图 5-18　加横吊梁起吊钢筋骨架

第三节　混凝土工程施工

一、混凝土原材料

1. 水泥

(1)水泥的品种

1)硅酸盐水泥。凡由硅酸盐水泥熟料、0～5％石灰石或粒化高炉矿渣、适量石膏磨细制成的水硬性胶凝材料称为硅酸盐水泥(国外通称为波特兰水泥)。

硅酸盐水泥分两种类型,不掺石灰石的粒化高炉矿渣的称 I 型硅酸盐水泥,代号 P·I。

在粉磨时掺加不超过水泥重量 5% 的石灰石或粒化高炉矿渣混合材料的称 II 型硅酸盐水泥,代号 P·II。

2)普通硅酸盐水泥。凡由硅酸盐水泥熟料、6%～15%混合材料、适量石膏磨细制成的水硬性胶凝材料称为普通硅酸盐水泥(简称普通水泥),代号 P·O。

3)矿渣硅酸盐水泥。凡由硅酸盐水泥熟料和粒化高炉矿渣、适量石膏磨细制成的水硬性胶凝材料称为矿渣硅酸盐水泥(简称矿渣水泥),代号 P·S。水泥中粒化高炉矿渣掺加量按质量百分比计为 20%～70%。

4)火山灰质硅酸盐水泥。凡由硅酸盐水泥熟料和火山灰质混合材料、适量石膏磨细制成的水硬性胶凝材料称为火山灰质硅酸盐水泥(简称火山灰水泥),代号 P·P。水泥中火山灰质混合材料掺加量按质量百分比计为 20%～50%。

5)粉煤灰硅酸盐水泥。凡由硅酸盐水泥熟料和粉煤灰、适量石膏磨细制成的水硬性胶凝材料称为粉煤灰硅酸盐水泥(简称粉煤灰水泥),代号 P·F。水泥中粉煤灰掺加量按质量百分比计为 20%～40%。

(2)常用水泥的强度等级

常用水泥的强度等级见表 5-23。

表 5-23　常用水泥强度等级及各龄期的抗压和抗折强度

水泥品种	代　号	强度等级	抗压强度		抗折强度	
			3d	28d	3d	28d
硅酸盐水泥	P.I	42.5	17.0	42.5	3.5	6.5
		42.5R	22.0	42.5	4.0	6.5
		52.5	23.0	52.5	4.0	7.0
	P.II	52.5R	27.0	52.5	5.0	7.0
		62.5	28.0	62.5	5.0	8.0
		62.5R	32.0	62.5	5.5	8.0
普通硅酸盐水泥	P.O	32.5	11.0	32.5	2.5	5.5
		32.5R	16.0	32.5	3.5	5.5
		42.5	16.0	42.5	3.5	6.5
		42.5R	21.0	42.5	4.0	6.5
		52.5	22.0	52.5	4.0	6.5
		52.5R	26.0	52.5	5.0	7.0
矿渣硅酸盐水泥	P.S	32.5	10.0	32.5	2.5	5.5
		32.5R	15.0	32.5	3.5	5.5
火山灰质硅酸盐水泥	P.F	42.5	15.0	42.5	3.5	6.5
		42.5R	19.0	42.5	4.0	6.5
粉煤灰硅酸盐水泥	P.P	52.5	21.0	52.5	4.0	7.0
		52.5R	23.0	52.5	4.5	7.0

（3）水泥使用禁忌

1）禁忌骨料不纯。作为混凝土或水泥砂浆骨料的砂石，如果有尘土、黏土或其他有机杂质，都会影响水泥与砂、石之间的黏结握裹强度，因而最终会降低抗压强度。所以，如果杂质含量超过标准，必须经过清洗后方可使用。

2）禁忌水多灰稠。通常认为抹灰所用的水泥，其用量越多抹灰层就越坚固。其实，水泥用量越多，砂浆越稠，抹灰层体积的收缩量就越大，从而产生的裂缝就越多。一般情况下，抹灰时应先用 1：（3～5）的粗砂浆抹找平层，再用 1：（1.5～2.5）的水泥砂浆抹很薄的面层，切忌使用过多的水泥。

3）禁忌受酸腐蚀。酸性物质与水泥中的氢氧化钙会发生中和反应，生成物体积松散、膨胀，遇水后极易水解粉化。致使混凝土或抹灰层逐渐被腐蚀解体，所以水泥忌受酸腐蚀。

4）禁忌受潮结硬。受潮结硬的水泥强度会降低，甚至丧失原有强度，所以规定，出厂超过 3 个月的水泥应复查试验，按试验结果使用。

5）禁忌曝晒速干。混凝土或抹灰如操作后便遭曝晒，随着水分的迅速蒸发，其强度会有所降低，甚至完全丧失。因此，施工前必须严格清扫并充分湿润基层；施工后应严加覆盖，并按规定浇水养护。

6）禁忌负湿受冻。混凝土或砂浆拌合后，如果受冻，其水泥不能进行水化，兼之水分结冰膨胀，则混凝土或砂浆就会遭到由表及里逐渐加深的粉酥破坏，应严格遵照冬期施工要求。

2. 石

（1）石的种类

石分为碎石和卵石，卵石由自然条件作用形成的；碎石是经破碎、筛分而成的。碎石和卵石为公称粒径大于 5.00mm 的岩石颗粒。其中，卵石表面较为光滑，少棱角，便于混凝土的泵送和浇筑，但与水泥的胶结较差，且含泥量较高，适合于拌制较低强度等级的混凝土；碎石表面粗糙，多棱角，与水泥胶结牢固，在相同条件下比卵石拌制的混凝土强度高。卵石适合用于泵送混凝土，碎石适合用于高强度等级的混凝土。

按粒径分为 5～10mm、5～16mm、5～20mm、5～25mm、5～31.5mm、5～40mm 等不同的规格。石子的表观密度一般为 2.5～2.7g/cm³。石子在干燥状态下，其堆积密度一般为1400～1500kg/m³。

（2）石的质量要求

1）粒径要求。石的公称粒径、石筛筛孔的公称直径与方孔筛筛孔边长应符合表 5-24 的规定。

表 5-24　石筛筛孔的公称直径与方孔筛尺寸　　　　　　　　（mm）

石的公称粒径	石筛筛孔的公称直径	方孔筛筛孔边长
2.50	2.50	2.36
5.00	5.00	4.75
10.0	10.0	9.5
16.0	16.0	16.0

续表 5-24

石的公称粒径	石筛筛孔的公称直径	方孔筛筛孔边长
20.0	20.0	19.0
25.0	25.0	26.5
31.5	31.5	31.5
40.0	40.0	37.5
50.0	50.0	53.0
63.0	63.0	63.0
80.0	80.0	75.0
100.0	100.0	90.0

2)颗粒级配要求。碎石或卵石的颗粒级配,应符合表 5-25 的要求。

①混凝土用石应采用连续粒级。单粒级宜用于组合成满足要求的连续粒级;也可与连续粒级混合使用,以改善其级配或配成较大粒度的连续粒级。

表 5-25 碎石或卵石的颗粒级配范围

级配情况	公称粒级(mm)	累计筛余,按质量(%) 方孔筛筛孔边长尺寸(mm)											
		2.36	4.75	9.5	16.0	19.0	26.5	31.5	37.5	53	63	75	90
连续粒级	5~10	95~100	80~100	0~15	0	—	—	—	—	—	—	—	—
	5~16	95~100	85~100	30~60	0~10	0	—	—	—	—	—	—	—
	5~20	95~100	90~100	40~80	—	0~10	0	—	—	—	—	—	—
	5~25	95~100	90~100	—	30~70	—	0~5	0	—	—	—	—	—
	5~31.5	95~100	90~100	70~90	—	15~45	—	0~5	0	—	—	—	—
	5~40	—	95~100	70~90	—	30~65	—	—	0~5	0	—	—	—
单粒级	10~20	—	95~100	85~100	—	0~15	0	—	—	—	—	—	—
	16~31.5	—	95~100	—	85~100	—	—	0~10	0	—	—	—	—
	20~40	—	—	95~100	—	80~100	—	—	0~10	0	—	—	—
	31.5~63	—	—	—	95~100	—	—	75~100	45~75	—	0~10	0	—
	40~80	—	—	—	—	95~100	—	—	70~100	—	30~60	0~10	0

②单粒级配制混凝土会加大水泥用量,对混凝土的收缩等性能造成不利影响。由于卵石的颗粒级配是自然形成的,不满足级配要求时,在保证混凝土质量的前提下采取措施后使用。

3)石中针、片状颗粒的含量要求。碎石或卵石中针、片状颗粒含量应符合表 5-26 的规定。

4)石中含泥量要求。石中含泥量和泥块含量应符合表 5-27、表 5-28 的规定。

①对于有抗冻、抗渗或其他特殊要求的混凝土,其所用碎石或卵石中含泥量不应大于 1.0%。当碎石或卵石的含泥是非黏土质的石粉时,其含泥量可由表 5-27 的 0.5%、1.0%、

2.0%,分别提高到 1.0%、1.5%、3.0%。

表 5-26 针、片状颗粒含量

混凝土强度等级	≥C60	C55～C30	≤C25
针、片状颗粒含量（按质量计）(%)	≤8	≤15	≤25

表 5-27 碎石或卵石中含泥量

混凝土强度等级	≥C60	C55～C30	≤C25
含泥量（按质量计）(%)	≤0.5	≤1.0	≤2.0

表 5-28 碎石或卵石中泥块含量

混凝土强度等级	≥C60	C55～C30	≤C25
泥块含量（按质量计）(%)	≤0.2	≤0.5	≤0.7

②对于有抗冻、抗渗或其他特殊要求的强度等级小于 C30 的混凝土，其所用碎石或卵石中泥块含量不应大于 0.5%。

5)石中有害物质含量要求。石中的硫化物和硫酸盐含量以及有机物等有害物质含量应符合表 5-29 的规定。

表 5-29 石中有害物质含量

项　　目	质量指标
硫化物及硫酸盐含量（折算成 SO_3，按质量计）(%)	≤1.0
卵石中有机物含量（用比色法试验）	颜色应不深于标准色，当颜色深于标准色时，应配制成混凝土进行强度对比试验，抗压强度比应不低于 0.95

6)石的碱性要求。对于长期处于潮湿环境的重要结构混凝土，对其使用的碎石或卵石应进行碱活性检验。经检验，判定骨料存在潜在碱—碳酸盐反应危害时，不宜作混凝土骨料；判定骨料存在潜在碱—硅反应危害时，应控制混凝土中的碱含量不超过 $3kg/m^3$。

7)石的其他指标要求。

①石的坚固性应用硫酸钠溶液法检验，试样经 5 次循环后，其质量损失应符合表 5-30 的规定。

表 5-30 碎石或卵石的坚固性指标

混凝土所处的环境条件及其性能要求	5 次循环后的质量损失(%)
在严寒及寒冷地区室外使用，并经常处于潮湿或干湿交替状态下的混凝土；有腐蚀性介质作用或经常处于水位变化区的地下结构或有抗疲劳、耐磨、抗冲击等要求的混凝土	≤8
在其他条件下使用的混凝土	≤12

②压碎指标要求。碎石的压碎值指标宜符合表 5-31 的规定。

表 5-31 碎石的压碎值指标

岩石品种	混凝土强度等级	碎石压碎值指标(%)
沉积岩	C60~C40	≤10
	≤C35	≤16
变质岩或深层的火成岩	C60~C40	≤12
	≤C35	≤20
喷出的火成岩	C60~C40	≤13
	≤C35	≤30

③卵石的强度可用压碎值指标表示。其压碎值指标宜符合表 5-32 的规定。

表 5-32 卵石的压碎值指标

混凝土强度等级	C60~C40	≤C35
压碎值指标(%)	≤12	≤16

3. 砂

（1）砂的种类

砂按产地不同，可分为山砂、海砂和河砂。山砂含有较多粉状黏土和有机质；海砂中含有贝壳、盐分等有害物质，需经处理经检验合格后才能使用；河砂中所含杂质较少，所以使用最多；按直径不同分为粗砂、中砂和细砂 3 种。粗砂的平均直径不小于 0.5mm；中砂的平均直径不小于 0.35mm；细砂的平均直径不小于 0.25mm。砂的密度一般为2.6~2.7g/cm³。砂在干燥状态下，其堆密度一般约为 1500kg/m³。

（2）砂的质量要求

1）细度模数要求。粗细砂的细度模数 μ_f 范围为：

粗砂：$\mu_f = 3.7 \sim 3.1$

中砂：$\mu_f = 3.0 \sim 2.3$

细砂：$\mu_f = 2.2 \sim 1.6$

特细砂：$\mu_f = 1.5 \sim 0.7$

2）颗粒级配要求。砂的公称粒径、砂筛筛孔的公称直径和方孔筛筛孔边长应符合表 5-33 的规定。

表 5-33 砂的公称粒径、砂筛筛孔的公称直径和方孔筛筛孔边长尺寸

砂的公称粒径	砂筛筛孔的公称直径	方孔筛筛孔边长
5.00mm	5.00mm	4.75mm
2.50mm	2.50mm	2.36mm
1.25mm	1.25mm	1.18mm
630μm	630μm	600μm
315μm	315μm	300μm
160μm	160μm	150μm
80μm	80μm	75μm

①除特细砂外,砂的颗粒级配可按公称直径 630μm 筛孔的累计筛余量(以质量百分率计),分成 3 个级配区见表 5-34,且砂的颗粒级配应处于表 5-34 中的某一区内。

表 5-34　砂颗粒级配区

累计筛余(%)　　　级配区　　公称粒径	Ⅰ区	Ⅱ区	Ⅲ区
5.00mm	10～0	10～0	10～0
2.50mm	35～5	25～0	15～0
1.25mm	65～35	50～10	25～0
630μm	85～71	70～41	40～16
315μm	95～80	92～70	85～55
160μm	100～90	100～90	100～90

②砂的实际颗粒级配与表 5-34 中的累计筛余相比,除公称粒径为 5.00mm 和 630μm 的累计筛余外,其余公称粒径的累计筛余可稍有超出分界线,但总超出量不应大于 5%。

3)混凝土用砂选配要求。

①配制混凝土时宜优先选用表 5-34Ⅱ区砂。当采用表 5-34Ⅰ区砂时,应提高砂率,并保持足够的水泥用量,满足混凝土的和易性;当采用表 5-34Ⅲ区砂时,宜适当降低砂率。

②配制泵送混凝土,宜选用中砂。

③当用特细砂配制的混凝土拌合物黏度较大,应采用机械搅拌和振捣。搅拌时间要比中、粗砂配制的混凝土延长 1～2min。配制混凝土的特细砂细度模数要满足表 5-35 的要求。

表 5-35　配制混凝土特细砂细度模数的要求

强度等级	C50	C40～C45	C35	C30	C20～C25
细度模数(不小于)	1.3	1.0	0.8	0.7	0.6

④配制 C60 以上混凝土,不宜单独使用特细砂,应与天然砂或人工砂按适当比例混合使用。特细砂配制混凝土,砂率应低于中、粗砂混凝土。水泥用量和水灰比:最小水泥用量应比一般混凝土增加 20kg/m³,最大水泥用量不宜大于 550kg/m³,最大水灰比应符合现行《普通混凝土配合比设计规程》JGJ 55 的有关规定。特细砂混凝土宜配制成低流动度混凝土,配制坍落度大于 70mm 以上的混凝土时,宜掺外加剂。

⑤用人工砂配制混凝土时用水量应比天然砂配制混凝土的用水量适当增加,增加量由试验确定。人工砂配制混凝土时,当石粉含量较大时,宜配制低流动度混凝土,在配合比设计中,宜采用低砂率。细度模数高的宜采用较高砂率。人工砂配制混凝土宜采用机械搅拌,搅拌时间应比天然砂配制混凝土的时间延长 1min 左右。人工砂配制的混凝土要注意早期养护。养护时间应比天然砂混凝土延长 2～3d。

4)砂的含泥量要求。砂中泥块含量要求见表 5-36。

表 5-36　砂中泥块含量

混凝土强度等级	≥C60	C55～C30	≤C25
泥块含量(按质量计,%)	≤0.5	≤1.0	≤2.0

对于有抗冻、抗渗或其他特殊要求的小于或等于 C25 混凝土用砂,其泥块含量不应大于 1.0%。

含泥量对低等级混凝土的影响比对高等级混凝土的影响小,尤其是贫混凝土,含有一定量的泥后,可以改善拌合物的和易性。

5)砂中石粉含量要求。石粉是指人工砂及混合砂中的小于 $75\mu m$ 以下的颗粒。人工砂中的石粉绝大部分是母岩被破碎的细粒,与天然砂中的泥不同,它们在混凝土中的作用也有很大区别。石粉含量高,可使砂的比表面积增大,增加用水量;另外细小的球形颗粒产生的滚珠作用又会改善混凝土和易性。

人工砂或混合砂中石粉含量应符合表 5-37 的规定。

表 5-37　人工砂或混合砂中石粉含量

混凝土强度等级		≥C60	C55～C30	≤C25
石粉含量(%)	MB<1.4(合格)	≤5.0	≤7.0	≤10.0
	MB≥1.4(不合格)	≤2.0	≤3.0	≤5.0

6)砂的有害物质含量要求。砂中云母、轻物质、有机物、硫化物及硫酸盐等有害物质时,其含量应符合表 5-38 的规定。

表 5-38　砂中有害物质含量

项　目	质量指标
云母含量(按质量计,%)	≤2.0
轻物质含量(按质量计,%)	≤1.0
硫化物及硫酸盐含量(折算成 SO_3 按质量计,%)	≤1.0
有机物含量(用比色法试验)	颜色不应深于标准色,当颜色深于标准色时,应按水泥胶砂强度试验方法进行强度对比试验,抗压强度比不应低于 0.95

对于有抗冻、抗渗要求的混凝土用砂,其云母含量不应大于 1.0%。

7)砂中其他含量要求。

①砂中氯离子含量(以干砂质量百分率计),对钢筋混凝土用砂,不得大于 0.06%;对预应力混凝土用砂,不得大于 0.02%。

②贝壳指的是 4.75mm 以下被破碎了的贝壳。海砂中贝壳含量应符合表 5-39 的规定。

表 5-39　海砂中贝壳含量

混凝土强度等级	≥C40	C35～C30	C25～C15
贝壳含量(按质量计,%)	≤3	≤5	≤8

对于有抗冻、抗渗或其他特殊要求的小于或等于 C25 混凝土用砂,其贝壳含量不应大于 5%。

③经检验判断为有潜在危害时,应控制混凝土中的碱含量不超过 $3kg/m^3$。

8)砂的其他指标要求。

①砂的坚固性应采用硫酸钠溶液检验,试样经 5 次循环后,其质量损失应符合表 5-40 的规定。

表 5-40 砂的坚固性指标

混凝土所处的环境条件及其性能要求	5 次循环后的质量损失(%)
在严寒及寒冷地区室外使用并经常处于潮湿或干湿交替状态下的混凝土 对于有抗疲劳、耐磨、抗冲击要求的混凝土 有腐蚀介质作用或经常处于水位变化区的地下结构混凝土	≤8
其他条件下使用的混凝土	≤10

②人工砂的压碎值指标是检验其坚固性及耐久性的一项指标,人工砂的压碎值指标对混凝土耐磨性有明显影响,因此,要求人工砂的总压碎值指标应小于 30%。

4. 混凝土拌制用水

1)凡符合国家标准的饮用水,都可以用来拌制混凝土。

2)不明成分的地表水、地下水和工业废水,应进行检验,并经处理符合国家标准后,也可用于拌制混凝土。

3)大海和咸水湖的水不能用来拌制混凝土。

5. 拌合料

(1)粉煤灰

粉煤灰和磨细矿渣按 4:6 复合时,在水胶比相同的前提下,强度无明显降低,为最佳经济合理的配合比。

1)粉煤灰在混凝土中主要起物理填充作用,可加强粉末效应,增加混凝土的密实性。

2)在混凝土中掺加粉煤灰(Ⅱ级),可改善混凝土的和易性,降低混凝土的温升值,减少混凝土的收缩,削减混凝土初期水化热峰值,提高混凝土的抗渗性、可泵性、抗裂性,并提高混凝土的后期强度。

3)掺入优质(Ⅰ级)粉煤灰,可更好地填充水泥石的毛细孔,使混凝土更加密实,使混凝土抗压强度和抗冻性能大大提高。

(2)磨细矿渣粉

矿渣粉在预拌混凝土中掺量,应根据磨细矿渣粉本身的质量来决定,一般掺量。

1)S75 级为 10%～30%、S95 级为 20%～40%、S105 级为 30%～50%。

2)矿渣粉对混凝土早期抗裂有影响,在掺量 20%～35% 时,对混凝土早期 3d 自收缩影响不大,但对后期收缩有一定影响,掺量为 50% 时,对早期和后期的混凝土自收缩均有明显影响,因此对高强混凝土以控制掺量小于或等于 20% 为宜。

3)普通混凝土单掺矿渣粉以 30%～40% 为宜,大体积混凝土可增至 50% 以上,能明显降低混凝土的水化热。

①矿渣粉掺在混凝土中不仅有利于混凝土力学性能的提高,还有利于混凝土耐久性的改善。

②而矿渣粉本身也有一定的减水作用,随着其磨细度的提高,减水作用增强,提高混凝土坍落度,并具有一定的保水作用和良好的混凝土和易性。

(3)磨细矿渣粉和粉煤灰复掺粉

复掺粉最佳掺量:粉煤灰 10%＋矿渣粉 20%,混凝土 28d 强度可达 60MPa 以上;粉煤灰 20%＋矿渣粉 30%,混凝土 28d 强度可达 50MPa 以上;粉煤灰 20%＋矿渣粉 40%,混凝土 28d 强度可达 40MPa 以上;但必须要考虑到,粉煤灰和矿渣粉的等级级别对混凝土强度有较大影响;在应用矿渣粉时,还应考虑到水泥厂已掺入的混合材料品种和数量。

磨细矿渣粉宜和粉煤灰复掺,可改善混凝土自收缩不利的影响。矿渣粉和粉煤灰复掺适宜配制 C45 以下的混凝土,配制大体积和炎热高温季节施工的预拌混凝土为最佳。

二、混凝土用外加剂

1. 外加剂类别

(1)减水剂

减水剂是指在保持混凝土稠度不变的条件下,具有减水增强作用的外加剂。常用的减水剂有:木钙粉、NNO 减水剂、MF 减水剂等。

(2)早强剂

早强剂是指能提高混凝土早期强度,且对后期强度无显著影响的外加剂,常用于检修和冬期工程。常用的早强剂有:$NaCl$、$NaCl_2$、Na_2SO_4 等。

(3)缓凝剂

缓凝剂是指延缓混凝土凝结时间,并对混凝土后期强度发展无不利影响的外加剂。大体积混凝土,高温季节或长距离运输时采用。常用的缓凝剂有:糖蜜、木质素磺酸钙、硼酸和柠檬酸等。

(4)防冻剂

防冻剂主要用于冬期施工,能使混凝土在温度为 0℃ 以下的情况下硬化,并在规定的时间内达到足够的强度。

(5)膨胀剂

膨胀剂改善了混凝土的孔隙结构,减少孔隙率,提高混凝土的抗渗;也可用于混凝土结构缺陷的修整。

(6)引气剂

引气剂是指在混凝土搅拌过程中,能引出大量分布均匀的微小气泡,以减少拌和物泌水离析、改善和易性,同时显著提高硬化混凝土抗冻耐久性的外加剂。常用的引气剂有:松香热聚物和松香酸钠等。

2. 外加剂的检验

选用的外加剂应具有产品合格证、出厂检验报告和说明书。外加剂的说明书内容应包括产品名称及型号、出厂日期、主要特性及成分、适用范围及推荐掺量、外加剂总碱量、氯离子含量、有无毒性、易燃状况、储存条件及有效期、使用方法及注意事项。

1)粉状外加剂应采用有塑料袋衬里的编织袋,每袋重 20～50kg。液体外加剂应采用塑料桶、金属桶包装或槽车运输。

2)所有包装的容器上均应在明显位置注明以下内容:产品名称、型号、净质量或体积(包括含量或浓度)。生产厂名、生产日期及出厂编号应在产品合格证上予以说明。

3)抽样检验时,同品种、同一编号的外加剂,掺量≥1%时,100t 为一检验批;掺量小于1%时,50t 为一检验批;不足 100t 或 50t 时,也按一个检验批检验。取样时从 3 处或更多处取等量均匀混合。每一编号取样量不少于 0.2t 水泥所需用的外加剂量。不同品种外加剂应分别存储,做好标记,在运输与存储时不得混入杂物和遭受污染。

3. 外加剂的适用范围

(1)普通减水剂及高效减水剂

1)普通减水剂通常不含氯盐,适用于素混凝土、钢筋混凝土及预应力混凝土。

2)普通减水剂的引气量较高,缓凝性较大,用于蒸养混凝土必须延长静停时间。普通减水剂宜用于日最低气温 5℃以上施工的混凝土,不宜单独用于蒸养混凝土;高效减水剂宜用于日最低气温 0℃以上施工的混凝土。

(2)引气剂及引气减水剂

1)引气剂可提高硬化混凝土的抗冻融能力,有抗冻融要求的混凝土必须适当引气。

2)引气剂可提高混凝土抗渗性,适用于抗硫酸盐混凝土、抗渗混凝土,如路面使用氯化钙、氯化钠除冰时,路面混凝土必须掺入引气剂。

3)掺加引气剂的混凝土和易性好,易于抹面,能使混凝土表面光洁,有饰面要求的混凝土宜掺加引气剂。

4)引气剂会降低混凝土强度,对强度要求高的混凝土不宜使用。

5)由于掺入引气剂,混凝土的含气量增大,因此不宜用于蒸养混凝土及预应力混凝土。

(3)缓凝剂、缓凝减水剂及缓凝高效减水剂

1)缓凝剂、缓凝减水剂及缓凝高效减水剂宜用于日最低气温 5℃以上施工的混凝土,施工时宜根据温度选择品种,并调整掺量,满足工程要求方可使用,不宜单独用于有早强要求的混凝土及蒸养混凝土。

2)当掺用含有糖类及木质素磺酸盐类物质的外加剂时,应做水泥适应性试验,合格后方可使用。

3)柠檬酸及酒石酸钾钠等缓凝剂不宜用于水泥用量较低、水灰比较大的贫混凝土。

(4)早强剂及早强减水剂

早强剂及早强减水剂适用于蒸养混凝土及常温、低温和最低温度不低于-5℃环境中施工有早强要求的混凝土。炎热环境不宜使用早强剂、早强减水剂。

(5)防冻剂

1)含亚硝酸盐、碳酸盐的防冻剂严禁用于预应力混凝土结构。含有 6 价铬盐、亚硝酸盐的防冻剂严禁用于饮水工程及与食品相接触的工程。含有硝铵、尿素的防冻剂严禁用于居住、办公等用房。

2)有机化合物与无机盐复合防冻剂及复合型防冻剂可用于素混凝土、钢筋混凝土及预应力混凝土工程。

（6）膨胀剂

1）含硫铝酸钙类、硫铝酸钙—氧化钙类膨胀剂的混凝土（砂浆）不得用于长期环境温度为 80℃以上的工程。

2）含氧化钙类膨胀剂配制的混凝土（砂浆）不得用于海水或有侵蚀性水的工程；掺膨胀剂的大体积混凝土内外温差宜小于 25℃。

3）掺膨胀剂的补偿收缩混凝土刚性屋面宜用于南方地区。

（7）防水剂

防水剂用于屋面、地下室、隧道、给排水池、水泵等有防水抗渗要求的混凝土工程。

（8）泵送剂

1）混凝土原材料中掺入泵送剂，可配制出不离析泌水，黏聚性好，和易性、可泵性好，具有一定含气量和缓凝性能的大坍落度混凝土。

2）由于泵送混凝土具有缓凝性能，亦可用于大体积混凝土、滑模施工混凝土。

3）水下灌注桩混凝土要求坍落度在 180～220mm，也可用泵送剂配制。

（9）速凝剂

速凝剂主要用于地下工程支护，广泛用于薄壳屋顶、水池、预应力油罐、边坡加固、深基坑护壁及热工窑炉内衬、修复加固等的喷射混凝土。

三、混凝土配合比设计

1. 混凝土配合比基本规定

普通混凝土配合比设计应符合现行标准《普通混凝土配合比设计规程》JGJ 55 的规定。

1）混凝土拌和物应满足工作性的要求。

2）应满足结构设计的强度要求。

3）应满足环境耐久性的要求。

4）在满足上述要求的前提下，应做到节约水泥，合理使用材料，达到降低成本的目的。

2. 混凝土配制强度设计计算规定

（1）混凝土配制强度计算公式

1）当混凝土的设计强度等级小于 C60 时，配制强度应按下式确定：

$$f_{cu,o} \geq f_{cu,k} + 1.645\sigma$$

式中　$f_{cu,o}$——混凝土配制强度（MPa）；

　　　$f_{cu,k}$——混凝土立方体抗压强度标准值（MPa）；

　　　　σ——混凝土强度标准差（MPa）。

2）当设计强度等级不小于 C60 时，配制强度应按下式确定：

$$f_{cu,o} \geq 1.15 f_{cu,k}$$

（2）混凝土强度标准差的计算

1）当具有近 1 个月～3 个月的同一品种、同一强度等级混凝土的强度资料，且试件组数不小于 30 时，其混凝土强度标准差 σ 应按下式计算：

$$\sigma = \sqrt{\frac{\sum\limits_{i=1}^{n} f_{cu,i}^2 - nm_{fcu}^2}{}}$$

式中　σ——混凝土强度标准差；

$f_{cu,i}$——第 i 组的试件强度(MPa);

m_{fcu}——n 组试件的强度平均值(MPa);

n——试件组数。

对于强度等级不大于 C30 的混凝土,当混凝土强度标准差计算值不小于 3.0MPa 时,应按上式计算结果取值;当混凝土强度标准计算值小于 3.0MPa 时,应取 3.0MPa。

对于强度等级大于 C30 且小于 C60 的混凝土,当混凝土强度标准差计算值不小于 4.0MPa 时,应按此标准差公式计算结果取值;当混凝土土强度标准差计算值小于 4.0MPa 时,应取 4.0MPa。

2)当没有近期的同一品种、同一强度等级混凝土强度资料时,其强度标准差 σ 可按下表 5-41 取值。

表 5-41　标准差 σ 值　　　　　　　　　　　　　　　　　　　　(MPa)

混凝土强度标准值	≤C20	C25~C45	C50~C55
Σ	4.0	5.0	6.0

3. 混凝土水胶比设计计算

(1)设计要求

水灰比是指水和胶凝材料的比值,它是影响混凝土和易性、强度和耐久性的主要因素。水灰比的大小根据混凝土的强度和耐久性来确定,在满足混凝土强度和耐久性要求的前提下,选用较大的水胶比有利于节约胶凝材料。

(2)计算方法

1)当混凝土强度等级小于 C60 时,混凝土水胶比宜按下式计算。

$$W/B=\frac{\alpha_a f_b}{f_{cu,0}+\alpha_a \alpha_b f_b}$$

式中　W/B——混凝土水胶比;

α_a、α_b——回归系数;

f_b——胶凝材料 28d 胶砂抗压强度(MPa),可实测,且试验方法应按现国家标准《水泥胶砂强度检验方法(ISO 法)》GB/T 17671 执行。

2)回归系数(α_a、α_b)宜按以下规定确定。

①根据工程所使用的原材料,通过试验建立的水胶比与混凝土强度关系式来确定。

②当不具备上述试验统计资料时,可按表 5-42 选用。

表 5-42　回归系数(α_a、α_b)取值表

系数 \ 粗骨料品种	碎石	卵石
α_a	0.53	0.49
α_b	0.20	0.13

3)当胶凝材料 28d 胶砂抗压强度值(f_b)无实测值时,可按下式计算:

$$f_b=\gamma_f \gamma_s f_{ce}$$

式中　γ_f，γ_s——粉煤灰影响系数和粒化高炉矿渣粉影响系数,可按表 5-43 选用;

　　　f_{ce}——水泥 28d 胶砂抗压强度(MPa),可实测。

表 5-43　粉煤灰影响系数(γ_f)和粒化高炉矿渣粉影响系数(γ_s)

种类　掺量(%)	粉煤灰影响系数 γ_f	粒化高炉矿渣粉影响系数 γ_s
0	1.00	1.00
10	0.85~0.95	1.00
20	0.75~0.85	0.95~1.00
30	0.65~0.75	0.90~1.00
40	0.55~0.65	0.80~0.90
50	—	0.70~0.85

注:①采用 Ⅰ 级、Ⅱ 级粉煤灰宜取上限值。

　②采用 S75 级粒化高炉矿渣粉宜取下限值,采用 S95 级粒化高炉矿渣粉宜取上限值,采用 S105 级粒化高炉矿渣粉可取上限值加 0.05。

　③当超出表中的掺量时,粉煤灰和粒化高炉矿渣粉影响系数应经试验确定。

4)当水泥 28d 胶砂抗压强度(f_{ce})无实测值时,可按下式计算:

$$f_{ce} = \gamma_c f_{ce,g}$$

式中　γ_c——水泥强度等级值的富余系数,可按实际统计资料确定;当缺乏实际统计资料时,也可按表 5-44 选用。

　　　$f_{ce,g}$——水泥强度等级值(MPa)。

表 5-44　水泥强度等级值的富余系数(γ_c)

水泥强度等级值	32.5	42.5	52.5
富余系数	1.12	1.16	1.10

4. 混凝土用水量及外加剂设计计算

(1)用水量

1)每立方米干硬性或塑性混凝土的用水量(m_{w0})应符合下列规定。

①混凝土水胶比在 0.40~0.80 范围时,可按表 5-45 和表 5-46 选取。

②混凝土水胶比小于 0.40 时,可通过试验确定。

表 5-45　干硬性混凝土的用水量　　　　　　　　　(kg/m³)

拌合物稠度		卵石最大公称粒径(mm)			碎石最大公称粒径(mm)		
项目	指标	10.0	20.0	40.0	16.0	20.0	40.0
维勃稠度（s）	16~20	175	160	145	180	170	155
	11~15	180	165	150	185	175	160
	5~10	185	170	155	190	180	165

表 5-46 塑性混凝土的用水量 （kg/m³）

拌合物稠度		卵石最大公称粒径（mm）				碎石最大公称粒径（mm）			
项目	指标	10.0	20.0	31.5	40.0	16.0	20.0	31.5	40.0
坍落度（mm）	10～30	190	170	160	150	200	185	175	165
	35～50	200	180	170	160	210	195	185	175
	55～70	210	190	180	170	220	205	195	185·
	75～90	215	195	185	175	230	215	205	195

注：①本表用水量系采用中砂时的取值。采用细砂时，每立方米混凝土用水量可增加 5～10kg；采用粗砂时，可减少 5～10kg；

②掺用矿物掺合料和外加剂时，用水量应相应调整。

2）掺外加剂时，每立方米流动性或大流动性混凝土的用水量（m_{w0}）可按下式计算：

$$m_{w0} = m'_{w0}(1-\beta)$$

式中　m_{w0}——计算配合比每立方米混凝土的用水量（kg/m³）；

　　　m'_{w0}——未掺外加剂时推定的满足实际坍落度要求的每立方米混凝土用水量（kg/m³），按每增大 20mm 坍落度相应增加 5kg/m³ 用水量来计算，当坍落度增大到 180mm 以上时，随坍落度相应增加的用水量可减少。

　　　β——外加剂的减水率（%），应经混凝土试验确定。

（2）外加剂掺量

每立方米混凝土中外加剂用量（m_{a0}）应按下式计算：

$$m_{a0} = m_{b0}\beta_a$$

式中　m_{a0}——计算配合比每立方米混凝土中外加剂用量（kg/m³）；

　　　m_{b0}——计算配合比每立方米混凝土中胶凝材料用量（kg/m³）；

　　　β_a——外加剂掺量率（%），应经混凝土试验确定。

5. 砂率的确定

砂率是指砂子占砂总量的百分比。砂率对混凝土混合料的和易性影响较大，如选择不恰当，对混凝土的强度和耐久性都有影响。所以在保证混凝土工作性的条件下，砂率应取较小值，也有利于节约水泥。

1）坍落度为 10～60mm 的混凝土，其砂率可根据混凝土的坍落度，粗骨料的品种、粒径及水灰比确定，见表 5-47。

2）坍落度大于 60mm 的混凝土砂率，可经试验确定，也可在表 5-47 的基础上，按坍落度每增加 20mm，砂率增大 1% 的幅度予以调整。

3）坍落度小于 10mm 的混凝土，其砂率应根据实验确定。

表 5-47 混凝土的砂率 （%）

水胶比（W/B）	卵石最大公称粒径（mm）			碎石最大公称粒径（mm）		
	10.0	20.0	40.0	16.0	20.0	40.0
0.40	26～32	25～31	24～30	30～35	29～34	27～32
0.50	30～35	29～34	28～33	33～38	32～37	30～35
0.60	33～38	32～37	31～36	36～41	35～40	33～38
0.70	36～41	35～40	34～39	39～44	38～43	36～41

6. 胶凝材料、矿物掺合料和水泥用量的计算

(1)胶凝材料

每立方米混凝土的胶凝材料用量(m_{b0})应按下式计算,并应进行试拌调整,在拌合物性能满足的情况下,取经济合理的胶凝材料用量。

$$m_{b0}=\frac{m_{w0}}{W/B}$$

式中　m_{b0}——计算配合比每立方米混凝土中胶凝材料用量(kg/m^3);

　　　　m_{w0}——计算配合比每立方米混凝土的用水量(kg/m^3);

　　　　W/B——混凝土水胶比。

(2)矿物掺合料

每立方米混凝土的矿物掺合料用量 m_{f0} 应按下式计算:

$$m_{f0}=m_{b0}\beta_f$$

式中　m_{f0}——计算配合比每立方米混凝土中矿物掺合料用量(kg/m^3);

　　　　β_f——矿物掺合料量(%).

(3)水泥

每立方米混凝土的水泥用量(m_{c0})应按下式计算:

$$m_{c0}=m_{b0}-m_{f0}$$

式中　m_{c0}——计算配合比每立方米混凝土中水泥用量(kg/m^3)。

7. 粗、细骨料用量的计算

1)当采用质量法计算混凝土配合比时,粗、细骨料用量应按下式计算:

$$m_{f0}+m_{c0}+m_{g0}+m_{s0}+m_{w0}=m_{cp}$$

砂率计算公式为:

$$\beta_s=\frac{m_{s0}}{m_{g0}+m_{s0}}\times100\%$$

上两式中　m_{g0}——计算配合比每立方米混凝土的粗骨料用量(kg/m^3);

　　　　　m_{s0}——计算配合比每立方米混凝土的细骨料用量(kg/m^3);

　　　　　β_s——砂率(%);

　　　　　m_{cp}——每立方米混凝土拌合物的假定质量(kg),可取 $2350kg/m^3$ ～ $2450kg/m^3$。

2)当采用体积法计算混凝土配合比时,粗、细骨料用量应按下面公式计算:

$$\frac{m_{c0}}{\rho_c}+\frac{m_{f0}}{\rho_f}+\frac{m_{g0}}{\rho_g}+\frac{m_{s0}}{\rho_s}+\frac{m_{w0}}{\rho_w}+0.01\alpha=1$$

式中　ρ_c——水泥密度(kg/m^3),可按现行国家标准《水泥密度测定方法》GB/T 208 测定,也可取 $2900kg/m^3$～$3100kg/m^3$;

　　　　ρ_f——矿物掺合料密度(kg/m^3),可按现行国家标准《水泥密度测定方法》GB/T 208 测定;

　　　　ρ_g——粗骨料的表观密度(kg/m^3),应按现行行业标准《普通混凝土用砂、石质量及检验方法标准》JGJ 52 测定;

ρ_s——细骨料的表观密度(kg/m^3)，应按现行行业标准《普通混凝土用砂、石质量及检验方法标准》JGJ 52 测定；

ρ_w——水的密度(kg/m^3)，可取 $1000kg/m^3$；

α——混凝土的含气量分数，在不使用引气剂或引气型外加剂时，α 可取 1。

砂率则应按 $\beta_s = \dfrac{m_{s0}}{m_{g0}+m_{s0}} \times 100\%$ 计算，公式符号意义同上面解释。

8. 混凝土配合比的试配、调整及确定

（1）试配

1）混凝土试配应采用强制式搅拌机进行搅拌，并应符合现行行业标准《混凝土试验用搅拌机》JG 244 的规定，搅拌方法宜与施工采用的方法相同。

2）试验室成型条件应符合现行国家标准《普通混凝土拌合物性能试验方法标准》GB/T 50080 的规定。

3）每盘混凝土试配的最小搅拌量应符合表 5-48 的规定，并不应小于搅拌机公称容量的 1/4 且不应大于搅拌机公称容量。

表 5-48　混凝土试配的最小搅拌量

粗骨料最大粒径（mm）	拌合物数量（L）
≤31.5	15
40.0	25

4）在计算配合比的基础上应进行试拌。计算水胶比宜保持不变，并应通过调整配合比其他参数使混凝土拌合物性能符合设计和施工要求，然后修正计算配合比，提出试拌配合比。

5）在试拌配合比的基础上应进行混凝土强度试验，并应符合下列规定。

①应采用古代上不同的配合比，其中一个为规定范围内确定的试拌配合比，另外两个配合比的水胶比宜较试拌配合比分别增加和减少 0.5，用水量应与试拌配合比相同，砂率可分别增加和减少 1%。

②进行混凝土强度试验时，拌合物性能应符合设计和施工要求。

③进行混凝土强度试验时，每个配合比应至少制作一组试件，并应标准养护到期 28d 或设计规定龄期试压。

（2）配合比的调整与确定

1）配合比调整应符合下列规定。

①根据《普通混凝土配合比设计规程》JGJ 55 混凝土强度试验结果，宜绘制强度和胶水比的线性关系图或插值法确定略大于配制强度对应的胶水比。

②在试拌配合比的基础上，用水量（m_w）和外加剂用量（m_a）应根据确定的水胶比作调。

③胶凝材料用量（m_b）应以用水量乘以确定的胶水比计算得出。

④粗骨料和细骨料用量（m_g 和 m_s）应根据用水量和胶凝材料用量进行调整。

2）混凝土拌合物表观密度和配合比校正系数的计算应符合下列规定。

①配合比调整后的混凝土拌合物的表观密度应按下式计算：

$$\rho_{c,c} = m_c + m_f + m_g + m_s + m_w$$

式中 $\rho_{c,c}$——混凝土拌合物的表观密度计算值(kg/m³);

m_c——每立方米混凝土的水泥用量(kg/m³);

m_f——每立方米混凝土的矿物掺合料用量(kg/m³);

m_g——每立方米混凝土的粗骨料用量(kg/m³);

m_s——每立方米混凝土的细骨料用量(kg/m³);

m_w——每立方米混凝土的用水量(kg/m³)。

②混凝土配合比校正系数应按下式计算:

$$\delta = \frac{\rho_{c,c}}{\rho_{c,t}}$$

式中 δ——混凝土配合比校正系数;

$\rho_{c,t}$——混凝土拌合物的表观密度实测值(kg/m³)。

3)当混凝土拌合物表观密度实测值与计算值之差的绝对值不超过计算值2%时,调整的配合比可维持不变;当二者之差超过2%时,应将配合比中每项材料用量均乘以校正系数(δ)。

4)配合比调整后,应测定拌合物水溶性氯离子含量。

5)对耐久性有设计要求的混凝土应进行相关耐久性试验验证。

6)生产单位可根据常用材料设计出常用混凝土配合比备用,并应在启用过程中予以验证或调整。遇有下列情况之一时,应重新进行配合比设计。

①对混凝土性能有特殊要求时。

②水泥、外加剂或矿物掺合料等原材料品种、质量有显著变化时。

9. 特殊混凝土配合比设计

1)抗渗混凝土的原材料应符合下列规定。

①水泥宜采用普通硅酸盐水泥。

②粗骨料宜采用连续级配,其最大公称粒径不宜大于40.0mm,含泥量不得大于1.0%,泥块含量不得大于0.5%。

③细骨料宜采用中砂,含泥量不得大于0.3%,泥块含量不得大于1.0%。

④抗渗混凝土宜掺用外加剂和矿物掺合料,粉煤灰等级应为Ⅰ级或Ⅱ级。

2)抗渗混凝土配合比应符合下列规定。

①最大水胶比应符合表5-49的规定。

②每立方米混凝土中的胶凝材料用量不宜小于320kg。

③砂率宜为35%～45%。

表5-49 抗渗混凝土最大水胶比

设计抗渗等级	最大水胶比	
	C20～C30	C30 以上
P6	0.60	0.55
P8～P12	0.55	0.50
>P12	0.50	0.45

四、普通混凝土搅拌

1. 混凝土投料

1)一次投料法。

①先在上料斗中装石子(或砂)、再加水泥和砂(或石子),然后一次投入搅拌机中,如图5-19 所示。

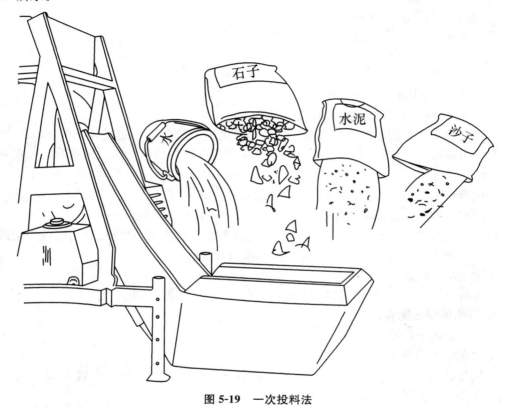

图 5-19 一次投料法

②注意投料时,应将水泥加在砂、石之间,这样可避免水泥飞扬。投进料后,加水进行搅拌。

2)二次投料法。

①第一种。先将全部砂子、水泥及 1/3 的水投入搅拌 20～30s 后,再投入石子和 2/3 的水进行搅拌。

②第二种。将水泥和部分水进行净浆搅拌,然后再投入全部砂石和剩余的水进行搅拌。二次投料能使水泥较好地进行水化,水泥砂浆容易搅拌均匀,也能较好地包裹石子。二次投料法的混凝土与一次投料法相比,混凝土强度可提高约 15%;在强度等级相同的情况下,可节约水泥约 15%～20%。

③水泥裹砂(石)法。用这种方法拌制的混凝土通常称为造壳混凝土。

2. 混凝土搅拌时间要求

混凝土的搅拌时间是从全部材料投入搅拌筒内开始搅拌时算起,到开始卸料时为止所经历的时间。拌和材料在搅拌机中连续搅拌的最短时间应不少于表 5-50 的规定。

表 5-50 混凝土搅拌的最短时间

混凝土坍落度 (mm)	搅拌机机型	搅拌机出料量(L)		
		<250	250~500	>500
<30	强制式	60	90	120
	自落式	90	120	150
>30	强制式	60	60	90
	自落式	90	90	120

注:当掺有外加剂时,搅拌时间应适当延长。

3. 混凝土人工搅拌方法

当混凝土工程量较少,又缺乏搅拌机或野外临时作业,即条件困难时可采用人工拌和,人工拌和通常采用"三干三湿"的操作工艺。

1)先将过秤的砂倒在拌和板上扒平,水泥倒在砂上进行干拌均匀,直至颜色一致(至少左右拌和3次)。

2)再加入石子进行干拌均匀。

3)最后再一面加水一面进行拌和,直至拌和物完全均匀,颜色一致(至少左右拌和3次),达到石子与水泥浆无分离现象时为止,如图5-20所示。

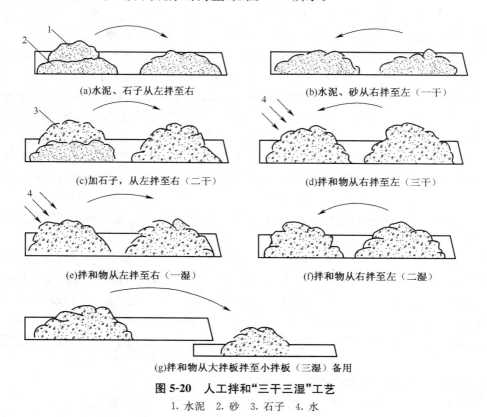

(a)水泥、石子从左拌至右
(b)水泥、砂从右拌至左(一干)
(c)加石子,从左拌至右(二干)
(d)拌和物从右拌至左(三干)
(e)拌和物从左拌至右(一湿)
(f)拌和物从右拌至左(二湿)
(g)拌和物从大拌板拌至小拌板(三湿)备用

图 5-20 人工拌和"三干三湿"工艺
1. 水泥 2. 砂 3. 石子 4. 水

4. 注意事项

1)拌制混凝土所需的原材料应根据配料单称量出来。

①砂子、石子装入手推车,经过普通台秤称量,倒入搅拌机上料斗中,允许偏差为±3%。

②水泥每袋50kg,拆袋后直接倒入搅拌机上料斗中;散装水泥装入手推车,经过普通台秤称量,倒入搅拌机上料斗中,允许偏差为±2%。

2)混凝土搅拌前,搅拌机应预先加水空转几分钟,使搅拌筒内壁充分湿润,再将积水倒净。搅拌第一盘时,考虑到筒壁上会粘一部分砂浆,石子用量应按配合比规定减少一半。混凝土在搅拌过程中,应等搅拌筒内混凝土料出净后,再投料搅拌,不能边出料边进料。

3)外加剂应用特制计量容器,按要求的重量加入,也可用小台秤按一定重量称量后,直接装入小包装袋中,每次使用1袋,允许偏差为±2%。

4)水应通过计量加水装置控制。

5)混凝土的搅拌埋单一般不应小于1~2min,搅拌时间是从全部材料投入到搅拌机筒内算起,到开始卸料为止。

五、普通混凝土运输

1. 运输机具的选择

1)水平运输,且距离较短时。水平运输且距离较短时,可采用单、双轮手推车、机动翻斗车、轻轨翻斗车、皮带运输机运输;当距离较长时,可采用自卸汽车、混凝土搅拌运输车等运输。

2)垂直运输时。混凝土垂直运输时可采用各种井架、混凝土提升机、施工电梯、履带式吊车、塔式起重机以及汽车式混凝土泵等。可配合采用钢吊斗等容器来装运混凝土。

3)大型设备基础或箱形基础等大体积混凝土浇筑时。混凝土水平和垂直运输,可采用1台或数台带运输机联合作业,也可采用混凝土搅拌运输车和混凝土泵车配合使用。

4)高层建筑。对于高层建筑常采用附墙塔吊、爬升塔吊、施工电梯,混凝土快速提升机等配以吊斗进行运输。也可采用混凝土泵配以独立布料器,混凝土泵可在竖向进行接力输送,以满足高度需要。

5)长距离运输。长距离运送时,常用混凝土搅拌运输车,当运输距离很长时,也可将混凝土干料装入筒内,在运输途中加水搅拌,这样能减少由于长途运输而引起的混凝土坍落度损失。

6)施工现场浇筑时常用混凝土泵,混凝土泵分为活塞泵、气压泵和挤压泵等几种不同的构造和输送形式,目前应用较多的是活塞泵。

7)布料时常用布料杆。它是完成混凝土运输、布料、摊铺、浇筑入模的最好机具,混凝土布料杆一般分为汽车式布料杆和独立式布料杆两种;独立式布料杆又分为移置式布料杆和管柱式布料杆,其中独立式混凝土布料杆是与混凝土泵配套工作的独立布料设备,在其操作半径内,能比较灵活自如地浇筑混凝土,其工作半径一般在10m左右,最大的可达40m。由于独立式布料杆自身较为轻便,能在施工楼层上灵活地移动,适用于高层建筑的楼层混凝土布料。

2. 混凝土运输施工操作要点

1)转运混凝土时,应注意使拌和物直接对准装料运输工具的中心部位倒入。

2)混凝土在运输过程中,应保持混凝土的匀质性,做到不分层、不离析、不漏浆、混凝土运至浇筑地点时,应具有规定的坍落度。如有离析或初凝现象应在浇筑前进行二次搅拌,搅拌均匀后方可入模。

3)施工现场的运输道路应平坦,以减小运输时的振荡,避免造成混凝土分层离析。同时,还应根据建筑结构的情况,采用环形回路、主干道与支道相结合、来回运输主道与单向支道相结合等方式布置,以保持运输道路的畅通。临时架设的桥道一定要牢固,桥板接头应平顺,路面的残渣要及时地清除。运输道路的宽度应满足车辆行驶的需要。对于大型混凝土工程在浇筑时,宜设置专人管理和指挥,以避免车辆互相拥堵。

4)混凝土的运输能力,应与搅拌、浇筑能力相适应,并以最少的转载次数、最短的时间从搅拌地点运至浇筑地点。从搅拌机中卸出的混凝土到浇筑完毕的延续时间,不宜超过表5-51规定。

表 5-51　混凝土搅拌机卸出到浇筑完毕的延续时间　　　　　　　　　(s)

混凝土强度等级	气　温	
	≤25℃	>25℃
≤C30	120	90
>C30	90	60

5)在风雨或暴热天气运输混凝土时,容器上应加遮盖,以防止雨水进入或水分蒸发,冬期施工时应注意保温。

6)采用混凝土泵时,混凝土搅拌站的供应能力和混凝土搅拌运输车的运输能力,应大于混凝土泵车的泵送能力,以保证混凝土泵能不间断地工作。

①铺设输送管道应尽量避免弯曲,转弯应平缓,接头应严密,如管道向下输送时,应防止混凝土因自重流动,使输送管内混凝土中断而混入空气产生阻塞。

②混凝土泵在泵送前要用水、水泥浆充分润湿管道内壁,使输送管道、泵处于润滑状态。润滑用水、水泥浆和水泥砂浆的用量见表5-52。

表 5-52　泵送混凝土润滑用水、水泥浆和水泥砂浆的用量表

输送管长度(m)	水(L)	水泥浆		水泥砂浆	
		水泥用量(kg/m³)	稠　度	用量(kg/m³)	配合比(水泥:砂)
<100	30	—		0.5	1:2
100~200	30			1.0	1:1
>200	30	100	粥状	1.0	1:1

混凝土泵输送时应连续进行,尽可能防止停歇。如不能连续供料可适当放慢速度,以保证连续泵送。如泵送停歇超过45min或混凝土出现离析时,应立即用压力水或其他方法清除泵机和管道中的混凝土,再重新泵送。

3. 注意事项

1)混凝土从搅拌机中出料后,应以最少的周转数和最短的时间,从搅拌地点运到浇筑地点,如图5-21所示。

2)水平运输应根据运距的长短及现有的运输设备选用运输工具,常用的工具有手推车

和机动翻斗车,长距离运输,现在一般用混凝土搅拌运输车,不管用哪种工具,在运输过程中都应保证混凝土不发生分层离析现象。

图 5-21 以最短时间和周转次数运到浇筑点

3)楼台面运输采用手推车,塔吊或泵送混凝土输送车,塔吊如图 5-22 所示。

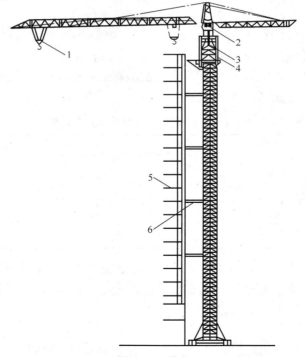

图 5-22 塔吊

1. 起重小车 2. 操作室 3. 顶升套架 4. 标准节 5. 建筑物 6. 撑杆

六、混凝土的浇筑

1. 一般结构混凝土浇筑施工操作要点

（1）浇筑前施工准备

1）混凝土浇筑前，应对其模板及其支架、钢筋和预埋件进行细致的检查，并作好自检和工序交接记录。

2）大型设备基础浇筑，还应进行各专业综合检查和会签，基土上的污泥、杂物、钢筋上的锈蚀、油污、模板内的垃圾等应清除干净。

3）木模板洒水应充分湿润，缝隙应堵严，基坑内的积水应排除干净，如有地下水，应有排水措施。

（2）一般浇筑操作

1）混凝土自高处倾落时，其自由倾落高度不宜超过 2m，如高度超过 2m 时，应设置溜槽或串筒，如图 5-23 所示。也可在柱、墙模板上的适当部位留置上料孔，在往狭而深的模板内下料时，其顶部应设置轻便的卸料斗、漏斗或挡板。

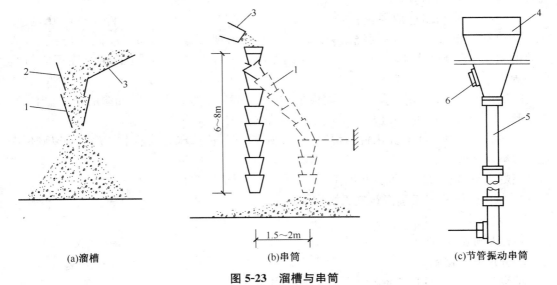

(a)溜槽　　　　　(b)串筒　　　　　(c)节管振动串筒

图 5-23　溜槽与串筒

1. 串筒　2. 挡板　3. 溜槽　4. 漏斗　5. 节管　6. 振动器

2）混凝土浇筑应分段、分层连续进行时，每层浇筑厚度要根据工程结构特点、配筋情况、浇筑及振捣方法等而定，一般不得超过表 5-53 的规定。

表 5-53　混凝土的浇筑层厚度

振捣混凝土的方法		浇筑层的厚度（mm）
插入式振捣		振捣器作用部分长度的 1.25 倍
表面振捣		200
人工捣固	在基础、无筋混凝土或配筋稀疏的结构中	250
	在梁、柱、墙板结构中	200
	在配筋密列的结构中	150
轻骨料混凝土	插入式振捣	300
	表面振动（振动时需加荷）	200

3)为了保证混凝土结构的整体性,混凝土应连续浇筑,原则是不留或少留施工缝,如必须间歇时,间隙时间应尽量缩短,并在上一层混凝土初凝前将混凝土浇筑完毕。混凝土运输、浇筑和间歇最长时间无试验资料时,不应超过表 5-54 的规定。

表 5-54　混凝土运输、浇筑和间歇的允许时间　　　　　　　　　　　　　　（min）

混凝土强度等级	气　温	
	≤25℃	>25℃
≤C30	210	180
>C30	180	150

注:当混凝土中掺有促凝或缓凝型外加剂时,其允许时间应根据试验结果确定。

如间歇时间超过上表 5-54 规定时,应按施工缝的措施进行处理。

4)浇筑竖向结构混凝土,应先在底部垫以 50～100mm 厚的与混凝土强度等级相同的水泥砂浆。当浇筑高度超过 3m 时,应采用溜槽或串筒。混凝土的水灰比和坍落度应随浇筑高度的上升而酌情递减。

5)浇筑与柱和墙连成整体的梁和板时,应在柱和墙浇筑完毕后,停 1～1.5h,使混凝土获得初步沉实后,再继续浇筑,以防止接缝处出现裂缝。梁和板应同时浇筑,较大尺寸的梁(梁的高度大于 1.0m)、拱和壳的结构,可单独浇筑,但施工缝的位置应符合有关规定。

6)浇筑混凝土过程中,应经常观察模板、支架、钢筋、预埋件和预留孔洞的情况,当发现有变形、移位时,应立即停止浇筑,并应在已浇筑的混凝土凝结前修整好。

7)在降雨、雪时,不宜露天浇筑混凝土,必须浇筑时,应采取有效防雨、雪措施,以确保混凝土质量。

混凝土下料、浇筑、振捣方法的正误,如图 5-24～图 5-26 所示。

2. 整体结构分部工程浇筑施工操作要点

(1)基础浇筑

1)柱基础浇筑。

2)杯形基础浇筑。

①浇筑时,先将杯口底混凝土振实并稍待片刻。

②使其有一个下沉时间,然后对称、均衡地浇筑杯口模四周混凝土。

③当浇筑高杯口基础时,宜采用后安装杯口模的工艺,即当混凝土浇捣到接近杯口底后再安装杯口芯模,继续浇筑混凝土。

④为加快杯口芯模的周转和利用,应在混凝土终凝前将杯口芯模拔出,并随即将杯壁混凝土划毛。

3)锥形基础的浇筑。

①在浇筑锥形基础时,应注意斜坡部位混凝土的振捣密实。

②振捣完后,再用人工将斜面修正、拍平、拍实,使其符合设计要求。

4)台阶式基础浇筑。

①浇筑台阶式基础时,按台阶分层一次浇筑完毕,不宜留置施工缝,每层混凝土应一次性卸足,顺序是先浇筑边角、后浇筑中间,务必使混凝土充满模板的边角。

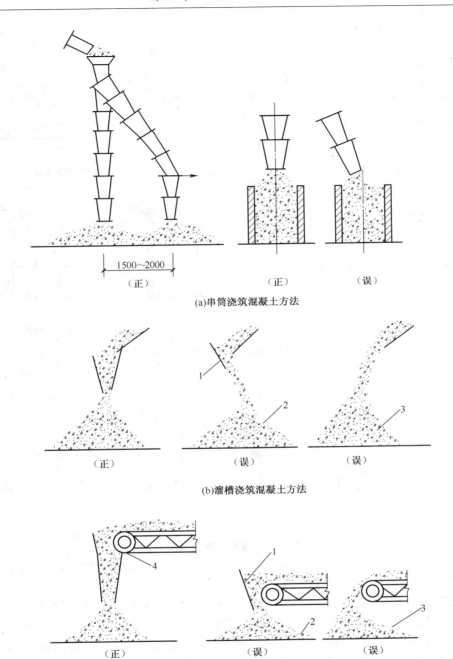

(a)串筒浇筑混凝土方法

(b)溜槽浇筑混凝土方法

(c)皮带运输机浇筑混凝土方法

图 5-24　混凝土下料方法

1. 挡板　2. 石子　3. 砂浆　4. 橡皮刮板

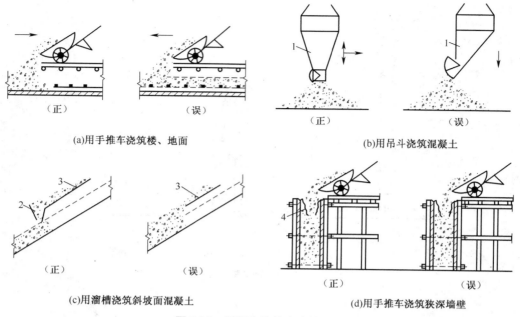

图 5-25　混凝土浇筑方法的正误
1. 吊斗　2. 挡板　3. 溜槽　4. 串筒

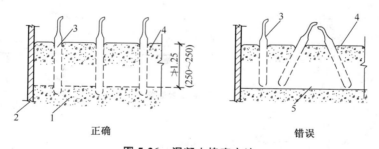

图 5-26　混凝土捣实方法
1. 下层已捣实为初凝的混凝土　2. 模板　3. 振动棒　4. 新浇筑的混凝土
5. 分层接缝　R. 有效作用半径　L. 振动棒长度

②浇筑时应注意防止垂直交角阴角处混凝土出现脱空、蜂窝（即吊脚或烂根）现象，措施是将第一台阶混凝土捣固下沉 20～30mm 后暂不填平。

③在继续浇筑第二台阶前，先用铁锹沿第二台阶模板底圈做成内外坡，然后在分层浇筑将第二台阶混凝土灌满后，再将第一台阶外圈混凝土铲平、拍实，也可在第一台阶混凝土灌满振实拍平后，在第二台阶模板外先压以尺寸为 200mm×100mm 的压角混凝土，再继续浇筑第二台阶混凝土，待压角混凝土接近初凝时，将其铲平重新搅拌后利用。

有条件时，宜将 2～3 个柱基为一级进行流水作业，顺序是先浇筑第一台阶混凝土，再回转顺序浇筑第二台阶混凝土，这样对已浇筑好的第一台阶混凝土将有一个充足的时间，但必须保证每个柱基混凝土在初凝前连续施工。

5）柱下基础的浇筑。

①在浇筑现浇柱下基础时，应特别注意柱子插筋位置的准确，防止其产生位移和倾斜。

在浇筑开始时,先满铺一层 50～100mm 厚混凝土并捣实,使柱子插筋下端和钢筋网片的位置基本固定。

②然后再继续对称的浇筑,在浇筑下料过程中,注意避免碰撞钢筋,浇筑时应派钢筋工进行监测,有偏差时应随时进行纠正。

6)条形基础浇筑。

①在浇筑条形基础时,应根据条形基础的高度分段、分层连续浇筑。

②各段应相互衔接,每段的浇筑长度为 2～3m,做到逐段逐层呈阶梯形向前推进,并注意使混凝土充满模板的边角。

③最后浇筑中间部分。

7)设备基础浇筑。

①一些特殊部位,如地脚螺栓、预留螺栓孔、预埋管道等,在浇筑时应控制好混凝土的上升速度,使两边均匀上升,同时应避免碰撞地脚螺栓,以免使其发生歪斜或位移。

②各层浇筑时宜从低处开始,顺着长边方向由一端向另一端推进,也可采取由中间向两边或自两边向中间推进。

③对地脚螺栓及预埋管下部应仔细捣实,必要时可采用同强度等级的细石混凝土。

④预留螺栓孔的木盒要在混凝土初凝后及时拔出,以免硬化后再拔损坏预留孔四周的混凝土。对大直径的地脚螺栓,应在混凝土浇捣过程中,用经纬仪进行跟踪观测,发生偏差时应及时纠正。

8)大体积混凝土基础的浇筑。

①全面分层。采用全面分层浇筑时,应做到第一层全面浇筑完毕后,回过来浇筑第二层时,第一层的混凝土还为初凝。施工时要分层振捣密实,并必须保证上下层之间的混凝土在初凝之前结合,不致形成施工缝。该方法适用于平面尺寸不大的结构,如图 5-27a 所示。

②分段分层。这种方法适用于厚度不大,面积和长度较大的结构。混凝土从底层开始浇筑,进行到一定距离后回过来浇筑底层混凝土,如图 5-27b 所示。

③斜面分层。这种方法适用于结构的长度超过厚度 3 倍的基础。浇筑仍从基础的下部开始,然后逐渐斜面分层上移,如图 5-27c 所示。

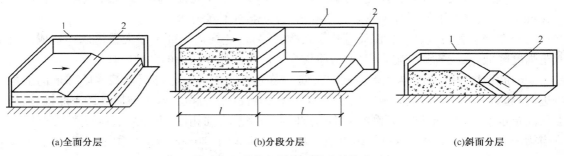

(a)全面分层　　　　　　　(b)分段分层　　　　　　　(c)斜面分层

图 5-27　大体积混凝土的浇筑方案

1. 模板　2. 新浇筑的混凝土

(2)框架柱、梁、板等的浇筑

1)多层框架混凝土的浇筑,应按结构层次和结构平面分层分段流水作业。一般水平方向以伸缩缝或后浇带分段,垂直方向以结构层次分层,每层中应先浇筑柱子,后浇筑梁板。

2)柱子混凝土的浇筑宜在梁、板的模板安装完毕,钢筋未绑扎之前进行,以便利用梁、板的模板稳定柱模,并利用其作为浇筑柱混凝土的操作平台。

①浇筑一排柱子的顺序,应从两端同时开始向中间推进,而不从一端推向另一端,以免因浇筑混凝土后吸水膨胀而产生横向推力,累积到最后使柱子发生弯曲变形。

②柱子应沿高度方向一次浇筑完毕。如柱高不超过 3m 时,可直接从柱顶向下浇筑,如超过 3m 时,应采用串筒下料,或在柱的侧面开设门子洞口作为浇筑口,分段进行浇筑,每段浇筑高度不得超过 2m,如图 5-28 所示。

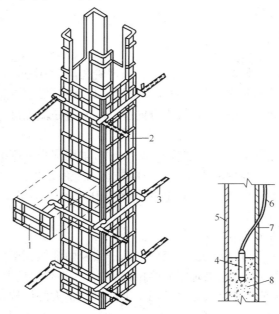

图 5-28 柱模、门子洞施工
1. 浇筑孔盖板 2. 平面钢模板 3. 柱箍 4. 振动棒
5. 模板 6. 软轴 7. 门子洞 8. 混凝土

3)浇筑每层柱子时,为避免柱脚产生蜂窝、吊脚、烂根现象,应在其底部先铺一层 50～100mm 厚减半石子的混凝土或 50～100mm 水泥砂浆作交接浆。

4)在浇筑剪力墙、薄墙、深梁等狭窄结构时,为避免结构上部由于大量泌水而造成混凝土强度降低,在浇筑到一定高度后,应将混凝土的水胶比作适当的调整。

5)肋形楼(屋)盖的梁和板应同时浇筑。首先将梁的混凝土分层浇筑成阶梯形向前推进,当起始点的混凝土达到板底位置时,即与板的混凝土一起浇筑,随着阶梯的不断推进,板的浇筑也不断向前推进。倾倒混凝土的方向应与浇灌方向相反,不得采取顺倾倒方向浇筑,当梁的高度大于 1.0m 时,可将梁单独浇筑至距板底以下 20～30mm 处留施工缝。

6)当浇筑柱、梁及主次梁交接处的混凝土时,由于该处钢筋较为密集,此处应加强振捣,以防石子被钢筋卡住,必要时该处可改用同强度等级的细石混凝土浇筑,与此同时,振动棒头可改用片式,并辅以人工捣固。

7)当柱(墙)与梁板或柱与基础的混凝土同时浇筑时,应在柱(墙)或基础浇筑完毕后,停歇 1.5h,使混凝土初步沉实后,再继续浇筑,以防止接缝处出现裂缝,柱脚出现烂根现象。

8)浇筑无梁楼盖时,在离柱帽下50mm处暂停,然后分层浇筑柱帽,下料应对准柱帽中心,待混凝土接近楼板底面时,再连同楼板一起浇筑。大面积楼板浇筑可采取分条分段由一端向另一端进行。

9)当混凝土浇筑过程中,要保证钢筋的保护层厚度和位置的正确性,不得踩踏钢筋、移动预埋件和预留孔洞位置,发现偏差,应及时校正。要重视竖向结构钢筋的保护层,板、阳台、雨篷等结构负弯矩钢筋的位置。

10)在浇筑柱混凝土强度等级比梁的混凝土强度等级高时,在浇筑至梁柱节点时,先浇筑柱的混凝土,并延伸至梁中形成一斜面,最后再浇筑梁的混凝土,如图5-29所示。

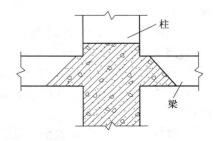

图 5-29　梁柱混凝土浇筑

(3)剪力墙浇筑

1)开始浇筑前,应先在剪力墙根部浇筑50～100mm厚的与混凝土强度等级和成分相同的水泥砂浆,然后再分层浇筑混凝土,每层浇筑厚度以500mm为宜。

2)浇筑过程中,不可随意挪动钢筋,要经常加强检查钢筋保护层的厚度和所有预埋件的牢固程度,以及位置的准确性。

3)门、窗洞口等部位,应从洞口的两侧同时下料,高差不能太大,以防止洞口模板变形。应先浇筑窗台下部混凝土,后浇筑窗间墙混凝土,以防窗台下部出现蜂窝或孔洞。

(4)拱、壳结构混凝土的浇筑

1)在浇筑混凝土时,应以拱、壳结构的外形构造和施工特点为基础,应特别注意施工荷载的对称性和施工作业的连续性。

2)浇筑壳的混凝土时,应严加控制壳的厚度:

①当模板的最大坡度大于30°～40°时,应支设双层模板。

②当壳体不同位置的厚度不同时,应在相应位置设置与壳体相同强度等级、相同厚度的混凝土立方体块,固定在模板上,沿着壳体的纵、横两个方向摆成间距为1～2m的控制网,以保证壳体混凝土的设计厚度。

③在选择混凝土坍落度时,应按机械振捣条件进行试验,以保证混凝土浇筑时,在模板上不致有坍流现象为准。

④用扁铁和螺栓制成弧度控制尺,用螺栓调节控制净高度,以控制混凝土各部位浇筑厚度。

(5)设备地坑及池子的浇筑

1)面积小深度又较浅的地坑,可将底板和池壁一次性浇筑完成。

2)对于面积较大且较深的地坑,一般将底板和坑壁分别浇筑。

①坑壁模板先支到施工缝处(距坑底板面300～500mm)或外模一次性支到顶,内模支到施工缝处。

②待施工缝以下的坑壁和底板混凝土浇筑完毕后,再支设施工缝以上的坑壁模板,接缝处可做成企口缝或埋置2mm厚钢板止水片。

③当浇筑高度超过3m时,在内模的适当高度留设浇筑口,或将内模分层支设,混凝土

分层浇筑。

3)坑底板混凝土的浇筑顺序:

①一种是在坑底沿长边方向从一端向另一端推进浇筑。

②另一种是由两端向中间进行浇筑。坑壁混凝土应成环形回路分层浇筑,并根据坑壁的长度采用单向循环或双向循环浇筑。

4)池子混凝土的浇筑和地坑基本相同,但应特别注意池壁预埋套管四周的混凝土必须振捣密实。

(6)施工现场预制构件的浇筑

1)浇筑前,应检查模板尺寸是否准确,支撑是否牢固。

2)检查钢筋骨架有无歪斜、扭曲、绑扎(点焊)松脱等现象。

3)检查预埋件和预留孔洞的数量、规格、位置是否符合设计图纸要求,保护层垫块是否适当等。

4)并认真做好隐蔽验收记录,清除模板内的垃圾和杂物等。

5)浇筑时,将运来的混凝土先倒在拌和板上,再用铁铲铲入模内或在构件上部搭设临时脚手架平台,用手推车通过串筒或溜槽下料。

6)混凝土在开始搅拌后,应尽快浇筑完毕,使混凝土保持一定的和易性,以免操作困难。在浇筑过程中,应注意保持钢筋、预埋件、预留孔道等位置的准确。应根据构件的厚度一次或分层连续施工,不允许留置施工缝。

7)对于预制构件各节点处、锚固铁板与混凝土之间,及柱牛腿部位钢筋密集处,应慢浇、轻振、多捣,并可用带刀片的振动棒进行捣实。

8)柱、梁、板类构件,通常采用赶浆法浇筑,由一端向另一端进行浇筑;较大构件,也可由中间向两端浇筑或两端向中间浇筑;对预制桩类构件,应由桩尖向桩头方向浇筑;对厚度大于400mm的构件,应分层进行浇筑,上下两层浇筑距离3~4m,用插入式振动器仔细捣实,振动器达不到的部位,辅以人工捣实。

9)每一根构件应一次浇筑,不得留置施工缝。采用重叠浇筑构件时,在底层构件浇筑完毕,其表面抹平后,并待混凝土强度等级达30%以上时,再铺设隔离层、支模、浇筑上层构件混凝土,重叠高度一般不超过4层。

10)屋架混凝土浇筑一般由两个班组同时进行,分别浇筑上弦和下弦,由一端向另一端进行,对腹杆浇筑则应共同分担一半,如腹杆为预制,也采用由一端向另一端进行,或由两端开始向中间进行,也可由上弦顶点开始至下弦,每榀屋架应一次性浇筑完成。

3. 混凝土浇筑时施工缝的留设与处理

(1)施工缝留设要求

1)柱子施工缝。

①柱子施工缝一般应留置在基础的顶面水平面上。

②也可留置在梁和吊车梁牛腿的下面或吊车梁的上面。

③也可留置在无梁楼盖柱帽的下面。如梁的负钢筋弯入柱内,施工缝可留在这些钢筋的下端,如图5-30所示。

2)与板连成整体的大截面梁的施工缝,应留置在板底面以下20~30mm处;当板下有梁托时,留置在梁托的下部。单向板的施工缝可留置在平行于短边的任何位置(但为方便施

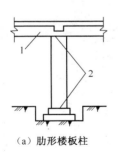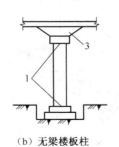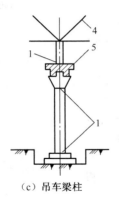

（a）肋形楼板柱　　　　　　（b）无梁楼板柱　　　　　　（c）吊车梁柱

图 5-30　柱子施工缝的位置
1. 梁　2. 施工缝　3. 柱帽　4. 屋架　5. 吊车梁

工缝的处理，一般留在跨中 1/3 跨度范围内），如图 5-31 所示。

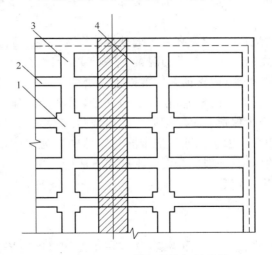

图 5-31　肋梁楼盖梁板的施工缝位置
1. 柱　2. 次梁　3. 主梁　4. 板

3）墙的施工缝应留置在门洞口过梁跨中 1/3 范围内，也可留置在纵横墙的交接处。

4）圈梁施工缝应留置在非砖墙交接处，墙角、墙垛及门窗洞范围内。

5）若上一层混凝土楼面未浇筑时，楼梯施工缝可留置在梯段跨中 1/3 跨度范围内无负弯矩钢筋的部位，如图 5-32 所示。在上下层楼面混凝土已浇筑完成，不可留置施工缝。

6）双向肋形楼板、厚大结构、拱、穹拱、薄壳、蓄水池、斗仓、多层框架及其他复杂结构的工程，施工缝的位置应按设计要求留置。

7）承受动力作用的大型设备基础及地下设施，为保证其整体性，一般要求整体浇筑，如必须间歇要留施工缝时，应征得设计单位的同意。

（2）施工缝的浇筑

1）在施工缝处继续浇筑混凝土时，已浇筑的混凝土其抗压强度不应小于 1.2MPa。

2）施工缝处继续浇筑混凝土前，将施工缝表面混凝土凿毛，并清除表面的水泥浆薄膜

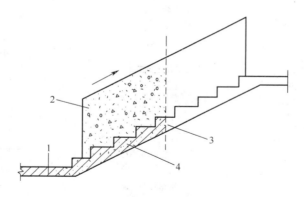

图 5-32 楼梯的施工缝位置
1. 平台   2. 栏板   3. 施工缝   4. 踏步

（约 1mm）、松动石子以及软弱混凝土层，再充分浇水湿润不少于 24h，但不得有积水；施工缝附近钢筋应校正，钢筋上的油污、浮浆应清除干净；并对设备基础的地脚螺栓进行观测校正。

3）在施工缝处继续浇筑时，应先在施工缝处铺一层与混凝土强度等级相同的水泥砂浆，厚度为 10～15mm，或先铺一层半石子的混凝土（施工配合比将石子用量减半的混凝土），再继续浇筑混凝土，并仔细捣实，以保证新旧混凝土紧密结合。

4）后浇带宜做成平直缝或阶梯缝，钢筋不得切断，后浇带的保留时间应根据设计确定，若设计无要求时，一般至少保留 6 个星期以上。后浇带一般采用强度等级比原结构强度等级提高一级的混凝土浇筑。为了保证后浇带能与原结构连为整体，还能够对已浇混凝土起到控制温度收缩裂缝的作用，一般应在混凝土内掺入适量的膨胀剂，使新浇混凝土在限制膨胀条件下，在结构内产生一定数量的预压应力。在后浇带浇筑完毕后，应立即覆盖养护 14d 以上。

4. 注意事项

1）混凝土运到浇筑地点后应立即浇筑，并应在水泥初凝前完成。如果发现混凝土坍落度过小，不好推平或不好振捣密实时，不能在混凝土中随意加水拌合，应按水灰比增加水泥浆拌合后浇筑。

2）浇筑的顺序一般是从最远处一端开始，逆向进行。

3）混凝土浇筑时的悬空作业，必须遵守下列规定：浇筑离地 2m 以上独立柱、框架、过梁、雨缝和小平台时，不得直接站在模板或支撑件上操作，如图 5-33 所示。

4）在混凝土浇筑过程中，应经常观察模板、支架、钢筋、埋件、预留洞情况，发现变形、位移应及时通知施工负责人处理。

5）梁柱节点钢筋较密时，宜用小粒径石子同强度的混凝土浇筑，并用小直径振捣棒振捣。

七、混凝土养护

1. 覆盖养护

1）覆盖材料可采用麻袋、草垫、锯末和砂等，如图 5-34 所示。

2）对于竖向构件如墙、柱等，宜用麻袋、草帘等做成帘式覆盖物，贴挂在墙、柱面上，并浇

图 5-33　不得直接站在模板或支撑件上浇筑

水保持湿润。

　　3)在一般气候条件下(气温为 15℃左右),浇水次数在浇筑后的最初 3d 里,白天应每隔 2h 浇水 1 次,夜间至少浇水 2 次。在以后的期间内,每昼夜至少浇水 4 次,在干燥的气候条件下浇水次数应适当增加,以保证覆盖物经常保持湿润状态为准。

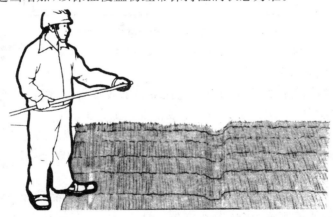

图 5-34　草帘覆盖养护

　　4)混凝土的养护用水应与拌制混凝土所用的水相同。

　　5)当日平均气温低于 5℃时,不得浇水养护。

　　6)对较大面积的混凝土,如地坪、楼(屋)面、公路等,可在混凝土达到一定强度后(一般经 24h 后),遇水不再脱皮离析时,可在其四周筑起临时小堤,进行蓄水养护,蓄水深度维持在 40～60mm,蒸发后应及时补充。对于池、坑结构,可在内模拆除后进行灌水养护。

　　7)覆盖养护开始时间,对普通混凝土应在混凝土浇筑完毕后 12h 内(炎热夏季可适当缩短);对干硬性混凝土,应在混凝土浇筑后 1～2h 内,即进行覆盖养护。

　　8)混凝土浇水养护时间,对采用硅酸盐水泥、普通硅酸盐水泥或矿渣硅酸盐水泥拌制的混凝土,浇水时间不得少于 7d;对火山灰水泥、粉煤灰水泥拌制的混凝土及对掺用缓凝剂和有抗渗要求的混凝土,浇水养护时间不得少于 14d。

2. 蒸汽养护

1)一般是在构件预制厂的养护窑内铺设蒸汽管道。

2)然后放置预制构件,也可在现场结构构件周围采用临时围护,上盖护罩或简易的帆布、油布等。

3)再接通低压饱和蒸汽,使混凝土在较高湿度和高温度条件下迅速硬化,达到设计要求的强度,以缩短养护时间或预制构件设备的周转,提高生产效率。

4)蒸汽养护在寒冷地区可以做到常年生产与施工,如图 5-35 所示。

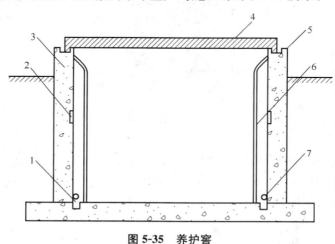

图 5-35 养护窑

1. 排水沟 2. 测温计 3. 坑壁 4. 池盖 5. 水封 6. 池区 7. 蒸汽管

5)蒸汽养护过程通常分 4 个阶段进行:

①静停阶段。指构件浇筑完毕至升温前在室温下放置一段时间,以增加混凝土对升温时破坏作用的抵抗能力,一般需要 2~6h,干硬性混凝土为 1h。

②升温阶段。指混凝土由原始温度上升至恒温阶段。若温度急速上升,会使混凝土表面因体积膨胀过快而产生裂缝。必须控制升温速度,一般为 10℃~25℃/h,干硬性混凝土为 35℃~40℃/h。升温时间一般大约需要 2~3h。

③恒温阶段。是混凝土强度增长最快的阶段。温度随水泥品种而异,普通水泥的恒温温度不得超过 80℃;矿渣水泥、火山灰水泥要 90℃~95℃,并保持 90%~100% 的相对湿度,恒温时间为 5~8h。

④降温阶段。在降温阶段,如降温过快,混凝土会产生表面裂缝。因此,降温速度应加以控制。一般情况下,构件厚度在 100mm 左右时,降温速度控制不大于 30℃/h,降温时间为 2~3h。

3. 喷膜养护法

喷膜养护是在混凝土表面喷洒 1~2 层塑料薄膜。是将塑料溶液喷洒在混凝土表面上,待溶剂挥发后,塑料与混凝土表面形成一层薄膜,使混凝土表面与空气隔绝,封闭混凝土中的水分不再被蒸发,从而完成水化作用,如图 5-36 所示。

(1)喷膜养护操作要点

1)喷洒压力以 0.2~0.3MPa 为宜,喷出来的塑料溶液最好为雾状。压力过小不易形成雾状,压力过大会破坏混凝土表面,喷洒时应离混凝土表面50cm。

2)喷洒时间。在不见浮水,混凝土表面以手指轻按无指印时,宜进行喷洒。过早会影响塑料薄膜与混凝土表面结合,过迟会影响混凝土强度。

3)喷洒厚度。以溶液的耗用量衡量,通常以每$1m^2$耗用养护剂2.5kg为宜,喷洒厚度应均匀一致。

4)一般要喷洒2遍,待第一遍成膜后再喷第二遍。喷洒时要有规律,固定一个方向,前后两遍的走向应互相垂直。

5)为达到养护目的,必须保护薄膜的完整性,不得有损坏破裂,不得在薄膜上行人、拖拉工具,如发现损坏应及时补喷。当气温较低,还应设法保温。

(2)喷膜养护适用范围

图5-36　喷膜混凝土养护

喷膜养护方法的特点使得它适用于表面积大的混凝土施工或异常缺水的地区。

4. 干热养护法

干热养护是近几年发展起来的一种混凝土养护方法,它是利用太阳能、远红外线等方法,并依据混凝土本身所含的水分及外加热源,而达到养护的目的。

干热养护法有远红外线养护和太阳能养护,具体内容见表5-55。

表5-55　干热养护法

远红外线养护	远红外线养护是在散热器表面涂刷远红外线辐射材料,涂料分子受热后,便向四周发射电磁波,电磁波被混凝土吸收,成为分子运动动能,引起混凝土内部的分子振荡因而使混凝土的温度能内外同步升高,从而达到养护的目的 远红外线养护的热源有电、煤气、液化气、蒸汽等 混凝土在远红外线养护过程中,由于内部有游离水存在,水对红外线有较宽的吸收带,混凝土在60℃～100℃时,对红外线的吸收率为90%左右 用远红外线养护混凝土,可以使混凝土内部温度均匀升高,取得养护时间短、强度高、节约能源等效果
太阳能养护	这种养护方法是用塑料薄膜作为覆盖物,四周用砖石等物压紧,使其不漏风即可,也可以用塑料罩罩在构件上,混凝土在薄膜内靠本身的水分和透过薄膜集取的太阳热量,使混凝土发生水化作用 利用太阳能养护,成本低、操作简单、质量好、强度均匀,相对其他养护有一定的优越性

5. 内养护法

内封闭养护法,即不需要进行外部养护,也无需向混凝土额外加水。

方法是在搅拌过程中,加入水溶性化学用品,以降低混凝土硬化过程中的水分蒸发和底层混凝土的水分损失。加入的外加剂由水溶性聚合物组成,含有羟基和醚功能基团,可提高混凝土的保水性,改变混凝土凝胶形态,降低混凝土的吸收性,从而增加水化程度。氢结合键出现在这些功能基团之间,可降低水的蒸发压力,减少水分的蒸发。

内养护法能非常有效地防止混凝土的收缩和干裂。又能促进混凝土的合理水化。目前多个国家在进行此方法的研究中。

八、混凝土拆模

1)混凝土结构浇筑后,达到一定强度方可拆模。模板拆卸日期,应按结构特点和混凝土所达到的强度来确定。

2)钢筋混凝土结构如在混凝土未达到所规定的强度时进行拆模及承受部分荷载,应经过计算,复核结构在实际荷载作用下的强度。

3)已拆除模板及其支架的结构,应在混凝土达到设计强度后,才允许承受全部计算荷载。不得超载使用,已拆模的结构严禁堆放过量建筑材料。当承受施工荷载大于计算荷载时,必须经过核算加设临时支撑。

4)整体式现浇结构的拆模期限,应符合以下规定。

①非承重的侧面模板,应在混凝土强度能保证其表面及棱角不因拆除模板而损坏时,才可拆除。

②承重的模板应在混凝土达到以下强度以后,才能拆除(按设计强度等级的百分率计)。

a. 板及拱:

跨度为 2m 及小于 2m	50%
跨度为大于 2m 至 8m	75%
b. 梁(跨度为 8m 及小于 8m):	75%
c. 承重结构(跨度大于 8m):	100%
d. 悬臂梁和悬臂板:	100%

九、预应力混凝土施工

1. 先张法预应力混凝土施工

(1)先张法预应力混凝土张拉设施

1)台座。台座是先张法施工的主要设施之一,它承受预应力钢筋的全部张拉力。台座必须具有足够的强度、刚度和稳定性。台座按其构造形式分为墩式和槽式,如图 5-37、图 5-38所示。台座的选择应根据构件种类、张拉力大小和施工条件来确定台座的形式。

2)夹具。夹具是先张法施工时将预应力筋锚固在台座上用的临时性工具,有单根墩头夹具、圆套筒三片式夹具、方套筒二片式夹具、锥销夹具等种类。

(2)先张法预应力混凝土施工工艺流程

先张法预应力钢筋张拉工艺流程为:台座准备→刷隔离剂→铺放预应力钢筋→张拉锚固钢筋→支模→浇筑混凝土→养护、放松预应力筋→脱模→出槽→堆放。先张法生产工艺如图 5-39 所示。

(3)先张法预应力混凝土施工操作步骤

1)在浇筑混凝土前,张拉预应力钢筋。

2)将张拉的预应力钢筋临时固定在台座或钢模上。

3)支模浇筑混凝土,待混凝土达到设计强度标准值的 75% 时,放松预应力钢筋,借助于混凝土与预应力筋的黏结,钢筋回缩,使混凝土产生预压力。

先张法施工工艺简单,锚具可重复使用,且造价低,适用于预制厂生产中小型预应力混

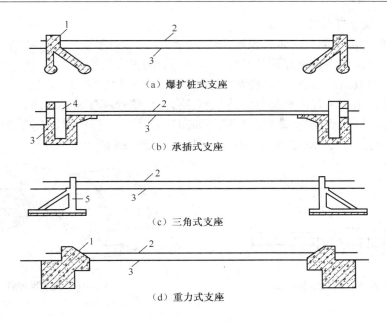

图 5-37　墩式台座示意

1. 支墩　2. 预应力筋　3. 台面　4. 活动牛腿　5. 预制（或现浇）钢筋混凝土三脚架

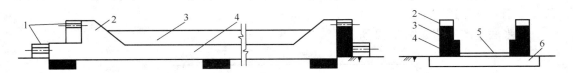

图 5-38　槽式台座示意

1. 横梁　2. 承力支座（牛腿）　3. 砖墙　4. 传力柱　5. 槽内台面　6. 基础

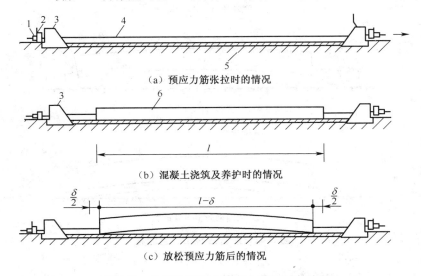

（a）预应力筋张拉时的情况

（b）混凝土浇筑及养护时的情况

（c）放松预应力筋后的情况

图 5-39　先张法预应力混凝土施工工艺流程

1. 锚固夹具　2. 横梁　3. 台座承力结构　4. 预应力筋　5. 台面　6. 混凝土构件

凝土构件。

2. 后张法预应力混凝土施工

(1)后张法预应力混凝土张拉设施

1)液压千斤顶。液压千斤顶是张拉预应力钢筋的主要设施。

2)锚具。锚具是后张法结构或构件中为保持预应力钢筋拉力,并将预应力传递到混凝土上用的永久性锚固装置。种类很多,固定端锚具有:螺栓端杆锚具如图5-40所示;帮条锚具;锥形螺杆锚具;墩头锚具;钢质锥形锚具如图5-41所示。张拉端锚具有:JM型锚具、XM型锚具、QM型锚具、QVM型锚具、BS型锚具、精轧螺纹钢筋锚具等。

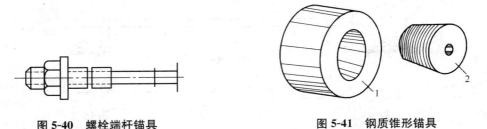

图 5-40 螺栓端杆锚具

图 5-41 钢质锥形锚具
1. 锥形钢环 2. 锥形钢塞

(2)后张法预应力混凝土施工工艺流程

后张法预应力混凝土施工工艺流程为:构件成型预留孔道→穿预应力钢筋→张拉、锚固预应力钢筋→孔道灌浆。

后张法生产工艺如图5-42所示。

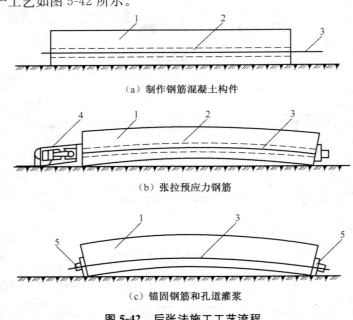

(a)制作钢筋混凝土构件

(b)张拉预应力钢筋

(c)锚固钢筋和孔道灌浆

图 5-42 后张法施工工艺流程
1. 钢筋混凝土构件 2. 预留孔道 3. 预应力钢筋 4. 千斤顶 5. 锚具

(3)后张法预应力混凝土施工操作步骤

1)首先在浇筑混凝土构件时预留孔道。

2)待构件混凝土强度达到设计强度后,将预应力钢筋穿入孔道中,并进行张拉。

3）用锚具将预应力筋锚固在构件上。

4）最后进行孔道灌浆。预应力钢筋承受的张拉力,通过锚具传递给混凝土构件,从而使混凝土产生预压力。

由于后张法施工是直接在混凝土构件上进行张拉、锚固,故不需要固定的台座设备,不受地点的限制,适于在施工现场生产大型预应力混凝土构件,特别是大跨度构件。但后张法施工工序多,工艺复杂,锚具将永远留置在构件上不能重复使用。

3. 预应力混凝土构件与普通钢筋混凝土构件的区别

1）预应力混凝土构件的挠度小于普通钢筋混凝土构件的挠度。

2）预应力混凝土构件出现裂缝的时间晚于普通钢筋混凝土构件。

3）预应力混凝土构件的裂缝宽度小于普通钢筋混凝土构件的裂缝宽度。

4. 新型预应力混凝土施工技术

预应力施工工艺就是在混凝土构件或构筑物制作过程中,在尚未承受荷载之前,预先人为的给构件施加预压力,在构件承受荷载后,其在结构物中所产生的拉力,首先抵消完预压力后,才受拉力。

无粘结预应力混凝土是近年来发展起来的新技术,具体做法是:

1）首先在预应力钢筋表面刷涂料,包塑料布,套塑料管。

2）如同普通钢筋一样,将钢筋铺设在支好的模板内。

3）再浇筑混凝土,待混凝土达到设计强度后,再对预应力钢筋进行张拉、锚固。

第六章　结构工程安装

第一节　结构安装起重机具

一、起重机

1. 自行式起重机

自行式起重机主要有履带式起重机、汽车式起重机和轮胎式起重机等。

（1）履带式起重机

履带式起重机主要由动力装置、传动机构、行走机构（履带）、工作机构（起重杆、滑轮组、卷扬机）以及平衡重等组成如图 6-1 所示。是一种 360°全回转的起重机，它操作灵活，行走方便，能负载行驶。缺点是稳定性较差。行走时对路面破坏较大，行走速度慢，在城市中和长距离转移时，需用拖车进行运输。目前它是结构吊装工程中常用的机械之一。

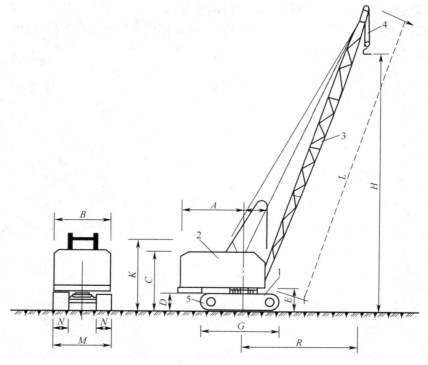

图 6-1　履带式起重机

1. 底盘　2. 机棚　3. 起重臂　4. 起重滑轮组　5. 履带

L. 起重臂长度　H. 起升高度　R. 工作幅度

常用的履带式起重机主要有：国产 W_1—50 型、W_1—100 型、W_1—200 型和一些进口机械。

W_1—50 型起重机的最大起重量为 10t，适用于吊装跨度在 18m 以下，高度在 10m 以内的小型单层厂房结构和装卸工作。

W_1—100 型起重机最大的起重量为 15t，适用于吊装跨度 18～24m 的厂房。

W_1—200 型起重机的最大起重量为 50t，适用于大型厂房吊装。

履带式起重机的外形尺寸见表 6-1。

表 6-1　履带式起重机外形尺寸　　　　　　　　　（mm）

符　号	名　　称	型　号		
		W_1—50	W_1—100	W_1—200
A	机棚尾部到回转中心距离	2900	3300	4500
B	机棚宽度	2700	3120	3200
C	机棚顶部距地面高度	3220	3675	4125
D	回转平台底面距地面高度	1000	1045	1190
E	起重臂枢轴中心距地面高度	1555	1700	2100
F	起重臂枢轴中心至回转中心的距离	1000	1300	1600
G	履带长度	3420	4005	4950
M	履带架宽度	2850	3200	4050
N	履带板宽度	550	675	800
J	行走底架距地面高度	300	275	390
K	双足支架顶部距地面高度	3480	4170	4300

履带式起重机的起重能力常用起重量、起重高度和起重半径 3 个数表示。3 者的相互关系见表 6-2。

表 6-2　履带式起重机性能表

参　　数		单位	型　号						
			W_1—50			W_1—100		W_1—200		
起重臂长度		m	10	18	18 带鸟嘴	13	23	15	30	40
最大工作幅度		m	10.0	17.0	10.0	12.5	17.0	15.5	22.5	30.0
最小工作幅度		m	3.7	4.5	6.0	4.23	6.5	4.5	8.0	10.0
起重量	最小工作幅度时	t	10.0	7.5	2.0	15.0	8.0	50.0	20.0	8.0
	最大工作幅度时	t	2.6	1.0	1.0	3.5	1.7	8.2	4.3	1.5
起升高度	最小工作幅度	m	9.2	17.2	17.2	11.0	19.0	12.0	26.8	36.0
	最大工作幅度时	m	3.7	7.6	14.0	5.8	16.0	3.0	19.0	25.0

从起重机性能表可以看出，起重量、起重半径、起重高度 3 个工作参数存在着相互制约的关系，其取值大小取决于起重臂长度及其仰角。当起重臂长度一定时，随着仰角增大，起重量和起重高度增加，而起重半径减小；当起重臂的仰角不变时，随着起重臂长度的增加，起

重半径和起重高度增加,而起重量减小。

（2）履带式起重机的稳定性验算

履带式起重机超载吊装或者接长吊杆时,需要进行稳定性验算,以保证起重机在吊装中不会发生倾倒事故。

履带式起重机稳定性应以起重机处于最不利工作状态即车身与行驶方向垂直的位置进行验算,如图 6-2 所示的情况进行验算。此时,应以履带中心 A 为倾覆中心验算起重机的稳定性。当不考虑附加荷载(风荷、刹车惯性力和回转离心力等)时应满足下式要求:

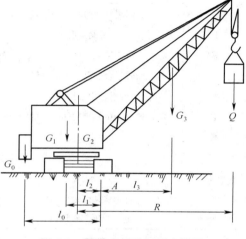

$$K=\frac{稳定力矩}{倾覆力矩}\geqslant1.4$$

考虑附加荷载时 $K\geqslant1.15$

为了简化计算,验算起重机稳定性时,一般不考虑附加荷载,由图 6-2 求得:

$$K=\frac{G_1l_1+G_2l_2+G_0l_0-G_3l_3}{Q(R-l_2)}\geqslant1.4$$

式中
　　G_0——原机身平衡重;

　　G_1——起重机身可转动部分的重量;

　　G_2——起重机身不转动部分的重量;

　　G_3——起重杆重量,约为起重机重量的 4%～7%;

l_0、l_1、l_2、l_3——以上各部分的重心至倾覆中心 A 点的相应距离;

　　R——起重半径;

　　Q——起重量。

图 6-2　履带式起重机受力简图

验算时,如不满足就采取增加配重等措施。

2. 汽车式起重机

汽车式起重机是将起重机构安装在普通载重汽车或专用汽车底盘上的一种自行式回转起重机,如图 6-3 所示。常用于构件运输、装卸和结构吊装,它具有行驶速度快,能迅速转移,对路面破坏性很小。缺点是吊重物时必须支腿,因而不能负荷行驶,也不适于在松软或泥泞的场地上工作。

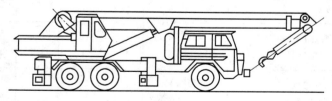

图 6-3　汽车起重机

我国生产的汽车式起重机型号有 $Q_2$8、$Q_2$12、Q_2-16、Q_2-32、QY40、QY65、QY100 等多种。表 6-3 为 Q_2-8、Q_2-12、Q_2-16 性能表。

表 6-3　汽车式起重机性能

参　　　数		单位	型　号									
			Q₂-8				Q₂-12			Q₂-16		
起重臂长度		m	6.95	8.50	10.15	11.70	8.5	10.8	13.2	8.80	14.40	20.0
最大起重半径时		m	3.2	3.4	4.2	4.9	3.6	4.6	5.5	3.8	5.0	7.4
最小起重半径时		m	5.5	7.5	9.0	10.5	6.4	7.8	10.4	7.4	12	14
起重量	最小起重半径时	t	6.7	6.7	4.2	3.2	12	7	5	16	8	4
	最大起重半径时	t	1.5	1.5	1.0	0.8	4	3	2	4.0	1.0	0.5
起重高度	最小起重半径时	m	9.2	9.2	10.6	12.0	8.4	10.4	12.8	8.4	14.1	19
	最大起重半径时	m	4.2	4.2	4.8	5.2	5.8	8	8.0	4.0	7.4	14.2

3. 轮胎式起重机

轮胎式起重机在构造上与履带式起重机基本相似,是将起重机构安装在加重型轮胎和轮轴组成的特制底盘上的全回转起重机,如图 6-4 所示。随着起重量的大小不同,底盘上装有若干根轮轴,配有 4～10 个或更多个轮胎,并有可伸缩的支腿。吊装时一般用 4 个支腿支撑以保证机身的稳定性。

轮胎式起重机的特点与汽车式起重机相同。国产轮胎式起重机有:QL₂-8 型、QL₃-16 型、QL₃-25 型、QL₃-40 型、QL₁-16 型等,均可用于一般工业厂房结构安装。

QL₃-16 型、QL₃-25 型、QL₁-16 型性能见表 6-4。

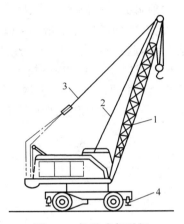

图 6-4　轮胎式起重机
1. 起重杆　2. 起重索　3. 变幅索　4. 支腿

表 6-4　轮胎式起重机性能

参　　　数			单位	型　号									
				QL₃-16			QL₃-25					QL₁-16	
起重臂长度			m	10	15	20	12	17	22	27	32	10	15
最大起重半径时			m	4	4.7	8	4.5	6	7	8.5	10	4	4.7
最小起重半径时			m	11.0	15.5	20.0	11.5	14.5	19	21	21	11	15.5
起重量	最小起重半径时	用支腿	t	16	11	8	25	14.5	10.6	7.2	5	16	11
		不用支腿	t	7.5	6	—	6	3.5	3.4	—	—	7.5	6
	最大起重半径时	用支腿	t	2.8	1.5	0.8	4.6	2.8	1.4	0.8	0.6	2.8	1.5
		不用支腿	t	—	—	—		0.5	—	—	—	—	—
起重高度	最小起重半径时		m	8.3	13.2	17.95					8.3	8.3	13.2
	最大起重半径时		m	5.3	4.6	6.85						5.0	4.6

4. 塔式起重机

塔式起重机的塔身直立,起重臂安装在塔身上部可用 360°回转,它具有较大的起重高度和工作幅度和起重能力,工作速度快,生产效率高,机械运转安全可靠,操作和装拆方便等优点,广泛用于多层和高层的工业与民用建筑施工。

5. 桅杆式起重机

桅杆式起重机可分为独脚拔杆、人字拔杆、悬臂拔杆和牵缆式桅杆起重机等。这种机械的特点是能就地取材,可以现场制作,构造简单,装拆方便,起重量可达100t以上,但起重半径小,移动较困难,需要设置较多的缆风绳。它适用于安装工程量集中,结构重量大,安装高度大以及施工现场狭窄的情况。

二、起重机械

1. 独脚拔杆

独脚拔杆由拔杆,起重滑轮组、卷扬机、缆风绳和地锚等组成,如图6-5所示。根据独脚拔杆的制作材料不同可分为木独脚拔杆、钢管独脚拔杆和金属格构式拔杆等。

木独脚拔杆由圆木制成、圆木梢径为200～300mm,起重高度在15m以内,起重量10t以下;钢管独脚拔杆起重量30t以下,起重高度在20m以内;金属格构式独脚拔杆起重高度可达70m,起重量可达100t。各种拔杆的起重能力应按实际情况验算。

独脚拔杆在使用时应保持一定的倾角(不宜大于10°),以便在吊装时,构件不致撞碰拔杆。拔杆的稳定主要依靠缆风绳,缆风绳一般为6～12根,依起重量,起重高度和绳索强度而定,但不能少于4根。缆风绳与地面夹角α,一般为30°～45°,角度过大则对拔杆会产生过大压力。

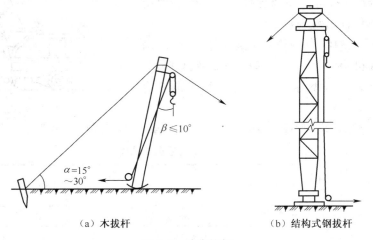

（a）木拔杆　　　　　　　（b）结构式钢拔杆

图 6-5　独脚拔杆

2. 人字拔杆

人字拔杆由两根圆木或钢管或格构式截面的独脚拔杆在顶部相交成20°～30°夹角,用钢丝绳绑扎或铁件铰接而成,如图6-6所示。下悬起重滑轮组,底部设有拉杆或拉绳,以平衡拔杆本身的水平推力。拔杆下端两脚距离为高度的1/2～1/3。人字拔杆的优点是侧向稳定性好,缆风绳较少(一般不少于5根);缺点是构件起吊后活动范围小,一般仅用于安装重型构件或作为辅助设备以吊装厂房屋盖体系上的轻型构件。

3. 悬臂拔杆

在独脚拔杆的2/3高度处,装上一根起重杆,即成悬臂拔杆。悬臂起重杆可以顺转和起伏,因此有较大的起重高度和相应的起重半径,悬臂起重杆,能左右摆动(120°～270°),但起重量较小,多用于轻型构件安装。

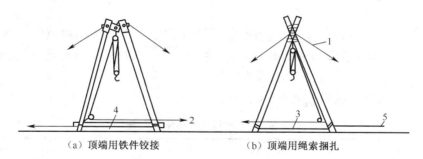

（a）顶端用铁件铰接　　　　（b）顶端用绳索捆扎

图 6-6　人字拔杆

1. 缆风绳　2. 卷扬机　3. 拉绳　4. 拉杆　5. 锚碇

4. 牵缆式桅杆起重机

牵缆式桅杆起重机是在独脚拔杆的根部装一可以回转和起伏的吊杆而成。这种起重机的起重臂不仅可以起伏，而且整个机身可作全回转，因此工作范围大，机动灵活。

由钢管做成的牵缆式起重机起重量在 10t 左右，起重高度达 25m；由格构式结构组成的牵缆式起重机起重量 60t，起重高度可达 80m。但这种起重机使用缆风绳较多，移动不便，用于构件多且集中的结构安装工程或固定的起重作业（如高炉安装）。

三、卷扬机

卷扬机在使用时必须用地锚固定，以防作业时产生滑动或倾覆。固定卷扬机的方法有螺栓锚固法、水平锚固法、立桩锚固法和压重物锚固法等 4 种，如图 6-7 所示。

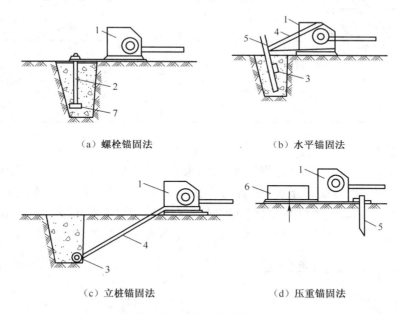

（a）螺栓锚固法　　　　（b）水平锚固法

（c）立桩锚固法　　　　（d）压重锚固法

图 6-7　卷扬机的锚固方法

1. 卷扬机　2. 地脚螺栓　3. 横木　4. 拉索　5. 木桩　6. 压重　7. 压板

四、地锚

地锚又称锚碇，用来固定缆风绳、卷扬机、导向滑车、拔杆的平衡绳索等。

常用的地锚有桩式地锚和水平地锚两种。

1. 桩式地锚

桩式地锚是将圆木打入土中承担拉力，多用于固定受力不大的缆风绳。圆木直径为 18～30cm，桩入土深度为 1.2～1.5m，根据受力大小，可打成单排、双排或三排。桩前一般埋有水平圆木，以加强锚固。这种地锚承载力 10～50kN。

桩式地锚的尺寸和承载力见表 6-5。

表 6-5　桩式地锚尺寸和承载力表

类型	承载力（kN）	10	15	20	30	40	50
	桩尖处施工上的压力（MPa）	0.15	0.2	0.23	0.31		
	a（cm）	30	30	30	30		
	b（cm）	150	120	120	120		
	c（cm）	40	40	40	40		
	d（cm）	18	20	22	26		
	桩尖处施工上的压力（MPa）	0.15	0.2	0.28			
	a_1（cm）	30	30	30			
	b_1（cm）	120	120	120			
	c_1（cm）	90	90	90			
	d_1（cm）	22	25	26			
	a_2（cm）	30	30	30			
	b_2（cm）	120	120	120			
	c_2（cm）	40	40	40			
	d_2（cm）	20	22	24			

2. 水平地锚

水平地锚是用一根或几根圆木绑扎在一起，水平埋入土内而成。钢丝绳系在横木的一点或两点，成 30°～50°斜度引出地面，然后用土石回填夯实。水平地锚一般埋入地下 1.5～3.5m，为防止地锚被拔出，当拉力大于 75kN 时，应在地锚上加压板；拉力大于 150kN 时，还要在锚碇前加立柱及垫板（板栅），以加强土坑侧壁的耐压力。水平锚碇构造，如图 6-8 所示。

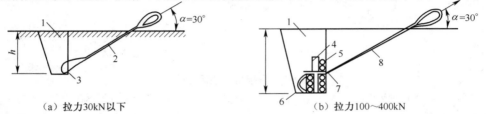

（a）拉力30kN以下　　　　　　　（b）拉力100～400kN

图 6-8　水平锚碇构造示意

1. 回填土逐层夯实　2. 地龙木　3. 钢丝绳或钢筋
4. 柱木　5. 挡木　6. 地龙木　7. 压板　8. 钢丝绳圈或钢筋环

五、吊具

（1）吊钩

吊钩有单钩和双钩两种，如图6-9所示。吊装时一般用单钩，双钩多用于桥式或塔式起重机上。使用时，要认真进行检查，表面应光滑，不得有剥裂、刻痕、锐角、裂缝等缺陷。吊钩不得直接钩在构件的吊环中；不准对磨损或有裂缝的吊钩进行补焊。

图6-9　吊钩

（2）吊索

吊索也称千斤绳，根据形式不同可分为环状吊索、万能和开口吊索，如图6-10所示。

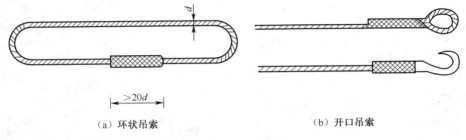

（a）环状吊索　　　　　　　（b）开口吊索

图6-10　吊索

作吊索用的钢丝绳要求质地软，易弯曲，直径大于11mm，一般用$6 \times 37 + 1$、$6 \times 61 + 1$做成。

（3）钢丝绳卡扣（钢丝夹头）

钢丝绳卡扣主要用来固定钢丝绳端。使用卡扣的数量和钢丝绳的粗细有关，粗绳用得较多。卡扣外形如图6-11所示。

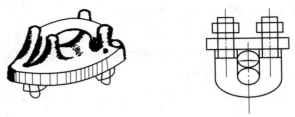

图6-11　钢丝绳卡扣

（4）卡环（卸甲）

卡环用于吊索之间或吊索与构件吊环之间的连接如图6-12所示。由弯环与销子两部分组成：弯环形式有直形和马蹄形；销子的形式有螺栓式和活络式。活络卡环的销子端头和弯环孔眼无螺纹，可以直接抽出，多用于吊装柱子，可以避免高空作业。活络卡环绑扎柱子如图 6-13 所示。

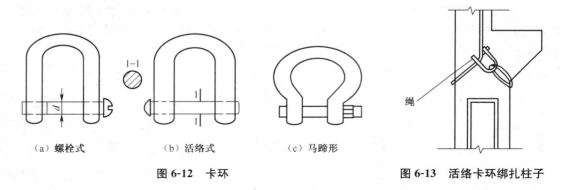

（a）螺栓式　　　　　　（b）活络式　　　　　（c）马蹄形

图 6-12　卡环　　　　　　　　　图 6-13　活络卡环绑扎柱子

（5）横吊梁（铁扁担）

横吊梁又称铁扁担，在吊装中可减小起吊高度，满足吊索水平夹角的要求，使构件保持垂直、平衡，便于安装。图 6-14 为吊柱子用的横吊梁，图 6-15 为吊屋架用的横吊梁。

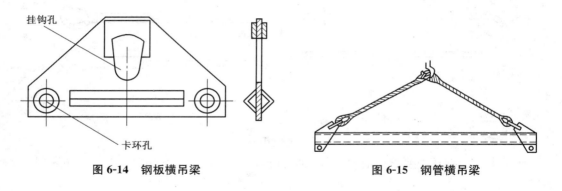

图 6-14　钢板横吊梁　　　　　　　　　图 6-15　钢管横吊梁

六、索具设备

1. 钢丝绳

钢丝绳是吊装工作中常用的绳索，具有强度高、韧性好、耐磨性好等优点。钢丝绳磨损后表面产生毛刺，容易检查发现，便于预防事故的发生。

（1）钢丝绳的构造及种类

1）钢丝绳是由直径相同的光面钢丝捻成钢丝股，再由六股钢丝股和一股绳芯搓捻而成。钢丝绳按每股钢丝的根数可分为 3 种规格：

①6×19＋1 即 6 股钢丝股，每股 19 根钢丝，中间加一根绳芯，钢丝粗、硬而耐磨，不易弯曲，一般用作缆风绳。

②6×37＋1 即为 6 股钢丝股，每股 37 根钢丝，中间加一根绳芯，钢丝细、较柔软，用于穿滑车组和作吊索。

③6×61＋1 即 6 股钢丝股，每股 61 根钢丝，中间加一根绳芯，质地软，用于重型起重机械。

2）钢丝绳按钢丝和钢丝股搓捻方向不同可分为顺捻绳和反捻绳 2 种。

①顺捻绳:每股钢丝的搓捻方向与钢丝股的搓捻方向相同。柔性好、表面平整、不易磨损、但易松散和扭结卷曲,吊重物时,易使重物旋转,一般用于拖拉或牵引装置。

②反捻绳:每股钢丝的搓捻方向与钢丝股的搓捻方向相反。钢丝绳较硬,不易松散,吊重物不扭结旋转,多用于吊装工作。

3) 钢丝绳按抗拉强度分为 $1400N/mm^2$、$1550N/mm^2$、$1700N/mm^2$、$1850N/mm^2$、$2000N/mm^2$ 5 种。

（2）钢丝绳的最大工作拉力

钢丝绳的最大工作拉力应满足下式要求:

$$S \leqslant \frac{S_p}{n}$$

式中　S——钢丝绳的最大工作拉力(kN);

　　　S_p——钢丝绳的钢丝破断拉力总和(kN);

　　　n——钢丝绳安全系数按表 6-6 取用。

表 6-6　钢丝绳安全系数 n

用途	安全系数 n	用途	安全系数 n
缆风绳	3.5	吊索(无弯曲时)	6～7
手动起重设备	4.5	捆绑吊索	8～10
电动起重设备	5～6	载人升降机	14

（3）钢丝绳容许拉力

钢丝绳的容许拉力应满足下式要求:

$$S_g \leqslant aS$$

式中　a——钢丝绳破断拉力换算系数(或受力不均匀系数)。钢丝绳为 $6 \times 19 + 1$ 取 0.85;

　　　$6 \times 37 + 1$ 取 0.82;$6 \times 61 + 1$ 取 0.80。

2. 滑轮组

滑轮组是由一定数量的定滑轮和动滑轮及绕过它们的绳索所组成,具有省力和改变力的方向的功能,是起重机械的重要组成部分。

滑轮组中共同负担构件重量的绳索根数称为工作线数,也就是在动滑轮上穿绕的绳索根数。滑轮组起重省力的多少,主要取决于工作线数和滑动轴承的摩阻力大小。滑轮组可分为绳索跑头从定滑轮引出(图 6-16)和从动滑轮上引出(图 6-17)2 种。滑轮组引出绳头(称跑头)的拉力,可用下式计算:

$$N = KQ$$

式中　N——跑头拉力(kN);

　　　Q——计算荷载,等于吊装荷载与动力系数的乘积;

　　　K——滑轮组省力系数。

起重机所用滑轮组通常都是青铜轴套,其滑轮组的省力系数 k 见表 6-7。

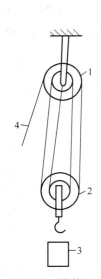

图 6-16 滑轮组

1. 定滑轮 2. 动滑轮 3. 重物 4. 绳索

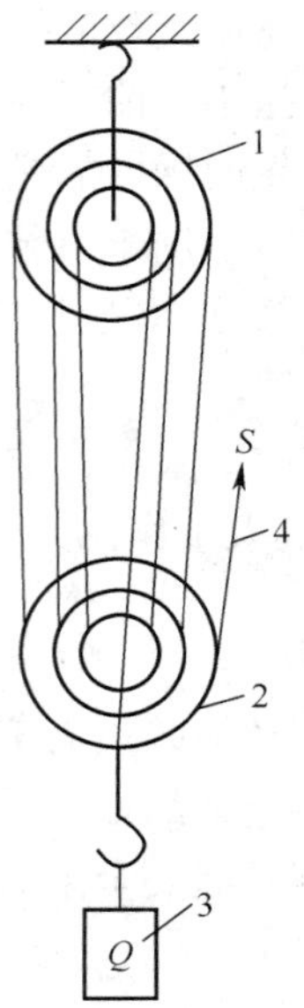

图 6-17 跑头从动滑轮引出

1. 定滑轮 2. 动滑轮 3. 重物 4. 绳索跑头

表 6-7 青铜轴套滑轮组省力系数

工作线数 n	1	2	3	4	5	6	7	8	9	10
省力系数 k	1.04	0.529	0.360	0.275	0.224	0.190	0.166	0.148	0.134	0.123
工作线数 n	11	12	13	14	15	16	17	18	19	20
省力系数 k	0.114	0.105	0.100	0.095	0.090	0.086	0.082	0.079	0.076	0.074

第二节 结构安装一般要求

1)安装购件前,在构件上应标注中心线或安装准线;要用仪器校核结构及预制构件的标高及平面位置。

2)构件就位后,要进行临时固定,使之稳定。

3)当混凝土的强度超过设计强度 75％ 以上,以及预应力构件孔道灌浆的强度在 15MPa 以上,方可吊装。

4)在吊装装配式框架结构时,只有当接头和接缝的混凝土强度大于 10MPa 时,才能吊装上一层结构的构件。

5)进行结构安装时,要统一用哨声、红绿旗、手势等指挥,有条件的工地,可用对讲机、移动手机进行指挥。

6)在高空进行电焊焊接,要系安全带,着防护面罩;潮湿地点作业,要穿绝缘胶鞋。

7)不准酒后作业。

8)进入施工现场的人员,必须戴好安全帽和手套;高空作业还要系好安全带;所带工具要用绳子扎牢或放入工具包内。

9)患心脏病和高血压的人。不宜作高空作业,以免发生头昏眼花而造成人身安全事故。

10)使用的钢丝绳应符合要求。

11)起重机负重开行时,应缓慢行驶,且构件离地不得超过 500mm。严禁碰触高压电线。为安全起见,起重机的起重臂、钢丝绳起吊的构件,与架空高压线要保持一定的距离。

12)发现吊钩与卡环出现变形或裂纹,不得再使用。

13)起吊构件时,吊钩的升降要平稳,以避免紧急制动和冲击。

14)对于新购置的,或改装、修复的起重机,在使用前,必须进行动荷、静荷的试运行。试验时,所吊重物为最大起重量的 125%,且离地面 1m,悬空 10min。

15)停机后,要关闭上锁,以防止别人启动而造成事故;为防止吊钩摆动伤人,应空钩上升一定高度。

16)确保安全的设施。

①吊装现场,禁止非工作人员入内。地面操作人员,应尽量避免在高空作业面的正下方停留或通过,也不得在起重机的起重臂或正在吊装的构件下停留或通过。

②高空作业时,尽可能搭设临时操作平台,并设爬梯,供操作人员上下。如需在悬空的屋架上弦行走时,应在其上设置安全栏杆。

③在雨期或冬期里,必须采取防滑措施。如扫除构件上的冰雪、在屋架上捆绑麻袋、在屋面板上铺垫脑筋草袋等。

第三节　结构安装

一、起重机的选择

1. 起重机类型选择

起重机的选择是吊装工程的重要环节,因为它直接影响到构件吊装方法、起重机开行路线与停机点位置、构件平面布置等问题。

1)对于中小型厂房结构采用自行式起重机安装比较合理。

2)当厂房结构高度和长度较大时,可选用塔式起重机安装屋盖结构。

3)在缺乏自行式起重机的地方,可采用桅杆式起重机安装。

4)大跨度的重型工业厂房,应结合设备安装来选择起重机类型。

5)当 1 台起重机无法吊装时,可选用 2 台起重机抬吊。

2. 起重机型号和起重臂长度的选择

当起重机的类型确定之后,还需要进一步选择起重机的型号及起重臂的长度,所选的起重机 3 个主要参数必须满足结构吊装的要求。

(1)起重量

起重机的起重量必须满足下式要求:

$$Q \geqslant Q_1 + Q_2$$

式中　Q——起重机的起重量(t);

　　Q_1——构件重量(t);

　　Q_2——吊索重量(t)。

(2)起重高度

起重机的起重高度必须满足构件吊装的要求,如图 6-18 所示。

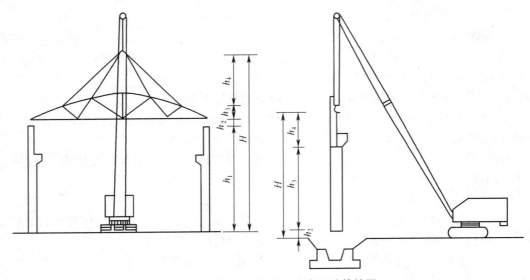

图 6-18   履带式起重机起吊高度计算简图

$$H \geqslant h_1 + h_2 + h_3 + h_4$$

式中 H——起重机的起重高度(m);

h_1——安装支座表面高度(m),从停机面算起;

h_2——安装空隙,不小于 0.3m;

h_3——绑扎点至构件吊起底面的距离(m);

h_4——索具高度,自绑扎点至吊钩中心的距离(m)。

(3)起重半径

当起重机可以不受限制地开到所吊构件附近去吊装构件时,可不验算起重半径。当起重机受限制不能靠近安装位置去吊装构件时,则应验算。当起重机的起重半径为一定值时,起重量和起重半径是否满足吊装构件的要求,一般根据所需的起重量、起重高度值选择起重机型号,再按下式进行计算,如图 6-19 所示。

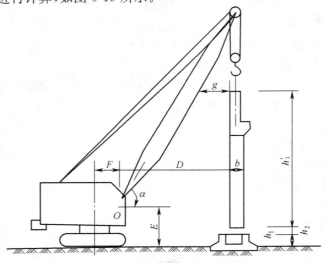

图 6-19   起重半径计算简图

$$R_{\min} = F + D + 0.5b$$

式中 F——起重机枢轴中心距回转中心距离(m);

b——构件宽度(m);

D——起重机枢轴中心距所吊构件边缘距离(m)。

D 可按下式计算:

$$D = g + (h_1 + h_2 + h_3' - E)\mathrm{ctg}\alpha$$

式中 g——构件上口边缘与起重臂的水平间隙,不小于 0.5m;

E——吊杆枢轴心距地面高度(m);

α——起重臂的倾角;

h_1、h_2——含义同前;

h_3'——所吊构件的高度(m)。

同一种型号的起重机有几种不同长度的起重臂,应选择能同时满足 3 个吊装工作参数的起重臂。当各种构件吊装工作参数相差较大时,可以选择几种起重臂。

(4)最小起重臂长度的确定

当起重机的起重臂需跨过屋架去安装屋面板时,为了不碰动屋架,需求出起重臂的最小杆长度。

最小起重臂长度 $L_{\min}$可按下式计算,如图 6-20 所示。

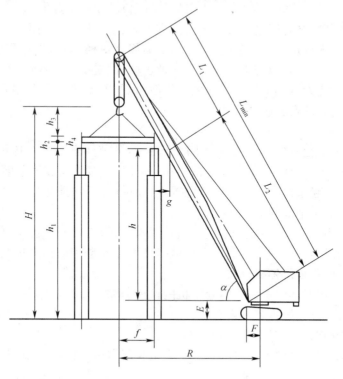

图 6-20 求最小起重臂长

$$L_{\min} \geqslant L_1 - L_2 = \frac{h}{\sin\alpha} + \frac{f+g}{\cos\alpha}$$

式中　L_{min}——起重臂最小长度（m）；

　　　h——起重臂下铰至屋面板吊装支座的高度（m）；

$$h = h_1 - E$$

　　　h_1——停机面至屋面板吊装支座的高度（m）；

　　　f——吊钩需跨过已安装好结构的距离（m）；

　　　g——起重臂轴线与已安装好结构间的水平距离，至少取 1m。

为了使起重臂长度最小，需对上式进行一次微分，并令$\frac{dL}{d\alpha} = 0$，即可求出 α 的值：

$$\alpha = arctg^3 \sqrt{\frac{h}{f+g}}$$

将 α 值代入上式即可求得 L_{min} 的理论值。

二、结构安装方法

单层厂房的结构安装方法主要有分件安装法和综合安装法 2 种。

1. 分件安装

分件安装法是指起重机在车间内每开行 1 次仅安装 1 种或两种构件，通常分 3 次开行。

第一次开行——安装全部柱子，并对柱子校正和最后固定；

第二次开行——安装全部吊车梁、联系梁以及柱间支撑；

第三次开行——分节间安装屋架、天窗架、屋面板及屋面支撑等。

此外，在屋架吊装之前还要进行屋架的扶直排放、屋面板的运输堆放。

分件安装法的优点是每次吊装同类构件，不需经常更换索具，操作程序基本相同，所以安装速度快，并且有充分时间校正。构件可分批进场，供应单一，平面布置比较容易，现场不致拥挤。缺点是不能为后续工程及早提供工作面，起重机开行路线长，装配式钢筋混凝土单层工业厂房多采用分件安装法。

2. 综合安装法

综合安装法是指起重机在车间内的 1 次开行中，分节间安装所有各种类型的构件。具体做法是先安装 4～6 根柱子，立即加以校正和最后固定，接着安装吊车梁、联系梁、屋架、屋面板等构件。总之，起重机在每一个停机位置，吊装尽可能多的构件。安装完 1 个节间所有构件后，转入安装下 1 个节间。

综合安装法的优点是开行路线短，起重机停机点少，可为后期工程及早提供工作面，使各工种能交叉平行流水作业。其缺点是一种机械同时吊装多类型构件，现场拥挤，校正困难。

三、起重机开行路线及停机位置

起重机的开行路线和停机位置与起重机的性能、构件尺寸及重量、构件的平面布置、构件的供应方式、安装方法等许多因素有关。

采用分件安装时，起重机的开行路线如下：

1）柱子吊装时应视跨度大小、柱的尺寸、重量及起重机性能，可沿跨中开行或跨边开行，如图 6-21 所示。

当起重半径 $R \geqslant L/2$（L 为厂房跨度）时，起重机在跨中开行，每个停机点吊 2 根柱子，如图 6-21a 所示。

当起重半径 $R \geqslant \sqrt{(L/2)^2 + (6/2)^2}$（为柱距）时，起重机跨中开行，每个停机点安装 4 根柱子,如图 6-21a 所示。

当 $R<L/2$ 时,起重机沿跨边开行,每个停机点,安装 1 根柱子,如图 6-21b 所示。

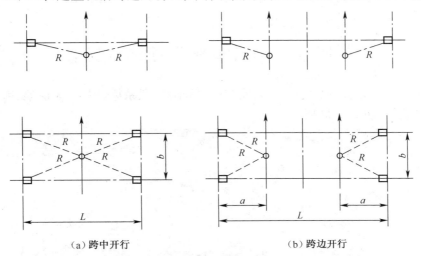

（a）跨中开行　　　　　　　　　　（b）跨边开行

图 6-21　起重机吊装柱时的开行路线及停机位置

当 $R\geqslant\sqrt{(a)^2+(b/2)^2}$ 时,a 为开行路线到跨边距离,起重机在跨内靠边开行,每个停机点可吊 2 根柱子,如图 6-21b 所示。

柱子布置在跨外时,起重机在跨外开行,停机位置与跨边开行相似,每个停机点可吊1～2 根柱子。

2)屋架扶直就位及屋盖系统吊装时,起重机大多在跨中开行。图 6-22 所示是单跨厂房采用分件吊装法时起重机开行路线及停机位置图。起重机从 A 轴线进场,沿跨外开行吊装

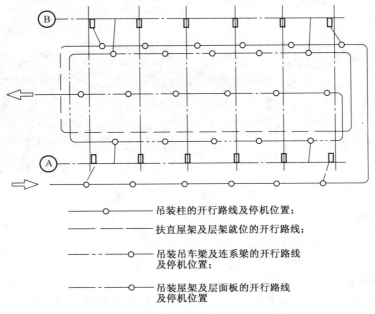

———o——— 吊装柱的开行路线及停机位置;

————————— 扶直屋架及层架就位的开行路线;

——— o ——— 吊装吊车梁及连系梁的开行路线
　　　　　　及停机位置;

——— o ——— 吊装屋架及层面板的开行路线
　　　　　　及停机位置

图 6-22　起重机的开行路线及停机位置

A 列柱,再沿 B 轴线跨内开行吊装 B 轴列柱,然后转到 A 轴线扶直屋架并将其就位,再转到 B 轴线吊装 B 列吊车梁、联系梁,随后转到 A 轴线吊装 A 吊车梁、联系梁,最后转到跨中吊装屋盖系统。

第四节　单层工业厂房结构安装

单层工业厂房的结构安装,一般要安装柱、吊车梁、联系梁、屋架、天窗架、屋面板、地基梁及支撑系统等,如图 6-23 所示。

图 6-23　钢结构安装现装图

一、安装准备工作

准备工作的内容包括场地清理、道路修筑、基础准备、构件运输、堆放、拼装加固、检查清理、弹线编号以及吊装机具的准备等。

1. 基础的准备

杯形基础的准备工作主要是在柱吊装前对杯底抄平和在杯口顶面弹线。

杯底的抄平是对杯底标高的检查和调整,以保证吊装后牛腿面标高的准确。杯底标高在制作时一般比设计要求低 50mm，以便柱子长度有误差时能抄平调整。测量杯底标高，先在杯口内弹出比杯口顶面设计标高低 100mm 的水平线，随后用尺对杯底标高进行测量，小柱测中间一点，大柱测四个角点，得出杯底实际标高。牛腿面设计标高与杆底实际标高的差，就是柱子牛腿面到柱底的应有长度，与实际量得的长度相比，得到制作误差，再结合柱底平面的平整度，用水泥砂浆或细石混凝土将杯底抹平，垫至所需标高。例如，实测杯底标高 -1.20m，柱牛腿面设计标高 $+7.80$m，量得柱底至牛腿面的实际长度为 8.95m，则杯底标高的调整值（抄平厚度）为：

$$\Delta h = (7.80 + 1.20) - 8.95 = +0.05 \text{(m)}$$

基础顶面弹线要根据厂房的定位轴线测出，并与柱的安装中心线相对应。一般在基础顶面弹十字交叉的安装中心线，并画上红三角（图 6-24）。

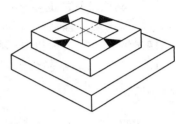

最后，将找平好的杯形基础的杯口部分加以覆盖，防止杂物落入其内。当检查发现杯口的定位轴线与中心线的偏差超过 ± 10mm，或杯口上下部分的尺寸与杯基中心线相差超过规范允许值时，杯口应进行修整，以保证柱子的安装。

图 6-24　基础准线

2. 构件的运输和堆放

1）一些重量不大而数量很多的构件，可在预制厂制作，用载重汽车或平板拖车运至工地。

2）构件的运输要保证构件不变形、不损坏。构件的混凝土强度达到设计强度的 75% 时方可运输。构件的支垫位置要正确，要符合受力情况，上下垫木要在同一垂直线上。

3）运输道路应平整坚实，有足够的宽度和转弯半径，使车辆及构件能顺利通过。

4）构件的运输顺序及卸车位置应按施工组织设计的规定进行，以免造成现场混乱，增加二次搬运，影响吊装工作。

5）构件的堆放场地应平整压实，并采取有效的排水措施。构件就位时，应按设计的受力情况搁置在垫木或支架上。重叠堆放时一般梁可堆 2～3 层；大型屋面板不超过 6 块；空心板不宜超过 8 块。重叠的构件之间要垫上垫木，上层垫木与下层垫木之间应在同一垂直线上。构件吊环要向上，标志要向外。

3. 构件的检查与清理

预制构件在生产过程中，可能会出现外形尺寸方面的误差以及在构件表面产生一些缺陷等问题。因此对预制构件必须进行检查和清理，以保证构件吊装的质量。

1）构件强度检查。构件吊装时混凝土强度不低于设计混凝土标准值的 75%，对一些大跨度构件，如屋架则应达到 100%。

2）检查构件的外形尺寸、接头钢筋、预埋件的位置及大小。

3）检查构件的表面。有无损伤、缺陷、变形、裂缝等。预埋件如有污物，应加以清除，以免影响构件的拼装和焊接。

4）检查吊环的位置，吊环有无变形损伤，吊环孔洞能否穿过钢丝索和卡环。

4. 构件的弹线与编号

在每个构件上弹出安装的定位墨线和校正所用墨线，作为构件安装、对位、校正的依据，具体做法如下。

1）柱子：在柱身三面弹出安装中心线，所弹中心线的位置与柱基杯口面上的安装中心线相吻合。此外，在柱顶与牛腿面上还要弹出安装屋架及吊车梁的定位线，如图 6-25 所示。

2）屋架：屋架上弦顶面应弹出几何中心线，并从跨中向两端分别弹出天窗架、屋面板或檩条的安装定位线；在屋架两端弹出安装中心线。

3）梁：在两端及顶面弹出安装中心线。

4）编号：应按图纸将构件进行编号。

5. 其他机具的准备

结构吊装工程除所需的大型起重机械外，还要充分准备好与结构吊装有关的其他机具、材料。主要有电焊机、电焊条、校正用千斤顶、撑杆、缆风绳、垫铁等。

二、柱子的吊装

（1）柱的绑扎

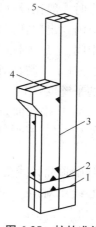

图 6-25 柱的准线

1. 基础顶面线　2. 地坪标高线
3. 柱子中心线　4. 吊车梁对位线
5. 柱顶中心线

柱的绑扎方法、绑扎位置和绑扎点数，应根据柱的形状、长度、截面、配筋、起吊方法和起重机性能等因素确定。由于柱起吊时吊离地面的瞬间由自重产生的弯矩最大，其最合理的绑扎点位置，应按柱子产生的正负弯矩绝对值相等的原则来确定。一般中小型柱（自重 13t 以下）大多数绑扎一点；重型柱或配筋少而细长的柱（如抗风柱），为防止起吊过程总柱的断裂，常需绑扎 2 点甚至 3 点。对于有牛腿的柱，其绑扎点应选在牛腿以下 200mm 处；工字形断面和双肢柱，应选在矩形断面处，否则应在绑扎位置用方木加固翼缘，防止翼缘在起吊时损坏。

根据柱起吊后柱身是否垂直，分为斜吊法和直吊法，相应的绑扎方法有如下 2 种。

①斜吊绑扎法。如图 6-26 所示。当柱平卧起吊的抗弯强度满足要求时，可采用斜吊绑扎法。此法的特点是柱不需要翻身，吊起后呈倾斜状态，由于吊索歪在柱的一边，起重钩低于柱顶，因此起重臂可以短些。当柱身较长，起重机臂长不够时，用此法较方便，但因柱身倾斜，就位对中比较困难。

②直吊绑扎法。当柱子的宽度方向抗弯不足时，可在吊装前，先将柱子翻身后再起吊，如图 6-27 所示。起吊后，铁扁担跨在柱顶上，柱身呈直立状态，便于插入杯口。但由于铁扁担高于柱顶，需要较大的起吊高度。

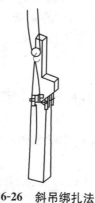

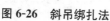

图 6-26 斜吊绑扎法

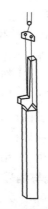

图 6-27 直吊绑扎法

③两点绑扎法。当柱身较长，一点绑扎时柱的抗弯能力不足时可采用两点绑扎起吊，如图 6-28 所示。

④柱子有三面牛腿时的绑扎法。采用直吊绑扎法，用两根吊索分别沿柱角吊起，如图 6-29 所示。

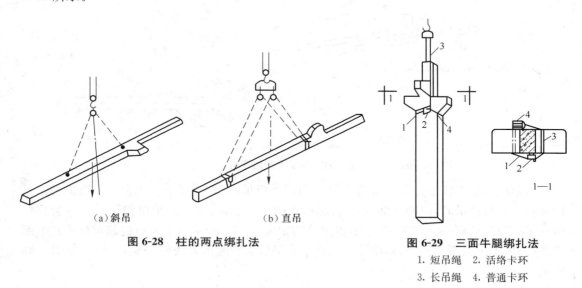

（a）斜吊　　　　　　（b）直吊

图 6-28　柱的两点绑扎法

图 6-29　三面牛腿绑扎法

1. 短吊绳　2. 活络卡环

3. 长吊绳　4. 普通卡环

（2）柱的吊升

柱子的吊升方法，根据柱子重量、长度、起重机性能和现场施工条件而定。根据柱子吊升过程中的运动特点分为旋转法和滑行法。

①旋转法吊升。如图 6-30 所示，柱的绑扎点、柱脚、杯基中心 3 者宜位于起重机的同一工作幅度的圆弧上，即 3 点共弧。起吊时，起重臂边升钩，边回转，柱顶随起重钩的运动，也边升起边回转，绕柱脚旋转起吊。当柱子呈直立状态后，起重机将柱吊离地面插入杯口。旋转法吊升柱受振动小，生产效率高，但对起重机的机动性要求高。当采用履带式、汽车式、轮胎式等起重机时，宜采用此法。

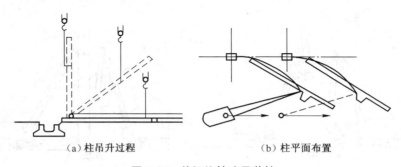

（a）柱吊升过程　　　　　　　　　（b）柱平面布置

图 6-30　单机旋转法吊装柱

②滑行法吊升。柱的绑扎点宜靠近基础，绑扎点与杯口中心均位于起重机的同一起重半径的圆弧上，即两点共圆弧。柱子吊升时，起重机只升钩，起重臂不转动，使柱脚沿地面滑行逐渐直立，然后插入杯口，如图 6-31 所示。滑行法吊升时，柱在滑行过程中受振动，为了减少滑行时柱脚与地面的摩阻力，需要在柱脚下设置托木、滚筒并铺设滑行道。当采用独脚

拔杆,人字拔杆吊升柱时常采用此法。另外对一些长而重的柱,为便于构件布置和吊升,也常采用此法。

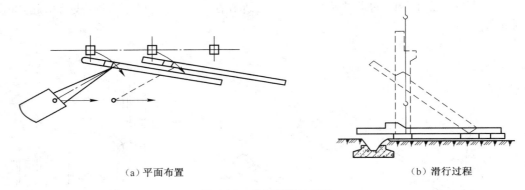

（a）平面布置　　　　　　　　　　　　（b）滑行过程

图 6-31　单机滑行法吊柱

　　③双机抬吊旋转法。对于重型柱子,1台起重机吊不起来,可采用2台起重机抬吊。采用旋转法双机抬吊时,应两点绑扎,1台起重机抬上吊点,另1台起重机抬下吊点。当双机将柱子抬至离地面一定距离(为下吊点到柱脚距离+300mm)时,上吊点的起重机将柱上部逐渐提升,下吊点不需再提升,使柱子呈直立状态后旋转起重臂使柱脚插入杯口,如图 6-32 所示。

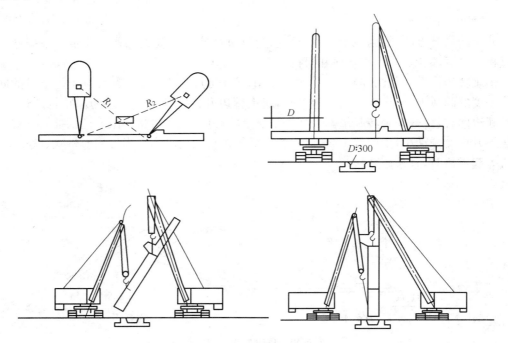

图 6-32　双机抬吊旋转法

　　④双机抬吊滑行法。柱为一点绑扎,且绑扎点靠近基础。起重机在柱基础的两侧,两台起重机在柱的同一绑扎点吊升抬吊,使柱脚沿地面向基础滑行,呈直立状态后,将柱脚插入基础杯口内,如图 6-33 所示。

（3）就位和临时固定

柱子就位时，一般柱脚插入杯口后应悬离杯底 30～50mm 处。对位时用八只木楔或钢楔从柱的四边放入杯口，并用撬棍撬动柱脚，使柱的安装中心线对准杯口上的安装中心线，并使柱子基本保持垂直。

柱对位后，应先把楔块略打紧，再放松吊钩，检查柱沉至杯底的对中情况，若符合要求，即将楔块打紧，将柱临时固定。

吊装重型柱或细长柱时，除按上述方法进行临时固定外，必要时应增设缆风绳拉锚。

（4）校正和最后固定

柱子的校正包括平面位置、垂直度和标高。标高的校正应在柱基杯底找平时同时进行，平面位置校正一般在临时固定时已校正好，垂直度校正则应在柱临时固定后进行。偏差检查是用两台经纬仪从柱相邻两面观察柱的安装中心线是否垂直。垂直度偏差要在规范允许范围内。

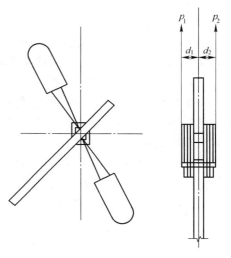

图 6-33 双机抬吊滑行法

若超过允许偏差值，可采用钢管撑杆校正法、千斤顶校正法等进行校正，如图 6-34 所示。

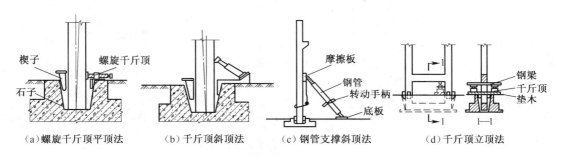

（a）螺旋千斤顶平顶法　　（b）千斤顶斜顶法　　（c）钢管支撑斜顶法　　（d）千斤顶立顶法

图 6-34 柱垂直度的校正方法

柱子的最后固定，是在柱子与杯口的空隙用细石混凝土浇灌密实。所用的细石混凝土应比柱子混凝土强度提高一级，分二次浇筑。第一次浇至楔块底面，待混凝土强度达到 25％时拔去楔块，再将混凝土浇满杯口，进行养护，待第二次浇筑混凝土强度达到 75％后，方能安装上部构件。

三、吊车梁的吊装

吊车梁的类型通常有 T 型、鱼腹式和组合式等。其长度一般有 6m、12m，重量一般为 3～5t。吊车梁的吊装必须在柱子杯口第二次浇灌混凝土强度达到设计强度的 75％时方可进行。

（1）绑扎、吊升、就位与临时固定

吊车梁的绑扎应采用两点绑扎，对称起吊，吊钩应对称梁的重心，以便使梁起吊后保持水平，梁的两端用溜绳控制，以免在吊升过程中碰撞柱子。

吊车梁对位后,不宜用撬棍在纵轴方向撬动,因为柱在此方向刚度较差,过分撬动会使柱身弯曲产生偏差。

吊车梁对位后,由于梁本身稳定性较好,仅用垫铁垫平即可,不需采取临时固定措施。但当梁的高宽比大于 4 时,宜用铁丝将吊车梁临时绑在柱上。

(2)校正和最后固定

吊车梁校正主要是平面位置和垂直度校正。吊车梁的标高取决于柱牛腿标高,在柱吊装前已经调整。如仍存在偏差,可待安装吊车轨道时进行调整。

吊车梁的校正工作一般在屋面构件安装校正并最后固定后进行。因为在安装屋架、支撑等构件时,可能引起柱子偏差影响吊车梁的准确位置。但对重量大的吊车梁,脱钩后撬动比较困难,应采取边吊边校正的方法。

吊车梁垂直度校正一般采用吊线锤的方法检查,如存在偏差,在梁的支座处垫上薄钢板调整。

吊车梁的平面位置的校正常用通线法和平移轴线法。

①通线法。根据柱的定位轴线,在车间两端地面用木桩定出吊车梁定位轴线位置,并设置经纬仪。先用经纬仪将车间两端的 4 根吊车梁位置校正准确,用钢尺检查两列吊车梁之间的跨距是否符合要求,再根据校正好的端部吊车梁沿其轴线拉上钢丝通线,逐根拔正,如图 6-35 所示。

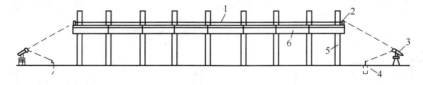

图 6-35　通线法校正吊车梁示意图

1. 通线　2. 支架　3. 经纬仪　4. 木桩　5. 柱　6. 吊车梁

②平移轴线法。在柱列边设置经纬仪,如图 6-36 所示。逐根将杯口中柱的吊装准线投影到吊车梁顶面处的柱身上,并作出标志。若安装准线到柱定位轴线的距离为 a,则标志距吊车梁定位轴线应为 $\lambda-a$(一般 $\lambda=750\mathrm{mm}$),据此逐根拔正吊车梁安装中心线。

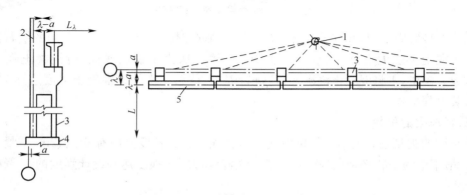

图 6-36　平移轴线法校正吊车梁

1. 经纬仪　2. 标志　3. 柱　4. 柱基础　5. 吊车梁

吊车梁的最后固定是将吊车梁用钢板与柱侧面、吊车梁顶面预埋铁件焊牢,并在接头处、吊车梁与柱的空隙处支模浇筑细石混凝土。

四、屋架的吊装

屋架是屋盖系统中的主要构件,除屋架之外,还有屋面板、天窗架、支撑天窗挡板及天窗端壁板等构件。钢筋混凝土预应力屋架一般在施工现场平卧叠浇生产,吊装前应将屋架扶直、就位。屋架吊装的主要工序有绑扎、扶直与就位、吊升、对位、校正、最后固定等。

(1)绑扎

屋架的绑扎点应根据屋架的跨度和不同的类型进行选择。通常屋架的绑扎点应选在屋架上弦节点处或其附近,左右对称于屋架的重心。一般屋架跨度小于 18m 时两点绑扎;大于 18m 时四点绑扎;大于 30m 时,应考虑使用铁扁担,以减少绑扎高度;对刚性较差的组合屋架,因下弦不能承受压力,也采用铁扁担四点绑扎。屋架绑扎时吊索与水平面夹角不宜小于 45°,否则应采用铁扁担,以减少屋架的起重高度或减少屋架所承受的压力。屋架的绑扎方法如图 6-37 所示。

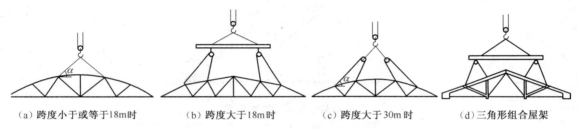

(a)跨度小于或等于18m时　　(b)跨度大于18m时　　(c)跨度大于30m时　　(d)三角形组合屋架

图 6-37　屋架绑扎方法

(2)屋架的扶直与就位

按照起重机与屋架预制时相对位置不同,屋架扶直有正向扶直和反向扶直 2 种。

①正向扶直。起重机位于屋架下弦杆一边,吊钩对准上弦中点,收紧吊钩后略起臂使屋架脱模,然后升钩并起臂使屋架绕下弦旋转呈直立状态,如图 6-38a 所示。在扶直过程中,为防止屋架突然下滑,在屋架两端应架设枕木垛,其高度与被扶直屋架的底面平齐,同时,在屋架两端绑扎拉绳,从相反方向拉紧,防止屋架下弦滑动。

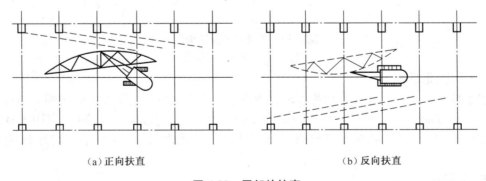

(a)正向扶直　　　　　　　　　　(b)反向扶直

图 6-38　屋架的扶直

②反向扶直。起重机位于屋架上弦一边,扶直时,吊钩对准上弦中点,收紧吊钩,接着升钩并降臂,使屋架绕下弦旋转呈直立状态,如图 6-38b 所示。

正向扶直与反向扶直不同之处在于前者升臂,后者降臂。升臂比降臂易于操作且比较安全,故应尽可能采用正向扶直。

屋架扶直后应按规定位置立即进行就位。屋架的就位位置与起重机性能和安装方法有关,应遵循少占地,便于吊装且应考虑吊装顺序、两头朝向等原则。当屋架就位位置与屋架的预制位置在起重机开行路线同一侧时,称同侧就位(图 6-38a)。当屋架就位位置与屋架预制位置分别在起重机开行路线各一侧时,叫异侧就位如图 6-38b。

(3)屋架的吊升、对位与临时固定

屋架起吊后离地面约 300mm 处转至吊装位置下方,再将其吊升超过柱顶约 300mm,然后缓缓下落在柱顶上,力求对准安装准线。

屋架对位后,先进行临时固定,然后再使起重机脱钩。

第一榀屋架的临时固定,可用四根缆风绳从两边拉牢。因为,它既是单片结构,侧向稳定性差,又是第二榀屋架的支撑,如图 6-39 所示。

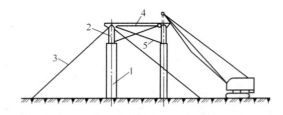

图 6-39　屋架的临时固定
1. 柱子　2. 屋架　3. 缆风绳　4. 工具式支撑　5. 屋架垂直支撑

第二榀屋架以及以后各榀屋架可用工具式支撑临时固定到前一榀屋架上,如图 6-40 所示。

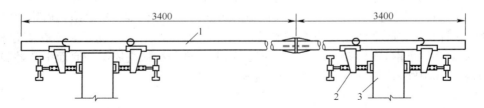

图 6-40　工具式支撑的构造
1. 钢管　2. 撑脚　3. 屋架上弦

(4)校正、最后固定

屋架校正是用经纬仪或垂球检查屋架垂直度。施工规范规定屋架上弦中部对通过两支座中心的垂直面偏差不得大于 $h/250$(h 为屋架高度)。如超过偏差允许值,应用工具式支撑加以纠正,并在屋架端部支承面垫入薄钢片。校正无误后,立即用电焊焊牢作为最后固定。

五、屋面板的吊装

预制屋面板时,四个角一般埋有吊环。用四根带吊钩的吊索吊升。吊索应等长且拉力相等,屋面板保持水平。屋面板的吊装顺序应从两边檐口左右对称地铺向屋脊,以免屋架承受半边荷载的作用。

屋面板就位后应立即用电焊固定,每块屋面板可焊 3 点,最后 1 块只能焊 2 点。

当单层厂房面积大或具有多跨结构时,为加快工程进度,可将建筑物划分为若干段,选用多台起重机同时施工。每台起重机可以独立作业,完成一个区段的全部吊装工作,也可以选用不同性能的起重机协同作业,有的专门吊柱,有的专门吊屋盖系统结构,组织大流水施工。

六、构件的平面布置原则

1. 构件的平面布置

1)每跨的构件宜尽可能布置在本跨内,如场地狭窄,布置确有困难时,也可布置在跨外便于安装的地方。

2)首先应考虑重型构件的布置,同时构件的布置应便于支模和浇筑混凝土;对预应力构件应留有抽管,穿筋的操作场地。

3)构件的布置还要满足安装工艺的要求,尽可能在起重机的工作半径内,减少起重机"跑吊"的距离及起伏起重杆的次数。

4)构件的布置应力求占地最少,保证起重机、运输车辆的道路畅通。起重机回转时,机身不得与构件相碰。

5)构件的布置要注意安装时的朝向,以免在空中调头,影响吊装进度和安全。

6)构件应布置在坚实地基上。在新填土上布置时,土要夯实,并采取一定措施防止地基下沉,以免影响构件质量。

2. 预制阶段的构件平面布置

目前在现场预制的构件主要是柱子和屋架,其他构件均在预制厂或场外制作,运到现场吊装。

（1）柱子的布置

柱子的布置方式与场地大小、安装方法有关,一般有斜向布置、纵向布置、横向布置等3种。

1)柱的斜向布置:采用旋转法吊装时,可按3点共弧斜向布置,其预制位置可采用作图法(图 6-41),其作图步骤如下:

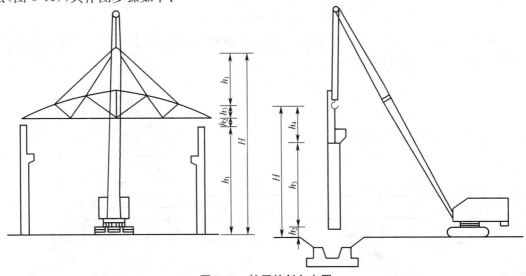

图 6-41　柱子的斜向布置

①确定起重机开行路线到柱基中心线的距离 L,这段距离 L 和起重机吊装柱子时与起重机相应的起重半径 R、起重机的最小起重半径 R_{min} 有关,要求:

$$R_{min} < L \leqslant R$$

同时,开行路线不要通过回填土地段,不要过分靠近构件,防止起重机回转时碰撞构件。

②确定起重机的停机位置。以所吊柱的柱基中心点 M 为圆心,以所选的吊装该柱的起重半径 R 为半径,画弧交开行路线于 O 点,O 点即为安装该柱的停机点。

③确定柱预制位置。以停机点 O 为圆心,OM 为半径画弧,在靠近柱基的弧上选点 K 点为柱脚中心点,再以 K 点为圆心,柱脚到吊点的长度为半径画弧,与 OM 半径所画的弧相交于 S,连 KS 线。得出柱中心线,即可画出柱子的模板图。同时量出柱顶,柱脚中心点到柱列纵横轴线的距离 A、B、C、D,作为支模时的参考。

柱的布置应注意牛腿的朝向,避免安装时在空中调头,当柱布置在跨内时,牛腿应面向起重机;布置在跨外时,牛腿应背向起重机。

若场地限制或柱过长,难于做到 3 点共弧时,可按两点共弧布置。一种是将杯口、柱脚中心点共弧,吊点放在起重半径 R 之外,如图 6-42a 所示,安装时,先用较大的工作幅度 R' 吊起柱子,并抬升起重臂,当工作幅度变为 R 后,停止升臂,随后用旋转法吊装。另一种是将吊点与柱基中心共弧,柱脚可斜向任意方向,如图 6-42b 所示,吊装时,可用旋转法也可用滑行法。

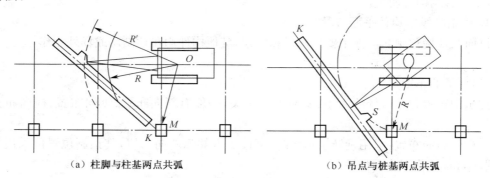

（a）柱脚与柱基两点共弧　　　　（b）吊点与桩基两点共弧

图 6-42　两点共弧布置法

2)柱的纵向布置:对一些较轻的柱起重机能力有富余,考虑到节约场地,方便构件制作,可顺柱列纵向布置,如图 6-43 所示。

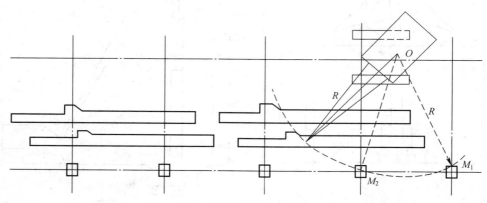

图 6-43　柱子的纵向布置

柱纵向布置时,起重机的停机点应安排在两柱基的中点,使 $OM_1 = OM_2$,这样每停机点可吊两根柱子。

柱可两根叠浇生产,层间应涂刷隔离剂,上层柱在吊点处需预埋吊环;下层柱则在底模预留砂孔,便于起吊时穿钢丝绳。

(2)屋架的布置

屋架一般在跨内平卧叠浇预制,每叠 3～4 榀,布置方式主要有:正面斜向布置,正反斜向布置,正反纵向布置等 3 种(图 6-44)。应优先采用正面斜向布置,它便于屋架扶直就位,只有当场地限制时,才采用其他方式。

屋架正面斜向布置时,下弦与厂房纵轴线的夹角 $\alpha = 10° \sim 20°$;预应力屋架的两端应留出 $(L/2) + 3m$ 的距离(L 为屋架跨度)。如用胶皮管预留孔道时,距离可适当缩短。

屋架之间的间隙可取 1m 左右以便支模及浇筑混凝土。屋架之间相互搭接的长度视场地大小及需要而定。

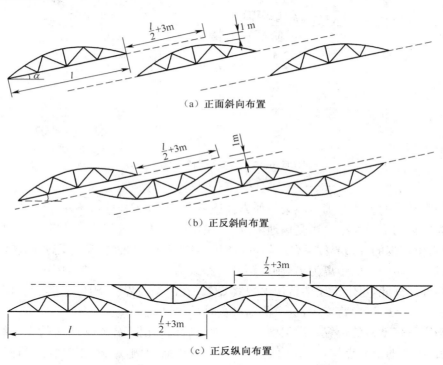

（a）正面斜向布置

（b）正反斜向布置

（c）正反纵向布置

图 6-44 屋架预制时的几种布置方法

在布置屋架的预制位置时,还应考虑到屋架的扶直排放要求及屋架扶直的先后次序,先扶直的放在上层。对屋架两端朝向及预埋件位置,也要注意作出标记。

(3)吊车梁的布置

当吊车梁安排在现场预制时,可靠近柱基顺纵向轴线或略作倾斜布置。也可插在柱子的空当中预制,如具有运输条件,也可在场外集中预制。

七、安装阶段构件的就位布置及运输堆放

安装阶段的就位布置,是指柱子安装完毕后,其他构件的就位位置,包括屋架的扶直就位,吊车梁、屋面板的运输就位等。

1. 屋架的扶直就位

屋架的就位方式有 2 种:一种是靠柱边斜向就位;另一种是靠柱边成组纵向就位。

(1)屋架的斜向就位

1)确定起重机安装屋架时的开行路线及停机位置。安装屋架时,起重机一般沿跨中开行,先在跨中画出平行于厂房纵轴线的开行路线。再以欲安装的某轴线(如②轴线)的屋架中心点 M_2 为圆心,以选择好的工作幅度 R 为半径画弧,交于开行路线于 O_2 点,O_2 点即为安装②轴线屋架时的停机点(图 6-45)。

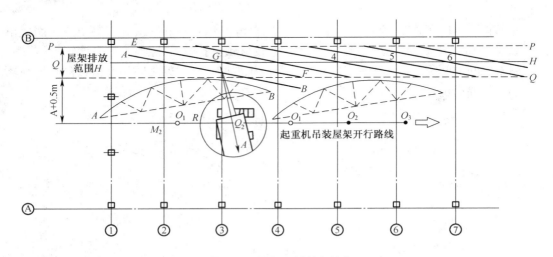

图 6-45　屋架同侧斜向就位

(虚线表示屋架预制时位置)

2)确定屋架的就位范围。屋架一般靠柱边就位,但应离开柱边不小于 0.2m,并可利用柱子作为屋架的临时支撑。当受场地限制时,屋架的端头也可稍许伸出跨外。根据以上原则,确定就位范围的外边界线 PP。起重机安装屋架及屋面板时,机身需要回转,设起重机尾部至机身回转中心的距离为 A,则在距开行路线为 $(A+0.5)$m 的范围内,不宜布置屋架和其他构件。据此,可定出屋架就位内边线 QQ。在两条边界线 PP、QQ 之间,即为屋架的就位范围。但有时厂房跨度大,这个范围过宽时,可适当缩小。

3)确定屋架就位的位置。屋架就位范围确定后。画出 PP、QQ 两线的中心线 HH,屋架就位后,屋架的中心点均在 HH 线上,以②轴线屋架为例,就位位置可按下述方式确定:以停机点 O_2 为圆心,吊装屋架时起重半径 R 为半径,画弧交于 HH 线于 G 点,G 点即为②轴线屋架就位后屋架的中点。再以 G 点为圆心,屋架跨度的 1/2 为半径,画弧交于 PP、QQ 两线于 E、F 两点,连接 EF,即为②轴线屋架就位的位置,其他屋架的就位位置均应平行此屋架,端头相距 6m。但①轴线屋架由于抗风柱阻挡,要退到②轴屋架的附近排放。

(2)屋架的纵向就位

一般以 4~5 榀为一组靠柱边顺轴线纵向排列。屋架与屋架之间的净距均不小于 200mm,相互之间应用铅丝及支撑拉紧撑牢。每组屋架之间应留 3m 左右的间距作为横向通道。每组屋架就位中心线应安排在该组屋架倒数第二榀安装轴线之后 2m 外,这样,可避免在已安装好的屋架下绑扎和起吊屋架,起吊后不与已安装好的屋架相碰,如图 6-46 所示。

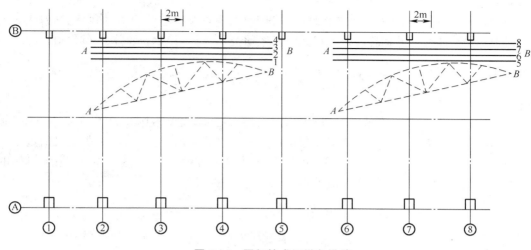

图 6-46　屋架的成组纵向排放

（虚线表示屋架预制时的位置）

2. 吊车梁、联系梁、屋面板的运输、就位堆放

单层厂房除柱子、屋架外，其他构件如吊车梁、联系梁、屋面板均在预制厂或附近工地的露天预制场制作，然后运至工地就位吊装。

构件运至工地后，应按施工组织设计所规定的位置，按编号及构件吊装顺序进行集中堆放。梁式构件叠放不宜过高，常取 2～3 层；大型屋面板不超过 6～8 层。

吊车梁、联系梁的就位位置，一般在其吊装位置的柱列附近，跨内跨外均可。也可以从运输车上直接吊装，不需在现场排放。屋面板的就位位置，跨内跨外均可，如图 6-47 所示。

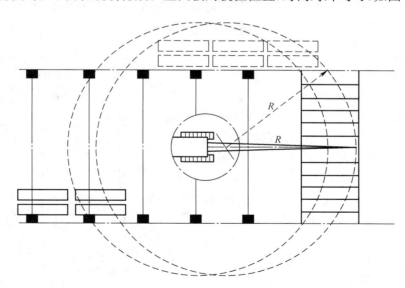

图 6-47　屋面板吊装就位布置

根据起重机吊屋面板时所需的起重半径，当屋面板在跨内排放时，大约应后退 3～4 节间开始排放；若在跨外排放，应后退 1～2 个节间开始排放。

实际施工中,构件的平面布置会受很多因素影响,制定时要密切联系现场实际,确定出切实可行的构件平面布置图。排放构件时,可按比例将各类构件的外形,用硬纸片剪成小模型,在同样比例的平面图上进行布置和调整。经研究可行后,给出构件平面布置图。

第五节　多层房屋结构安装

多层房屋结构安装主要特点是:房屋高度大而占地面积较小,构件类型多、数量大、接头复杂、技术要求较高等。因此在拟定多层房屋结构安装方案时,应着重解决起重机的选择及布置、结构吊装方法与顺序、构件的平面布置及构件的吊装工艺等问题。其中,吊装机械的选择是主导的环节,所采用的吊装机械不同,施工方案亦各异,如图 6-48 所示。

图 6-48　多层房屋

一、起重机的选择

1. 起重机类型的选择

1)5 层以下的民用建筑及高度在 18m 以下的工业厂房或外形不规则的多层厂房,宜选用自行式起重机,起重机可在跨内开行,用综合吊装法吊装;起重机也可以在跨外开行,采用分层大流水吊装。

2)建筑物平面为长条形,宽度在 15m 以内高度在 25m 以下时,可选用轨道式塔式起重机。

3)高层(10 层以上)装配式建筑,可选用爬升式或附着式塔式起重机。

2. 起重机型号的选择

选择起重机型号时,首先绘出建筑物的剖面示意图,如图 6-49 所示。在图上标明主要构件的起重量 Q_i 吊装时所需的起重半径及 R_i 然后分别算出所

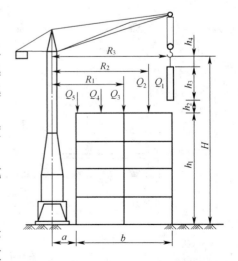

图 6-49　塔式起重机工作参数计算简图

需的起重力矩 $M_i = Q_i R_i$,取其最大值 M_{max}。与起重机的实际起重能力 M 相比较,要求

$M \geqslant M_{max}$，作为选择起重机型号的依据。

二、起重机的布置

塔式起重机的布置方案主要根据建筑物平面形状、构件重量、起重机性能及施工现场地形条件确定。轨道式塔式起重机主要有 4 种布置方案如图 6-50 所示。

（1）单侧布置

当房屋宽度小，构件重量较轻时常采用单侧布置。单侧布置方案优点是轨道长度较短，在起重机外侧有较宽的构件堆放场地，如图 6-50a 所示。此时起重机的起重半径应满足：

$$R \geqslant b + a\,(\text{m})$$

式中　R——起重机吊装最远构件时的起重半径(m)；

　　　b——建筑物宽度(m)；

　　　a——建筑物外侧至塔轨中心距离，一般取 3～5m。

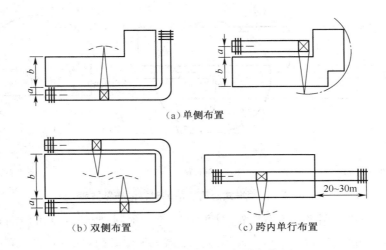

（a）单侧布置

（b）双侧布置　　　　　　（c）跨内单行布置

图 6-50　塔式起重机布置方案

（2）双侧环形布置

适用于房屋宽度较大（宽度 $b > 17$m）或构件较重的情况下，采用双侧环形布置，如图 6-50b 所示。此时起重半径应满足：

$$R \geqslant \frac{b}{2} + a\,(\text{m})$$

若吊装工程量大，且工期紧迫时，可在房屋两侧各布置一台起重机；反之，则可用一台起重机环型吊装。

（3）跨内单行布置（图 6-50c）

这种方案往往是因场地狭窄，在房屋外侧不可能布置起重机或由于旁屋宽度较大、构件较重时才采用。

其优点是可减少轨道长度，并节约施工用地。缺点是只能采用竖向综合安装。结构稳定性差；构件多布置在起重半径之外，需增加二次搬运；对房屋外侧围护结构吊装也较困难；同时房屋的一端还应有 20～30m 的场地，作为塔吊装拆之用。

（4）跨内环形布置

当房屋较宽、构件较重、起重机跨内单行布置不能起吊全部构件，而受场地限制又不可能跨外环形布置时,则宜采用跨内环形布置。

三、构件平面布置

构件平面布置方案一般应遵守以下几个原则。

1)重型构件应尽量布置在起重机附近,中小型构件可布置在外侧。

2)构件布置位置应与该构件吊装到建筑物上的位置相配合,以便在吊装时减少起重机的移动和变幅。

3)应尽量布置在起重机的起重半径范围内,避免二次搬运。

4)如条件允许,中小型构件可考虑采用随运随吊,以减小构件堆场和装卸工序,有利于缩短工期。

多层装配式房屋柱为现场预制的主要构件,布置方式一般有与塔式起重机轨道相平行、倾斜及垂直3种方案,如图 6-51 所示。

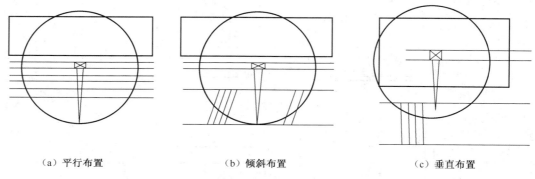

（a）平行布置　　　　　　　（b）倾斜布置　　　　　　　（c）垂直布置

图 6-51　使用塔式起重机吊装时柱的布置方案

现场预制柱一般采用平行方案布置,柱可叠层统一预制;较长的柱可斜向布置,适用于旋转法吊装;起重机在跨内开行时,为使吊点在起重机半径之内,柱可垂直布置。

四、结构吊装方法

多层装配式结构吊装方法,也可分为分件安装法和综合安装法 2 种。

1. 分件安装法

为了保证已吊好结构的稳定性,应尽量使已吊装好的构件及早形成框架。分件安装法根据流水方式不同,可分为分层分段流水吊装法和分层大流水吊装法 2 种。分层分段流水法(图 6-52)是将多层房屋划分为若干施工层,每一个施工层再划分为若干吊装段,而按一个楼层组织各工序的流水。

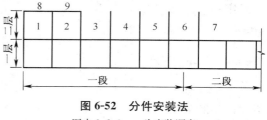

图 6-52　分件安装法

图中 1、2、3……为安装顺序

施工层的划分,则与预制柱的长度有关,当柱子长度为 1 个楼层高时,以 1 个楼层为一施工层;为 2 个楼层高时,以 2 个楼层为一施工层。由此可见,施工层的数目越多,则柱的接头数量多,安装速度就慢。因此,当起重机能力满足时,应增加柱子长度,减少施工层数。

安装段的划分,主要应考虑:保证结构安装时的稳定性;减少临时固定支撑的数量;使吊装、校正、焊接各工序相互协调,有足够的操作时间。因此,框架结构的安装段一般以 4～8

个节间为宜。

图 6-53 为采用 QT_1-6 型塔式起重机吊装示例。起重机在建筑物外侧环形布置。每一楼层分为 4 个吊装段,第一吊装段先吊柱后吊梁形成框架,再吊装楼板。

分件安装法的优点是:容易组织吊装、校正、焊接、灌浆等工序的流水作业;容易安排构件的供应和现场布置工作;每次吊装同类型构件,可减少起重机变幅和索具更换的次数,从而提高吊装速度。

2. 综合安装法

综合安装法是以一个柱网(节间)或若干个柱网(节间)为一个施工段,而以房屋的全高为一个施工层,以组织各工序的流水。起重机把一个施工段的构件吊装至房屋的全高,然后转移到下一个施工段。当采用自行式起重机(或塔式起重机)吊装框架结构时,由于建筑物四周场地狭窄而不能把起重机布置在房屋外边或者由于房屋宽度较大和构件较重以致只有把起重机布置在跨内才能满足吊装要求时,则须采用综合吊装法。

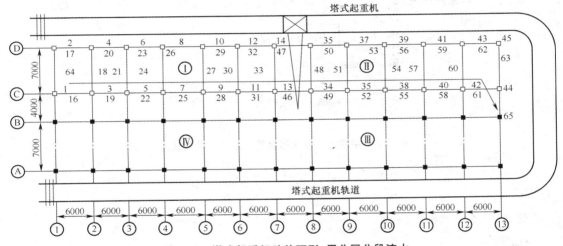

图 6-53 塔式起重机跨外环形,用分层分段流水
吊装法吊装梁板式结构一个楼层的顺序图

Ⅰ、Ⅱ、Ⅲ、Ⅳ为吊装段编号 1、2、3……为构件吊装顺序

根据所采用吊装机械的性能及流水方式不同,又可分为分层综合安装法与竖向综合安装法。

分层综合安装法(图 6-54a),就是将多层房屋划分为若干施工层,起重机在每一施工层中只开行 1 次,首先安装一个节间的全部构件,再依次安装第二节间、第三节间等。待一层构件全部安装完毕并最后固定后,再依次按节间安装上一层构件。

竖向综合安装法,是从底层直到顶层把第一节间的构件全部安装完毕后,再依次安装第二节间、第三节间等各层的构件(图 6-54b)。

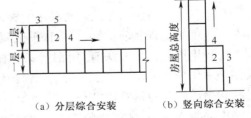

图 6-54 综合安装法
图中 1、2、3……为安装顺序

如图 6-55 所示是采用履带式起重机跨内开行以综合安装法吊装两层装配式框架结构

的顺序。

综合安装法的优点是结构整体稳定性好起重机开行路线短。缺点是吊装过程中吊具更换频繁,构件校正工作时间短组织施工较麻烦。

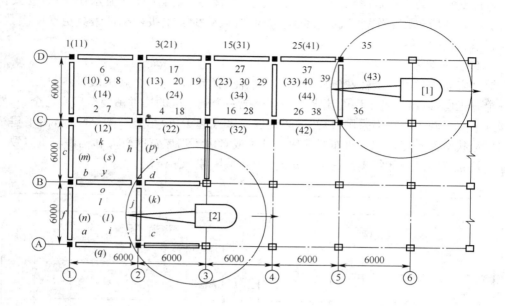

图6-55 用综合安装法吊装框架结构构件的顺序

1、2、3、4……—[1]号起重机吊装顺序;

a、b、c……—[2]号起重机吊装顺序;

带( )为第二层梁板吊装顺序

五、结构构件吊装

1. 柱的吊装

(1)绑扎

当柱子长度在12m以内时,采用一点绑扎法和旋转起吊法,对于14~20m的长柱,则应采用两点绑扎,并且应对吊点位置进行验算。应尽量避免采用多点绑扎,以防止在吊装过程中构件受力不均而产生裂缝或断裂。

(2)吊升

柱子的起吊方法与单层厂房柱吊装相同。上柱的底部都有外伸钢筋,吊装时必须采取保护措施,防止钢筋碰弯。外伸钢筋的保护方法有:用钢管保护柱脚外伸钢筋及用垫木保护外伸钢筋方法。用钢管保护柱脚外伸钢筋是柱起吊前将2根钢管用2根短吊索套在柱子两侧,起吊时钢筋始终着地,柱将要竖直时钢管和短吊索即自动落下,如图6-56所示。用垫木保护柱脚外伸钢筋,柱起吊前用垫木将榫式接头垫实,柱起吊时将绕榫头的底边转为竖直,外伸钢筋不着地。

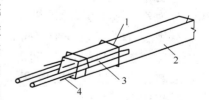

图6-56 用钢管保护柱脚外伸钢筋

1. 钢丝绳 2. 柱 3. 钢管

4. 外伸钢筋

（3）柱的临时固定与校正

框架底层柱与基础杯口的联结做法与单层工业厂房相同。上下两节柱的连接是多层框架结构安装的关键。其临时固定可用杯形固定器和管式支撑进行临时固定。如图 6-57 所示是固定在柱接头上的杯形固定器构造图。它是由两个对称的组合件构成，用固定螺栓 4 相拼合。在吊装上节柱前，先将杯形固定器安装在下节柱头上，形成一个"杯口"。待上节柱就位后，拧紧固定器四周的调整螺栓 6，将上节柱固定，同时调整柱的水平位置。

管式支撑为两端装有螺杆的铁管，上端与套在柱上的夹箍相连，下端与楼板的预埋件相连，用来撑住柱并校正柱的垂直度，图 6-58 为双管式支撑。

柱的校正需要进行 2～3 次。首次在脱钩后电焊前进行初校；在电焊后进行二校，观测焊接应力变形所引起的偏差；此外在梁和楼板安装后还需检查 1 次，以消除焊接应力和荷载产生的偏差。柱在校正时，力求下节柱准确，以免导致上层柱的积累偏差。但当下节柱经最后校正仍存在偏差，若在允许范围内可以不再进行调整。在这种情况下吊装上节柱时，一般可使上节柱底部中心线对准下节柱顶部中心线和标准中心线的中点（图 6-59），即 $a/2$ 处，而上节柱的顶部，在校正时仍以标准中心线为准，以此类推。在柱的校正过程中，当垂直度和水平位移有偏差时，若垂直度偏差较大，则应先校正垂直度，后校正水平位移，以减少柱顶倾覆的可能性。对细而长的框架柱，在阳光的照射下，温差对垂直度的影响较大，在校正时，必须考虑温差的影响。

柱的垂直度允许偏差值 $\leqslant H/1000$（H 为柱高），且不大于 10mm，水平位移允许在 5mm 以内。

（4）柱接头施工

柱与柱的接头首先应能够传递轴向压力，其次是弯矩和剪力。要求接头及其附近区段的强度不低于构件强度。柱接头型式有榫式接头、插入式接头和浆锚式接头 3 种。

①榫式接头，如图 6-60 所示。其做法是将上节柱的下端混凝土做成榫头状来承受施工荷载。上柱和下柱安装时使外露的受力钢筋对准，用剖口焊接，然后配置一定数量的箍筋，

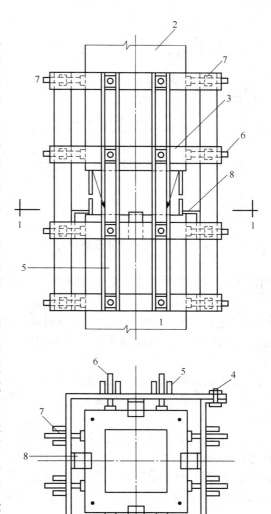

图 6-57 杯形固定器构造图
1. 下节柱 2. 上节柱 3. 环箍 4. 固定螺栓
5. 竖杆 6. 调整螺栓 7. 螺母 8. 支承角钢

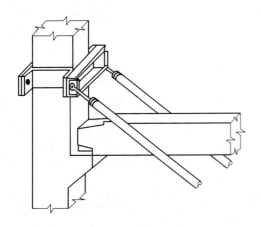

图 6-58　双管式支撑示意图

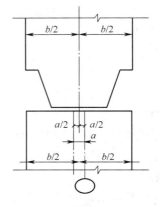

图 6-59　上下节柱校正时中心线偏差调整

a—下节柱顶部中心线偏差　b—柱宽

用高等级水泥或微膨胀水泥拌制的比柱子混凝土设计强度高 25％的细石混凝土进行接头灌筑。待接头混凝土达到 75％设计强度后,再吊装上层构件。榫式接头,要求柱预制时最好采用通长钢筋,以免钢筋错位难以对接;钢筋焊接时,应注重焊接质量和施焊方法,避免产生过大的焊接应力造成接头偏移和构件裂缝;接头灌浆要求饱满密实,不致下沉、收缩而产生空隙或裂纹。

这种接头的整体性好,安装校正方便,耗钢量少,施工质量有保证,但钢筋容易错位;钢筋电焊对柱的垂直度影响较大;二次灌筑混凝土量较大,混凝土收缩后在接缝处易形成收缩裂缝。

②插入式接头,如图 6-61 所示。将上柱做成榫头,下柱顶部做成杯口,上柱插入杯口后用水泥砂浆灌筑填实。这种接头上下柱连接不需焊接,无焊接应力影响,吊装固定方便。在截面较大的小偏心受压柱子中使用比较合适。缺点是在大偏心受压时,受拉边有构造上的张拉裂缝,需要采取附加措施。接头处灌浆的方法有压力灌浆和自重挤浆两种,压力灌浆的

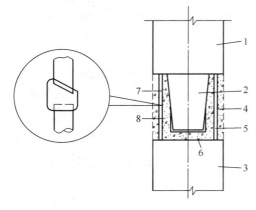

图 6-60　榫式接头

1. 上柱　2. 上柱榫头　3. 下柱

4. 坡口焊　5. 下柱外伸钢筋　6. 砂浆

7. 上柱外伸钢筋　8. 后浇接头混凝土

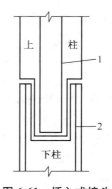

图 6-61　插入式接头

1. 榫头纵向钢筋　2. 下柱钢筋

压力一般保持 0.2~0.3MPa。采用压力灌浆法,宜分层分段进行,即一层或一段安装完毕后 1 次压灌。自重挤浆是先在杯口内放入砂浆,然后落下上柱自重挤出砂浆,装进杯口砂浆体积为接缝空隙体积的 1.5 倍。

杯顶上接缝砂浆应在初凝前压实抹光,并浇水养护。自重挤浆时,可回收挤出的砂浆,应注意保持砂浆洁净及达到初凝状态,才能用于下 1 个接缝。接缝砂浆强度达 20MPa 以后,再进行上层框架安装。

③浆锚接头,如图 6-62 所示。与插入式接头类似,只是将上柱钢筋插入下柱的预留空洞中,借助于钢筋锚固长度来传递弯矩。其做法是在上节柱底部伸出 4 根长约 300~700mm 的锚固钢筋,下节柱顶部预留 4 个深约 350~750mm,孔径约为 2.5~4 倍锚固钢筋直径的浆锚孔。安装上节柱时,先把浆锚孔清洗干净,并灌入 M40 以上的快凝砂浆;在下柱顶面铺 10~15mm 厚砂垫层,然后把上节柱的锚固钢筋插入孔内,使上下柱连成整体。

浆锚接头也可采用后灌浆或压浆工艺,即在上节柱的外伸锚固钢筋插入下节柱的浆锚孔后再进行灌浆或用压力泵把砂浆压入。

2. 梁柱接头

装配式框架的梁与柱的接头可以做成刚接,也可以做成铰接。铰接接头只考虑承受垂直剪力,不承担弯矩。刚性接头即承受竖向剪力又承担弯矩,甚至可以抵抗地震水平力。梁柱接头的做法很多,常用的有明牛腿刚性接头、齿槽式接头、浇筑整体式接头等,如图 6-63 所示。

明牛腿刚性接头在梁吊装时,只要将梁端预埋钢板和柱牛腿上预埋钢板焊接后起重机即可脱钩,然后进行梁与柱的钢筋焊接。这种接头安装方便,而且节点刚度大,受力可靠。但明牛腿占去了一部分空间,一般只用于多层工业厂房。

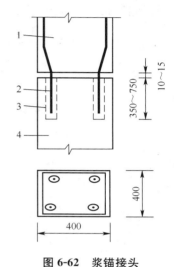

图 6-62　浆锚接头
1. 上柱　2. 上柱外伸锚固钢筋
3. 浆锚孔　4. 下柱

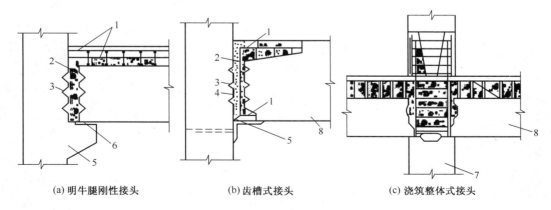

(a) 明牛腿刚性接头　　(b) 齿槽式接头　　(c) 浇筑整体式接头

图 6-63　梁与柱的接头
1. 剖口焊钢筋　2. 浇榫细石混凝土　3. 齿槽
4. 附加钢筋　5. 牛腿　6. 垫板　7. 柱　8. 梁

　　齿槽式接头是利用梁柱接头处设的齿槽来传递梁端剪力,所以取消了牛腿。梁柱接头处设角钢作为临时牛腿,以支撑梁采用。角钢支承面积小,不太安全,须将梁一端的上部接头钢筋焊好两根后方能脱钩。

　　浇注整体式梁柱接头的基本做法是:柱为每层一节,梁搁大柱上,梁底钢筋按锚固长度要求上弯或焊接。配上箍筋后,浇筑混凝土至楼板面,待强度达 $10N/mm^2$ 即可安装上节柱,上节柱与榫接头柱相似,但上下柱的钢筋用搭接而不用焊接,搭接长度大于 20 倍柱钢筋直径。然后第二次浇筑混凝土到上柱的榫头上方并留 35mm 空隙用细石混凝土捻缝。

第七章 建筑防水工程

第一节 常用建筑防水材料

一、防水材料的种类

常用建筑防水材料的种类见表 7-1。

表 7-1 常用建筑防水材料的种类

类	别	品 种
沥青	地沥青	天然沥青、石油沥青(道路石油沥青、普通石油沥青、建筑石油沥青)
	焦油沥青	煤沥青、木沥青、页岩沥青、泥类沥青
防水卷材	沥青防水卷材	石油沥青纸胎油毡、石油沥青玻璃纤维胎油毡、石油沥青玻璃布胎油毡等
	高聚物改性沥青防水卷材	弹性体改性沥青(SBS)防水卷材、塑性体改性沥青(APP)防水卷材、改性沥青聚乙烯胎防水卷材、自粘橡胶沥青防水卷材、自粘聚合物改性沥青聚酯胎防水卷材等
	合成高分子防水卷材	橡胶系:三元乙丙橡胶(EPDM)防水卷材、丁基橡胶(IIR)防水卷材、氯丁橡胶(CR)防水卷材等
		树脂系:聚氯乙烯(PVC)防水卷材、氯化聚乙烯(CPE)防水卷材、聚乙烯(HDPE 和 LDPE)防水卷材、乙烯共聚物(如 EVA)防水卷材、聚合物水泥基防水卷材等
		橡塑共混型:氯化聚乙烯—橡胶共混防水卷材、聚乙烯—乙丙橡胶共混(TPO)防水卷材等
	金属卷材	铅锡锑合金防水卷材、铝箔面改性沥青防水卷材、复合铜胎 SBS 改性沥青防水卷材、铜箔胎 SBS 改性沥青防水卷材、铝胎聚乙烯复合防水卷材
防水涂料	沥青基防水涂料	水乳型沥青涂料(包括水性石棉乳化沥青、膨润土乳化沥青、石灰膏乳化沥青)、皂液乳化沥青等
	高聚物改性沥青防水涂料	氯丁橡胶沥青防水涂料、溶剂型橡胶沥青防水涂料、聚合物乳液建筑防水涂料等
	合成高分子防水涂料	聚氨酯防水涂料、聚合物水泥防水涂料、建筑表面用有机硅防水剂等
胎体增强材料		聚酯无纺布、化纤无纺布、玻璃网格布等
建筑密封材料	密封胶	建筑防水沥青嵌缝油膏、聚氯乙烯建筑接缝材料、聚氨酯建筑密封胶、聚硫建筑密封膏、丙烯酸酯建筑密封胶、硅硐建筑密封胶、混凝土建筑接缝用密封胶等
	定型密封材料	高分子防水材料止水带、高分子防水材料遇水膨胀橡胶、丁基橡胶防水密封胶黏带、膨润土橡胶遇水膨胀止水条等

续表 7-1

类 别		品 种
刚性防水材料	防水混凝土	普通防水混凝土、外加剂防水混凝土(引气剂防水混凝土、减水剂防水混凝土、三乙醇胺防水混凝土、氯化铁防水混凝土)、膨胀剂和膨胀水泥防水混凝土、纤维抗裂防水混凝土、自密实高性能防水混凝土、聚合物水泥混凝土等
	防水砂浆	普通防水砂浆、外加剂防水砂浆、聚合物防水砂浆、防水剂防水砂浆、塑化膨胀剂砂浆、钢纤维聚合物水泥砂浆等
	塑料膜、土工布	
堵漏防水材料		水玻璃促凝剂、快燥精促凝剂、无机高效防水粉、聚氨酯注浆材料、环氧树脂注浆材料、丙凝、氰凝、堵漏灵、确保时、防水宝等
瓦类防水材料		烧结瓦、混凝土瓦、波形瓦、油毡瓦、压型钢板等

二、防水施工材料要求

1. 屋面施工防水材料

1)上人屋面。需选用耐穿刺,耐霉烂性能良好,拉伸强度高的防水材料。

2)外露且不上人屋面。应选用与基层黏结力强和耐紫外线、耐酸雨、耐穿刺性能优良的防水材料。

3)斜坡屋面。应选用与基层黏结力强、感温性小的防水材料。

4)倒置式屋面。应选用适应变形能力优良、接缝密封保证率高的防水材料。

5)大跨度建筑屋面。应选用自重轻,耐热性、适应变形能力优良的防水材料。

6)蓄水及种植屋面。应选用耐腐蚀、耐霉烂、耐穿刺性能优良的防水材料。

7)需接缝密封屋面。应选用与基层黏结力强、耐低温性能优良,并有一定适应位移能力的密封材料。

2. 地下防水施工材料

1)侵蚀性介质工程。应采用耐侵蚀的防水混凝土、防水砂浆、卷材或涂料等防水材料。

2)冻土层混凝土结构。所用防水材料的混凝土抗冻融循环不得少于 100 次。

3)结构刚度工程。所用材料柔性要好。

3. 用于保温隔热防水材料

用于保温隔热防水材料的吸水率低、密度和导热系数要小,并有一定强度;封闭式保温隔热层的含水率,可根据当地年平均相对湿度所对应的相对含水率以及该材料的质量吸水率,并通过计算确定。

第二节 卷材屋面防水施工

一、常用卷材屋面防水施工材料用量参考

1. 玻纤胎石油沥青油毡防水施工材料用量参考

石油沥青油毡(玻纤胎)防水层玛碲脂粘贴法施工材料的需用量参见表 7-2。

表 7-2　玻纤胎石油沥青油毡防水施工材料用量参考(玛琋脂粘贴法,每 100m² 材料用量)

材料	二毡三油	二毡三油一砂
石油玻纤布油毡(m²)	220.00	220.00
石油沥青 10 号(kg)	570.00	593.00
石油沥青 60 号(kg)	93.00	97.00
汽油(kg)	37.74	37.74
塑料油膏(kg)	19.80	19.80
水泥浆(m³)	(0.01)	(0.01)
水泥 32.5(kg)	15.17	15.17
绿豆砂(m³)	—	0.52
填料(kg)	183	192.00
水(m³)	0.01	0.01

2. SBS、APP 改性沥青防水卷材防水施工材料用量参考

SBS、APP 改性沥青防水卷材防水层热熔法施工各种材料需用量参见表 7-3。

表 7-3　SBS、APP 改性沥青防水卷材施工材料用量参考
(热熔法铺贴单层,每 100m² 材料用量)

材　　料	用　　量	材　　料	用　　量
SBS、APP 改性沥青卷材(m²)	110.00	石油沥青(kg)	(18.28)
改性沥青嵌缝油膏(kg)	10.70	汽油(kg)	(43.98)
冷底子油 30∶70(kg)	57.12		

3. 三元乙丙橡胶防水卷材防水施工材料用量参考

三元乙丙橡胶防水卷材防水层冷粘法施工材料需用量参见表 7-4。

表 7-4　三元乙丙橡胶防水卷材防水施工材料用量参考
(冷粘法单层满粘法,每 100m² 材料用量)

材料名称	用　　量	材料名称	用　　量
三元乙丙橡胶卷材	110m²	银色着色剂	20.00kg
聚氨酯甲∶乙(1∶1.5)	28.87kg	CSPE 嵌缝油膏 330ml	29.83 支
聚氨酯甲∶乙(1∶3)	18.00kg	水泥浆	0.01m³
黏结剂 404	40.40kg	水泥	(15.17kg)
XY401 黏结剂	15.00kg	水	0.01m³

二、卷材屋面防水施工工艺流程

基层面清理、修补──→喷涂基层处理剂──→节点附加增强处理──→定位、弹线、试铺──→逐层铺贴、逐层检查──→收头处理、节点密封──→清理、检查、修整──→保护层施工。

三、卷材屋面沥青防水施工具体操作方法或步骤

1. 热沥青防水卷材屋面防水施工

热沥青防水卷材屋面防水施工工艺流程。

基层检验、清理→(配制冷底子油)→喷刷冷底子油→细部节点密封处理→定位弹线、试铺→(配制沥青玛𹒤脂)→浇刮热玛𹒤脂→(清扫油毡表面)→铺第一层油毡→浇刮热玛𹒤脂→铺第二层油毡→浇刮热玛𹒤脂→铺第三层油毡→油毡收头处理→浇刮面层玛𹒤脂→(烘干炒热绿豆砂)→铺撒绿豆砂→检查、验收。

2. 卷材表面和基层清理

1)使用前几天,可用滑石粉或云母片先将卷材表面的撒布物清扫干净,当用滑石粉清扫时,要手摸不出滑石粉为止,若用云母片擦刷时,要看到沥青本色,无细粉末为止。

2)卷材清理好后要轻松反卷起成筒状,直立放在通风处保持干燥备用。

3)基层处理时,将基层的尘土、杂物清扫干净,细部节点处可用吹风机辅助清理。基层表面要求干净、干燥。

4)为防止铺贴卷材时玛𹒤脂污染檐口,可在檐口前沿刷上一层较稠的滑石粉浆或粘贴防污塑料纸,待卷材铺贴完毕后,将滑石粉上的沥青玛𹒤脂铲除干净或撕去防污纸。

3. 涂刷冷底子油

1)干刷法。在水泥砂浆养护完毕、表面基本干燥后,铺贴卷材前 1～2d 内涂刷冷底子油。用长柄棕刷或胶皮板刷涂刷,2 遍成活,涂刷应均匀,越薄越好,不得留有空白。也可采用机械喷涂。

2)湿刷法。即在水泥砂浆抹好后 2～6h 左右涂刷。要采用慢挥发性冷底子油,并要稍浓一些。用长柄棕刷或胶皮板刷涂刷,2 遍成活。涂刷时,应顺着风向,由屋脊向檐口进行,要少蘸油,多提刷,避免使劲揉刷、拖刷。

4. 弹线、试铺

1)沥青防水卷材平行于屋脊铺贴时,弹线由屋面边缘量起,第一幅的弹线宽度等于卷材幅度,如石油沥青油毡常用规格幅宽为 1m;从第二幅起,弹线宽=卷材幅宽-搭接宽度。

2)试铺是为了检查卷材铺贴的合理程度、细部构造部位裁剪情况,在卷材正式铺贴前,应按照卷材铺贴的要求进行干铺。

5. 铺贴操作

下面以浇油法为例介绍铺贴操作步骤。

通常,按小组来组织,小组可分 3～4 人,浇油、铺毡、滚压和收边各 1 人。

①浇油者手提油壶,在推毡人的前方,向油毡宽度方向左右来回将热𹒤脂浇在卷材前的基层上,浇油应均匀,不可浇得太多或太长,浇油宽度比卷材每边小 10～20mm。

②铺毡者手紧压油毡,两腿站在油毡卷筒的中间成前弓后蹬的姿势,眼睛盯着前面浇下的油,油浇到后,就用两手推着油毡向前滚进。推毡时,应将油毡前后滚动,以便把玛𹒤脂压匀并把多余的材料挤压出来。铺毡要随时注意油毡划线的位置,以免偏斜、扭曲,并要用力压毡,力量均匀一致,平直向前。另外,还要随身带上小刀,如发现油毡有鼓泡或黏结不牢的地方,要立即刺破开刀,并用玛𹒤脂贴紧封闭。

③滚压和收边者采用重 80～100kg 的铁滚筒,跟在铺毡人的后面,由油毡中间向两边往前慢慢进行滚压。对于油毡边缘挤出的玛𹒤脂,用胶皮刮板刮去。对于沟、檐口、泛水及转角处滚压不到的地方,要用刮板仔细刮平压实。滚压时,不能使滚筒多次来回拉动,滚筒离铺毡应保持 1m 左右距离。做到滚压密实,无气泡、翘边现象。

铺贴操作如图 7-1 所示。

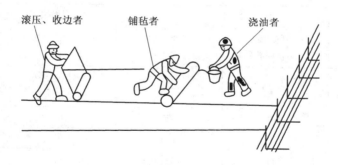

图 7-1　浇油法屋面卷材防水施工示意图

6. 卷材屋面防水施工蓄水试验检验

防水层完工后,应按要求进行检验。平屋面可采用蓄水试验,蓄水深度应大于 50mm,蓄水时间不应少于 24h;坡屋面可采用淋水试验,持续淋水时间不少于 2h,屋面无渗漏和积水,排水系统通畅为合格。

7. 热沥青屋面防水施工应注意的问题

1)粘贴沥青防水卷材的胶结材料厚度宜为 1～1.5mm,面层应为 2～3mm。涂刮操作不宜多次反复,防止胶结料冷却过快影响黏结质量。

2)推铺毡卷用力应均匀,搭接宽度满足设计要求,卷材随时展平、压实,对准灰线稳步铺贴,避免铺斜、扭曲。

3)当防水层选择不同胎体和性能的卷材共同使用时,高性能的卷材应放在面层。

4)直接在无保温层的装配式结构屋面基层上铺贴卷材,应沿屋架、梁或内承重墙上的屋面板缝端上,先干铺一层卷材条作缓冲层,卷材每边宽度不小于 100mm 或采取其他能增大防水层延伸变形的措施后,再铺贴屋面卷材,以消除结构变形影响,避免防水层卷材拉裂。干铺卷材条的一边点粘于基层上,檐口处 500mm 内用胶结材料粘贴牢固,用以固定住干铺卷材条的位置。

5)在屋面拐角、天沟、檐沟、泛水、水落口、变形缝、屋脊、屋面出入口或伸出屋面管道等部位防水卷材应加铺附加层,附加层通常在第一层卷材铺贴后加贴(仅一层卷材的防水层先铺设附加层),并应符合设计规定。

6)注意铺贴好卷材的保护,避免过多直接踩踏,尤其是刚铺贴的、胶结材料尚未冷却的部位。

7)附加层铺贴施工应单独安排铺设,在附加层完成粘贴并经检查合格后再继续后一层卷材铺贴。

第三节　涂膜屋面防水施工

一、涂膜屋面防水施工材料用量参考

1. 水乳型或溶剂型薄质防水涂料

水乳型或溶剂型薄质防水涂料的厚度与用量参考见表 7-5。

表 7-5　水乳型或溶剂型薄质防水涂料的厚度与用量参考（每 100m² 材料用量）

层　次	一层做法	二层做法		
	一毡二涂 （一毡四胶）	二布三涂 （二布六胶）	一布一毡三涂 （一布一毡六胶）	一布一毡四涂 （一布一毡八胶）
加筋材料（m²）	聚酯毡一层 （125）	玻纤布二层 （243）	聚酯毡、玻纤布 各一层（243）	聚酯毡、玻纤布 各一层（243）
涂料总量（kg）	240	320	340	500
涂膜总厚度（mm）	1.5	1.8	2.0	3.0
第一遍（kg）	刷涂料 60	刷涂料 60	刷涂料 60	刷涂料 60
第二遍（kg）	刷涂料 40 铺毡一层 毡面刷涂料 40	刷涂料 40 铺玻纤布一层 布面刷涂料 30	刷涂料 40 铺毡一层 毡面刷涂料 30	刷涂料 60
第三遍（kg）	刷涂料 50	刷涂料 40	刷涂料 50	刷涂料 40 铺毡一层 刷涂层 30
第四遍（kg）	刷涂料 50	刷涂料 40 铺玻纤布一层 刷涂料 30	刷涂料 40 铺玻纤布一层 布面刷涂料 30	刷涂料 60
第五遍（kg）	—	刷涂料 40	刷涂料 50	刷涂料 40 铺玻纤布一层 布面刷涂料 30
第六遍（kg）	—	刷涂料 40	刷涂料 40	刷涂料 60
第七遍（kg）	—	—	—	刷涂料 60
第八遍（kg）	—	—	—	刷涂料 60

2. 反应型薄质防水涂料

反应型薄质防水涂料的厚度与用量参考见表 7-6。

表 7-6　反应型薄质防水涂料的厚度与用量参考（每 100m² 材料用量）

层　次	纯涂层		一层做法
	二涂	二涂	一毡二涂（一毡三胶）
加筋材料（m²）	—	—	聚酯毡或化纤毡（124）
涂料总量（kg）	120～150	180～220	240～280
涂膜总厚度（mm）	1.0	1.5	2.0
第一遍（kg）	刮涂料 60～70	刮涂料 90～110	刮涂料 80～90
第二遍（kg）	刮涂料 90～110	刮涂料 90～110	刮涂料 40～50 铺毡一层 刮涂料 40～50
第三遍（kg）	—	—	刮涂料 80～90

3. 水乳型沥青基厚质防水涂料

水乳型沥青基厚质防水涂料的厚度与用量参考见表7-7。

表 7-7　水乳型沥青基厚质防水涂料的厚度与用量参考(每 100m² 材料用量)

层　次	一层做法	二层做法
	一布二涂	二布四涂
加筋材料(m²)	玻纤布一层(125)	玻纤布二层(243)
涂料总量(kg)	1200	2400
涂膜总厚度(mm)	4	8
基层处理剂(kg)	50	50
第一遍(kg)	底层涂料 350	底层涂料 350
第二遍(kg)	铺玻纤一层,布面抹涂料 400	铺玻纤布一层,布面抹涂料 400
第三遍(kg)	面层涂料 400	抹压涂料 400
第四遍(kg)	—	抹压涂料 400
第五遍(kg)	—	铺玻纤布一层,布面抹涂料 400
第六遍(kg)	—	面层涂料 400

二、涂膜防水屋面施工工艺流程

基层面清理及修补→喷、涂基层处理剂→完成特殊部位的附加增强层处理→逐层涂布涂料及铺贴胎体增强材料→逐层修补并最终清理、检查及修整→保护层施工。

三、涂膜防水屋面施工操作方法或步骤

1. 屋面涂膜防水施工涂料的配制

1)将桶装涂料倒入开口的大容器内,用机械搅拌均匀,并用滤布过滤后使用。也可将涂料桶在地面上来回滚动的简易方法,使涂料液均匀,打开桶盖后即可使用。

2)根据材料生产厂家提供的配合比在现场配制、严禁任意改变配合比。配料时要求过秤计量准确,主剂和固化剂的混合偏差不得大于±5%。

3)涂料混合时,先将主剂放入搅拌容器或电动搅拌器内,再放入固化剂,并立即开始搅拌。搅拌筒应选用圆的铁桶或塑料桶,以便搅拌均匀。采用人工搅拌时,要注意将涂料上下、前后、左右及各个角落都充分搅匀。采用电动搅拌器搅拌时,应选用功率大、旋转速度不太高,但旋转力强的搅拌器。如果旋转速度太快,就容易把空气裹进去,涂刷时涂膜就容易起泡。搅拌时间一般为 3~5min,搅拌后的混合料以颜色均匀一致为标准。

2. 屋面涂膜防水基层处理

1)将凸起部位铲平,低凹处用掺15%的聚合物水泥砂浆补抹或用聚合物水泥浆涂刷。

2)将表面起砂、起皮处清除,用掺15%的聚合物水泥浆涂刷,并抹平压光。

3)当裂缝在 0.3mm 以下时,在裂缝部位嵌填刮密封材料,再涂布增强防水涂料或在裂缝处作一布二涂加强层。

4)当裂缝在 0.3mm 以上时,在裂缝处用密封材料刮缝,其厚度为 2mm,宽度为 30mm,在上面铺塑料薄膜隔离条后再做增强涂布。

5)当裂缝宽度超过 0.5mm 以上时,沿裂缝将找平层凿成 V 形缝,其上口宽 20mm,深

15～20mm,清扫干净,缝中嵌填密封材料,再沿缝作100mm宽的涂料层。

3. 屋面涂膜防水层施工操作

(1)操作要求

1)应按"先高后低、先远后近、先檐口后屋脊、先细部节点后大面"的原则来施工,通常应顺屋脊走向进行。

2)大面积屋面应分段进行涂布,涂布采用分条或按顺序进行,分条时分条宽度应与胎体增强材料一致,以免操作人员踩坏刚涂布的涂层。

3)涂膜防水层应根据防水涂料的品种分层分遍涂布,不得一次涂成。各遍涂膜之间的涂刷方向应相互垂直,以提高防水层的整体性和均匀性。

4)屋面转角及立面涂布的涂膜层应多遍薄涂,不得有流淌和堆积现象。

5)涂膜防水层设计所要求的"一布二涂",是指防水层由两个涂膜层(底层和面层)和一道胎体增强材料组成;"二布三涂",指防水层由3个涂膜层(底层、中层和面层)和两道胎体增强材料组成。实际操作时"2个或3个涂膜层"不是指"涂刷两遍或3遍",每个涂膜层需要涂刷多遍以达到规定厚度。

6)涂膜防水层涂布前应根据设计或生产厂家所要求每平方米涂料的用量,事先通过试验确定每层涂料的厚度及每个涂膜层需要涂刷的遍数,以准确地控制层厚,使每个涂层实现"实干",保证防水层的质量。应注意,面层至少应涂刷2遍以上。合成高分子涂料还要求底涂层有1mm厚,才可铺设胎体增强材料。

7)每遍涂刷应在前1遍涂料干燥后才可进行下1遍涂料的涂刷,以防止涂膜"表干里不干"现象的发生。以保证防水涂膜具有一定的强度,避免后1遍涂刷时破坏前1遍涂膜,形成起皮、起皱等现象。因此,在涂刷厚度及用量试验的同时,还应测定每遍涂层的间隔时间。

8)在涂层的接槎处,每遍涂料涂刷时应退槎50～100mm,接槎时再超槎50～100mm,以免接槎不严造成渗漏。

9)每遍涂布前,应检查前1遍涂层是否有缺陷,如气泡、露底、漏刷、胎体增强材料皱褶、翘边、杂物混入涂层等不良现象,如有则应先进行修补处理合格后再进行下道涂层施工。

10)喷涂时,因为涂料从喷嘴出来是以锥形喷向物面,中心距离物面最近,涂料落点多,故涂层厚;边缘距离物面远,涂料落点相应较少,故涂层薄。为了使涂层厚薄一致,前1枪喷涂后,后1枪喷涂的涂层要覆盖前1枪涂层的1/3～1/2,这样涂层就厚薄均匀。

(2)操作方式或步骤

1)刷涂法施工。刷涂法是用棕刷、长柄刷、圆滚刷蘸防水涂料进行涂刷,即"蘸刷法",具体操作如下。

①将刷子插入涂料桶内,刷毛浸入涂料的深度不要超过其长度的一半,以免在刷毛的根部堆积涂料,不易清洗;为使涂料蘸得既多,又不滴落,蘸的次数应3次以上,蘸涂料后应立即将刷头两面在容器内壁各拍打一下,使涂料进入刷毛端的内部。再略捻转两下刷子迅速横提到涂刷面上。

②用刷子提涂料到涂刷面上后,应迅速按规定的涂层厚度均匀、仔细地涂刷。涂刷时用力适中,左右平稳直线运刷,1刷跟1刷,各道涂料之间不留间隙。涂刷时不能将空气裹进涂层中,如发现气泡应立即消除。

③蘸取涂料时,只需将涂料浸入滚筒径的1/3即可。再在涂料盘内的瓦楞斜板或提桶

内的铁网上来回滚动几下,使滚动刷均匀浸透涂料。若涂料吸附不够时可再蘸一下。

④滚涂时应在分条范围内,按顺序地朝一个方向由左至右,再从右至左滚涂。

⑤按分条范围边倒涂料边用刷子(滚动刷)将涂料刷(滚推)开,使之涂刷均匀一致。倒料时要注意控制涂料均匀倒洒,不可在一处倒得过多,否则涂料难以刷开出现厚薄不均现象。

刷涂法施工操作如图 7-2 所示。

蘸取涂料　　　　　　　　涂刷涂料

图 7-2　刷涂法操作示意图

2)喷涂法施工。喷涂法是将涂料倒入储料罐或供料桶中,利用压力或压缩空气,通过喷枪将涂料均匀喷涂在屋面上,具体操作为:

①根据时间需要,在涂料中加入缓凝剂或促凝剂,以调节涂料凝固时间。

②将喷枪参数调到压力为 0.4~0.8MPa,用 400~600mm/min 的速度向前移动喷涂,且速度要始终一致,喷枪与被喷面距离保持在 400~600mm 为宜。

③向前移动喷涂时,喷料嘴与被喷面垂直,喷枪与被喷面平行。

④喷涂行走路线可以是横向或纵向往返移动,喷枪移动范围在宽 800~1000mm(分条宽度)后,拐弯 180°向后喷下一行。

⑤喷涂面搭接宽度控制在喷涂宽度的 1/3~1/2。每层涂层一般要求 2 遍成活,且 2 遍互相垂直,2 遍间隔时间由涂料的品种及喷涂厚度而定。

喷涂法施工如图 7-3 所示。

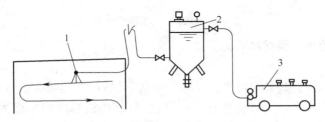

图 7-3　喷涂法施工
1. 喷枪喷涂　2. 储料罐　3. 空气压缩机

3)抹涂法施工。抹涂法是使用一般的抹灰工具(如铁抹子、压子、阴阳角捵子等)抹涂防水涂料的方法。具体操作为:

①用喷涂法或刷涂法在基层表面涂布一层与防水层配套的底层防水涂料,以填满基层表面的细小孔洞和微裂缝,增加基层与防水层的黏结力,当基层平整度较差时,可在底层防水涂层上再刮涂 1 遍涂料,但其厚度应越薄越好,以改善基层平整度。

②待底层防水涂料干燥后进行抹涂，先用刮板将涂料刮平。待表面收水尚未结膜时，再用铁抹子进行压实抹光，抹压时间应适当，过早起不到作用，过晚会使涂料黏住抹子，出现月牙形抹纹。

③屋面抹涂时，应由阴角处开始，向屋面中间顺一个方向刮推平边压实抹平、抹光，使整个抹面平整，要求抹涂一次成活，不能留接茬或施工缝，如有应在其周围做防水处理。

④立面抹涂时，应由上而下，自左向右，顺一个方向边抹平边压实，阴角接茬留在平面上，通常靠立面 30mm，阴角处应抹成圆弧形。

抹涂法施工操作如图 7-4 所示。

4) 刮涂法施工。刮涂法是利用橡皮刮刀、钢皮刮刀、油灰刀和牛角刀等工具将厚质防水涂料均匀地批刮在防水基层上，形成厚度符合设计要求的防水涂膜的方法，具体操作为。

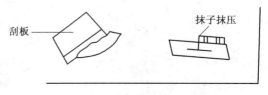

图 7-4　抹涂法施工操作示意图

①先将涂料倒在基层上，再用力按刮板，使刮板与被涂面的倾角为 $50°\sim60°$，来回刮涂 $1\sim2$ 次，不能往返多次，以免出现"皮干里不干"现象。

②预先在刮板上固定铁丝（或木条）或在基层上作好标志。

③刮涂通常在分条范围内进行，每一层需刮涂 2 至 3 遍，才可达到要求的厚度。每遍刮涂须等前 1 遍涂料完全干燥后方可进行，通常以脚踩不黏脚、不下陷（或下陷能回弹）为准，干燥时间不宜少于 12h，前后 2 遍刮涂方向应互相垂直，以提高防水涂层的整体性和均匀性。

④为了加快施工进度，可采用分条间隔施工。分条宽度一般为 $800\sim1000mm$，以便抹压操作。待先批涂层干燥后，再抹后批空白处。

刮涂法施工如图 7-5 所示。

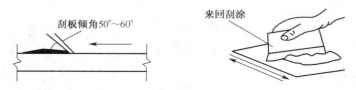

图 7-5　刮涂法施工操作示意图

4. 屋面铺设胎体增强材料施工操作

（1）操作要求

1) 当屋面坡度小于 15% 时可平行于屋脊铺设，其搭接缝应顺流水方向。

2) 当屋面坡度大于 15% 时应垂直于屋脊铺设，其搭接缝应顺年最大频率风向（即主导风向）。

3) 长边搭接宽度不应小于 50mm；短边搭接宽度不应小于 70mm。

4) 第一层胎体增强材料应越过屋脊 400mm，第二层应越过 200mm，搭接缝应压平。

5) 用两层胎体增强材料时，上下层不得相互垂直铺设，搭接缝应错开其间距不应小于幅宽的 1/3。

（2）操作方法或步骤

1) 湿铺法。胎体增强材料湿铺法是在涂料第二遍涂刷时边倒料、边涂刷、边铺贴胎体增强材料,具体操作如下。

①首先在已干燥的涂层上,边倒涂料边用刷子或刮板将涂料仔细刷匀、刷平,然后将成卷的胎体增强材料平放在屋面上,推滚铺在刚刷上涂料的屋面上,用滚动刷滚压1遍,一定要使全部布眼浸满涂料,使上下两层涂料能良好地结合。

②铺贴胎体增强材料时,应将布幅两边每隔1.5～2.0m各剪一个15mm的小口,以利于铺贴平整。铺贴时,切忌拉伸过紧,也不宜太松。

③胎体增强材料如果将玻纤布和聚酯毡混合使用,一般下层采用聚酯毡,上层采用玻纤布。

④铺贴好的胎体增强材料不得有皱褶、翘边、空鼓等现象,也不得有露白现象。如发现露白,说明涂料用量不足,应再在上面用刷子蘸料涂刷,使之均匀一致。发现皱褶、翘边、空鼓时,要用剪刀剪破,在上面蘸料涂刷局部修补。

2)干铺法。干铺法施工操作方法或步骤如下。

①在上道涂层干燥后,在其上面边滚铺胎体增强材料,边在已展平的胎体增强材料表面上用胶皮刮板均匀满刮一道涂料。也可将胎体增强材料按要求在已干燥的涂层上展平后,先在边缘部位用涂料点粘固定,再在上面满刮一道涂料,使涂料浸入网眼渗透到已固化的涂膜上。

②铺贴好的胎体增强材料不得有皱褶、翘边、空鼓等现象,也不得有露白现象。如发现露白,表明涂料用量不足,应立即用刷子补刷,使之均匀一致。如发现皱褶、翘边、空鼓时,一定要用剪刀剪破,在上面蘸料涂刷局部修补。

③渗透性较差的涂料与比较密实的胎体增强材料配套使用时,不宜采用干铺法施工。

5. 屋面涂膜防水收头施工处理

1)天沟、檐沟、檐口、泛水和立面涂膜防水层的收头,应用防水涂料多遍涂刷或用密封材料封严。

2)为防止收头处出现翘边现象,所有收头均应用密封材料压边,压边宽度不小于10mm;胎体增强材料在收头处应裁剪整齐,有凹槽应压入凹槽,否则应先固定处理再涂封密封材料。

四、屋面涂膜防水施工应注意的问题

1)涂膜施工应根据防水涂料的品种分层分遍涂布,不得一次涂成;每层涂刷遍数事先通过试验确定,并以此控制涂料使用量。

2)每遍涂刷应均匀,不得有露底、漏涂和堆积,涂层应厚薄均匀、表面平整。操作中应待先涂的涂层干燥成膜后,方可涂后1遍涂料;2遍涂刷方向相互垂直,以提高防水层的均匀性和整体性;2遍涂刷的间隔时间也不宜过长,以涂刷不咬底为度,防止产生分层现象。

3)在后1遍涂料涂布之前,应检查并修补消除气泡、凹坑、刮痕、皱褶等涂层缺陷。

4)屋面转角及立面的涂层,更应多遍薄涂,避免出现涂料流淌、堆积现象。

5)防水涂料施工完成后,一般应有不少于7d的自然养护时间,养护其间禁止上人行走、严防暴雨冲淋,未采取适当的保护措施前禁止在其上进行其他工序的作业。

6)涂膜防水屋面通常采用撒粘细砂、云母或蛭石,抹水泥砂浆,浇细石混凝土,铺砌板块等作防水层的保护层。

7)涂膜防水层敷、涂施工,应按施工工序、层次逐层次进行检查,合格后方可进行下一层次的作业。

第四节　刚性防水屋面施工

一、刚性屋面防水施工工艺流程

1. 普通及补偿收缩细石混凝土防水施工

基层处理——→做隔离层——→找平固定分格条——→摊销振捣和找平混凝土——→压实搓平收光——→养护——→接缝嵌填密封。

2. 块材材料刚性防水施工

基层处理——→清扫湿润——→打底灰、挤缝铺砌块体——→湿润块体——→抹防水砂浆面层——→压实、搓平、收光——→养护。

二、刚性材料屋面防水施工操作

(1)屋面细石混凝土防水层施工工艺流程

清理基层——→做隔离层——→弹分格缝线安装分格缝条——→绑扎防水层钢筋网片——→支边模板——→浇筑细石混凝土——→细石混凝土表面抹平、压实、抹光——→取分格缝条,拆除边模——→养护——→(或用宽度为5mm的合金钢锯片,锯割分格缝)——→分格缝及其他细部构造密封处理。

(2)施工操作方法或步骤

1)普通细石混凝土防水施工。

①设置隔离层。将屋面结构层表面清理干净,洒水湿润,但不得积水。

将石灰砂浆(石灰膏:砂=1:4)搅拌均匀,以干稠为宜,铺抹厚度为10~20mm。或采用石灰膏黏土砂浆(石灰膏:砂:黏土=1:2.4:3.6)。

表面应平整,压实,抹光,待砂浆基本干燥后再进行下道施工工序。

用1:3水泥砂浆结构层抹平,并压实、抹光、养护。待找平层施工后,在上铺一层厚3~8mm的干细砂滑动层,其上铺一层卷材,用沥青玛琋脂将搭接缝黏结。也可在找平层上直接铺一层塑料薄膜。

做好的隔离层在后继的施工中应加强保护,如发现损坏应及时修补。因为隔离层材料强度低,在混凝土运输时不能直接在隔离层表面进行,应采取垫板等措施,绑扎钢筋时不得扎破表面,浇捣混凝土时更不能振酥隔离层。

②分格缝留置、支边模及铺设钢筋网片。先在分格缝留置位置弹线,再用水泥砂浆或水泥素灰将木条沿线固定在隔离层上。

等混凝土浇筑完成收水初凝后,及时取出分格缝隔板,并修补分格缝缺损部分,做到平直整齐。

混凝土养护完成后,将分格缝用水冲洗干净并干燥(含水率不大于6%),在分格缝内嵌填密封材料,上部用黏铺防水卷材盖缝。

采用聚苯板条或聚氯乙烯塑料分格条支设分格缝时,混凝土养护完成、嵌填密封材料前按设计要求的高度用电烙铁熔去表面的塑料板即可。

采用切割法施工分格缝时,其切割深度应为防水层厚度的 3/4。切割完成,清理干净,干燥后在分格缝内嵌填密封材料。

边模可用木模或钢模,但需刷脱模剂。边模安装时应抄平拉通线,标出防水层厚度和排水坡度。同时,准确地预留孔洞和预埋铁件。

钢筋网片可采用点焊或绑扎成型。焊接网片搭接长度不应小于 $25d$(d 为钢筋直径);绑扎钢筋端头应做弯钩,搭接长度必须大于 $30d$(d 为钢筋直径),且必须大于 250mm。绑扎钢筋的铁丝应弯到主筋下,防止丝头露出混凝土表面引起锈蚀,形成渗漏点。同一截面内钢筋接头不得超过钢筋截面面积的 25%。

调直钢筋,不得弯曲、锈蚀、沾油污。钢筋网片铺设位置应准确,并用砂浆垫块支护,以保证保护层厚度符合要求。同时在混凝土浇捣过程中派专职钢筋工对保护层厚度进行处理。

分格缝处钢筋应断开,使防水层在该处可以自由伸缩。也可先在隔离层上满铺钢筋,绑扎成型后,再按分格缝位置剪断并弯钩,以保证钢筋位置准确并提高工效。

③浇筑。混凝土的浇筑应按"先远后近、先高后低"的顺序逐个分格进行。在一个分格范围内的混凝土必须一次浇筑完成,不得留施工缝。

混凝土下料可采用混凝土布料机、浇灌斗和手推车铁铲摊铺运输下料。下料后应立即用铁铲、刮尺将混凝土初步摊铺整平。

混凝土宜采用机械振捣,当采用平板振动器振捣时,移动间距应保证振动器的平板能覆盖已振实部分的边缘,移动速度应能使混凝土表面泛浆并不再下沉,且不得碰撞分格缝模板,以振捣至表面泛浆为宜。如无振动器,可先用木棍等插捣,再用小滚(30~40kg、长600mm 左右)来回滚压,边插捣,边滚压,直至密实和表面泛浆。在分格缝处,宜两边同时摊铺混凝土,才可振捣,以防止模板移位。

铺设、振动、滚压混凝土时必须严格保证钢筋间距及位置的准确。

混凝土振捣泛浆及表面刮平后,用铁抹子压实抹平,并要确保防水层的设计厚度和排水坡度。混凝土收水初凝后,及时取出分格缝隔板,用铁抹予第二次压实抹光,并及时修补分格缝的缺损部分,做到平直整齐。待混凝土终凝前进行第三次压实抹光,要求做到表面平整,不起砂、起层、无抹压痕迹为止。抹压时,不得洒水、加干水泥或干水泥砂浆。

待混凝土终凝后(浇筑后 12~20h),必须立即进行养护,养护时间不宜少于 14d。养护应优先采用表面喷洒养护剂养护,也可采用蓄水养护法或稻草、麦草、锯末、草袋等覆盖后浇水养护。养护期间保证覆盖材料的湿润,并禁止上屋面踩踏或在上继续施工。

2)补偿收缩混凝土防水施工。

①用强制式搅拌机搅拌,搅拌投料时膨胀剂应与水泥同时加入,混凝土搅拌时间不应少于 3min。

②由于补偿收缩混凝土不泌水,凝结时间较短,因此其搅拌、运输、铺设、振捣、抹光等工序应紧密衔接,拌制好的混凝土要及时浇筑。混凝土从搅拌机出料至浇筑完成时间不宜超过 1.5h。

3)屋面钢纤维混凝土防水层施工。

①先将钢纤维、水泥、粗细骨料干拌 1.5min,再加入水(和外加剂水溶液)湿拌。

②也可以先将钢纤维及石子投入搅拌机内干拌 1min,使钢纤维分散在石子中,再将水

泥、砂投入干拌 1min，最后边搅拌边加水或外加剂水溶液，湿拌约 1.5min。

③还可以将水泥、砂石先投入搅拌机内干拌，再加水（或外加剂水溶液）湿拌的同时，用钢纤维分散机慢慢将钢纤维均匀分散到拌和料中搅拌均匀为止。

④拌和物从搅拌机卸出到浇筑完毕的时间不宜超过 30min。

⑤运输时应避免拌和物离析，如产生离析或坍落度损失，可加入原水灰比的水泥浆进行二次搅拌，严禁直接加水搅拌。

⑥为保证钢纤维分布的均匀性和连续性，应用机械振捣密实。每个分格板块的混凝土应一次浇筑完成，不得留施工缝。泛水处的钢纤维混凝土应与防水层一起浇筑，严禁留施工缝。振捣后，应先将混凝土表面抹平，待收水后再进行二次压光，混凝土表面不得有钢纤维露出。

4）屋面预应力细石混凝土防水层施工。

①将台座安装在檐沟内或圈梁上（无檐沟），圈梁要预留螺栓孔眼。

②安装时，工具钢台座的滴水线上口应与屋面找平层平齐，并拉通线找平，安装牢固。根据屋面边长，在工具式钢台座端头处调整通长（每根可调整 100mm）或伸到屋面两端。

③将钢筋一端穿入台座固定端，用锥形锚具或扇形锚具锚固，另一端应通过张拉端锚固孔。钢筋长向（纵向）先穿在下面，短向（横向）后穿在上面，相互垂直，排列成网。

④将张拉端钢筋插入张拉器的夹具内，用手动分离式 100kN 液压张拉器按先长向后短向的顺序张拉。

⑤达到规定张拉值后，用锚具锚固张拉端钢筋，放松张拉器夹具，此时应观察钢丝是否明显回缩或松动，必要时要重新张拉。

⑥钢筋张拉完毕后，安装涂刷好隔离剂的分格缝模板条。为了使预应力钢筋能通过分格缝模板条，在模板条下缘按钢筋间距开出宽 6mm、高 30mm 的直槽。

⑦所用细石混凝土强度等级应为 C30，并应掺加减水剂等；为保证保护层厚度，在预应力钢筋交叉点处按梅花形垫放砂浆垫块；为了减少钢筋预应力损失，在施工时应禁止人员和机具碰动钢筋，浇筑混凝土的操作人员必须在搭设的架板上进行操作和行走。其他与细石混凝土施工相同。

⑧当混凝土养护达到 70％的设计强度后，按照对称剪断、间隔剪断、先剪里再周边的原则剪断钢筋放张。钢筋剪断后即可拆除张拉台座．并将四周钢筋端头用聚合物砂浆抹封或刷防锈漆，圈梁上的螺孔要用 1∶2 的干硬性水泥砂浆堵塞严密。

第五节　瓦屋面防水施工

一、瓦屋面防水施工工艺流程

清理基层──→干铺卷材──→钉顺水条──→钉挂瓦条──→铺瓦──→检查验收──→淋水试验。

二、瓦屋面防水操作方法或步骤

1. 平瓦屋面防水施工

1）先将基层上的灰尘、杂物清扫干净。

2）自下而上、平行屋脊干铺一层卷材。卷材搭接顺流水方向，搭接宽度不少于 50mm。

按设计要求间距在卷材上钉顺水条压实。顺水条表面应平整。

3）在顺水条上拉通线铺钉挂瓦条，其间距应根据瓦的尺寸和屋面坡度确定。挂瓦条应铺钉牢固，上棱成一直线，表面平整。

4）选瓦。凡缺边、掉角、裂缝、砂眼、翘曲不平、张口缺爪的瓦，不得使用。通过铺瓦预排，山墙或天沟处如有半瓦，应预先锯好。

5）上瓦。要自上而下两坡同时对称上，严禁单坡上瓦，以防屋架受力不均导致变形。挂瓦宜采用"一步九块瓦"方法。上瓦时九块平瓦整齐捆成一摞，均匀地摆放在屋面上，位置应相互交错。

6）挂瓦。从两坡的檐口同时对称开始。

①每坡屋面从左侧山头向右侧山头推进，两端头用半瓦错缝。

②瓦要与挂瓦条挂牢，瓦爪与瓦槽要搭接紧密，并保证搭接长度。

③檐口瓦需用镀锌铁丝拴牢在檐口挂瓦条上。

④当屋面坡度大于 50％、大风和地震地区，每片瓦均需用镀锌铁丝固定于挂瓦条上。

⑤瓦搭接要避开主导风和，以防漏水。

⑥檐口要铺成一条直线，瓦头挑出檐口长度 50～70mm。

⑦天沟处的瓦要根据宽度及斜度弹线锯料，沟边瓦要按设计规定渗入天沟内50～70mm。

⑧靠近屋脊瓦处的第一批瓦应用水泥石灰砂浆固定牢。

7）铺放脊瓦。接口需顺主导风向。扣脊瓦要用 1：2.5 石灰麻刀砂浆铺平实，其搭接缝用水泥石灰砂浆嵌填，缝口平直，砂浆严密。铺好的屋脊斜脊应平直、无起伏现象。

8）在泥背或钢筋混凝土基层上铺放平瓦时，前后坡应自下而上同时对称、分别分两层铺抹，待第一层干燥后再抹铺第二层，随抹随铺平瓦。

2. 油毡瓦屋面防水施工

1）清除基层上的杂物、灰尘，基层应具有足够的强度、平整、干净。钢筋混凝土基层无起砂、无起皮等缺陷，基层表面应抹 1：3 水泥砂浆找平层。

2）根据设计要求，对屋面与突出屋面结构的交接处、女儿墙泛水、檐沟等部位，用涂料或卷材进行防水增强处理。

3）屋面与突出屋面结构的交接处，将油毡铺贴至立面上，高度不应小于 250mm。屋面与突出屋面的烟囱、管道等交接处，应先做二毡三油防水层，待铺瓦后再用高聚物改性沥青卷材做单层防水。

在女儿墙泛水处，油毡瓦可沿基层与女儿墙的八字坡铺贴，并用镀锌薄钢板覆盖，用膨胀螺钉钉在墙上；泛水上口与墙间的缝隙应用密封材料封严。

4）当与卷材或涂膜防水层复合使用时，复合层施工按卷材或涂膜防水层施工要求进行。

5）油毡瓦铺设在木基层上时，可用油毡钉固定；油毡瓦铺设在混凝土基层上时，可用射钉固定，也可以采用冷玛瑞脂粘贴固定，油毡瓦铺设时，在基层上应先铺一层沥青防水卷材（油毡）作为垫毡，从檐口往上用油毡钉铺设，钉帽应盖在垫毡下面，垫毡搭接宽度不应小于 50mm。

6)油毡瓦应自檐口向上铺设,第一层瓦应与檐口平行,切槽应向上指向屋脊,用油毡钉固定。第二层油毡瓦应与第一层叠合,但切槽应向下指向檐口。第三层油毡瓦应压在第二层上,并露出切槽125mm。相邻两层油毡瓦,其拼缝及瓦槽应均匀错开。

7)每片油毡瓦不应少于4个油毡钉,油毡钉应垂直钉入,钉帽不得外露于油毡瓦表面。当屋面坡度大于150%时,应增加油毡钉固定或采用沥青胶粘贴。

8)铺设脊瓦,将油毡瓦切槽剪开,分成4块即可作为脊瓦,并用两个油毡钉固定;脊瓦应顺年最大频率风向搭接,并搭盖两坡面油毡瓦1/3(搭接缝的宽度不宜小于100mm),脊瓦和脊瓦的相互搭接面不应小于1/2。

脊瓦铺设如图7-6所示。

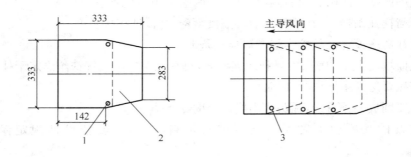

图7-6 脊瓦铺设示意图
1. 铺钉位置 2. 自黏点 3. 屋面钉

3. 金属板材屋面防水施工

(1)平行板薄钢板防水施工铺设

1)首先,检查屋面基层符合设计要求后才可进行铺设。

2)吊运平行板薄钢板;吊运中应采取措施,防止可能发生的变形和损坏。

3)预制并安装平行板薄板,其长度根据屋面坡度和搬运条件确定。

4)安装时,在屋面同一坡面上,平行板薄钢板立咬的折边,应顺向当地年最大频率方向,平行流水方向的双立咬口拼缝做法和垂直流水方向的双平咬口拼缝做法如图7-7所示,立咬口背面应顺主导风向安装;平咬口背面应顺流水方向安装。

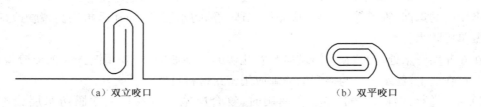

    (a)双立咬口   (b)双平咬口

图7-7 平行板薄钢板拼缝咬口防水做法

5)薄钢板的固定。在屋面的同一坡面上,相邻平板形薄钢板拼缝的平咬口和相对两坡面上的立咬口应错开,其间距不应小于50mm;垂直于流水方向的平咬口应位于檩条上,嵌入立咬口的薄钢板带,必须用双钉钉牢于檩条上,有条长边至少要钉3个薄钢板带,其间距不应大于600mm,钢板带嵌入立咬口中的长度,应足以与立咬口连接固定,如图7-8

所示。

6)无组织排水的平形板薄钢板屋面其檐口的薄钢板应固定在 T 形铁上。T 形铁用钉子钉牢在檐口垫板上,其间距不大于 700mm。当作薄钢板包檐,应带有向外弯的滴水线。

7)大风地区每隔 3 个立口,应设一道方木加固,以防屋面被风刮起,如图 7-9 所示。

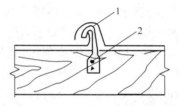

图 7-8　钢板带固定薄钢板方法
1. 钢板带　2. 钉子

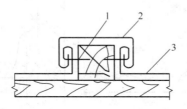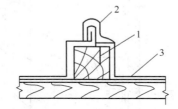

图 7-9　方木加固咬口
1. 钉子　2. 钢板带　3. 薄钢板

(2)波形压型薄板防水施工铺设

1)基层杂物应清除干净,再按设计的配板图进行预装配,经检查符合设计要求后作为铺瓦图。

2)吊装。波形薄钢板轻而薄,应制备专用吊装工具。吊点的最大间距不宜大于 5m。吊装时需用软质材料作垫,以免勒坏钢板。

3)波形薄钢板铺设前,按铺瓦图由下而上在檩条上安装好固定支架。波形薄钢板和固定支架需用钩头螺栓连接。

4)铺设波形薄钢板,相邻两块钢板应顺主导风向搭接,上下两排钢板的搭接长度应不小于 200mm。波形薄钢板与固定支架的固定应用螺栓。每张薄钢板在四角固定。接缝内用密封胶嵌填严密。

5)接头处理。V 形和 W 形屋面板横向接头用自粘性密封条,如图 7-10a 所示,纵向接头用软质泡沫嵌缝条加密封膏密封防水,如图 7-10b 所示。

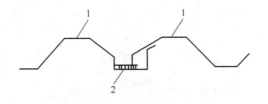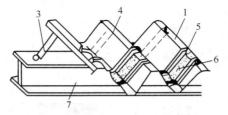

（a）V形压型钢板横向接头　　　　　（b）W-550压型钢板纵向接头

图 7-10　波形压型钢板接头做法示意图
1. 屋面板　2. 自粘性密封条　3. 固定架　4. 单向固定螺栓
5. 软质泡沫嵌缝条　6. 密封油膏填充　7. 钢檩条

6)天沟处理。天沟用镀锌薄钢板制作时,其伸入波形钢板的下面长度和波形薄钢板伸入檐沟内的长度均应按设计规定。

7)泛水处理。每块泛水板的长度不宜大于 2m，与波形薄钢板的搭接宽度应不小于 200mm。泛水应拉线安装，使其平直。屋脊、斜脊、天沟和屋面与突出屋面结构连接处的泛水，均应用镀锌薄钢板制作，其与波形薄钢板搭接宽度不小于 150mm。靠山墙处，如山墙高出屋面时，用平铁皮封泛水，如图 7-11 所示。山墙不高出屋面时，波形板至山墙部分剪齐，用砂浆封山抹檐，如有封板，则将波形板直接钉在封檐板上，然后将伸出部分剪齐。

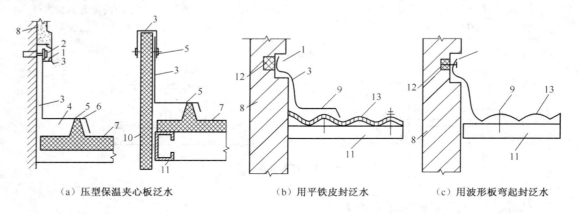

| （a）压型保温夹心板泛水 | （b）用平铁皮封泛水 | （c）用波形板弯起封泛水 |

图 7-11 压型钢板屋面泛水处理示意图

1. 密封材料 2. M8×80mm 膨胀螺栓，中距 500 3. 0.7mm 厚泛水板 4. 现浇聚氨酯泡沫
5. 拉铆钉，中距 400mm 6. 3mm×20mm 通长密封带 7. 保温夹心板屋面板 8. 女儿墙
9. 螺钉 10. 压型保温夹心板墙 11. 钢檩条 12. 木砖 13. 波形薄钢板

(3)彩色压型保温夹心板防水施工铺设

1)固定连接夹心板。夹心板固定连接，在每块板的端头至少设 2 个，檩距中间应大于 3m 时，至少设 1 个自攻螺钉连接。

2)屋面板长向搭接如图 7-12 所示，必须在檩条上（檩条可用轻型薄壁型钢），搭接长度大于 400mm（屋面坡度小于 10%）和 250～300mm（屋面坡度不小于 10%），搭接部位应嵌填密封材料；屋面板横向搭接应顺主导风向，并用自粘胶带或密封膏密封拉铆钉锚固，如图 7-12 所示。

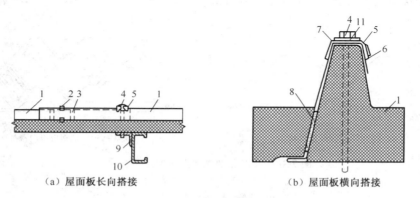

| （a）屋面板长向搭接 | （b）屋面板横向搭接 |

图 7-12 屋面板搭接

1. 屋面板 2. 拉铆钉 3. 通长密封带 4. 自攻螺栓，每波一个 5. 不锈钢压盖 6. 乙丙橡胶垫
7. 通长密封带 8. 通长密封条 9. 彩色钢板压条 10. 轻型钢檩条 11. 塑料帽

3）自攻螺栓和拉铆钉应设在波峰上，并衬以密封橡胶盖垫，外露铆钉头均需涂密封膏。

4）屋脊板、泛水板、包角板等之间的搭接长度大于150mm，且尽可能背主导风向，中间由拉铆钉连接，间距应小于等于150mm。

5）压型钢板施工中，应尽量避免利器碰伤表面涂层，切割板工序应尽量在地面上进行，如确需在屋面上切割时，须将金属铁屑随时清扫干净，不可散落在板面上，如表面划伤或有锈斑时，应采用相应涂料等来修补。

第六节　建筑物外墙防水施工

一、喷刷防水

1）清理基层。施工前，应将基面的浮灰、污垢、苔斑、尘土等杂物清扫干净。如遇有孔、洞和裂缝须用水泥砂浆填实或用密封膏嵌实封严。待基层彻底干燥后，才能喷刷施工。

2）配制涂料。将涂料和水按1∶（10～15）（质量比）的比例称量后盛于容器中，充分搅拌均匀后即可喷涂施工。用水量的范围虽然规定在10～15倍之间，但实际配制时，用水量的多少应视当地的自然条件和基面的材质而定。

3）喷刷。将配制稀释后的涂料用喷雾器（或滚刷、油漆刷）直接喷涂（或涂刷）在干燥的墙面或其他需要防水的基面上。

①喷刷时先从施工面的最下端开始，沿水平方向从左至右或从右至左（视风向而定）运行喷刷工具，随即形成横向施工涂层，这样逐渐喷刷最上端，完成第一次涂布。也可先喷刷最下端一段，再沿水平方向由上而下地分段进行喷刷，逐渐涂布至最下端一段与之相衔接。

②每一施工基面应连续重复喷刷两遍。第一遍沿水平方向运行喷刷工具，形成横向施工涂层，在第一遍涂层还没有固化时，紧接着进行垂直方向的第二遍喷刷。

③为了防止漏喷，须进行第二次垂直方向的喷刷。第二次垂直方向的喷刷方法是视风向从基面左端（或右端）开始从上至下或从下至上运行喷刷工具，形成竖向涂层，逐渐移向右端（或左端），直至完成第二次喷刷。

④两次喷刷工具的运行路线呈"十"字形交叉，一方面是为了防止漏喷，另一方面是为了使乳液尽可能多地渗入到整个施工基面的毛细微孔中去，提高施工质量。

4）喷刷注意事项。

①严格按1∶（10～15）的配合比（质量比）将涂料和水稀释。水量过多，防水会失效。

②施工时，涂料应现用现配，用多少配多少，稀释液宜当天用完。

③对墙面腰线、阳台、檐口、窗台等凹凸节点应仔细反复喷涂，不得有遗漏，以免雨水在节点部位滞留而失去防水作用，向室内渗漏。

④喷涂时，人应站在上风口，顺风向喷涂。

⑤按要求喷涂固化后，需进行泼水或淋雨试验，如发现有吸水痕迹，干燥后应对该部位进行补刷处理，直至合格为止。

⑥施工后24h内不得经受雨水侵袭，否则将影响使用效果，必要时应重新喷涂。

二、密封防水施工方法

（1）基层处理

密封防水基层处理方法见表7-8。

表 7-8　密封防水基层处理方法

部　　位	可能出现的不利因素	处理方法
金属幕墙	锈蚀	(1)钢针除锈枪处理
		(2)锉、金属刷或砂子
	油渍	用有机溶剂溶解后再用白布揩净
	水分	用白布揩净
	尘埃	用甲苯清洗用白布揩净
PC 幕墙	表面黏着物	用有关有机溶剂清洗
	浮渣	用锤子、刷子等清除
各种外装板	浮渣、浮浆	处理方法同 PC 幕墙部分
	强度比较弱的地方	敲除、重新补上
玻璃周边接缝	油渍	用甲苯清洗用白布揩净
金属制隔扇	同金属幕墙	
压顶木	腐烂了的木质	进行清除
	黏有油渍	把油渍刨掉
混凝土墙	同屋面部位的混凝土处理方法一致	

(2)控制接缝

控制接缝宽度的目的是使接缝宽度满足设计和规范要求,使密封材料的性能得以充分发挥,达到防水的目的,接缝控制主要指以下几方面。

1)把握好工序的施工质量。

2)对于局部不符合要求的部位进行合理的修补,使接缝达到要求。

3)难以满足设计要求时,应同设计单位及时协商,合理解决。

(3)粘贴防污条、防污纸

在施工时粘贴好防污条和防污纸,同时也注意不使防污条上的黏胶浸入密封膏中去。

(4)刷底涂料

应注意刷底涂料时,施工温度不能太高,以免有机溶剂在施工前就挥发完了;施工界面的湿度不能太大,以免黏结困难;界表面不应结露。

(5)嵌填密封材料

1)将所需要的材料按相关规定进行拌合。

2)确定底涂料已经干燥,但未超过 24 h 时便可开始嵌填密封材料。填充时,金属幕墙、PC 幕墙、各种外装板、混凝土墙应从纵横缝交叉处开始。施工时,枪嘴应从接缝底部开始,在外力作用下先让接缝材料充满枪嘴部位的接缝,逐步向后退,每次退的时候都不能让枪嘴露出在密封材料外面,以免气泡混入其中。

3)玻璃周边接缝从角部开始,分两步施工:第一步使界面和玻璃周边相黏结,此次施工时,密封材料厚度要薄,且均匀一致;第二步将玻璃与界面之间的接缝密封。

(6)施工取样

指在指定的位置取出原密封材料一小块,以确定其各项技术性能指标。施工取样一般以天为单位取样,在一天施工结束后进行。施工取样是确定密封防水效果和局部处理的根据。

(7)局部处理

指对有可能引起怀疑的地方和新旧施工接连处的处理。由于工程量比较小,只需用腻子刀进行施工。施工时应用力,使密封材料黏结牢固,同时不能让密封材料浸入防污纸中去,污染界面。施工应在密封材料未固化前完成。

(8)施工场地的清扫

此项工作在施工完成后即可进行,而密封材料周边的清扫则应在密封材料固化后进行。清扫的内容包括清除施工过程中所留下的废弃东西,清洗密封材料对界面的污染。前者应作妥善处理,不要对环境造成污染,后者应选择比较合适的溶剂对界面进行清洗。

(9)外墙密封防水装饰

应注意,装饰材料不应对密封材料造成任何影响;密封材料上面不能承受外墙装饰材料所引起的任何外力;施工外墙装饰时,施工荷载也不应加在密封材料面上。

三、外墙防水施工成品保护

1)在易碰易损处的墙(立)面的涂膜防水层外表应涂抹一层水泥砂浆或其他保护层。

2)每次涂刷前均应清理周围环境,防止尘土污染。涂料未干前,不得清理周围环境。涂料干后,不得挨近墙面泼水或乱堆杂物。

3)操作时应注意保护非涂布面(如门窗、玻璃以及其他装饰面)不受污染。涂布完毕,应及时清除由涂料所造成的污染。

4)如按设计需要在防水层表面涂刷有光涂料时,最后一遍有光涂料涂刷完毕,空气要流通,以防涂膜干燥后无光或光泽不足。

5)涂料施工完毕的第二天不要靠近涂膜层。不要在膜层上加热,以免涂层升温过高而损坏。涂料施工完毕,宜在现场派人值班,防止摸碰,也不得靠墙立放铁锹等工具。涂料施工完毕,应按涂料使用说明规定的时间和条件进行养护。冬天应采取必要的防护措施。

6)在施工过程中,如遇到气温突然下降、曝晒,应及时采取必要的措施加以保护。如遇大风、雨雪天气,应立即用塑料薄膜等覆盖,并在适当的位置留好接茬口,暂停施工。

四、外墙防水施工质量通病及防治

外墙防水施工质量通病及防治见表7-9。

表7-9　外墙防水施工质量通病及防治

类　别	现　象	原因及防治
外墙防水设防	外墙变形缝未做防水防设,导致外墙渗漏	1)原因。未设置伸缩缝、沉降缝和抗震缝等变形缝,未考虑防水设防,给外墙留下渗漏水的隐患 2)防治。外墙变形缝设置时必须考虑防水设防,做好防水处理,保证雨水不从缝中渗入,防止外墙渗漏。做防水处理时,可用高分子防水卷材和不锈钢板(或镀锌铁皮)进行多道设防
	钢筋混凝土外墙未做防水处理,导致墙体有渗漏	1)原因。误认为钢筋混凝土外墙是人造石结构,具有天然的抗渗性能,没有做必要的防水处理。而钢筋混凝土外墙具有较好的密实性,可能发生干缩变形开裂,并且外墙上的预留孔洞、突出的构件等与外墙之间存在缝隙,从而导致渗漏 2)防治。钢筋混凝土外墙应做防水处理,其防水做法有以下几种。 ①控制好混凝土的配合比和配筋率,增加混凝土的密实性,减少开裂现象的发生。混凝土可添加微膨胀剂,并注意养护。配筋率最好为0.65% ②外墙装饰的找平层上可涂刷1～2mm厚的复合防水涂料,装饰层选用憎水性能和耐候性能较好的饰面材料 ③认真做好外墙上预留孔、预埋件、突出墙面构件等节点的防水

续表 7-9

类　别	现　　象	原因及防治
外墙施工	砌筑外墙方法不当,出现墙体渗漏	1)原因 ①砌筑外墙时,干砖上墙,灰缝砂浆的水分被砖吸收,使砂浆过早失水而干裂,不但会影响砖与水泥砂浆之间的黏结力,还会形成外墙灰缝裂缝,成为雨水通道,造成渗漏 ②砌筑外墙时,灰缝砂浆不饱满,使灰缝中存在许多孔洞或缝隙,在风的作用下,雨水易从孔洞和缝隙渗入 ③砌筑空心砌块后随意撬动,使墙体灰缝松动、变形,出现裂缝或剥离,留下外墙渗漏的隐患 2)防治。砌外墙时,应遵守操作规程,选择适当的砌筑方法精心作业,确保砌筑体质量 ①砌筑砖外墙时,砖应提前 1～2d 浇水湿润,其含水率应达到10%～15% ②砌筑砖外墙时,灰缝应横平竖直,厚薄均匀,砂浆饱满,水平灰缝厚度为 10mm,砂浆饱满度不得小于 80%,竖向灰缝不得出现透明缝、瞎缝和假缝 ③砌筑空心砌块后,不得随意撬动,如砌筑后需要移动砌块或砌块被撞动,均需清除原有砌筑砂浆,重新用新的砂浆铺砌
	在光滑的混凝土墙面或轻质墙上抹防水层,造成脱落现象	1)原因。水泥砂浆找平层或聚合物水泥砂浆防水层与光滑的混凝土墙面或轻质墙面的表面黏结力差,如不抹、喷聚合物水泥浆结合层,容易造成找平层或防水层脱落 2)防治。在光滑的混凝土墙面或轻质墙面上,应先抹、喷一道聚合物水泥浆结合层,其厚度约为 2mm,水灰比为 0.37～0.4。结合层应分两次抹压,第一次抹 1mm 厚,用铁抹子往返抹压 5～6 遍,使聚合物水泥浆嵌入墙面的孔隙内;随后第二次也抹 1mm 厚,使聚合物水泥浆顺平,并用毛刷蘸水将其拉出毛纹,以便与水泥砂浆找平层或聚合物水泥砂浆防水层结合牢固
	防水施工完毕后未进行养护,造成起壳和开裂现象	1)原因。外墙水泥砂浆找平层和聚合物水泥砂浆防水层完工并凝结后,如不进行浇水养护或覆盖塑料薄膜养护,会使砂浆内部水分过快蒸发,影响水泥的水化,降低砂浆的强度和黏结力,导致干缩变形、起壳或开裂 2)防治 ①外墙水泥砂浆找平层施工完毕、砂浆凝结后,应进行浇水养护或覆盖塑料薄膜养护。浇水养护应根据气候情况进行,一般气温在 20℃左右的晴天,每天浇水 2～3 次,保持墙面湿润,养护时间不少于 3d。这样才能使砂浆内部的水分不会很快蒸发,以达到预期的强度和黏结力要求 ②聚合物水泥砂浆防水层的养护不应采用干湿交替的养护方法,在砂浆未硬化前,即施工后约 2d,不要浇水或直接受雨水冲刷,应在硬化后浇水养护 7d 左右,以后在自然条件下养护。这样聚合物形成的胶膜较多,又能保证水泥硬化的强度与黏结力

续表 7-9

类　别	现　象	原因及防治
外墙防水施工	外墙饰面层未设分格缝或采用无缝拼贴,造成墙面裂缝或渗漏	1)原因。外墙饰面层受气温变化、干湿交替的影响,温度变形和干湿变形大,如采用无缝拼贴或未设分格缝,在温度应力、干缩应力的作用下,容易开裂、脱落而造成渗漏 2)防治 ①外墙饰面砖应采用有缝拼贴,拼缝应大于 5mm,面砖镶贴完成后,将缝清理干净,用聚合物水泥浆顺拼缝薄涂一层,然后用聚合物水泥砂浆勾缝,随即将缝擦拭干净 ②外墙饰面层应留分格缝,其间距应根据层高、开间、外窗口尺寸确定,但不应大于 3m,缝宽一般为 10mm。面层施工完毕后应将分格缝清理干净,先涂刷基层处理剂,待其干燥后嵌填密封材料,表面有防水涂料或聚合物水泥浆做保护层。密封材料应选用高弹性、高黏结力、高延伸率和耐火性好的产品,如聚氨酯密封膏、聚硫密封膏、硅酮密封膏和聚丙烯酸酯密封膏等
	门窗框与外墙之间缝隙发生渗漏	1)原因 ①门窗框与外墙之间的预留缝隙过大,抹灰塞缝要分多次抹压,形成多道抹灰施工缝,给密封防水处理带来困难 ②没有对门窗框与外墙之间的缝隙进行密封防水处理或处理不当 2)防治 ①预留门窗洞口时,应按外墙装饰材料不同种类要求的宽度尺寸准确留设;安装门窗框前要检查洞口尺寸是否准确,如缝隙太大,要用高黏结力聚合物水泥砂浆进行修整 ②门窗框与墙体之间的缝隙应用聚合物水泥砂浆嵌缝密实,并预留凹槽,凹槽内用高弹性、低模量、耐老化、高黏结力的密封材料嵌填密实;两门窗之间的拼缝处、铝合金拼料的接口处、螺丝固定处等部位均应用密封材料密封严实
	阳台防水处理不当,雨水渗入室内	1)原因 ①阳台,特别是凸阳台防水处理不当,阳台地面易积水,雨水会顺阳台底面流淌,造成雨水渗入室内 ②阳台栏杆、栏板与外墙交接处防水处理不当,会形成缝隙,在风的作用下雨水顺缝隙渗入室内 2)防治 ①阳台地面标高应比同楼层地面标高低 20mm 以上,排水坡度应大于 3%,坡向排水口;阳台地面应做防水层,并在与楼层地面、外墙之间用密封材料封闭严密,阳台下部应做滴水线或滴水槽 ②阳台栏杆、栏板与外墙交接处,应用聚合物水泥砂浆和密封材料嵌填密实

类 别	现 象	原因及防治
外墙防水施工	外墙脚手架眼和现浇混凝土外墙外挂模板穿墙套管孔防水处理不当,形成渗漏现象	1)原因。填补孔洞不密实,在孔洞部位形成缝隙和毛细孔,在做防水层后因砂浆的干缩形成裂缝,这些缝隙会导致渗漏 2)防治 ①外墙做防水层前,应认真将外墙上的各种孔洞填补密实 ②填补脚手架眼时,应先将脚手架眼清理干净,浇水冲洗、湿润,用水泥砂浆按墙体砌筑方法进行补砌,砂浆应饱满,与洞壁连接应紧密 ③对现浇混凝土外墙外挂模板穿墙套管孔,应先将管孔清理干净,浇水湿润,用与外墙混凝土同强度等级的细石混凝土认真嵌填密实

第七节　厕浴间地面防水施工

一、聚氨酯防水涂料施工

1. 施工工艺流程

清扫基层──涂刷底胶──细部附加层──第一层涂膜──第二层涂膜──第三层涂膜──黏石渣。

2. 聚氨酯防水涂料施工操作

1)用铲刀将黏在找平层上的灰皮除掉,用扫帚将尘土清扫干净,尤其是管根、地漏和排水口等部位要仔细清理。如有油污时,应用钢丝刷和砂纸刷掉。表面必须平整,凹陷处要用1:3水泥砂浆找平。

2)将聚氨酯甲、乙两组分和二甲苯按1:1.5:2的比例(重量比)配合搅拌均匀,即可使用。用滚动刷或油漆刷蘸底胶均匀地涂刷在基层表面,不得过薄也不得过厚,涂刷量以0.2kg/m² 左右为宜。涂刷后应干燥4h以上,才能进行下一工序的操作。

3)将聚氨酯涂膜防水材料按甲组分:乙组分＝1:1.5的比例混合搅拌均匀,用油漆刷蘸涂料在地漏、管道根、阴阳角和出水口等容易漏水的薄弱部位均匀涂刷,不得漏刷。

4)将聚氨酯甲、乙两组分和二甲苯按1:1.5:0.2的比例(重量比)配合后,倒入拌料桶中,用电动搅拌器搅拌均匀(约5min),用橡胶刮板或油漆刷刮涂一层涂料,厚度要均匀一致,刮涂量以0.8～1.0kg/m² 为宜,从内向外退着操作。

5)第一层涂膜后,当涂膜固化到不粘手时,按第一遍材料配比方法,进行第二遍涂膜操作,为使涂膜厚度均匀,刮涂方向必须与第一遍刮涂方向垂直,刮涂量与第一遍同。

6)第二层涂膜固化后,仍按前两遍的材料配比搅拌好涂膜材料,进行第三遍刮涂,刮涂量以0.4～0.5kg/m² 为宜,涂完之后未固化时,可在涂膜表面稀撒干净的$\phi 2 \sim \phi 3mm$粒径的石渣,以增加与水泥砂浆覆盖层的黏结力。如涂料黏度过大不便涂刮时,可加入少量二甲苯进行稀释,加入量不得大于乙料的10％。如甲、乙料混合后固化过快,影响施工时,可加入少许磷酸或苯磺酚氯化缓凝剂,加入量不得大于甲料的0.5％;如涂膜固化太慢,可加入少许二月桂酸二丁基锡作促凝剂,但加入量不得大于甲料的0.3％。

涂膜防水做完,经检查验收合格后可进行蓄水试验,24h无渗漏,即可进行面层施工。

二、氯丁胶乳沥青防水涂料施工

1. 施工工艺流程

基层处理──→涂刮氯丁胶乳沥青水腻子──→刮第一遍涂料──→细部构造和加强层──→铺贴玻璃丝布,同时刷第二遍涂料──→刷第三遍涂料──→刷第四遍涂料──→蓄水试验。

2. 氯丁胶乳沥青防水涂料施工操作

1)配制腻子。将氯丁胶乳沥青防水涂料倒入水泥中,边倒边搅拌到稠浆状。

2)在干净的基层上满刮腻子,厚度约2～3mm。管道根部和转角处要厚刮,抹平整。

3)基层腻子干燥以后,在表面用刷涂法满刷氯丁胶乳沥青防水涂料,涂刷不得过厚,不能漏涂,立面应涂至设计要求高度,以表面均匀不流淌、不堆积为宜。

4)在细部构造,如管道根部、阴阳角、地漏、大便器蹲坑等处,均应做一布二涂附加层,涂布宽度不应小于250mm。附加层做法与屋面卷材防水节点做法基本相同,即将玻璃纤维布(或无纺布)剪成相应部位形状,边刷涂料边铺贴。

5)一布四涂铺贴玻璃纤维布、涂刷防水涂料的材料用量为:防水涂料用量1.5～2.2kg/m²;玻璃纤维布用量为1.13m²/m²。

6)附加层做完并干燥后,先将玻璃纤维布剪成相应的尺寸进行铺设,如有搭接,其搭接宽度不小于100mm,并顺排水方向接槎,立面应铺至设计高度,平面与立面玻璃纤维布的接缝应在平面上,距立面不小于200mm。在铺设玻璃纤维布的同时涂刷第二遍防水涂料,使防水涂料浸透布纹并渗入基层,注意在收口处应仔细黏牢贴实。玻璃纤维布要贴实、刷平,不得有褶皱、翘边现象。

7)第二遍涂料实干后(24h左右),即满刷第三遍防水涂料,实干后满刷第四遍防水涂料,涂刷要均匀周到。

8)第四遍防水涂料实干24h以上,可进行蓄水试验,试验方法、要求同聚氨酯防水涂料一拌。

三、SBS橡胶改性沥青防水涂料施工

1. 施工工艺流程

基层处理──→涂刷第一遍涂料──→细部处理一布二涂──→蓄水试验。

2. SBS橡胶改性沥青防水涂料施工操作

1)首先将基层表面灰尘、浮浆和其他杂物清理干净。

2)将SBS防水涂料采用刷涂法均匀地涂刷在基层表面,要求涂刷均匀一致,不漏刷、不堆积、不流淌。

3)当第一遍涂料涂刷后,达到表干(约4h以上),即可用"干铺法"边铺第一层玻璃纤维布边涂第二遍SBS防水涂料,要求玻璃纤维布展平、没有皱褶,涂料浸透布纹,不显白茬。铺贴玻璃纤维布时,接缝采取搭接,搭接宽度为100mm。

4)第二遍涂料实干后(约12～24h),再涂刷第三遍SBS橡胶改性沥青防水涂料。

5)第三遍涂料表干后,即可用"干铺法"进行第二层玻璃纤维布的铺贴,同时涂刷第四遍防水涂料。上下两层玻璃纤维布的接缝应错开幅宽的1/2。

6)前遍涂料实干后,即可进行后遍防水涂料的刷涂。

7)二布六涂做完,达到实干后,可进行蓄水试验,蓄水时间不少于24h,直至不渗漏为合格。

四、聚合物水泥防水涂料施工

1. 施工工艺流程

清理基层──涂刷底层防水层──细部构造附加层──涂刷中间防水层──涂刷表面防水层──第一次蓄水试验──饰面层施工──第二次蓄水试验──质量验收。

2. 聚合物水泥防水涂料施工操作

1)首先将表面清扫干净,不得有浮尘、杂物和积水等。

2)按给定的配合比配料,用手提电动搅拌器搅拌均匀,使其不含有未分散的粉料,一般用量为 0.3~0.4kg/m²。

3)用油漆刷或滚动刷均匀地刷涂在基层表面,不得漏底,待涂层干固后,再进行下一道工序。

4)对地漏、管根、阴阳角等易发生漏水的部位,应先密封,做胎体增强材料的加强附加层处理。处理时先涂一层聚合物水泥防水涂料,再铺胎体增强材料,最后涂一层聚合物水泥防水涂料,附加层宽度不应小于 300mm,搭接宽度应不小于 100mm。

5)按给定的配合比,用手提电动搅拌器搅拌均匀,使其不含有未分散的粉料,每遍涂刷用量以 0.8~1.0kg/m² 为宜。

6)将配制好的防水涂料,采用刷涂法均匀地涂刷在已干固的底面防水层上,需多遍涂刷,直至达到设计规定的涂膜厚度。

7)在最后一遍防水层干固 48h 后进行蓄水试验,24h 后检查无渗漏为合格。

五、防水砂浆防水施工

厕浴间防水砂浆地面是在地面找平层上铺设防水砂浆,经抹压平整而成的防水层,又可作为面层使用。

1. 施工工艺流程

基层处理──弹厚度标准线──刷抹素浆结合层──铺抹第一层防水砂浆──刷抹素浆结合层──铺抹第二层防水砂浆──保湿养护。

2. 防水砂浆防水施工

1)将楼板及墙表面的杂物、灰尘、浮砂清扫干净,用水冲洗使其充分湿润,但不得积水。将地漏、排水口等严密封闭。

2)根据排水坡度要求确定防水砂浆层铺设最厚厚度,用墨斗在四周墙面标出铺设位置标准线。

3)在干净湿润的基层上,均匀刷抹一道稀糊状的水泥防水素浆作结合层,以提高防水砂浆与基层的黏结力。厚度宜为 2mm。要求用力刷涂 3~4 次,以达到均匀压实填孔的目的。

4)结合层未干之前,应及时铺抹第一层防水砂浆(即找平层),铺抹厚度应保证第二层防水砂浆厚度为 10mm。

5)铺抹方法。用铁铲将砂浆铺在基层上,初步整平拍实,全部地面一次铺完不留施工缝,然后用刮尺拍实拢平,用塑料抹子压实抹平,搓出毛面。

6)在第一层防水砂浆初凝前,均匀刷抹一道水泥防水素浆结合层,厚 2mm,随后铺抹第二层防水砂浆,厚 8mm。要求压实、抹平、搓毛,以利于地面面层的铺设。

7)保湿养护,不得随意上人踩踏。

8)阴阳角处应抹成均匀一致的平滑小圆角,阴角半径不小于 10mm(或防水层厚度 2 倍的 45°斜角),阳角半径不小于 25mm。地面与墙面之间的转角处,应与地面同时铺抹,施工缝留在墙面上,高出地面 200mm 处。

9)墙面防水砂浆防水层厚度为 6～8mm,先抹 2mm 厚的水泥防水素浆,再抹 4～6mm 厚防水砂浆,要求压实、抹平,与基层黏结牢固;表面要搓毛,以利于面层水泥砂浆或面砖的施工。

六、厕浴间涂膜防水施工应注意的问题

1)基层应清理干净,并做含水率试验。

2)涂膜防水层做完之后,必须进行第一次蓄水试验,如有渗漏现象,可根据渗漏具体部位进行修补,甚至全部返工,直到蓄水 2cm 高,观察 24h 不渗漏为止。地面面层做完之后,再进行第二遍蓄水试验,观察 24h 无渗漏为最终合格,填写蓄水检查记录。

3)在做涂膜防水层之前,先检查基层坡度是否符合要求,与设计不符时,应进行处理后再做防水。

4)在卫生洁具安装后,必须仔细检查各接口处是否符合要求,再进行下道工序。

七、厕浴间涂膜防水施工成品保护

1)涂膜防水层施工操作过程中,不得污染已做好饰面的墙壁、卫生洁具、门窗等。

2)面层进行施工操作时,对突出地面的管根、地漏、排水口、卫生洁具等与地面交接处的涂膜不得碰坏。

3)地漏或排水口内防止杂物塞满,确保排水畅通。蓄水合格后,不要忘记将地漏内清理干净。

4)涂膜防水层做完之后,要严格加以保护,在保护层未做之前,任何人员不得进入,也不得在卫生间内堆积杂物,以免损坏防水层。

八、厕浴间防水施工质量通病及防治

厕浴间防水施工质量通病及防治见表 7-10。

表 7-10　厕浴间防水施工质量通病及防治

类　别	现　　象	原因及防治
设计原因	防水层位置设置不当,起不到防水作用	1)原因。厕浴间、厨房面积小,设施、管道多,用水集中,防水难度大,如防水层位置设置不当,会造成渗漏水,起不到防水作用 2)防治。厕浴间、厨房一般采用迎水面防水。地面防水层设在结构找坡找平层上面,并延伸至四周墙面边角卷起,至少需高出地面 150mm。墙面防水层一般需做到 1.8m 高,设在找平层的外面,防水层外甩砂抹水泥砂浆或贴面砖装饰层。管道根部用建筑密封材料处理
	厕浴间先做防水层,后装卫生洁具设备,造成漏水	1)原因。在完工后的防水层上凿眼打洞、安装卫生设备,会破坏防水层,破损后的防水层很难修补,也难与原防水层连接成为整体,易造成渗漏水 2)防治。根据工种特点要求,合理安排各专业工种的施工流程。在防水层施工前,应将厕浴间的卫生洁具或预埋件等安装就位,固定牢靠,验收合格后方可做防水处理。厕浴间防水层施工完毕后,不得凿眼打洞,应向下道工序做保护防水层的技术交底

续表 7-10

类 别	现 象	原因及防治
设计原因	厕浴间防水施工完毕未做闭水试验,导致渗漏	1)原因。厕浴间、厨房面积小,管道和卫生洁具多,造成渗漏水的因素较多,如防水层施工完毕不做闭水试验,则无法检查质量缺陷和渗漏隐患,一旦发生渗漏,很难维修 2)防治。厕浴间、厨房防水层完工后,经蓄水试验 24h 无渗漏,再做面层和装修;装修全部完毕还应进行第二次蓄水试验,24h 无渗漏为合格,之后方可正式验收 闭水试验的蓄水高度为 50～100mm,蓄水前应清理地漏和排水口,并将其塞严后蓄水,必要时可做临时门槛,以防蓄水外流
地面防水构造原因	找平层厚度过薄,表面开裂	1)原因。水泥砂浆找平层厚度达不到规定厚度,施工时水分易被结构基层吸收或蒸发,使水泥砂浆找平层过早失水而水泥水化不充分,影响找平层砂浆强度,表面干缩开裂 2)防治。应根据找平层的不同类别和结构基层的种类确定找平层厚度。水泥砂浆找平层的厚度应为 20～30mm,找平层要求抹平、压光
节点防水构造原因	厕浴间楼板穿管没设套管,造成根部渗漏	1)原因。穿过厕浴间、厨房楼板的热水管、暖气管和煤气管等不设套管,管根处由于温度变形易产生楼板裂缝,导致渗漏 2)防治。穿过楼板的管道包括冷水管、热水管、排水管、暖气管、煤气管和排气管等。应在楼板上预留孔或采用手持式薄壁钻机钻孔成型,再安装立管。如管道为热水管、暖气管和煤气管,应在管外加设钢套管。钢套管内径应比穿管外径大 2～5mm,套管顶部高出装饰地面 20mm,底部与楼板底面齐平 套管就位安装时,套管上端向下 50mm 处设止水片,检查就位合格后,在止水片周围用密封膏嵌实。在套管周边应预留 20mm×15mm 凹槽,凹槽内用密封膏填嵌,封闭严密。套管与穿管之间的缝隙应用油麻和密封膏填实,表面要光滑
	地漏与楼地面交接部位未做防水处理,出现渗漏	1)原因。地漏是地面排水集中的部位,是容易产生渗漏的地方,而且铸铁地漏口大底小,外表面与混凝土接触处,由于混凝土收缩容易产生裂缝,导致沿地漏周围渗漏水 2)防治。地漏一般应在楼板上预留孔洞,再安装地漏。地漏安装固定后应做好下列细部防水处理 ①地漏和立管安装固定后,将孔洞四周混凝土松动石子清除干净,再在板底支模板,浇水湿润,浇筑 C20 细石混凝土(应掺微膨胀剂),并捣实、堵严、抹平 ②地面找坡找平层向地漏处找出 1‰～2‰的坡度,地漏边向外 50mm 排水坡度为 3%～5%,地漏上口四周留 20mm×20mm 凹槽 ③地漏上口四周凹槽内用密封材料嵌填严密,再加铺有胎体增强材料的防水附加层,附加层涂膜伸入地漏杯口深度不应少于 50mm,然后按设计要求涂刷防水涂料。应认真做好蓄水试验,观察无渗漏为合格 ④为解决铸铁地漏口大底小、与混凝土结合不好产生沿地漏周围渗漏水的问题,可在原地漏处增设防水托盘,以提高地漏的防水质量

续表 7-10

类　别	现　象	原因及防治
节点防水构造原因	小便槽排水口渗漏,墙面返潮	1)原因。小便槽防水层与地面防水层不交圈,造成交接处渗漏;小便槽排水坡度不当,形成积水、渗漏;小便槽排水口、地漏防水处理不当造成渗漏;小便槽墙面防水高度不够,造成墙面返潮 2)防治。认真做好小便槽防水处理,避免发生渗漏,确保小便槽使用功能的发挥 ①小便槽防水层与地面防水层交圈,形成整体封闭的防水设防 ②立墙防水层做到花管处以上 100mm,两端展开 500mm 宽 ③小便槽底坡度为 2%,坡向排水口地漏;槽外侧踏步平台做成 1%的坡度,坡向槽内 ④认真做好小便槽地漏和地面地漏的防水
地面涂膜防水施工	涂膜防水层未进行多遍涂刷,影响防水效果	1)原因。涂膜防水层一次涂成,很难保证涂膜的完整性和厚度均匀一致。厚质涂料会产生表面失水收缩,造成涂层开裂,薄质涂料很难达到一定厚度,从而影响涂膜防水效果 2)防治。涂膜防水层应多遍涂刷完成,不论是使用厚质防水涂料还是薄质防水涂料,均不得一次成膜。作业前应根据涂料的特性制定合理的施工方法,确定涂刷遍数,明确每遍涂刷顺序和相互垂直交叉涂刷的作业要求,以保证涂膜均匀一致,提高防水层的性能
	涂膜防水施工最后一遍完成后,未做撒砂处理,防水层与保护层之间黏结力弱	1)原因。涂膜防水施工最后一遍完成后,未在其表面撒砂,减弱了防水层与保护面层之间的黏结力,防水层易受到损坏 2)防治。防水涂膜在最后一遍涂刷完毕、涂膜尚未固化时,应在其表面撒上细砂。细砂应筛去粉料,去除杂质,在涂刷最后一遍涂料时,边涂刷边均匀地撒砂,做到不露底、不堆积,在涂层干燥固化后,将未黏结牢固的撒布料清除,再铺贴保护面层(地面砖等)
	第一遍涂料尚未固化成膜就涂刷二遍涂料,施工完毕后,仍出现渗漏现象	1)原因。涂膜防水的第一遍涂料干燥固化成膜是第二遍涂布作业的基本条件。如涂层尚未干燥固化成膜就进行第二遍涂刷,会造成人为踩踏破坏第一层涂膜,影响上下两层涂层的结合,两层堆积起来的加厚涂层更难固化成膜,容易出现渗漏 2)防治。不同品种的防水涂料在采取薄涂多遍的技术措施时,应在第一遍涂刷的涂层干燥固化后,再涂刷第二遍涂料,使其形成固化成膜稳定的、具有规定厚度的涂膜防水层。两涂层之间的间隔时间应根据涂料品种确定,但也不宜过长,否则会形成分层

第八章 装饰装修工程

第一节 装 修

一、门窗安装

1. 门窗质量要求

（1）铝合金门窗质量要求

铝合金门窗有平开铝合金门、推拉铝合金门、铝合金地弹簧门、平开铝合金窗、推拉铝合金窗。

平开铝合金门有 50、55、70 等系列。推拉铝合金门有 70、90 等系列。铝合金地弹簧门有 70、100 等系列。平开铝合金窗有 40、50、70 等系列。推拉铝合金窗有 55、60、70、90、90-1 等系列。

铝合金门窗表面质量应达到以下要求。

1）门窗表面不应有明显的擦伤、划伤、碰伤等缺陷。

2）门窗相邻杆件着色表面不应有明显的色差。

3）门窗表面不应有铝屑、毛刺、油斑或其他污迹，装配连接处不应有外溢的胶粘剂。

4）门窗产品按规定进行出厂检验，出厂应附有合格证。

（2）涂色镀锌钢板门窗质量要求

彩色涂层钢板门窗的材料及配件质量要求应达到以下要求。

1）基材主要型材应采用 0.7～0.9mm 的彩色涂层钢板，表面彩色涂层是聚酯涂料。其各项性能技术要求，应符合《彩色涂层钢板及带钢》标准的要求。盐雾试验：不起泡、不锈蚀。

2）门窗五金配件合页、支撑、执手应采用锌合金铸件、不锈钢、钢质冲压件（铰链并喷塑）、增强尼龙等材料制作，应具有抗腐蚀性能。其他连接件、自攻螺钉、预埋件等应具有抗腐蚀防锈的性能。

3）密封条采用 PVC 改性塑料条、橡胶条等。

4）窗纱采用尼龙丝、铜丝、铝丝等窗纱。

5）防腐涂料采用丙烯酸树脂、富锌底漆、硅胶、彩板修补涂料等。

6）玻璃采用平板玻璃、中空玻璃等。平板玻璃厚度需按风荷载验算。厚度为 3～6mm。

（3）钢门窗质量要求

1）钢门窗有实腹钢门窗、空腹钢门窗和窗腹钢门窗，常用实腹钢门窗。

2）实腹钢门窗有 25、32、40 等系列。

3）25 系列钢门窗有固定窗、中悬窗、上悬窗、单层平开窗、双层平开窗、单层密闭窗、连窗门、组合窗、配套专用窗等。

4）32 系列钢门窗有固定窗、中悬窗、上悬窗、单层平开窗、双层平开窗、单层密闭窗、双层密闭窗、立转窗、玻璃钢板门、镶玻璃钢板门、大玻璃门、钢板门、百叶钢板门、连窗门、组合窗、配套专用窗、配套专用门等。

5)40 系列钢门窗有固定窗、上悬窗、单层平开窗、双层平开窗、立转窗、玻璃钢板门、镶玻璃钢板门、大玻璃门、钢板门、百叶钢板门、连窗门等。

钢门窗质量要求分为中级和普通级。中级质量要求适用于中、高级民用建筑;普通级质量要求适用于一般民用建筑。各级质量要求的选用见表 8-1。

表 8-1　实腹钢门窗质量等级的选用

项目名称	中级质量要求	普通级质量要求
钢门窗型材	符合标准	符合标准
产品制作质量	一级品	二级品
防锈处理	除油锈后、电泳涂漆或优质底漆	除油锈后,浸漆或一般涂漆
五金零件	中级	普通级
平板玻璃	优质油灰或玻璃嵌条	普通油灰
钢门窗密封条	一等品	二等品

(4)硬聚氯乙烯塑钢门窗质量要求

1)种类。

硬聚氯乙烯塑钢门窗简称塑钢门窗。

塑钢门有平开门、推拉门、固定门。平开门有 50、58 系列;推拉门有 80、85、85A、95 等 4 个系列;固定门有 50、58 等系列。

塑钢窗有固定窗、平开窗、滑撑平开窗、中悬窗、推拉窗。固定窗有 45、50、58 等系列;平开窗有 45、45A、50、58 等系列;滑撑平开窗有 45、50、58 等系列;中悬窗有 50、58 等系列;推拉窗有 75、80、85、85A、95、95A 等系列。

2)要求。

①门窗所用型材,应符合《门窗框用硬聚氯乙烯(PVC)型材》的规定。

②窗用密封条,应符合《塑料门窗用密封条》的规定。

③门窗所用加强筋型钢,应符合《普通碳素结构钢和低合金结构钢热轧钢板技术条件》和《通用冷弯开口型钢尺寸、外形、重量及允许偏差》的规定。

④门窗成品的构造尺寸,应符合《塑料门窗基本尺寸公差》的规定。

⑤门窗产品分级性能,应符合《PVC 塑料门窗物理性能分级》的规定。

⑥门窗表面应光洁,无气泡和裂缝,颜色均匀,门窗框装饰表面不应有明显的损伤。

2. 铝合金门窗安装

(1)铝合金门窗框与墙体连接

墙体与连接件、连接件与门窗框连接方式有:

①连接件焊接连接——适用于钢结构。

②预埋件连接——适用于钢筋混凝土结构。

③燕尾铁脚连接——适用于砖结构。

④金属胀锚螺栓连接——适用于钢筋混凝土结构和砖结构。

⑤射钉连接——适用于钢筋混凝土结构。

（2）铝合金门窗安装要点

铝合金门窗安装，必须先预留门窗洞口，后安装门窗。

门窗安装前，应检查洞口尺寸。采用预埋件焊接连接的，应事先在洞口四周按规定连接点间距预埋钢板；采用燕尾铁脚连接或金属胀锚螺栓连接的，应按连接点间距，在墙体上钻孔；采用射钉连接的，应划出连接点位置。

安装时，将门窗先安放在洞口准确位置，四周用木楔临时固定，校正其梃料垂直度、冒料的水平度，门窗在洞口进伸位置及门窗扇开启方向的正确性。

门窗校正无误后，将连接件按连接位置卡紧于门窗框外侧。当采用预埋件焊接连接时，连接件端边与预埋件钢板焊接牢固；当采用燕尾铁脚连接时，事先应在钻孔内塞入水泥砂浆，将燕尾铁脚拴牢；当采用金属胀锚螺栓连接时，应先将胀锚螺栓塞入孔内，螺栓端应伸出连接件，套上螺帽拴紧；当采用射钉连接时，应按射钉位置打入射钉，每个连接点应打两枚射钉。

在门窗框周边与抹灰层接触处应嵌入密封条，密封条的长度应比门窗框的装配边长20～30mm，在转角处应斜面断开，并用胶粘剂粘贴牢固。

门窗框外边的连接件与墙体之间空隙，可用隔热材料（如矿棉条、玻璃棉毡条）或水泥砂浆填塞。门窗框与墙体需用隔热材料填塞时，须采用预埋件焊接连接。

阳极氧化处理的铝合金型材与水泥砂浆接触面应在安装前涂防腐绝缘涂料，如氯化橡胶、氯磺化聚乙烯等防腐涂料。

3. 彩色涂层钢板门窗安装

（1）彩色涂层钢板门窗框与墙体连接

墙体与连接件、连接件与门框连接方式有：

①金属胀锚螺栓连接——适用于钢筋混凝土结构、砖结构。

②射钉连接——适用于钢筋混凝土结构。

③预埋件焊接连接——适用于钢筋混凝土结构。

（2）彩色涂层钢板门窗安装要点

①彩色涂层钢板门窗的安装，应先预留门窗洞口后再安装门窗。

②彩色涂层钢板门窗的安装方法，基本上与铝合金门窗的安装方法相同。

③带附框的门窗应先将附框立于洞口内进行调整，用木楔调整附框至横平竖直后，将连接件与主体结构连接，用水泥砂浆填实缝隙，待内外饰面工程完毕后，再将门窗框与附框连接牢固。缝隙处用密封胶填实。不带附框的门窗应在内外饰面工程打底层抹灰后进行门窗框安装，用密封胶嵌缝填实，再做饰面抹灰层，最后剥去门窗表面的保护膜。

④严禁将门窗直接固定在轻质墙体上，应在轻质墙体内预埋混凝土砌块，砌块表面应有预埋钢板（朝门窗框的一面），门窗的连接件与预埋钢板焊接。

4. 实腹钢门窗安装

（1）实腹钢门窗框与墙体连接

实腹钢门窗框与墙体连接方式有：

①用调整铁脚与墙体上预埋钢板焊接，适用于钢筋混凝土结构。

②用燕尾铁脚伸入墙洞内并以水泥砂浆固定牢固，适用于砖结构。

（2）实腹钢门窗安装要点

①实腹钢门窗安装，必须先预留门窗洞口，后安装门窗。

②安装门窗前,应检查门窗洞口尺寸。

③钢筋混凝土结构的墙体,应事先在连接点处预埋钢板。砖结构的墙体,应事先在连接点处钻孔。

④采用调整铁脚安装门窗,应先将门窗框立于洞口内,用木楔调整门窗框横平竖直,再将调整铁脚用螺栓固定于门窗框上,其一端与预埋钢板抵紧,将调整铁脚与预埋钢板焊牢。

⑤采用燕尾铁脚安装门窗时,应在门窗框连接点处的墙体上钻孔,孔内塞填水泥砂浆,将燕尾铁脚置于水泥砂浆中,再把门窗框立于洞口内。用木楔调整门窗框至横平竖直,再用螺栓穿过门窗框与燕尾铁脚固定,待水泥砂浆凝固后,门窗便安装牢固了。

5. 塑钢门窗安装

(1)塑钢门窗框与墙体连接

塑钢门窗框与墙体连接方式有:

①塑料膨胀螺钉连接——适用于砖结构。

②预埋件连接——适用于钢筋混凝土结构。

③射钉连接——适用于钢筋混凝土结构。

(2)塑钢门窗安装要点

①塑钢门窗安装前,当采用塑料膨胀螺钉连接时,应先在墙体上连接点处钻孔,孔内塞入塑料胀管;当采用预埋件连接时,应先在墙体上连接点处预埋钢板。窗台处应事先钻孔。

②塑钢门窗安装时,先将塑钢门窗立于门窗洞口内,用木楔调整其横平竖直,然后按连接点位置,将调整铁脚卡紧门窗框外侧,调整铁脚另一端与墙体连接:采用塑料膨胀螺钉连接时,用螺钉穿过调整铁脚的孔拧入塑料胀管中;采用预埋件连接时,调整铁脚用电焊焊牢于预埋钢板上;采用射钉连接时,将射钉打入墙体,使调整铁脚固定牢,每处打入射钉 1 枚。窗台处调整铁脚应先将其垂直端塞进钻孔内,水平端再卡紧窗框,待窗框校正完毕后,再在钻孔内灌入水泥砂浆。

门窗框与洞口的缝隙应用泡沫塑料条填塞,填塞不宜过紧。门窗框四周的内外接缝应用密封膏嵌缝严密。

二、玻璃安装

1. 玻璃储存和运输

玻璃必须在有顶盖的干燥房间内储存,在运输途中和装卸时需有防雨措施。

玻璃在储存、运输、装卸时,箱盖向上,包装箱不得平放或斜放。

玻璃在运输时,箱头应朝向运输的运行方向,并采取措施,防止倾倒、滑动。

当用人力搬运玻璃时,应避免玻璃在搬运过程中破损;搬运大面积玻璃时应注意风向,不应使玻璃平面迎着风向,以确保安全。

中空玻璃应放在货架上,其边部必须与支撑平面垂直。货架底部与水平面成 $60°\sim100°$ 倾斜角,并需粘有毛毡或橡皮。

2. 玻璃裁割

玻璃宜集中裁割,先裁大面积玻璃,后裁小面积玻璃。

裁割玻璃前,应量取安装玻璃的框口尺寸,再计算玻璃尺寸。相同规格的多个框口,可量取其中 5 个尺寸计算平均值作为计算玻璃尺寸的依据。玻璃尺寸应略小于框口尺寸。

钢木框、扇玻璃尺寸等于相对裁口底之间的尺寸减小 2~3mm。

铝合金框、扇玻璃尺寸：当安装平板玻璃时，玻璃尺寸等于相对玻璃槽底之间的尺寸减去 6mm。当安装中空玻璃时，固定部分的玻璃尺寸在垂直方向等于相对玻璃槽底之间的尺寸减小 13mm；在横向等于相对玻璃槽底之间的尺寸减小 10mm。可动部分的玻璃尺寸在垂直方向等于相对玻璃槽底之间的尺寸减小 10mm；在横向等于相对玻璃槽底之间的尺寸减小 6mm。

塑料框、扇玻璃尺寸等于相对裁口底之间的尺寸减小 3~4mm，并保证玻璃伸进框扇料的深度不小于 12mm。

在玻璃上量取玻璃尺寸时，应按计算的玻璃尺寸再减去 2mm，这是因为玻璃刀口离刀柄还有 2mm。玻璃刀口不能直接触及尺边，而是刀柄侧面触及尺边。

裁割玻璃，应量准尺寸，一刀到底，用力均匀，玻璃裁割后的边缘不得有缺口和斜口。

裁割好的玻璃应按不同尺寸，安放在安装玻璃位置的旁边，避免水浸湿玻璃。

夹丝玻璃的裁割边缘上宜刷防锈涂料。

3. 玻璃安装

(1)钢木框、扇玻璃安装

1)钢木框、扇玻璃安装前，应将裁口内的污垢清除干净，并沿裁口的全长均匀抹涂 1~3mm 厚的底油灰。

2)安装木框、扇玻璃，可用圆钉固定，钉距不得大于 300mm，且每边不少于 2 个，并用油灰填实抹光；也可用木压条固定，木压条应先涂干性油，每根木压条上钉圆钉数不少于 2 个，钉距不得大于 300mm，木压条不应将玻璃压得过紧。

3)安装钢框、扇玻璃，应用钢丝卡固定，卡距不得大于 300mm，且每边不少于 2 个，并用油灰填实抹光。

4)安装长边大于 1500mm 或短边大于 1000mm 的玻璃，应先将橡胶垫嵌入裁口内，并用压条和螺钉镶嵌牢固。

5)工业厂房用天窗玻璃，应采用夹丝玻璃，如采用平板玻璃，应在玻璃下面加设一层保护网。

6)天窗玻璃应顺水流方向盖叠安装，其盖叠长度：天窗坡度为 25% 或大于 25% 时应不小于 30mm；天窗坡度小于 25% 时应不小于 50mm。盖叠处应用钢丝卡固定，并在盖叠缝隙中用密封膏嵌塞密实。

7)楼梯间和阳台等的围护结构安装钢化玻璃时，应用卡紧螺丝或压条镶嵌固定。玻璃与围护结构的金属框格相接处，应衬橡胶垫或塑料垫。

8)彩色玻璃、压花玻璃的拼缝应使图案吻合，不得错位、弯曲和松动。

9)安装磨砂玻璃，应使其磨砂面朝向室内。

10)安装压花玻璃，应使其压花面朝向室外。

(2)铝合金、塑料框、扇玻璃安装

安装中空玻璃及面积大于 $0.65m^2$ 的玻璃时，应符合下列规定：

1)安装于竖框中的玻璃、应搁置在两块相同的定位垫块上，定位垫块的搁置点离玻璃的垂直边缘的距离宜为玻璃宽度的 1/4，且不宜小于 150mm。

2)安装于扇中的玻璃，应按开启方向确定其定位垫块的位置。定位垫块的宽度应大于所支撑的玻璃件的厚度，长度不宜小于 25mm，并应符合设计要求。

3)玻璃安装就位后,其边缘不得和框、扇及连接件相接触,所留间隙应符合规定。例如:铝合金框安装平板玻璃时,玻璃厚度不大于 5mm 时,间隙为 2.5mm;玻璃厚度大于 5mm 时,间隙为 3mm;铝合金框安装中空玻璃时,间隙为 5mm。

4)玻璃镶入框、扇内,填塞填充材料、镶嵌条时,应使玻璃周边受力均匀。镶嵌条应和玻璃、玻璃槽口贴紧。

5)密封膏封贴缝口时,封贴的宽度和深度应符合设计要求,充填必须密实,外表面应平整光洁。

6)迎风面的玻璃镶入框内后,应立即用通长镶嵌条或垫片固定,以免遇到大风时玻璃受损。

7)玻璃安装时所使用的各种材料均不得影响泄水孔的畅通。

三、吊顶

1. 材料质量要求

1)吊顶工程所用的木龙骨、铝合金龙骨、轻钢龙骨及其配件应符合有关现行国家标准。

2)各类罩面板不应有气泡、起皮、裂纹、缺角、污垢和图案不完整等缺陷,表面应平整、边缘应整齐,色泽应一致。穿孔板的孔距应排列整齐。胶合板、木质纤维板不应脱胶、变色和腐朽。

3)各类罩面板的质量均应符合现行国家标准、行业标准的规定。

4)安装罩面板的紧固件,宜采用镀锌制品,预埋的木砖应作防腐处理。

5)胶粘剂的类型应按所用罩面板的品种配套选用,现场配制的胶粘剂,其配合比应由试验确定。

2. 轻钢龙骨吊顶

轻钢龙骨吊顶安装要求:

以双层 U 型轻钢龙骨吊顶为例,其安装顺序如下。

装设吊杆→吊杆标高定位→安装大龙骨→安装中龙骨→安装小龙骨→安装中、小龙骨横撑→安装罩面板。

1)装设吊杆。按设计要求,在顶层板底下预埋吊杆固定点,制作吊杆,并将吊杆吊挂在固定点上。

2)吊顶标高定位。按吊顶设标高,在吊顶四周的墙面上画出吊顶大龙骨底标高线。

3)安装大龙骨。将大龙骨垂直吊挂件套装在大龙骨上,连同大龙骨一起递上去。将大龙骨吊挂件的上端与吊杆初步连接,使大龙骨的端头底面与墙上大龙骨底标高线相平,再按房间短向跨度计算出大龙骨中间的起拱量,起拱量应不小于房间短跨的 1/200。再逐个计算出各个吊点的起拱量,调节吊杆下端的螺帽位置,使各个吊点的大龙骨底标高合适。吊杆距大龙骨端部距离不得超过 300mm,否则应增设吊杆。大龙骨端面不宜紧靠墙面,应适当留有空隙。

4)安装中龙骨。按中龙骨设计位置,在大龙骨上安放中龙骨垂直吊挂件再将中龙骨递上去,吊挂于中龙骨垂直吊挂件的下端。中龙骨安装应顺直,间距准确。

5)安装小龙骨。按小龙骨设计位置,在大龙骨上安装小龙骨垂直吊挂件,将小龙骨递上去,吊挂在小龙骨垂直吊挂件的下端。小龙骨安装应顺直,间距正确。小龙骨底面应与中龙骨底面相平。

6)安装中、小龙骨横撑。在中龙骨上安装中龙骨平面连接件,将中龙骨横撑装于中龙骨平面连接件上。在中龙骨上安装小龙骨平面连接件,将小龙骨横撑装在小龙骨平面连接件上。

7)安装罩面板。如采用石膏板、石棉水泥板则用镀锌自攻螺钉固定,应先将板材就位,用电钻(钻头直径略小于自攻螺钉直径)将板材和龙骨钻通,再上自攻螺钉并拧紧,自攻螺钉间距不得大于 200mm。如用钙塑板凹凸板,则用胶粘剂粘贴,即在板材背面四周涂刷胶液,待胶液稍干、触摸时能拉细丝后,再行粘贴。如为双层罩面板,则先安装底层板,在底层板上按面层板规格放线后,再粘贴面层板。粘贴面层矿棉板时,应先在其背面按团状涂专用胶粘剂,每团间距不大于 200mm,再按面层板划线位置粘贴在底层板上。

3. 铝合金方板吊顶

铝合金方板安装一般应经过以下顺序。

装设吊杆→确定吊顶标高→安装大龙骨→安装中龙骨→安装铝合金方板→安装铝合金靠墙板。

1)装设吊杆。同 U 型轻钢龙骨吊顶。

2)确定吊顶标高。在吊顶四周墙面上划出靠墙板底标高线及大龙骨底标高线。

3)安装大龙骨。同 U 型轻钢龙骨吊顶中所述。

4)安装中龙骨。按中龙骨设计位置,在大龙骨上装设中龙骨垂直吊挂件,把中龙骨递上去,使垂直吊挂件卡住中龙骨的两翼,中龙骨安装要求顺直,间距正确。

5)安装铝合金方板。先校核中龙骨间距,再将铝合金方板递上去,使方板四周边棱夹紧于中龙骨中,方板安装要求板面平整。

6)安装靠墙板。安装靠墙板应待墙面抹灰干燥后进行。安装时,使靠墙板一侧边棱夹紧于中龙骨内,另一侧边紧贴墙面抹灰层。

4. 铝合金条板吊顶

无大龙骨铝合金条板吊顶安装顺序。

装设吊杆→确定吊顶标高→安装条板龙骨→安装靠墙板→安装条板及插缝板。

有大龙骨铝合金条板吊装安装顺序如下:

装设吊杆→确定吊顶标高→安装大龙骨→安装条板龙骨→安装靠墙板→安装条板及插缝板。

5. 木龙骨吊顶

木龙骨吊顶安装一般按以下顺序进行。

装设吊杆→吊顶标高定位→安装大龙骨→安装小龙骨→安装罩面板。

1)装设吊杆。吊杆可采用 $\phi 4mm$ 镀锌铁丝,吊杆间距宜为 1200mm,吊杆位置应沿大龙骨长度方向均匀分布,吊杆至大龙骨端头距离不大于 300mm。楼板为现浇钢筋混凝土板时,吊杆应在浇筑混凝土前埋设;楼板为预制钢筋混凝土板时,吊杆可埋设在板的拼缝内,其上端应另加一根 $\phi 8mm$ 钢筋(长 50mm),搁在板上。

2)吊顶标高定位。沿吊顶四周墙面,划出大龙骨及小龙骨的底标高线。

3)安装大龙骨。先将吊杆校直,将大龙骨递上去,把两端的吊杆绑住大龙骨,使大龙骨两端的底面正对墙面上大龙骨底标高线,再逐个绑扎大龙骨中间部分的吊点。大龙骨正中的吊点应起拱,起拱值为大龙骨长度的 1/200。

4）安装小龙骨。先按小龙骨间距在大龙骨的侧面上画线，按线钉上吊筋，再把小龙骨钉上去，与吊筋的下部钉牢，小龙骨上表面应紧贴大龙骨下表面。吊顶四周的小龙骨应按小龙骨标高线钉固于墙内的预埋木砖上。吊筋的下端面不得超过小龙骨的下表面。小龙骨的间距一定要符合罩面板规格的整分数。

5）安装罩面板。胶合板可用圆钉固定，钉距为 80～150mm，钉长为 25～35mm，钉帽应打扁，冲入板面 0.5～1.0mm，钉眼用油性腻子抹平。纤维板可用圆钉固定，钉距为 80～120mm，钉长 20～30mm，钉帽冲入板面 0.5mm，钉眼用油性腻子抹平。胶合板、纤维板的接缝如用木压条固定时，钉距不应大于 200mm，钉帽打扁，冲入木压条面 0.5～1.0mm，钉眼用油性腻子抹平。

四、隔断工程

1. 材料质量要求

1）隔断工程所用材料的品种、规格、颜色以及隔断的构造、固定方法，应符合设计要求。

2）木龙骨、轻钢龙骨、石膏龙骨及其配件应符合现行国家标准和行业标准。

3）石膏条板的质量应符合设计要求及产品质量的有关规定。

4）罩面板（石膏板、胶合板等）应表面平整、边缘整齐，不应有污垢、裂纹、缺角、翘曲、起皮、色差和图案不完整等缺陷。胶合板、木质纤维板不应脱胶、变色和腐朽。

5）胶粘剂应按罩面板的品种而定，现场配制胶粘剂，其配合比应由试验确定。

6）接触砖石、混凝土的木龙骨和预埋的木砖应作防腐处理。

7）龙骨宜存放在地面平整的室内，并应采取措施，防止龙骨变形、生锈。

8）罩面板应按品种、规格分类存放于地面平整、干燥、通风处，并根据其性质不同分别采取措施，防止受潮变形。

9）石膏条板的堆放场地应平整、清洁、干燥，并应采取措施，防止石膏条板浸水损坏，受潮变形。

安装罩面板宜使用镀锌螺钉、钉子。

2. 石膏龙骨石膏板隔断

以上述石膏龙骨石膏板隔断为例，其安装顺序如下。

隔断位置放线→墙垫施工→隔断四周粘贴沿顶、沿地、靠墙龙骨→龙骨安装→一侧粘贴石膏板→另一侧粘贴石膏板→隔断表面装饰。

1）隔断位置放线。在地面上、顶棚底以及墙体上按隔断设计位置弹出隔断的中心线及边线。

2）墙垫施工。依照隔断在地面上的中心线，向两边放出墙垫厚度线，按此线立起墙垫侧模板，在模板内浇筑 C20 混凝土，并振捣密实，做以养护，养护达到混凝土设计强度 5％以上时，才能在其上进行龙骨安装。

3）隔断四周粘贴龙骨。按照顶棚底上的隔断中心线粘贴沿顶龙骨；按照墙体上隔断中心线粘贴靠墙龙骨；在墙垫面上再弹出隔断中心线，按此线铺设粘贴沿地龙骨；再按龙骨中距，在沿顶龙骨及沿地龙骨上画出竖向龙骨中线。当采用暗缝时，石膏板缝宽度为 6mm，龙骨间距为 453mm；采用明缝时，龙骨间距应根据明缝宽度而定。

4）龙骨安装。竖向龙骨应由隔断的一端开始排列。当隔墙上设有门窗口时，应从门窗口向一侧或两侧排列。当最后一根龙骨距墙边的尺寸大于 500mm 时，必须增设 1 根龙骨。

龙骨的安装,宜先立两端龙骨,吊线找顺直,按隔墙高度在龙骨的一侧拉线1～2道,中间龙骨依拉线找齐。当隔断设有门窗时,必须先安装门窗洞口一侧的龙骨,随即立门窗框,再安装另一侧的龙骨,严禁后塞口。竖向龙骨的顶端应与沿顶龙骨顶紧;竖向龙骨的底端,用对木楔适度挤严,木楔周围用胶粘剂包住。在距地1/3隔断高处设置斜撑一道,斜撑端头应切斜,与竖向龙骨抵紧。斜撑的上端上方和下端下方应粘贴石膏板块固定,以防斜撑移动。

5)粘贴石膏板。石膏板的粘贴,必须在安装龙骨的胶粘剂终凝后(不早于4h)进行。粘贴时,先在石膏板的背面四周30mm宽度范围内和龙骨上均匀涂抹胶粘剂,而后将石膏板贴在龙骨上。如粘贴两层石膏板,第二层石膏板应待第一层石膏板的胶粘剂初凝后才能进行。先在第二层石膏板背面四周和第一层石膏板的竖向接缝处深抹宽约60mm的胶粘剂,而后将第二层石膏板粘贴在第一层石膏板面上。粘贴石膏板时,应推压挤紧,用橡胶锤敲打,使石膏板与龙骨、两层板之间紧密粘合,防止空鼓。粘贴后应立即检查石膏板面的平整度和垂直度。石膏板的粘贴,要求一侧的第一层板与第二层板、两侧的第一层板与第一层板,应错缝粘贴,以加强隔断的整体性。第一层石膏与顶棚、墙体的接缝应顶紧,而第二层石膏板与顶棚、墙体的接缝应留6mm缝隙,接缝内的胶粘剂应低于板面5mm,以备嵌缝。为了防止门窗洞口的上角发生裂缝,两侧石膏板宜用刀形板。

6)隔断表面装饰。隔断安装完毕后,应做基面处理。首先,起出临时用钉;将浮灰扫除;对于损坏暴露石膏部位应用107胶水(胶∶水=1∶9)涂刷1遍,待胶层干后进行修补嵌缝,除明缝外,石膏板之间的接缝和石膏板与顶棚、墙体的接缝必须嵌缝和粘贴接缝带。

7)安装质量要求。隔断应安装牢固,不得松动;石膏板不得受潮和污损;接缝带应粘贴牢固,免得空鼓翘边。安装质量的允许偏差应符合表8-2的规定。

表8-2　石膏龙骨石膏板隔断安装质量允许偏差

项次	项　目	允许偏差(mm)		检验方法
		中级	高级	
1	墙面平整	4	2	用2m直尺和塞尺检查
2	墙面垂直	5	3	用2m托线板和尺检查
3	阴阳角垂直	4	2	用2m托线板和尺检查
4	阴阳角方正	4	2	用200mm方尺检查
5	接缝高低差	1.5	1	用直尺和塞尺检查

3. 轻钢龙骨石膏板隔断

以LL体系轻钢龙骨石膏板隔断为例,其安装顺序如下。

隔断位置放线→墙垫施工→安装沿地、沿顶龙骨→安装竖向龙骨→安装门框→安装隔断的一侧石膏板→安装隔断的另一侧石膏板→接缝处理→隔断表面装饰。

1)隔断位置放线。按设计要求确定隔断位置,在地面放出隔断中心线及边线(龙骨边线),并将线引至顶棚及侧墙上。

2)墙垫施工。先对墙垫与地面接触部位进行清理,涂刷界面处理剂,随即支模,浇筑C20混凝土墙垫,墙垫上表面应平整,侧面应垂直。

3)安装沿地、沿顶龙骨。在墙垫上用射钉固定沿地龙骨;在顶棚下用射钉固定沿顶龙骨;射钉间距为900mm。

4)安装竖向龙骨。按已确定的竖向龙骨间距,在沿地、沿顶龙骨上分档画线。竖向龙骨应由隔断的一端开始排列,当隔断上设有门窗时,应从门窗口向一侧或两侧排列。当最后一根竖向龙骨距墙边的尺寸大于确定的竖向龙骨间距时,必须增设1根竖向龙骨。竖向龙骨的上下端除有规定外,应与沿地、沿顶龙骨用铆钉或自攻螺丝固定。

5)安装门框。将木门框与门边竖向龙骨用木螺丝固定。

6)安装石膏板。石膏板应竖向排列,隔断两石膏板应错缝排列。双层石膏板的第一层板与第二层板也应错缝排列。石膏板与龙骨固定,应采用自攻螺丝(带有钻头,螺帽呈喇叭形)。螺钉长度:用于12mm厚石膏板的长度为25mm;用于双层12mm厚石膏板的长度为35mm。螺钉距石膏板边缘至少10mm(在切割的边缘至少15mm)。螺钉中距:在板的四周为250mm;在板的中部为300mm。螺帽应埋入板内,但不应损坏纸面。双层石膏板的第一层板与第二层板的连接,也可用胶粘剂粘贴,胶粘剂的厚度以2~3mm为宜。为了避免门口上角的石膏板在接缝处出现开裂,其两侧应采用刀把形板。隔断的阳角和门窗口边应选用边角方整无损的石膏板。

7)接缝处理。隔断安装完毕,首先扫除其表面浮灰。若隔断表面有损坏和暴露石膏部分,应用107胶水(107胶∶水=1∶9)涂刷1遍,待胶层干燥后进行修补嵌缝。除明缝以外的石膏板接缝(包括石膏板之间,石膏板与顶棚、侧墙的接缝),必须嵌缝并粘贴接缝带。暗接缝处理程序是:嵌接缝腻子→底层腻子并粘贴接缝带→中层腻子将接缝带埋入腻子层中→石膏板的楔形棱边填满找平。

4. 增强石膏空心条板隔断

以增强空心条板一般隔断为例,其安装顺序如下。

隔断位置放线→墙垫施工→定位粘板→填板下缝隙。

1)隔断定位放线。按设计要求在地面上定出隔断的边线,并将此线引到顶棚及侧墙上。

2)定位粘板。从隔断的一侧开始粘板,每块的顶面及侧面(粘结面)上刷胶液及石膏胶泥,每块板竖起后,先对准线顶住顶棚,其侧面拼紧侧墙或前一块条板,随即校正其位置的准确性及垂直度是否在允许偏差范围内,在底板下打入两对木楔,使条板顶紧,有门框的应将门框随同条板一起安装,木门框应用木螺丝固定于木门框条板上。

3)填板下缝隙。隔断的条板全部安装完成,经校核无误后,用C20混凝土填塞板下缝隙,要充分填实,待细石混凝土达到设计强度后拔出木楔,木楔空隙再用C20细石混凝土填塞。

5. 玻璃木隔断

玻璃木隔断安装顺序如下。

隔断位置放线→砌筑窗台墙或踢脚→制作及安装龙骨→安装窗台板→安装门扇→窗台墙或踢脚抹面→装玻璃及刷涂料。

1)隔断位置放线。按设计要求在地面上放出隔断中心线、龙骨边线及窗台墙或踢脚边线,并将隔断中心线、龙骨边线引到顶板及侧墙上。

2)砌筑窗台墙或踢脚。按照窗台墙边线砌筑窗台墙,窗台墙顶应预埋木砖,木砖中距为800~1000mm,木砖规格为60mm×120mm×120mm。或按照踢脚边线砌筑踢脚或浇筑混凝土踢脚,踢脚顶亦应预埋木砖,木砖规格及中距同上。

3)制作及安装龙骨。按照隔断设计分格,把各个龙骨拼装成整个骨架,把隔断的整个骨架依设计位置装入,随即校正其垂直度,无误差后,将沿顶龙骨、沿窗台龙骨(或沿地龙骨)、靠墙龙骨加以固定。

4)安装窗台板。窗台板如为木质,应在整个骨架安装后铺设;窗台板如为水磨石板,则应先在窗台墙上铺设,后安装整个骨架。

5)安装门扇。按门扇的开启方向,在竖向龙骨上安装门扇(门扇两侧竖向龙骨及门扇上方横向龙骨兼作门框)。

6)窗台墙或踢脚抹面。在砖砌窗台墙或踢脚两侧面用1∶2.5水泥砂浆抹面。踢脚如为混凝土,亦应用1∶2.5水泥砂浆抹面。

7)装玻璃及刷涂料。先清除整个骨架上的污垢及杂物,在各个分格内先钉上一侧的玻璃压条,量出压条分格的尺寸,切割玻璃,把玻璃装入每个分格内,随即钉设另一侧玻璃压条。当玻璃高度小于1m时,玻璃厚度采用5mm。玻璃安装完毕后即可对木龙骨及木门扇等进行刷涂料,涂料宜用溶剂型混合色涂料或清漆。

第二节　装　　饰

一、抹灰

1. 一般抹灰

一般抹灰包括:石灰砂浆、水泥砂浆、水泥混合砂浆、聚合物水泥砂浆、膨胀珍珠岩水泥浆和麻刀石灰、纸筋石灰、石膏灰等抹灰工程。

(1)一般抹灰材料质量要求

1)水泥。一般抹灰砂浆所用水泥有硅酸盐水泥、普通硅酸盐水泥、粉煤灰硅酸盐水泥、矿渣硅酸盐水泥、火山灰质硅酸盐水泥、快硬硅酸盐水泥等。

①硅酸盐水泥是在硅酸盐水泥熟料加入0~5%石灰石或粒化高炉矿渣、适量石膏,磨细而制成的。硅酸盐水泥的强度等级以28d抗压强度表示,分为42.5、42.5R、52.5、52.5R、62.5、62.5R 6个等级。

②普通硅酸盐水泥是由硅酸盐水泥熟料、6%~15%混合材料、适量石膏,磨细制成的,简称普通水泥。普通水泥的强度等级以28d抗压强度表示,分为42.5、42.5R、52.5、52.5R 4个等级。

③粉煤灰硅酸盐水泥是由硅酸盐水泥熟料和粉煤灰、适量石膏,磨细制成的,简称粉煤灰水泥。粉煤灰水泥的标号以28d抗压强度表示,分为32.5、32.5R、42.5、42.5R、52.5、52.5R 6个等级。

④矿渣硅酸盐水泥是由硅酸盐水泥熟料和粒化高炉矿渣、适量石膏,磨细制成的,简称矿渣水泥。矿渣水泥的强度等级以28d抗压强度表示,分为32.5、32.5R、42.5、42.5R、52.5、52.5R 6个等级。

⑤火山灰质硅酸盐水泥是由硅酸盐水泥熟料和火山灰质混合材料、适量石膏,磨细而成的,简称火山灰水泥。火山灰水泥的强度等级以28d抗压强度表示,分为32.5、32.5R、42.5、42.5R、52.5、52.5R 6个强度等级。

⑥快硬硅酸盐水泥是由硅酸盐水泥熟料和适量石膏,磨细而成的,简称快硬水泥。快硬

水泥的强度等级以 3d 抗压强度表示,分为 32.5、42.5、52.5 3 个强度等级。

⑦一般抹灰工程中所用的水泥,其标号不宜大于 42.5 级,不得使用废品水泥或不合格水泥。水泥出厂日期超过 3 个月的,应经过品质检验,以确定其是否适用。

2)石灰。一般抹灰所用的石灰有生石灰、生石灰粉、消石灰粉、石灰膏等。

①生石灰是以碳酸钙为主要成分的原料,在低于烧结温度下煅烧而成的。生石灰按化学成分分为钙质生石灰(氧化镁含量≤5%)、镁质生石灰(氧化镁含量>5%)。生石灰按产品等级分为优等品(产浆量不小于 2.8L/kg)、一等品(产浆量不小于 2.3L/kg)、合格品(产浆量不小于 2.0L/kg)。

②生石灰粉是以生石灰为原料,经研磨制成的。生石灰按化学成分分为钙质生石灰粉(氧化镁含量≤5%)、镁质生石灰粉(氧化镁含量>5%)。生石灰粉按产品等级分为优等品(0.125mm 孔径筛的筛余量不大于 7%)、一等品(0.125mm 孔径筛的筛余量不大于 12%)、合格品(0.125mm 孔径筛的筛余量不大于 18%)。

③消石灰粉是以生石灰为原料,经水化和加工制成的。消石灰粉按化学成分分为钙质消石灰粉(氧化镁含量<4%)、镁质消石灰粉(14%≤氧化镁含量<24%)、白云石消石灰粉(24%≤氧化镁含量<30%)。消石灰粉按产品等级分为优等品(0.125mm 孔径筛的筛余量不大于 3%)、一等品(0.125mm 孔径筛的筛余量不大于 10%)、合格品(0.125mm 孔径筛的筛余量不大于 15%)。

④石灰膏应用块状生石灰淋制,淋制时必须使用孔径不大于 3mm 的筛过滤,并储存在潮湿的沉淀池中。熟化时间常温下不小于 15d;用于罩面的,不应少于 30d。在沉淀池中的石灰膏应加以保护,防止干燥、冻结和玷污。使用时,石灰膏内不得含有未熟化的颗粒和其他杂质。抹灰用的石灰膏可用生石灰粉代替,其细度应通过 0.125mm 的筛孔。用于罩面时,熟化时间不应小于 3d。

3)砂。一般抹灰砂浆所用的砂,宜选用粗砂,砂应过筛,不得含有杂物。砂的含泥量不应超过 5%。

4)膨胀珍珠岩。一般抹灰所用的膨胀珍珠岩,宜选用中级粗细砂粒经混合级配,堆集密度宜为 80~150kg/m³。

5)聚合物。聚合物水泥砂浆所用的聚合物,宜选用聚乙烯醇缩甲醛胶(简称 107 胶)。聚乙烯醇缩甲醛胶的含固量(质量分数)为 10%~12%,密度为 1.05g/cm³,pH 值为 6~7,黏度为 3.5~4.0Pa·S,应能与水泥浆均匀混合。

6)黏土。一般抹灰用的黏土,应选用亚黏土,洁净不含杂质,使用前应加水浸透。

7)纸筋、麻刀纸筋应浸透、捣烂,洁净;罩面纸筋宜机碾磨细。麻刀应坚韧、干燥,不含杂质,其长度不得大于 30mm。

8)石膏粉。石膏粉是以 β 半水石膏为主要成分,不加任何外加剂而制成的。石膏粉分为优等品、一等品和合格品,宜选用优等品或一等品。优等品的抗折强度不小于 2.5MPa,抗压强度不小于 4.9MPa,0.2mm 方孔筛的筛余量不大于 5%。一等品抗折强度不小于 2.1MPa,抗压强度不小于 3.9MPa,0.2mm 方孔筛的筛余不大于 10%。

(2)一般抹灰砂浆配合比

一般抹灰砂浆配合比是指砂浆中除水以外各种材料用量配制比例,应采用重(质)量比,但习惯上还是采用体积比,各种砂浆配合比如下。

1)石灰砂浆。石灰砂浆由石灰膏、砂和水拌合而成,其体积配合比(石灰膏:砂)为 1:2.5 或 1:3。

2)水泥石灰砂浆。水泥石灰砂浆由水泥、石灰膏、砂和水拌合而成,其体积配合比(水泥:石灰膏:砂)为 0.5:1:3、1:3:9、1:2:1、1:0.5:4、1:1:2、1:1:6、1:0.5:1、1:0.5:3、1:1:4、1:0.5:2 和 1:0.2:2。

3)水泥砂浆。水泥砂浆由水泥、砂和水拌合而成,其体积配合比(水泥:砂)有 1:1、1:1.5、1:2、1:2.5、1:3。

4)聚合物水泥砂浆。聚合物水泥砂浆由水泥、107 胶、砂和水拌合而成,其体积配合比(水泥:107 胶:砂)为 1:0.05~0.1:2。

5)膨胀珍珠岩水泥浆。膨胀珍珠岩水泥浆由水泥、珍珠岩和水拌合而成,其体积配合比(水泥:膨胀珍珠岩)为 1:8。

6)麻刀石灰。麻刀石灰由石灰膏、麻刀和水拌合而成,每立方米石灰膏中掺入约 12kg 麻刀。

7)纸筋石灰。纸筋石灰由石灰膏、纸筋和水拌合而成,每立方米石灰膏中掺入约 48kg 纸筋。

8)石膏灰。石灰膏由石膏粉和水拌合而成,每吨石膏粉加水 0.7m³。

9)水泥浆。水泥浆由水泥和水拌制而成,每吨水泥加水约 0.34m³。

10)麻刀石灰砂浆。麻刀石灰砂浆由麻刀、石灰、砂和水拌制而成,其体积配合比(麻刀石灰:砂)为 1:2.5、1:3。

11)纸筋石灰砂浆。纸筋石灰砂浆由纸筋石灰、砂和水拌制而成,其体积比(纸筋石灰:砂)1:2.5、1:3。

(3)一般抹灰施工

一般抹灰按质量要求分为普通抹灰、中级抹灰和高级抹灰 3 个级别,施工主要工序如下。

1)普通抹灰。分层赶平、修整,表面压光。

2)中级抹灰。阳角找方,设置标筋,分层赶平、修整,表面压光。

3)高级抹灰。阴阳角找方,设置标筋,分层赶平、修整,表面压光。

4)阴阳角找方。在阴阳角处抹上砂浆,用阴角器压住砂浆上下搓动,使阴角方正。

5)设置标筋。在墙面上部靠近顶棚处以及墙面下部靠近踢脚处,每隔 1.2m 左右,用抹灰砂浆抹成 10cm 见方的标志(俗称塌饼),标志表面应与底层灰表面相符。上下标志表面应相平,可在两端标志上拉根水平方向基准线,检查中间部分的标志;可在上端标志上挂个线锤,检查下端的标志。待标志的抹灰砂浆硬化后,在上、下标志之间抹上砂浆,用刮尺依靠标志表面予以刮平,而成为标筋(俗称出柱头),标筋的表面应与标志表面相平。

6)分层赶平、修整。待标筋砂浆硬化后,在各标筋之间分层涂抹砂浆,用刮尺依靠标筋予以刮平,再用木抹抹平,有个别高低不平处用铁抹予以修整。标筋之间的抹灰层表面应与标筋表面相平。

7)表面压光。待抹灰砂浆收水后,用铁抹来回抹压,使砂浆表面平整光滑。

吊顶面抹灰不用标筋设置,可按普通抹灰的工序进行。吊顶面的高级抹灰,应加钉长 350~450mm 的麻束,间距为 400mm,并交错布置,分遍按放射状梳理抹进灰层中层内。

外墙窗台、窗楣、雨篷、阳台、压顶和突出腰线等，上面应做流水坡度，下面应做滴水线或滴水槽。滴水槽的深度和宽度均不应小于10mm，并整齐一致。如图8-1所示。

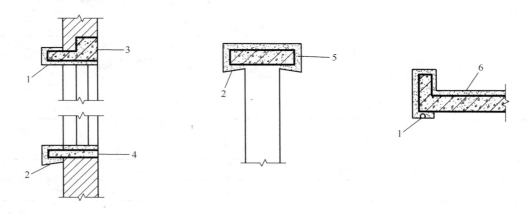

图 8-1　流水坡度、滴水线槽

1. 滴水槽　2. 滴水线　3. 钢筋混凝土过梁
4. 钢筋混凝土窗台板　5. 压顶梁　6. 挑檐、雨篷

2. 装饰抹灰

装饰抹灰是指抹灰层的面层为水刷石、水磨石、斩假石、干粘石、假面砖、拉条灰、拉毛灰、洒毛灰、喷砂、喷涂、滚涂、弹涂、仿石和彩色抹灰等。

（1）装饰抹灰材料质量

1）水泥。水泥宜用硅酸盐水泥、普通硅酸盐水泥、白色硅酸盐水泥。

①硅酸盐水泥由硅酸盐水泥熟料，0～5％石灰石或粒化高炉矿渣、适量石膏磨细制成的。硅酸盐水泥按强度分为42.5、42.5R、52.5、52.5R、62.5、62.5R 6个等级。

②普通硅酸盐水泥由硅酸盐水泥熟料、6％～15％混合材料、适量的石膏磨细而成的。普通硅酸盐水泥按强度分为32.5、32.5R、42.5、42.5R、52.5、52.5R 6个强度等级。

③白色硅酸盐水泥由白色硅酸盐水泥熟料加入适量的石膏磨细而成的，简称白色水泥。白水泥分为32.5、42.5、52.5、62.5 4个标号。白水泥的白灰分为特级、一级、二级、三级，各等级的白度不低于表8-3所示数值。

表 8-3　白色硅酸盐水泥的白度

等级	特级	一级	二级	三级
白度（％）	86	84	80	75

④白水泥品质等级分为优等品、一等品和合格品，各品质等级对应的白度等级及水泥强度见表8-4。

2）石粒。石粒又称色石碴、色石子，是由天然大理石、白云石、花岗岩以及其他天然石材经破碎加工而成的。石粒的规格与粒径的关系见表8-5。

石粒应耐光、坚硬，使用前必须冲洗干净。干粘石用的石粒应干燥。

表 8-4　白水泥品质等级与白度等级、强度等级对应表

品质等级	白度等级	水泥强度等级
优等品	特级	62.5、52.5
一等品	一级	52.5、42.5
	二级	52.5、42.5
合格品	二级	32.5
	三级	42.5、32.5

表 8-5　石粒规格与粒径关系

规格俗称	大二分	一分半	大八厘	中八厘	小八厘	米粒石
粒径(mm)	20	15	8	6	4	2～4

3)天然砂。天然砂是由自然条件作用而成的,粒径小于 5mm。天然砂的含泥量(砂中所含粒径小于 0.08mm 的尘屑、淤泥和黏土的总量)应不大于 30%。

4)砾石。砾石又称卵石,是由岩石在自然条件下形成的,粒径大于 5mm。砾石的含泥量应不大于 2%。砾石应耐光、坚硬,使用前必须冲洗干净。

5)颜料。掺入砂浆中的颜料,应采用耐碱、耐光的矿物颜料。

(2)装饰抹灰的施工要点

1)水刷石。水刷石面层宜用 8mm 厚 1∶1.5 水泥石子浆(小八厘)或 10mm 厚 1∶1.5 水泥石子浆(中八厘)。

①待中层灰凝固后,按墙面分格设计,在墙面上弹出分格线。

②用水湿润墙面,按分格线将木分格条用稠水泥浆粘在墙面上。木分格条应预先浸水,断面呈梯形,小面贴墙。

③将分格条粘牢后,在各个分格墙面内刮抹一道水灰比为 0.37～ 0.4 的水泥浆(可掺入 3%～5% 水重的 107 胶),随即抹上拌合均匀的水泥石子浆。

④待水泥石子浆稍收水后,用铁抹将露出的石子尖棱轻轻拍平,然后用刷子蘸水刷去表面浮浆,拍平压光一遍,再刷再压,不少于 3 遍,使石子大面朝外,表面排列均匀。待水泥石子浆凝结至手指按上去无痕,或刷子刷石不掉粒时,就可以进行水刷。水刷次序应由上而下,边喷水边用刷子刷面层,一般喷水洗刷到石子露出灰浆面 1～ 2mm 为宜。洗刷时如发现局部石子颗粒不均匀,应用铁抹轻轻拍压。最后用清水由上而下冲洗 1 遍,使水刷石表面干净。如表面水泥浆已硬结,可使用 5% 的稀盐酸溶液洗刷,然后用清水冲洗。

⑤待水泥石子浆面层硬结后,起出木分格条,用水泥浆(细砂)勾缝,宜勾凹缝。

2)水磨石。水磨石面层宜采用 10mm 厚 1∶1.5～2.5 水泥石子浆(中、小八厘)。

待中层灰凝固后,按墙面分格设计,在墙面上弹出分格线。

用水湿润墙面,按分格线将分格条用稠水泥浆粘在墙面上;分格条可采用铜条、铝合金条、塑料条等;分格条两边的稠水泥浆应抹成 45°角,坡角上口应低于分格条顶面约 1～2mm。

待分格条粘牢后,在各个分格墙面上刮抹一道水灰比为 0.37～0.4 的水泥浆(可掺入

3%～5%水重的 107 胶),随即抹上已拌合好的水泥石子浆,并用铁抹拍实抹平,面层加以保护。

水泥石子浆养护到试磨而石子不松动时便可进行磨石。一般开磨时间见表 8-6。

表 8-6　水磨石的开磨时间

环境温度	机磨	人工磨
20～30	约 2d 后	1d 后
10～20	约 3d 后	1.5d 后
5～10	约 5d 后	2d 后

水磨石分 3 遍进行。头遍用粗金刚石(60～80 号),边磨边洒水,粗磨至石子外露为准。用水冲洗稍干后,涂擦同色水泥浆养护 2d;第二遍用中金刚石(100～150 号),边磨边洒水,磨至表面平滑,用水冲洗后养护 2d;第三遍细金刚石(180～240 号),边磨边洒水,磨至表面光亮,用水冲洗后涂擦草酸溶液(10%浓度),再用 280 号油石细磨,磨至出白浆为止,冲洗后晾干。待面层干燥发白后进行打蜡 1 遍。在水磨石面层上薄薄地涂上一层蜡,稍干后用 280 号油石进行研磨,磨出光亮后,再涂 1 遍蜡,再研磨一遍,直到光亮洁净为止。

3)干粘石。干粘石按其施工方法分为手工干粘石和机喷干粘石。

①手工干粘石面层用小八厘色石子略掺石屑,结余层用 1mm 厚 107 胶水泥浆(水泥∶107 胶=1∶0.3～0.5)。

②机喷干粘石面层用中、小八厘色石子,并喷甲基硅醇钠憎水剂,结合层用 5mm 厚 107 胶水泥砂浆(水泥∶中砂∶细砂∶107 胶=1∶1∶35∶0.65～0.1)。

③手工干粘石施工。底层灰凝固后,在墙面上弹出分格线,洒水湿润墙面,按分格线将木分格条用稠水泥浆粘贴在墙面上。

待分格条粘牢后,在各个分格墙面内抹上 1∶3 水泥砂浆(中层灰),紧接着刮抹 107 胶水泥浆(结合层),随即粘石子,粘石子的方法是:一只手拿底钉窗纱的托盘,内装石子,一只手拿木拍,铲上石子往结合层上甩,要求甩均匀。

结合层上的石子,应拍入结合层内 1/2 深,要求拍实拍平,但不得将 107 胶水泥浆拍出,待有一定强度后洒水养护。

干粘石面层养护完毕,起出分格条,用水泥砂浆勾缝。

④机喷干粘石施工。底层灰凝固后,在墙面上弹出分格线,洒水湿润墙面,按分格线将木分格条用稠水泥浆粘贴在墙面上。

待分格条粘牢后,在各个分格墙面上抹上 107 胶水溶液(中层灰),紧接着抹 107 胶水泥砂浆(结合层),待其刚收水时,即可喷石子。

喷石子可采用喷枪(机喷干粘石专用),将石子装于料斗内,通入压缩空气便可将石子喷出。喷石子时,喷头要对准墙面,距墙面约 300～400mm,气压为 0.6～0.8MPa 为宜。

喷石子后,用铁抹子将石子轻轻拍打,或用滚筒滚压一遍,使石子面平整,洒水养护。

待干粘石面层养护完毕后,起出分格条,用水泥砂浆勾缝。

为防止粘石脱落,在干粘石面层宜用甲基硅醇钠憎水剂喷 1 遍。

4)斩假石。斩假石又称剁斧石,斩假石面层宜用 10mm 厚 1∶1.25 水泥石子浆(米粒石内掺 30%石屑)。

待中层灰凝固后,在墙面上弹出分格线,洒水湿润,按分格条粘牢后,在各个分格墙面内刮 1 道水灰比为 0.37～0.4 的水泥浆(可掺水重 3%～5% 的 107 胶),随即抹上水泥石子浆,并抹平压实,隔 1d 后,洒水养护。

待面层水泥石子浆养护到试剁不掉石屑时,就可开始斩剁。斩剁可以采用各式剁斧,自上而下进行。边角处应斩剁成横向纹或留出窄条不剁,其他中间部位宜斩剁成竖向纹。剁的方向应一致,剁纹要均匀,一般要斩剁 2 遍。已剁好的分格周围就可起出分格条。全部斩剁完后,清除表面碎渣。

5)假面砖。假面砖又称仿面砖,其抹灰层由底层灰、中层灰、面层灰组成。底层灰用 1:3 水泥砂浆;中层灰用 1:1 水泥砂浆,面层用 5:1:9 水泥石灰砂浆(水泥:石灰膏:细砂),按色彩需要掺入适量颜料,面层灰厚 3～4mm。

待中层灰凝固后,洒水湿润,抹上水泥石灰砂浆,要抹平压实。待面层灰收水后,用铁梳或铁辊顺靠尺由上而下划出竖向纹道,纹深约 1mm。竖向纹道划好后,要按假面砖的尺寸弹出水平线,将靠尺靠在水平线上,用铁刨或铁勾顺着靠尺划出横向沟槽,沟深 3～4mm。全部划好纹、沟以后,将假面砖的表面清扫干净。

6)拉条灰。

①细条拉条灰。采用 1:0.5:2 水泥石灰砂浆,适量加入细纸筋。

②粗条拉条灰。第一层采用 1:0.5:2.5 水泥石灰砂浆,适量加入细纸筋;第二层采用 1:0.5 水泥石灰膏,适量加入细纸筋。

③钢筋网拉条灰:第一层采用 1:2.5 石灰砂浆,适量加入纸筋,第二层采用细纸筋石灰。

拉条灰施工应准备木轨道及拉条模具。木轨道用杉木制成,断面为 60mm×20mm。模具长 500～600mm,一侧刻有凹凸状的齿形,齿口包铁皮。

待中层灰凝固后,在墙面上弹出若干竖向线,竖向线的间距等于拉条模具长度。

用稠水泥浆把木轨道沿着竖向线粘贴在墙面上,木轨道需用托线板靠直,接头缝处应平顺,粘结牢固。

木轨道粘牢以后,在中层灰面上洒水湿润,刷 1 道水灰比为 0.4 的水泥浆。紧跟着分层涂抹面层灰,要抹平整,待其收水以后,用拉条模具靠着木轨道从上而下多次拉动,使面层灰呈竖面条状。

如条状抹灰面有断裂细缝时,可用细纸筋水泥补抹,再用同一拉条模具上下来回拉动,使接缝处顺直光滑。

面层灰拉条完成后,取出木轨道,进行养护。面层灰干燥后,即可喷涂色浆或涂料。

7)拉毛灰。拉毛灰按其面层材料的不同,分为纸筋石灰拉毛、水泥石灰砂浆拉毛、水泥纸筋石灰拉毛等。

①纸筋石灰拉毛的底层灰和中层灰均用 1:0.5:4 水泥石灰砂浆,面层灰用纸筋石灰。施工时,先将中层灰洒水湿润,1 人涂抹纸筋石灰,1 人紧跟在后用硬毛鬃刷往墙面上垂直拍拉,拉出毛头。拍拉时用力要均匀,使毛头显露均匀、大小一致,拉毛长度一般为 4～20mm。

②水泥石灰砂浆拉毛的底层灰和中层灰均用 1:0.5:4 水泥石灰砂浆,面层灰用 1:0.5:1 水泥石灰砂浆。待中层灰有六七成干时,洒水湿润,刮抹一道水灰比为 0.37～0.4 的水泥浆,随即抹上面层水泥石灰砂浆进行拉毛。拉毛用白麻绳缠成的圆形麻刷,其直径依

拉毛头的大小而定,手持麻刷将面层砂浆一点一带,带出均匀一致的毛头。

③水泥纸筋石灰拉毛的底层灰用1:3水泥砂浆,面层灰用水泥石灰掺加石灰重量3%的纸筋。拉粗毛时水泥石灰膏之体积比为1:0.05;拉中等毛时水泥石灰膏体积比为1:0.1～0.2;拉细毛时水泥石灰膏体积比为1:0.25～0.3。底层灰凝固后洒水湿润,抹上水泥纸筋石灰,随即拉毛。拉粗毛时,面层灰要抹4～5mm厚,用铁抹轻触其表面用力拉回,要做到快慢一致;拉中等毛时可用铁抹或硬毛鬃刷粘着水泥纸筋石灰拉起;拉细毛时,水泥纸筋石灰中宜掺加适量细砂,用鬃刷粘着灰浆拉成花纹。

在一个平面上拉毛时,应避免中断留槎,以确保达到色泽一致不露底。

8)洒毛灰。洒毛灰的底层灰用1:3水泥砂浆;中层灰用水泥色浆;面层灰用1:1水泥砂浆(细砂)。

洒毛灰施工时,在中层灰上洒水湿润,用竹丝帚蘸上面层砂浆,把砂浆洒在中层灰面上,然后用铁抹轻轻压平,使洒灰处呈云朵状,大小相称,纵横相间,既不杂乱无章,也不像排队一样整齐。箆帚每次蘸的砂浆量、洒向墙面的角度与墙面的距离应保持一致。洒毛时,自上而下进行,用力要均匀。

9)喷砂。喷砂抹灰由底层灰、中层灰、面层灰组成。底层灰采用1:3水泥砂浆;中层灰采用107胶水泥砂浆,其配合比为1:1.5:0.15(水泥:细砂:107胶);面层用彩色瓷粒、花岗岩石屑、大理石屑等。喷砂需要配备喷枪、空气压缩机、橡胶滚等。底层灰凝固后,洒水湿润,刷1层107胶水溶液(107胶:水=1:3),紧跟着抹中层灰砂浆。抹完一段后,适时用喷枪进行喷砂,喷枪应从左向右,自下而上喷砂粒。喷嘴应与墙面垂直,距墙面300～500mm,要调节好空气压力及气量,使喷出的砂粒均匀、饱满密实。待中层灰砂浆刚收水时,用橡胶滚从上往下轻轻地将砂粒面滚压1遍,把浮在表面的砂粒压入中层灰内。

喷砂完毕,中层灰砂浆干透后,在砂粒面上喷涂1遍憎水剂。

10)喷涂。喷涂是利用喷枪(或喷斗)及压缩空气将聚合物水泥砂浆或聚合物水泥石灰砂浆喷涂于外墙面上。

聚合物砂浆常用配合比见表8-7。

表8-7　聚合物砂浆配合比(质量比)

饰面做法	水泥	颜料	细骨料	木质素磺酸钠	107胶	石灰膏	砂浆稠度(cm)
波面	100	适量	200	0.3	10～15	—	13～14
波面	100	适量	400	0.3	20	100	13～14
粒状	100	适量	200	0.3	10	—	10～11
粒状	100	适量	400	0.3	20	100	10～11

材料要求:浅色面层用白水泥、深色面层用普通水泥;细骨料用中砂或浅色石屑,含泥量不大于3%,过3mm方孔筛。

聚合物砂浆应用砂浆搅拌机进行拌合。先将水泥、颜料、细骨料干拌均匀,再边搅拌边按顺序加入木质素磺酸钠(先溶于水)107胶和水,直至全部拌匀为止。如拌合水泥石灰砂浆,应将石灰膏用少量水调稀,再加入到水泥与细骨料的干拌料中。拌好的聚合物砂浆,宜在2h内用完。

喷涂前,应在外墙面的底层灰上涂刷 1 道 107 胶水溶液(107 胶：水＝1：4)。

波面喷涂使用喷枪,第一遍喷到底层灰变色即可,第二遍喷至出浆不流为宜,第三遍喷至全部出浆,表面均匀呈波状,不挂流,颜色一致。喷涂时枪头应垂直于墙面,相距约 30～50cm。其工作压力,采用挤压式灰浆泵时为 0.1～0.15MPa,采用空压机为 0.4～0.6MPa。喷涂必须连续进行,不留接槎。

粒状喷涂使用喷斗,第一遍满喷盖住底层灰,收水后开足气门喷布碎点,快速移动喷斗,勿使出浆。第二遍、第三遍应留有适当时间间隔,以表面布满细碎颗粒、颜色均匀不出浆为原则。喷斗应与墙面垂直,相距 30～50cm。

11)滚涂。滚涂是将墙面上涂抹的聚合物水泥砂浆或聚合物水泥石灰砂浆滚压出各式花纹。

聚合物砂浆应采用砂浆搅拌机进行拌合。先将水泥、颜料、细骨料干拌均匀后,边搅拌边顺序加入 107 胶和水。如搅拌水泥石灰砂浆,应先将石灰膏用少量水调稀,再加入水泥与细骨料的干拌料中,六偏磷酸钠与水同时加入。

滚涂工具有橡胶辊、多孔聚氨酯辊等。

底层灰凝固后,洒水湿润,涂抹 1 遍 107 胶水溶液(107 胶：水＝1：4),随后涂抹聚合物砂浆面层。

聚合物砂浆涂抹一段时间后,紧跟着进行滚涂。辊子运行要轻缓平稳,直上直下,以保持花纹一致。

滚涂方法分干滚和湿滚两种。干滚法是辊上下一个来回,再向下走一遍,表面均匀拉毛即可,滚涂多遍易产生翻砂现象。湿滚法是用辊子蘸水滚压,一般不会有翻砂现象,但应注意保持整个表面水量一致,否则会造成表面色泽不一致。干滚法花纹较粗,而湿滚法花纹较细。

最后一遍辊子运行必须自上而下,使滚出的花纹有自然向下坡度,以免日后积尘污染。横向滚涂的花纹容易积尘,不宜采用。

如发生翻砂现象应抹一薄层聚合物砂浆,重新滚涂,不得事后修补。

在分格区内应连续滚涂,不得任意留设接槎。

12)弹涂。弹涂是用弹涂器将聚合物水泥弹到墙面上,形成色浆点,适用于装饰外墙面。

①弹涂主要工具可选用手动弹涂器或电动弹涂器。底层灰凝固后,洒水湿润,待收水后刷 1 道底色浆,要 2 遍刷成。头遍浆应饱满基本盖底,第二遍浆应适当稀一些,刷时不带起头遍浆为宜。

②底色浆干后,找一块墙面试弹。试弹时将色浆装入弹涂器中,手摇弹涂器人工摇把或电动弹涂器开启电源,使色浆弹出,看弹出的色浆点是否合适。如色浆点偏小时,弹涂器应再离墙面近一些;如色点偏大时,弹涂器应再离墙面远一些。确定好弹涂器与墙面的距离以后便可进行正式弹涂。

③弹涂应自上而下,自左而右进行。先弹深色浆,后弹浅色浆。一种色浆宜分两遍或 3 遍弹涂,头遍基本弹满,第二第三遍则补缺。深色浆干后,才能弹浅色浆,浅色浆不能盖住深色浆,浅色浆宜弹稀点,使墙面上显出不同颜色浆点。

④如做平花色点,可在弹涂色浆点后,用铁抹将色浆点轻轻压平。

⑤色浆点干燥后,喷一道憎水剂罩面。

13)仿石。

①仿石抹灰层由底层灰、结合层及面层灰组成。底层灰用 12mm 厚 1∶3 水泥砂浆,结合层用素水泥浆(内掺 3‰～5‰水重的 107 胶),面层灰用 10mm 厚 1∶0.5∶4 水泥石灰砂浆。

②底层灰凝固后,在墙面上弹出分块线,分块线按设计图案而定,使每一分块呈不同尺寸的矩形或多边形。洒水湿润墙面,按照分块线将木分格条用稠水泥浆粘贴在墙面上。

③在各分块内涂刷素水泥浆结合层,随即抹上水泥石灰砂浆面层灰,用刮尺沿分格条刮平,再用木抹抹平。

④待面层灰收水后,用短直尺紧靠在分格条上,用竹丝帚将面层灰扫出清晰的条纹。各分块之间的条纹应一块横向、一块竖向,横竖交替。如相邻两块条纹方向相同,则其中一块可不扫条纹。

⑤扫好条纹后,应立即起出分格条,用水泥砂浆勾缝,并进行养护。

⑥面层干燥后,扫去浮灰,用乳胶涂刷两遍,分格缝处不刷漆。

二、饰面板(砖)

1. 材料质量要求

1)天然大理石板材。天然大理石板分为普型板材和异型板材。普型板材是呈正方形或长方形的板材;异型板材是呈其他形状的板材。

天然大理石板材按其规格尺寸允许偏差、平面度允许极限公差、角度允许极限公差、外观质量、镜面光泽度分为优等品、一等品、合格品 3 个等级。

板材允许粘接和修补。粘接或修补后不影响板材的装饰质量和物理性能。

板材的抛光面应具有镜面光泽,能清晰地映出景物。

板材的质量密度不小于 2.60g/cm³;吸水率不大于 0.75%;干燥压缩强度不小于20.0MPa;弯曲强度不小于 7.0MPa。

2)天然花岗石板材。天然花岗石板材分为普型板材和异型板材。普型板材是呈正方形或长方形的板材;异型板材是呈其他形状的板材。

天然花岗石板材按表面加工程度分为细面板材、镜面板材和粗面板材。细面板材是指表面平整、光滑的板材;镜面板材是指表面平整、具有镜面光泽的板材;粗面板材是指表面平整、粗糙,具有较规则加工条纹的机刨板、剁斧板、锤击板、烧毛板等。

天然花岗石板材按其规格尺寸允许偏差、平面度允许极限公差、角度允许极限公差、外观质量分为优等品、一等品和合格品 3 个等级。

镜面板材的正面应具有镜面光泽,能清晰地映出景物,光泽度值应不低于 75 光泽单位。

板材的质量密度不小于 2.50g/cm³;吸水率不大于 1.0%;干燥压缩强度不小于60.0MPa;弯曲强度不小于 8.0MPa。

3)水磨石板材。水磨石板材按其表面加工细度分为粗磨板材、细磨板材和抛光板材。粗磨板材距 1.5m 目测磨痕不明显;细磨板材光泽度不低于 10 度;抛光板材光泽度不低于30 度。

水磨石板材按其外形尺寸极限偏差、平整度、允许偏差、矩形板材角度偏差、外观质量分为一级品和二级品 2 个等级。

各等级板材的外观质量:

石碴分布应均匀,每块板出石率不得低于 55%。

板材材料级配和颜色应基本一致。

板材表面吸水值应不小于 $0.4g/cm^2$；总吸水率小于 8%；抗折强度平均值不低于 5.0MPa，其中单块值不得低于 4.0MPa。

4）金属饰面板。金属饰面板的品种、质量、颜色、花形、线条应符合设计要求，并应有产品合格证。

金属饰面板表面应平整、光滑，无裂缝和皱折，颜色一致，边角整齐，涂膜厚度均匀。

2. 饰面板的安装

（1）粘贴饰面板

1）粘贴饰面板适用于粘贴高度低于 3m、饰面板尺寸不大于 300mm×300mm、饰面板厚度为 8～12mm 的情况，用胶粘剂将饰面板贴于内墙面。

2）所用胶粘剂的品种、配合比应符合设计要求，并具有产品合格证。

3）粘贴饰面板的墙面中层灰宜用 1∶2.5 水泥砂浆。

4）中层灰凝固后，清扫墙面。按饰面板规格在中层灰面上弹出饰面板分格线。

5）调制胶粘剂，清理饰面板的背面。

6）在中层灰面上薄薄刮抹一层胶粘剂，在饰面板背面刮抹 2～3mm 厚胶粘剂。稍等会儿，待胶粘剂不粘手时，即将饰面板对准分格线粘贴到中层灰面上，要贴实贴平，不平处用橡胶锤敲击。粘贴饰面板宜从下往上、自左向右进行。

（2）挂贴饰面板

1）挂贴饰面板适用于板厚为 20～30mm 的预制水磨石板、花岗岩板或大理石板。墙体为砖墙或混凝土墙。

2）挂贴饰面板的墙体中应设置锚固件。砖墙体应在灰缝中预埋 $\phi16$ 的钢筋钩，钢筋钩中距宜为 500mm 或按板材尺寸；当挂贴高度大于 3m 时，钢筋钩改用 $\phi10$，钢筋钩埋入墙内深度不小于 120mm，伸出墙面 30mm。混凝土墙体可射入 $\phi3.7mm×62mm$ 的射钉，中距为 500mm 或按板材尺寸，射钉射入混凝土墙内 30mm，伸出墙面 32mm，如图 8-2 所示。

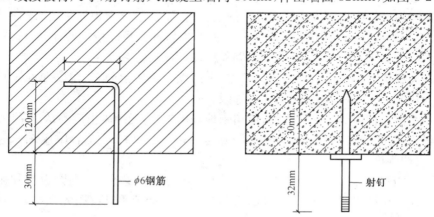

图 8-2　墙体内设置锚固件

3）在挂贴饰面板之前，将 $\phi6$ 钢筋网焊接或绑扎于锚固件上。钢筋网双向中距为 500mm 或按板材尺寸，并应使钢筋网的焊接点与锚固件连接。

4）在饰面板的上、下边各钻两个不小于 $\phi5mm$ 的孔。清理饰面板的背面。用双股 8#

铜丝穿过钻孔，把饰面板绑牢于钢筋网上。饰面板的背面距离墙面应不小于 50mm，如图 8-3 所示。

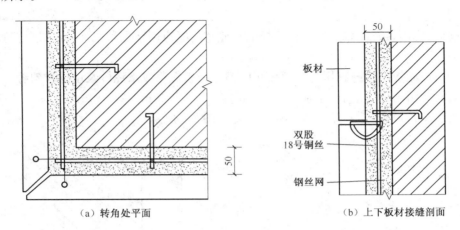

（a）转角处平面　　　　　　　　　　　　（b）上下板材接缝剖面

图 8-3　挂贴饰面板

5）饰面板的接缝宽度可用木楔调整，应确保饰面板外表面平整、垂直及板的上沿平顺。

6）每安装横向一行饰面板后，即进行灌浆。灌浆前，应浇水将饰面板背面及墙体表面湿润。在饰面板的竖向接缝内填塞 15～20mm 深的麻丝或泡沫塑料条以防漏浆（光面镜面和水磨石饰面板的竖缝，可用石膏灰临时封闭，并在缝内填塞泡沫塑料条）。

7）拌好 1：2.5 水泥砂浆，将砂浆分层灌注到饰面板背面与墙面之间的空隙内，每层灌注高度为 150～200mm，且不得大于板高的 1/3，插捣密实。待其初凝后，应检查板面位置，如有移动错位应拆除重新安装；若无位移，方可安装上一行饰面板。施工缝应留在饰面板水平接缝以下 50～100mm 处。

8）突出墙面的勒脚饰面板安装，应待墙面板安装完工后进行。

9）待水泥砂浆硬化后，将填缝材料清除。饰面板表面清洗干净。光面和镜面的饰面板经清洗晾干后，才可打蜡擦亮。

（3）饰面板接缝处理

饰面板的接缝宽度，如设计无要求时，应符合表 8-8 的规定。

表 8-8　饰面板接缝宽度

名　称		接缝宽度（mm）
天然石	光面、镜面	1
	粗磨面、麻面、条纹面	5
	天然面	10
人造石	水磨石	2
	水刷石	10
	大理石、花岗岩	1

天然石的饰面板接缝处理：

室内安装光面和镜面的饰面板，接缝应干接，接缝处宜用与饰面板颜色相同的水泥浆填抹。

室外安装光面和镜面的饰面板,接缝可干接或在水平缝中垫硬塑料条,垫硬塑料条时,应将压出部分保留,待灌缝砂浆硬化后将塑料条剔出,用水泥细砂浆勾缝。干接缝应用与饰面板相同颜色水泥浆填平。

粗磨面、麻面、条纹面,天然面饰面板的接缝和勾缝应用水泥砂浆,勾缝深度应符合设计要求。

人造石饰面板的接缝宜用与饰面板相同颜色的水泥浆或水泥砂浆填抹和勾缝。

饰面板的阳角处,花岗岩板应 45°斜角相接,并留出 10mm×10mm 方口;磨光花岗岩,大理石或水磨石板应 45°斜角相接,不留方口,如图 8-4 所示。

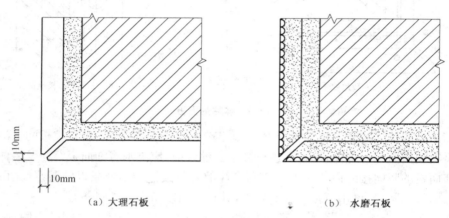

（a）大理石板　　　　　　　　　　　　（b）水磨石板

图 8-4　饰面板的阳角处理

大理石、花岗岩饰面板安装后,如有轻微损坏处,可用胶贴剂或腻子修补。胶粘剂和腻子的配合比见表 8-9。

表 8-9　修补饰面板的胶粘剂及腻子配合比

名称	6101 环氧树脂	乙二胺	邻苯二甲酸二丁酯	水泥	颜料
环氧树脂胶粘剂	100	6～8	20	—	适量
环氧树脂腻子	100	10	10	100～200	适量

注:本表配合比为重量比。

3. 饰面砖镶贴

（1）内墙釉面砖镶贴

1）镶贴基本要求。

①釉面砖的镶贴形式由设计确定。方形釉面砖可对缝排列或错缝排列(错开 1/2 釉面砖宽);矩形釉面砖宜对缝排列并竖向镶贴。釉面砖的接缝宜采用密缝,缝宽不大于 1mm。

②在砖墙面、混凝土墙面、加气混凝土墙面上贴釉面砖,宜用 1∶0.1∶2.5 水泥石灰砂浆作结合层;在石膏板墙面上贴釉面砖,则应用胶粘剂。

2）镶贴内墙釉面砖施工要点。

①挑选釉面砖,剔出有缺陷的或规格不准的釉面砖,留作非整砖用。

②根据所贴墙面尺寸及釉面砖规格进行预排,确定釉面砖接缝宽度。同一墙面上的横竖排列,不宜有一行以上的非整砖。非整砖行应排在次要部位或阴角处。

③将釉面砖背面清理干净,并浸水 2h 以上,待表面晾干后方可使用。冬期施工宜在掺

入2％食盐的温水中浸泡2h,晾干后方可使用。否则,会造成日后脱落现象,造成不必要的损失。

④在墙面下方离地面一皮砖高处弹一条水平线,在此线钉上底尺。在墙面两头离阴阳角约一皮砖宽处弹上垂直线。底尺作为水平接缝标准,垂直线作为竖向接缝标准。如墙面较长,应在墙面上多弹几条垂直线,垂直线之间距离必须是釉面砖宽(包括接缝)的整倍数。在墙面的底层灰上进行清理,并浇水湿润。石膏板墙只需清理,不作底层灰。

⑤在镶贴釉面砖的位置处抹水泥石灰砂浆,随即将釉面砖镶贴上去,用手揉压,使接缝均匀,也可用橡胶锤轻轻敲打。每块釉面砖应贴平整,接缝宽度应尽量小,在纸面石膏板墙上镶贴,只需将胶贴剂刮抹在釉面砖的背面,对准位置贴上去即可。

⑥镶贴釉面砖宜先沿底尺横向贴一行,再沿垂直线竖向贴几行。从下向上第二横行开始,应在垂直线处已贴的釉面砖上口间拉上水平线(用细铁丝),横向各行釉面砖依水平线镶贴。底尺下面的一行及垂直线到阴阳角处一行砖可留到最后镶贴(拆去底尺以后再贴)。

⑦阳角处宜用阳角条配砖镶贴,如无阳角条,应将正面的釉面砖边缘压侧面的釉面砖,即将接缝留在侧面。阴角处宜用阴角条配砖镶贴,如无阴角条,应将接缝正对阴角线,如图8-5所示。

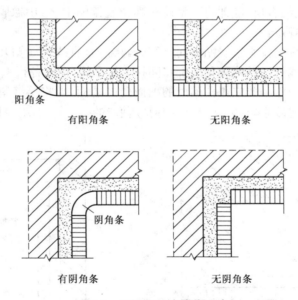

有阳角条　　　　　　无阳角条

有阴角条　　　　　　无阴角条

图8-5　阴阳角处镶贴釉面砖

⑧墙裙顶边宜用压顶条配砖镶贴,如无压顶条,应用白水泥细砖浆将墙裙顶边抹成坡形。

镶贴完一部分后,即把釉面砖的表面擦净。整个墙面镶贴完并擦净后,用白水泥擦缝,待其干硬后,再用清水擦洗一遍釉面砖面。

⑨非整砖部分应根据所镶贴尺寸用整块砖裁割,不准用碎砖拼凑镶贴。

⑩同一房间内的内墙面应选用同一品种、同颜色、同一批号的釉面砖,并注意花纹倒顺。

(2)外墙彩釉砖镶贴

1)彩釉砖的镶贴形式由设计确定。彩釉砖一般应对缝排列,接缝宽度不大于10mm。

矩形彩釉砖宜竖向镶贴。

2)镶贴彩釉砖宜用 1：0.2：2 水泥石灰砂浆（内掺占水重 5％的 107 胶）作为结合层。

3)镶贴彩釉砖施工要点：

4)挑选彩釉砖,剔出有缺陷或颜色不正的彩釉砖。根据其墙面尺寸及彩釉砖规格进行预排,确定彩釉砖接缝宽度。尽量不用非整砖,当非用不可时,只能将非整砖镶贴到阴角处,不得在阳角处贴非整砖。

5)将彩釉砖背面清理干净并浸水 2 小时以上,待表面晾干后方可使用。冬期施工宜把彩釉砖浸入掺入 2％食盐的温水中浸泡 2 小时,晾干后方可使用。

6)外墙面贴彩釉砖应从上而下分段进行,每段内应自下而上镶贴。

7)在整个墙面两头各弹一条垂直线,如墙面较长,在墙面中间部位再增弹几条垂直线,垂直线之间的距离应为彩釉砖宽(包括接缝宽)的整倍数,墙面两头垂直线应距墙阳角(或阴角)为一块彩釉砖宽度。垂直线作为竖行标准。

8)在各分段分界处弹一条水平线,作为贴彩釉砖横贴标准,各水平线间的距离应为彩釉砖高(包括接缝)的整倍数。

9)清理底层灰面,并浇水湿润,刷一道素水泥浆(内掺占水重 3％～5％的 107 胶),紧接着抹上水泥石灰砂浆结合层,随即将彩釉砖对准位置镶贴上去,用橡胶锤轻敲,使其贴实平整,接缝宽度应符合规定。

10)每个分段中宜先按水平线贴横向一行砖,再沿垂直线竖向贴几块砖,从下向上第二横行开始,应在垂直线处已贴的彩釉砖上口间拉上水平线,横向各行彩釉砖依水平线镶贴。

11)阳角处正面的彩釉砖应盖住侧面的釉面砖的端面,即将接缝留在侧面,或在阳角处留成方口,以后用水泥砂浆勾缝。阴角处应使彩釉砖的接缝正对阴角线,如图 8-6 所示。

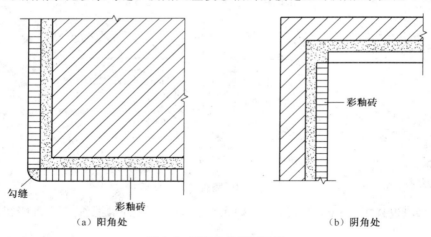

　　　　　勾缝
　　　　　彩釉砖
　　　(a) 阳角处

　　　彩釉砖
　　　(b) 阴角处

图 8-6　阴阳角处贴彩釉砖

12)镶贴完一段后,即把彩釉砖的表面擦洗干净,用水泥细砂浆勾缝,待其干硬后,再擦洗 1 遍彩釉砖面。

13)墙面上如有突出的预埋件等,此处彩釉砖镶贴应根据具体尺寸用整砖裁割后贴上去,不得用碎砖块拼贴。

14)同一墙面应用同一品种、同一色彩、同一批号的彩釉砖,并注意花纹倒顺。

（3）外墙锦砖镶贴

1）外墙贴锦砖可采用陶瓷锦砖或玻璃锦砖。锦砖的品种、颜色及图案选择由设计确定。砖联尺寸最好是所贴墙面尺寸的整分数。

2）贴锦砖采用纸筋石灰水泥混合灰作为结合层，混合灰的配合比为1：1：2（纸筋：石灰膏：水泥）。在混合灰中宜掺占水泥重5％的107胶。

3）外墙贴锦砖应分段自上而下进行，每段内侧从下而上镶贴。

4）底层灰凝固后，清理墙面。按砖联排列位置在墙面上弹出砖联分格线。根据图案形式，在各分格内写上砖联编号，相应在砖联背纸上也写上砖联编号，以便对号镶贴。

5）清理各砖联的粘贴面（即锦砖联背面），按编号顺序预排就位。

在底层灰面上洒水湿润，刷上素水泥浆（内掺3％～5％的107胶）1道。接着涂抹纸筋石灰水泥混合灰（结合层），紧跟着将砖联对准位置镶贴上去，用木垫板压住，再用橡胶锤全面轻轻敲打，使砖联贴实。砖联平整以后即取下木垫板。

6）待结合层的混合灰能贴住砖联后，即洒水湿润砖联的背纸，轻轻将背纸揭掉，要撕揭干净，不留残纸。

7）在混合灰初凝前，修整各锦砖间的接缝缺陷，如接缝不正、宽窄不一，应予拨正。如有锦砖掉粒，应补贴。

8）混合灰终凝后，用同色水泥擦缝（略洒些水）。白色为主的锦砖应用白水泥擦缝；深色为主的锦砖应用普通水泥擦缝。擦缝水泥干硬后，用清水擦洗锦砖面。

9）非整砖联处，应根据所镶贴的尺寸，预先将砖联裁割，去掉不需要的部分（联同背纸），再镶贴上去。

10）如混合灰中未掺107胶，可在砖联的粘贴面上随贴随刷1道混凝土界面处理剂，以增强砖联与结合层的粘结力。

11）墙及柱的阳角处，不宜将一面锦砖边凸出去盖住另一面锦砖边，而应各自贴到阳角处，缺口处用同色水泥细砂浆勾缝。墙的阴角处，锦砖接缝应正对阴角线，如图8-7所示。

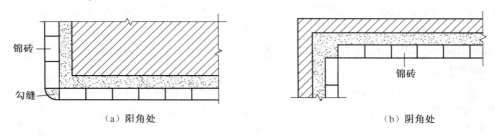

（a）阳角处　　　　　　　　　　　　　　（b）阴角处

图8-7　阴阳角处锦砖镶贴

三、涂料工程

1. 材料质量要求

混凝土表面和抹灰表面可施涂薄涂料、厚涂料和覆层建筑涂料等。

薄涂料有水性薄涂料、合成树脂乳液薄涂料、溶剂型（包括油性）薄涂料等。

厚涂料有合成树脂乳液厚涂料、合成树脂乳液砂壁状涂料、合成树脂乳液轻质厚涂料和无机厚涂料等。其中合成树脂乳液轻质厚涂料有珍珠岩粉厚涂料、聚苯乙烯泡沫塑料粒子厚涂料和蛭石厚涂料等。

覆层建筑涂料有合成树脂乳液系覆层涂料、硅溶胶系覆层涂料、水泥系覆层涂料、反应固化型合成树脂乳液系覆层涂料。

木料表面可施涂溶剂型混色涂料和清漆。

金属表面可施涂防锈涂料和溶剂型混色涂料。

涂料工程所用的涂料和半成品(包括施涂现场配制的涂料)均应有品名、种类、颜色、制作时间、储存有效期、使用说明书及产品合格证。

外墙涂料应使用具有耐碱和耐光性能的颜料。

涂料工程所用腻子的塑性和易涂性应满足施工要求,干燥后应坚固,并按基层、底涂料和面涂料的性能配套使用,腻子的配方如下。

(1)混凝土表面、抹灰表面用腻子

1)适用于室内的腻子配方:聚醋酸乙烯乳液(即白乳胶)、滑石粉或大白粉、2010羧甲基纤维素溶液。

2)适用于外墙、厨房、厕所、浴室的腻子配方:聚醋酸乙烯乳液、水泥、水。

(2)木材表面的石膏腻子

木材表面的石膏腻子配方:石膏粉、熟桐油、水。

(3)木材表面清漆的润水粉

木材表面清漆的润水粉配方:大白粉、骨胶、工黄或其他颜料、水。

(4)木材表面清漆的润油粉

木材表面清漆的润油粉配方:大白粉、松香水、熟桐油。

(5)金属表面的腻子

金属表面的腻子配方:石膏粉、熟桐油、油性腻子或醇酸腻子、底漆、水。

2. 施涂涂料施工要点

1)涂料工程基层的含水率:混凝土和抹灰表面施涂溶剂型涂料时,含水率不得大于8%,施涂水性和乳液涂料时,含水率不得大于10%;木料制品含水率不得大于12%。

2)涂料的黏度或稠度,工作时必须加以控制,使其在施涂时不流坠、不显刷纹。施涂过程中不得任意稀释。

3)双组分或多组分涂料在施涂前,应按产品说明规定的配合比,根据使用情况分批混合,并在规定时间内用完。所以涂料施涂前和施涂过程中,均应充分搅拌。

4)施涂溶剂型涂料时,后一遍涂料必须在前一遍涂料干燥后进行;施涂水性和乳液涂料时,后一遍涂料必须在前一遍涂料表面干燥后进行。每一遍涂料均应施涂均匀,各层必须结合牢固。

5)施涂覆层涂料时,应先喷涂或刷涂封底涂料,待其干燥后再喷涂主层涂料,主层涂料干燥后再施涂两遍罩面涂料。喷涂主层涂料时,其点状大小和疏密程度应均匀一致,不得连成片状。水泥系覆层涂料的主层涂料喷涂后,应先干燥12h,然后洒水养护24h,再干燥12h后,才能施涂罩面涂料。施涂罩面涂料时,不得有漏涂和流坠现象,待第一遍罩面涂料干燥后,才能施涂第二遍罩面涂料。

6)涂料施涂时的环境温度,应按产品说明书上的温度控制。冬期室内施涂涂料时,应在采暖条件下进行,室温应保持均衡,不得突然变化。

7)建筑物中的细木制品、金属构件和制品,如在工厂制作组装,其涂料宜在生产制作阶段施涂,最后 1 遍涂料宜在安装后施涂;如在现场制作组装,组装前应先施涂 1 遍底子油(干性油、防锈涂料),安装后再施涂涂料。

8)外墙涂料工程应分段进行,以分格缝、墙的阴角处或水落管等为分界线。同一墙面应用同一批次的涂料;每遍涂料不宜施涂过厚;涂层应均匀,颜色一致。

9)门窗扇施涂涂料时,上冒头顶面和下冒头底面不得漏涂涂料。

10)木地板施涂涂料不得少于 3 遍。硬木地板应施涂清漆或烫硬蜡。烫硬蜡时,地板蜡应洒布均匀,不宜过厚,并防止烫坏地板。

四、裱糊工程

1. 材料质量要求

壁纸、墙布应整洁、图案清晰。聚氯乙烯壁纸(PVC 壁纸)的外观质量要求应符合表 8-10 的规定。

表 8-10　聚氯乙烯壁纸外观质量

名称	等级		
	优等品	一等品	合格品
色差	不允许有	不允许有明显差异	允许有差异,但不影响使用
伤痕和皱折	不允许有	不允许有	允许基纸有明显折印,但壁纸表面不许有死折
气泡	不允许有	不允许有	不允许有影响外观的气泡
套印精度	偏差不大于 0.7mm	偏差不大于 1mm	偏差不大于 2mm
露底	不允许有	不允许有	允许有 2mm 的露底,但不允许密集
漏印	不允许有	不允许有	不允许有影响外观的漏印
污染点	不允许有	不允许有目视明显的污染点	允许有目视明显的污染点,但不允许密集

壁纸与墙布的图案、品种、色彩应符合设计要求,并附有产品合格证。

胶粘剂应按壁纸和墙布的品种选配,并应具有防霉、耐久等性能,如有防火要求,则胶粘剂应具有耐高温、不起层等性能。

所有壁纸、墙布在运输和储存时,绝对不能日晒雨淋;压延壁纸和墙布应平放;发泡壁纸和复合壁纸则应竖放。

2. 聚氯乙烯塑料壁纸裱糊施工要点

1)以聚氯乙烯(PVC)壁纸在抹面内墙上裱糊进行选配分类,拼花裁切。按裱糊的墙面高度另加 2～3cm,将壁纸卷展开并在其背面划线,依线裁切。需要对花的壁纸,应将两幅相邻壁纸对上花纹后再裁切,对花的壁纸要多留些余量。各幅壁纸裁切后均应平放,在其背面按裱糊顺序编号。

2)清理墙面。先将墙面清扫,把墙面上的污垢、尘土清除干净,泛碱部位宜使用 9% 的稀醋酸中和、清洗。墙面上如有裂缝,应用腻子填补,并用砂纸打磨使其平整。检查墙面的阴阳角是否顺直,如不顺直应用相同砂浆补抹平直。墙面上如有附着牢固、表面平整的旧溶剂型涂料,可不清除涂料,但应将涂料表面打毛。

3)满刮腻子。在墙面上满刮腻子 1 遍,腻子干后用砂纸将墙面打磨平整。

4)刷底胶。在墙面上用 1∶1 的 107 胶水溶液作底胶满刷 1 遍。

5)墙面划基准线。在墙面上划 1 条垂直线,作为裱糊壁纸的起始基准线。基准线位置宜选在无门窗的显见墙面的正中央,也可选在外窗台下面的正中央,也有选在墙面左侧离墙阴角 1 幅壁纸宽度处。

6)壁纸湿润。用排笔沾水,在壁纸背面刷水使壁纸湿润。

7)墙面涂胶粘剂。在即将裱糊的墙面上均匀涂刷胶粘剂 1 遍。

8)壁纸裱糊。提起壁纸上端,裱糊到墙面上,第一幅的壁纸长边对准准线,压住壁纸上端徐徐向下裱糊,以后各幅壁纸长边对准前一幅壁纸长边,壁纸余量留到下端。

9)拼缝、搭接、对花。不对花的壁纸,两幅相邻壁纸间拼缝应紧密对齐;对花的壁纸,两幅相邻壁纸应对花正确。对于需要重叠对花的壁纸,应先裱糊对花,然后用钢直尺对齐裁下余边,裁时均应一次切掉,不得多次裁切。

10)墙的阳角处应包阳角裱糊,壁纸边距离阳角棱约 20mm。墙的阴角处应搭接裱糊,搭接宽度不小于 10mm。

11)除标明必须"正倒"交替裱糊的壁纸外,壁纸的裱糊应按同一方向进行。最后 1 幅壁纸拼缝应留在不显眼的地方(如进门以上的墙面上)。

12)赶压胶粘剂、气泡。裱糊的壁纸在压实后,应将挤出的胶粘剂及时擦净。赶压气泡时,对于压延壁纸可用钢板刮刀刮平;对于发泡壁纸则应用毛巾、海绵或毛刷赶平。

13)清理修整。用靠尺对齐壁下端,沿尺边用切刀割去壁纸下端余量。用抹布擦净壁纸表面。壁纸表面不得有气泡、斑污等。

参 考 文 献

[1] 中华人民共和国住房和城乡建设部.GB 50010—2010 混凝土结构设计规范[S].北京:中国建筑工业出版社,2010.

[2] 中华人民共和国住房和城乡建设部.GB 50300—2013 建筑工程施工质量验收统一标准[S].北京:中国计划出版社,2013.

[3] 中华人民共和国住房和城乡建设部.GB/T 50905—2014 建筑工程绿色施工规范[S].北京:中国建筑工业出版社,2014.

[4] 中华人民共和国住房和城乡建设部.JGJ/T 98—2010 砌筑砂浆配合比设计规程[S].北京:中国建筑工业出版社,2011.

[5] 中华人民共和国住房和城乡建设部.GB 50656—2011 施工企业安全生产管理规范[S].北京:中国计划出版社,2011.

[6] 肖绪文,等.建筑工程绿色施工[M].北京:中国建筑工业出版社,2013.

[7] 吴琼,等.现场施工员工[M].北京:机械工业出版社,2008.

[8] 李进,等.建筑施工技术[M].北京:人民交通出版社,2008.